家庭养花从入门到精通

JIATING YANGHUA
CONG RUMEN DAO JINGTONG

赵庚义　王 江　王 娟　车力华　编著

第 3 版

中国农业出版社
北京

001　白兰花

002　帝王花

003　杜鹃花

004　粉苞酸脚杆（宝莲灯）

005　广玉兰

006　桂　花

007　海　桐

008　含　笑

009　红花檵木

010　红叶金花（红纸扇）

011　黄　蝉

012　黄　兰

013　金苞花

014　金边瑞香

015　金凤花

016　九里香

017　龙船花

018　米　兰

019　茉莉花

020　山茶花

021　松红梅

022　烟火树

023　一品红

024　栀子花

025　朱　槿

026　朱缨花

027　八仙花

028　鸡蛋花

029　牡　丹

030　木芙蓉

031　木　槿

032　日本海棠

033　月　季

034　紫　薇

035　澳洲鸭脚木（大叶散）

036　八角金盘

037　菜豆树（幸福树）

038　吊　兰

039　鹅掌柴

040　福禄桐

041　富贵竹

042　瓜栗（发财树）

043　华灰莉木（非洲茉莉）

044　金钻蔓绿绒

045　立叶蔓绿绒（泡泡蔓绿绒）

046　鹿角蕨

047　美铁芋（金钱树）

048　琴叶榕

049　肉桂（平安树）

050　散尾葵

051　苏　铁

052　天鹅绒竹芋

053　香龙血树（巴西木）

054　橡皮树

055　袖珍椰子

056　棕　竹

057　巴西宫灯花

058　常春藤

059　龟背竹

060　鸡蛋果（百香果）

061　金银花

062　口红花（大花芒毛苣苔）

063　蓝雪花

064　龙吐珠

065　绿　萝

066　炮仗藤

067　飘香藤

068　松萝铁兰（空气凤梨）

069　文　竹

070　西番莲

071　叶子花（三角梅）

072　羽裂蔓绿绒（春芋）

073　羽叶茑萝

074　猪笼草

075　紫　藤

076　矮牵牛

077　百日草

078　百万小铃

079　百子莲

080　报春花

081　彩叶凤梨

082　长春花

083　倒挂金钟

084　地涌金莲

085　繁星花

086　非洲菊（扶郎花）

087　非洲紫罗兰

088　凤仙花

089 瓜叶菊

090 果子蔓

091 含羞草

092 鹤望兰（天堂鸟）

093 花毛茛

094 花烛（火鹤、红掌）

095 君子兰

096 蓝花鼠尾草（一串蓝）

097　毛地黄

098　南非万寿菊

099　炮仗竹

100　盆栽菊

101　蒲包花

102　三色堇（猫脸花）

103　珊瑚花

104　芍　药

105　天竺葵

106　夏堇（蓝猪耳）

107　香彩雀

108　香石竹（康乃馨）

109　新几内亚凤仙

110　勋章菊

111　岩白菜

112　紫罗兰

113　紫茉莉

114　百　合

115　大花美人蕉

116　大丽花

117　大岩桐

118　马蹄莲

119　唐菖蒲

120　仙客来

121　香雪兰（小苍兰）

122　洋水仙（喇叭水仙）

123　郁金香

124　中国水仙

125　朱顶红（对红）

126　大花蕙兰

127　兜兰（拖鞋兰）

128　蝴蝶兰

129　卡特兰

131　球花石斛

130　墨　兰

132　文心兰

133　绯牡丹

134　佛肚树（瓶子树）

135　长寿花

136　假昙花

137　金　琥

138　令箭荷花

139　沙漠玫瑰

140　昙　花

141　仙人指

142　蟹爪兰

143 冬珊瑚

144 佛 手

145 观赏辣椒

146 金 橘

147 乳茄（五指茄）

148 石 榴

149 朱砂根（富贵籽）

150 朱砂橘（年橘）

[前　言]

随着人们生活水平和精神追求不断提高，爱好养花的人越来越多，高档和时尚花卉日益走进普通家庭。为了满足渴望学习花卉种养技术的读者需求，2005年中国农业出版社出版了我们撰写的《家庭养花从入门到精通》。2014年该书再版。近几年国内外又流行了许多新的花卉，栽培技术也有了进步，为此我们决定对其再次修订，除保留了第2版的118种花卉，增加了32种新流行花卉的介绍以外，还替换了全部150种花卉照片，使识别特征更加突出，以满足读者更高的需求。

对大多数家庭养花者来说，首先要了解养花的基本知识。如在室内盆栽花卉，就要对室内与阳台养花的特点及有关问题有所了解，本书第2章做了专门介绍。在宅旁栽培花卉，就要对宅旁园地特点与花卉植物的配置有所了解，第3章做了专门介绍。养花需要有一些设备及物料，有关事宜在第4章做了介绍。秧苗（草本花卉）或苗木（木本花卉）的繁殖技术在第5章做了系统介绍。第6章详细介绍了花卉植物的养护管理技术。养花出现病虫害是很难避免的，第7章专门介绍花卉最常见病虫害的防治。有了上述基础知识，当您栽培某种花卉时，再参考本书或其他书上每种花的具体栽培技术介绍，细心管理，一定能够将花养好。

有太多的人不能确认自己养的花叫什么名字。为了便于读者查找和辨认，本书对介绍的150种（或属）花卉采取藤本花卉优先的原则，即凡是茎部细长，不能直立，只能依附别的植物或支持物，缠绕或攀缘向上生长的都划归到藤本花卉，不分草本还是木本都在这一章介绍；同样，观叶植物也单列一章，不分木本和草本；将球根花卉、兰花、仙人掌类及多肉花卉、观果植物各列一章，木本花木中常绿和落叶各列一章；草本观花植物不分露地还是室内栽培的，都列在一章里。也就是说，您有不认识的花卉，只要是本书介绍的，按照上述容易掌握的分类法，再根据提供的彩色照片，就能快速查到花名了，最后查看书中对花卉的形态描述能确定无疑。有些花卉同名异物或同物异名，本书介绍了每种花卉的别名；有些花卉通用名和商品名不一致（尤其近年流行的），本书在标题和彩图名称里尽量同时列出。

本书第7章介绍了常见虫害所属的目名，因为现在新农药说明书只给出能防治虫害所属的目，并不介绍具体虫害名称；除了介绍少量确有实效的老农药外，大部分介绍的是新农药以提高防治效果。这些农药都是国家允许使用的。

只要按照本书提供的盆栽或地栽的技术去做，就能将花养好，再掌握了具体繁殖技术，您在养花方面就入门了。如果要进一步提高自己的养花水平，就要知道花卉对环境条件的要求，必须创造适宜花卉的生长条件它才能生长好，从栽培学角度这是最重要的。为此，本书尽量详细地介绍了每种花卉对环境条件的要求。如果您还掌握了本书介绍的各种花卉的植物学特征，知道科、属和学名，通过它们的形态变化掌握花卉的生长状况，运用这些理论知识的指导确实提高了自己的养花水平，应该说对这种花卉您已经精通了。

书中内容除了总结我们多年养花的经验、试验观察和调查研究的材料外，还参考了许多杂志、书籍、互联网资料，并得到“全国图书馆参考咨询联盟”许多同仁提供的最新资料和其他不少朋友的帮助，在此一并表示衷心的感谢！

由于笔者学识所限，书中文字和彩图难免有不足或谬误之处，恳请读者不吝赐教，以便改正。

赵庚义

2018年1月

目录

前言

第 12 章　草本观花植物 ··· 229

第 13 章　球根花卉 ··· 290

第1章 CHAPTER 1 家庭养花的好处

无论是在室内、阳台，还是在楼顶、露台，只要您养上几盆花卉，都会生机盎然，一股浓浓的温馨之情就会弥漫于您的生活空间。这是一件很容易做到的事，它将给您带来许多益处。住在一楼或平房的，在房前屋后（以下简称"宅旁"）的园地上种植一些花卉或其他绿色植物观赏，更会使您其乐无穷。

（一）美化环境

花使人赏心悦目，花优美动人，历来被人们视为吉祥、美好、幸福、繁荣、团结和友谊的象征。

养花能美化环境是没有人怀疑的。如在宅旁、阳台、室内等栽培一些自己喜爱的花卉，当您看到色彩绚丽、姿态万千的花朵，闻到或浓或淡、沁人肺腑的花香时，一定会心旷神怡、精神愉悦。如您在温馨的居室中摆上几盆形态各异的高档花卉，会使您的居室品味高雅，生活环境变得生机盎然，情趣倍增。比如当把开着艳丽花朵的月季摆在窗前，当把苍郁葱茏的文竹放在案头，当把芳香浓郁的兰花摆在室内，当把挂满果实的金橘放在客厅，会使满屋生辉，令您为之一振。

花卉的五颜六色对您的心理和生理多能产生好的影响，如红、橙、黄的暖色花卉，使人兴奋，心情愉快，乐于活动，从而促进新陈代谢。而蓝、绿、白的冷色花卉，则有镇静作用，能使人感到安闲、静谧、文雅。摆放在阳台或窗台上的花卉，当开花时香气随风飘溢，满屋可闻其香。

在宅旁栽培花卉或其他绿色植物，会给人以生意盎然和美的感受，加上居室内的花卉，使您仿佛生活在绿色的海洋中。宅旁的大量绿色植物能使环境温度下降3.8℃左右，使白天的高温持续时间缩短3小时，墙体垂直绿化可使墙面降温5℃左右。

您在宅旁栽培花卉不仅美化了自己的环境，也给世界添了一点绿，使左邻右舍都受益。

（二）净化空气

养花可以净化空气，排除或减少居室内有害物质。

随着人们生活水平的提高，居住环境有了很大改善，许多人喜迁新居，都面临装修的问题。现在人们对室内空气质量的要求也越来越高，然而由于装修、做饭、吸烟、家电和大气的污染等原因，目前室内环境的有害物质非常多，其中最主要也是最常见的有甲醛、苯、氨、聚氯乙烯、氮氧化合物和碳氧化合物等。另外，电器使用的增多，使室内的负氧离子数量降低。

许多花卉能吸收室内的有害气体，如芦荟、吊兰和虎尾兰等可吸收甲醛。常春藤、月季、蔷薇、芦荟和万年青等可有效吸收室内的三氯乙烯、硫化氢、苯、苯酚、氟化氢和乙醚等。虎尾兰、龟背竹和一叶兰等吸收有害气体的能力都很强。天门冬可吸收重金属微粒。金橘和吊兰等可使室内空气中的细菌和微生物大大减少。美人蕉对二氧化硫有很强的吸收能力。室内摆一两盆石榴，能降低空气中的含铅量。石竹有吸收二氧化硫和氯化物的本领。海桐能够吸收光化学烟雾。菊花、苏铁和常春藤能吸收苯。茉莉、丁香的芬芳香气，5分钟可杀死原生菌。

花卉能吸收二氧化碳，释放氧气。每平方米绿色植物每天吸收二氧化碳90克左右，释放氧气60克左右。仙人掌科植物在夜间放出氧气，吸入二氧化碳，起到净化室内空气的作用。仙人掌、仙人球、令箭荷花、昙花等在居室栽培非常适宜。

（三）有益健康

通过养花的各种劳动和赏花可愉悦心情。当您懂得了赏花之道，即色、香、姿、韵后，您就会从养花中汲取精神营养，陶冶高尚情操，对无情之花产生有情之意，达到忘忧、忘我的境地。

①“色”即花的颜色，可根据您的爱好选择不同的花卉栽培。如您喜欢色调鲜明、花色艳丽的，可养牡丹、芍药、郁金香、洋兰等；如您喜欢色调淡雅的，可养国兰、水仙、观叶植物等。②“香”即花香。如您喜欢花香浓郁的，可养牡丹、晚香玉、国兰、茉莉、米兰、芳香天竺葵等。当然花香还有“浓、清、远、久”之说。③“姿”就是花的姿态。有的花天生风姿美态，如文竹、棕榈科植物、国兰等；有的需人工造型，如盆景。④“韵”就是花的内在美，如同一个人的风度。色、香、姿代表着花卉的自然美，韵代表抽象美，它体现着花卉的风格、气质和神态，韵也指花卉的各器官的比例和色彩是否协调，只有协调才有韵律。如花的四君子“梅兰菊竹”非常高雅；荷花出污泥而不染，濯清涟而不妖，迎骄阳而不惧；睡莲给人以幽静雅趣之感；牡丹雍容华贵。大多数花卉并不都是色、香、姿俱全，这并不影响人们对花卉的鉴赏和愉悦心情。

民间早有“春赏花，夏赏香，秋赏果，冬赏青”的说法，现在花卉科学技术进步很大，一年四季赏花、闻香、观果、看青都不成问题。养花丰富了人们的生活，增添了生活情趣，使人的生命更富生机，有益身心健康。

当您看电视或用电脑、手机眼睛疲劳的时候，去看看花卉的绿色就会很快恢复。当您工作、学习之余去看看花卉，会给您的大脑以良好的刺激而产生舒适的感觉，从而缓解疲劳，并使紧张的神经得到放松。老舍在散文《养花》中说：“我总是写了几十个字，就到院中去看看，浇浇这棵，搬搬那盆，然后回到屋中再写一点，继而再出去，如此循环，把脑力劳动和体力劳动结合在一起，有益于身心，胜于吃药。”

有的老人多病，后来养花，健康情况大有好转，有的病慢慢地竟然好了，这样的报道不计其数。原因是：①养花其乐融融，振奋了精神。当您辛勤劳动之余，看到红花绿叶，闻到沁人花香，可以顿觉心旷神怡，倦意全消。养花赏花大大地丰富了老年人的晚年生活，使精神充实，益寿延年。如果您花卉栽培得好，又非常会赏花，进入了一种境界，比中外推崇的气功毫不逊色。心静则益康，因此养花有潜移默化的健身作用。忘记了烦恼，激发对生活的情感，从而极大地调动了身体的抗病机能。②丰富了生活。当空闲无聊之际，将室内或宅旁的花卉打理一下，比如浇水、喷水、换盆、松土、施肥、剪枝等。从事上述劳动需要全身较均衡地不停运动，从而达到全面锻炼身体的目的，比起“一支烟，一桌麻将、一副扑克玩半天”更有意义。③经常到花市参观学习，和花友们交流，心情舒畅了，自然使有的疾病慢慢地好了。④养花使室内空气得到净化有益健康不言而喻了。⑤养花还要有科学知识。比如花的构造、色彩、香气，花卉对温度、光照、空气、土壤、水分、营养等环境条件的要求，花卉的繁殖技术，花卉的管理如浇水、施肥、剪枝、病虫害的防治、换盆等。每个爱好花卉的老年人都希望自己亲手种养的花卉能经常开花，这就要求老年人要多学习、多动脑、多实践，从而延缓了大脑的衰老。

许多花卉分泌的物质对人的健康有利，如丁香花散发的丁香酚，杀菌能力比碳酸还强 5 倍以上。桂花的香气能唤起人们美好的记忆和联想，沁人心脾，有使疲劳顿消之功能。茉莉的香气可使头晕、目眩、感冒、鼻塞等症状减轻。头痛、头晕、感冒、视力模糊者，常闻菊花之香也颇有好处。漫步在花丛之中，望花色，五彩缤纷；观花态，千娇百媚；闻花香，芳香扑鼻，使人顿感心旷神怡，一切疲劳和烦恼都置之度外，会让您觉得生活中美好的东西很多，不必为那些琐碎的事情而伤感或愤怒，不知不觉中，您的心情会缓缓舒展。

（四）增进感情

家庭养花能增进友谊，密切人际关系，尤其是有利于更好地维系夫妻的关系。

如果您用一部分时间把花养好，让家人都能够分享到花卉给您的家庭带来的欢乐，事实上密切了家庭成员的关系。可能您的爱好很广泛，闲余时间往往吸烟或是打麻将。如果您是一位花卉爱好

者，必将减少您吸烟、打麻将的时间，让花香取代空气污染和噪声污染，正是您的家人求之不得的。如果您的家庭成员，尤其您的爱人和您一起把花养好，共同欣赏，会逐渐培养共同的兴趣，必将更好地维系夫妻关系。二人每天都花一些时间去养护它：浇水、喷水几乎是养花者每天都要做的事，把花盆从强光处移到弱光处，从高温处移到凉爽处，或再反向移回来，施肥、剪枝、松土、防治病虫害、换盆、繁殖等。如果您的孩子和您一起做这些，会让他从小养成热爱劳动的习惯，尊敬父母，密切孩子和父母的关系。

您会养花，则可以帮助指导亲戚、朋友或邻里如何繁殖、剪枝、松土、浇水、防治病虫害等；将自己繁殖的苗木或草本花卉的秧苗送给亲戚、朋友和邻里，如月季、兰花、长寿花、倒挂金钟、金琥等；可请他们到家里欣赏您养的花；一些花可作切花，如把您养的唐菖蒲、月季、菊花、香石竹、非洲菊等剪下，作切花送给亲戚、朋友和邻里观赏；把您的一些可食用或药用的花卉送给亲戚、朋友和邻里。这些必将密切您和亲戚、朋友和邻里的关系。

有些养花者以花会友，互相学习、相互切磋，密切了人际关系，有的成了好朋友。我国以养兰的花友最为有名。

近年花卉保姆已悄然兴起，随着人们生活水平的提高，这个行业必将有一定的发展。如果您很会养花，社区内有的居民可能请您做花卉保姆或技术指导，使您既交了新朋友，又得到一定的收入。

此外，不少花卉还可药用，本书在各论中都分别进行了介绍。

也应当指出，不是在室内养花越多越好，因为大多数花卉晚上吸收氧气呼出二氧化碳。另外，有些花卉有毒，应在室内少养或不养，本书没介绍毒性较大的花卉。每个人对花香及花的分泌物反应不一样，极少数人可能对某种花卉过敏。栽培一种新的花卉后如您感到不舒服，到医院又查不到其他原因时，不妨将新养的花，或头一次开花的花盆移走，看症状是否消失。有关室内花卉的摆放及注意事项请参阅第 2 章。

年老体弱者，在搬动花盆和换盆时要量力而行，不要累着。

第 2 章 CHAPTER 2 室内与阳台养花特点

广义的室内养花是指在各种房屋和温室内养花，本书的室内养花是指在人们居住的房屋内养花，不包括温室花卉的栽培。房屋包括室内建筑和阳台。阳台又有封闭和敞开两种类型，对花卉的生长环境条件而言二者是有很大差别的。封闭阳台与室内同一方向窗台的环境条件除温度不同外，其他差不多，光照与窗台几乎相同，而敞开式阳台与室内的环境条件有很大的不同。本章所说的阳台是指敞开式的。

（一）环境条件特点

就花卉的生长条件而言，室内与阳台远不如露地或温室、拱棚。当然也有一些花卉，其原产地的气候条件接近于室内的环境条件，再经过人们长期驯化使它适应了室内的环境条件，或在生长的某一阶段能适应室内的环境条件。

1. 室内的环境条件 主要是光照差、温差小；在北方天气寒冷时不能开窗，通风条件差；在取暖期间空气湿度小。这些环境条件对多数花卉的生长来说是不利的。室内光照强度只是露地的几分之一至十几分之一甚至几十分之一，这对于需要强光照的花卉生长很不利，非常喜光的花卉是不宜长期在室内栽培的。喜欢大温差的花卉，尤其在花芽分化阶段需温差大或需要低、高温的花卉也不适宜，除非您每天晚上将花盆从室内移到低温处，早晨再移回来。室内空气湿度小对许多喜湿的花卉生长不利，如杜鹃花，需经常喷水或用塑料薄膜罩上以提高小环境的空气湿度，才能长好。

2. 阳台的环境条件 南侧和西侧阳台比同一方向的窗台接受的阳光时间长；白天阳光照射时墙壁反射阳光，气温较高；阳台的

建筑材料吸热多，散热慢；蒸发量大，空气比较干燥。到夜晚墙壁逐渐放出大量辐射热，如果是封闭阳台变得闷热，如不能通风更是闷热。这种夜晚高温闷热的环境，满足不了有的花卉要求昼夜间有较大温差的要求；由于楼房的阳台不同程度地高于地面，敞开式的阳台风速较大。

在阳台栽培花卉时，要注意经常在地面和花卉的叶面上喷水，一天要进行多次，以增加空气湿度和降低温度。夏季需要遮阳才能满足大多数花卉对光照的要求。悬挂栽培的花卉不要离墙太近，以免叶片被墙壁辐射热灼伤。在阳台栽培花卉，应选择能适应这些环境条件的种类。封闭阳台的玻璃如果不是非常平整，局部形成凸透镜或凹透镜后使阳光聚焦灼伤叶片，如君子兰很容易受害。当然窗户的玻璃也有这个问题。

无霜地区的冬季阳台风大，除了一些较耐寒的花卉可在阳台上越冬外，一般花卉要及时移入室内越冬。

（二）盆栽对花卉生长的影响

室内或阳台栽培花卉主要用盆栽。盆栽花卉时人们供给花卉的水、肥条件非常优越；配制的营养土非常肥沃疏松，土壤的 pH 大都适合花卉的生长要求；一般来说每株花卉的枝叶所占的地表面积比露地栽培大，管理更细致，这些有效地补偿了室内不良环境条件对花卉生长造成的负面影响，可使大多数花卉生长得很好。

人们在室内盆栽花卉时，一般不把花盆横竖紧挨着摆放，即花卉枝、叶所占的地表面积远比花盆本身所占的地表面积大得多。结果光照、通风条件都得到改善，空气中的二氧化碳的供应相对充足，这样一来补偿了花盆本身所占地表面积的不足，促进了花卉的生长。笔者在研究“地上与地下不同营养面积对植物生长的影响”中发现：植物生长的地表面积的增大能部分补偿根系所占土壤地表面积的不足，即土壤气体、肥力和水分的不足；同样栽培花卉的花盆直径的变大，实际是土壤气体、肥力和水分的增加，也能补偿枝、叶生长空间的不足，当然无法完全补偿。从试验中进一步得知，在这时地上面积的增大对根的生长作用远比茎、叶大。只要用花盆养过花的人都有这个体会，盆栽花卉的根系比地栽发达，栽培一两年后整个花盆长满了根系，原因如上所述。当然盆栽花卉盆中土壤的水分缓冲能力不如在露地，有时干旱也促进了根的发育。众所周知，土壤的水肥充足时花卉生长得好。笔者还从试验中证实，在盆栽时，充足的水肥条件和疏松的土壤对植物茎、叶的生长的促进作用远大于对根系的促进作用，无土栽培时更加明显。

综上所述，盆栽花卉时，人们用配制的疏松、肥沃的营养土和花盆的松散摆放对花卉的生长是非常有利的，即优越的碳素营养（二氧化碳）和矿质营养（氮、磷、钾、钙、镁、硫、铁、锰、锌、铜、钼、硼等），大大地降低了室内盆栽花卉的光照和温度的不适所造成的负面影响，即在室内盆栽花卉时对大多数种类来说生长一般不成大的问题。毫无疑问当植株长到足够大时，尤其高大的木本植物在容器栽培时，土壤供给的营养和气体无法满足生长的全部需要，所以盆栽花木最后赶不上在露地长得那么大。然而，这也正是养花者所希望的，因为过大的花木不适宜在室内摆放。

（三）室内栽培花卉种类的选择

从栽培学角度看，大多数花卉都可以在室内栽培，或在生长的某一阶段能在室内栽培。从人体健康角度看，有少数花卉不宜在室内栽培，或有的晚上不宜摆放在居室内。

1. 适宜在室内栽培的花卉 室内最适宜选择四季常青的花木或能吸收有毒气体的植物，如吊兰、文竹、仙人掌科植物、龟背竹、常春藤、芦荟等。这些花卉还好养，尤其是初学养花的人开始养这些花是非常适宜的。仙人掌科植物有很强的耐干旱和高温能力，而且病虫害少，不需常施肥。其肉质茎上的气孔白天关闭，夜间打开，吸收二氧化碳，制造氧气，使室内空气中的负离子浓度增加。

现在最流行的大花蕙兰、蝴蝶兰等洋兰，香气很淡，本身也不会释放有毒物质，而且栽培的基质用的是苔藓、树皮或其他无毒的

有机物等，不会对空气造成污染。现在最流行的凤梨类也没问题。最流行的金琥是仙人掌科植物。以上这些流行的花卉您尽管养，只要不摆放太多就行。现在流行的花烛类（红掌类）对人体有无害处，还有争论。不管新房旧屋，都可以摆放金橘和佛手等芸香科植物，这类植物的分泌物可以抑制细菌，有效预防霉变，预防感冒，气味又清新。那些对人身体无害的花卉，只要注意室内通风，晚上撤回敞开的阳台，即使多养一点也无妨。

大花蕙兰、蝴蝶兰、凤梨类、红掌类、金橘和佛手等芸香科植物以及其他难养的花卉，初学养花者开始最好找名师指点，因为这些花卉对环境条件的要求较严，管理的技术也较高，它们的栽培技术本书都有详细介绍。当您有了养花的基本知识后再养它们可能养得更好。

室内有空调的，应选叶片革质化程度较高，或叶面有较厚角质层，并有一定耐干燥环境、抗性较强的花卉种类，如橡皮树、八角金盘、鹅掌柴、龟背竹、苏铁、春羽、南洋杉、凤梨类、蒲葵、棕竹、罗汉松、含笑、芦荟等。彩叶草、珠兰、茉莉、玉簪、绿巨人、合果芋等在有空调的室内可能生长不良。

如您喜欢开花多或开花时间长的花卉，可养月季、杜鹃、山茶、八仙花、花石榴、紫薇、蜡梅、六月雪、栀子、天竺葵等木本花卉，和菊花、长寿花、大花蕙兰、蝴蝶兰、卡特兰、凤梨类、四季秋海棠、紫罗兰、瓜叶菊、碗莲、玉簪、君子兰、朱顶红、令箭荷花、蟹爪兰、马蹄莲、水仙等草本花卉。

如您喜欢闻香的花卉，可养国兰、茉莉、米兰、白兰、桂花、晚香玉、芳香天竺葵等。

如您喜欢观果的花卉，可养冬珊瑚、盆栽番茄、盆栽草莓、果石榴、金橘、佛手、香橼、无花果、代代、枸杞等。

如您喜欢观叶的花卉，可养常春藤、吊兰、鹅掌柴、瓜栗（发财树）、龟背竹、芦荟、绿萝、散尾葵、肾蕨、苏铁、天鹅绒竹芋、文竹、喜林芋属植物、香龙血树（巴西木）、一叶兰、棕竹等。

如您喜欢悬挂的花卉，可养吊兰、文竹、常春藤、矮牵牛、波斯顿蕨、鹿角蕨、猪笼草等。

2. 不宜在室内栽培的花卉 有的花卉有毒，但您不让儿童碰它也可以养，如海芋等不少有毒花卉还未见放出有毒气体危害人体健康的报道。一些能分泌有毒物质的花卉和分泌物使少数人过敏的花卉应尽量不在室内栽培，尤其不在不通风的室内栽培，但有些可在敞开式的阳台上栽培。

（1）有毒的花卉 夹竹桃散发的气味会使人昏昏欲睡，智力下降，它的叶片有毒，分泌出的白色液体，接触会中毒。

一品红（圣诞花）不宜在室内摆放，因它会释放对人体有害的物质。

万年青含有一些有毒的酶，其茎叶的汁液对人的皮肤有强烈的刺激性，如被儿童误食会引起咽喉水肿，甚至令声带麻痹失音。

郁金香的花朵含有一种毒碱，如果与它接触过久，可能有的人会加快毛发脱落。

马缨丹的枝叶能散发出强烈的臭味，有毒，久在室内，会导致呼吸道发病。

曼陀罗、断肠草等毒性大，更不适合室内栽培。

虎刺梅的刺，碰到皮肤上使人感到发痒。虎刺梅是大戟科植物，有资料报道认为大戟科植物有些种类对人健康不好，当然有的还需进一步验证。一般情况下，尽量在室内少养大戟科植物。

（2）分泌物使少数人过敏的花卉 百合虽美又香，但其香气会令有的人神经过度兴奋，因此家里如有人神经衰弱，不宜选择百合。

一些香气浓烈的花，如郁金香开花时会释放出生物碱等物质，时间长了会使有的人产生头晕、胸闷症状，家有高血压或心脏病人的尤其不宜摆放这些花。

水仙香气袭人，也会令有的人神经系统产生不适，时间一长，特别是在睡眠时吸入其香，人会头昏。哮喘病人不宜在室内栽培。

月季的香气会使个别人闻后突然感到胸闷不适、憋气甚至呼吸困难。

夜来香在晚上能大量散发出强烈刺激嗅觉的微粒，高血压、心脏病患者容易感到头晕目眩、郁闷不适，甚至会使病情加重。

松柏类的花木所散发出来的芳香气味对人体的肠胃有刺激作用，如闻之过久，不仅会影响人们的食欲，而且会使孕妇感到心烦意乱，恶心欲吐，头晕目眩。

紫荆花的花粉有致敏性，家有哮喘病人不要摆放紫荆花。

室内如果摆放香型花过多，香气过浓，会使人的神经产生兴奋，特别是在卧室内长时间闻之，会引起失眠，或令人不舒服。

（四）室内花卉植物的摆放

室内摆放哪些花卉，要根据房间大小、采光条件、个人爱好及经济条件等因素确定。还要依据花卉的不同特性与室内周围环境氛围达到和谐统一，把它们摆放在最适当的位置。要色彩和谐人才能感到舒服，如开红色花的花卉不能放在红色桌子上，也不能紧靠在红、棕、黑的家具旁；墙壁浅色调的摆放叶色浓绿、花朵艳丽的花卉，能突出花卉的立体感。摆放盆花时要注意有足够的光照及空间，数量不宜太多，不要有拥挤感。“室雅何须大，花香不在多”，通过巧妙布置，居室一定会变得高雅、温馨，处处充满生机，会让您的生活增添更多情趣。

摆放高大花卉植株的高度应不超过房子高度的2/3，超过这一高度会使人产生压抑感。只有比例适当才能给人以舒适感。

室内陈列的盆花，由于阳光不足、通风不好、湿度小、温差小等，可能影响花卉的生长。一些珍贵品种，一旦生长不良就很难恢复。因此，室内盆花要及时更换，最好定期将其移到阳台上接受一定光照。

1. 客厅 客厅主要是接待客人及家庭成员活动的场所，近些年来新建的楼房客厅面积都比较大。客厅应摆放观赏价值高、姿态优美的盆栽花卉或盆景，花色应与家具环境相调和或稍有对比，使人感到朴素、美观、大方。

在很大的客厅里，可利用局部空间建造立体花园，突出主体植物，表现主人性格，经济条件允许时，应经常更换盛开的名贵花卉。

客厅面积较大的宜摆放挺拔舒展、风姿绰约、气势大方、造型生动且高大一些的花卉植物，如散尾葵、棕竹、南洋杉、巴西木、橡皮树、龟背竹、绿巨人、发财树等，一般选1～2株这种高大的植物。

在较小的客厅里，不宜放过多的大中型盆栽植物，以免显得拥挤。还可采用吊挂、花篮、壁挂布置，借以装饰客厅的空间。

在沙发两边及墙角处摆放橡皮树、椰子、散尾葵、棕竹、发财树、巴西木、波斯顿蕨、肾蕨、彩叶芋、苏铁等，坐在沙发上使您仿佛置身于大自然的怀抱之中。茶几上可适当布置鲜艳的插花。进门两旁的花架上可布置枝叶繁茂下垂的小型盆花。桌子上点缀小型盆景，摆设时不宜置于桌子正中央，以免影响主人与客人的视线。但客厅很大的也可在客厅的茶几上摆放一小盆苏铁，它浓绿的枝叶带有油亮的光泽，挺拔，能营造一种古朴典雅的氛围。如果在一角再配上一盆潇洒的竹类，则会使您的客厅显得更富有生气和诗情画意。

在门厅摆放仙客来，表示喜迎宾客之意；在较宽敞的门厅前可放置两盆观音竹、杜鹃等，使宾客进门就有耳目一新的感觉。

2. 卧室 卧室是晚上休息的场所，是温馨的空间。摆放的花卉，必须有益健康。要主次分明，立足少而精的原则。一般不悬挂花篮、花盆，以免花盆滴水。可摆放在夜间能吸收二氧化碳的仙人掌科植物，也可摆放无土栽培的洋兰，如蝴蝶兰、大花蕙兰等，还宜摆放略显宁静的小型盆花，如文竹、吉祥草、麦冬等绿叶植物，也可摆放君子兰、观赏凤梨、金橘、桂花、茉莉、满天星、仙客来、袖珍石榴等。它们不但能给人一种青春的活力，而且会使人感到居室内春意盎然、充满生机。当然金橘、桂花、茉莉等花香植物开花时要注意您是否过敏。

年轻人的卧室，可放置色彩对比强的鲜切花、盆花。女孩的卧室则可在床头柜上摆放红豆或海棠花。海棠被历代诗人所青睐，我国宋代大诗人苏轼的“只恐夜深花睡去，故烧高烛照红妆”，便是歌颂海棠的佳句。

老年人的卧室可以摆放常春藤、长寿花、仙客来等，使老年人感到精神焕发，不应在窗台上放置大的盆花以免影响室内光线。

春天在居室内摆放几盆以观叶为主的花卉。夏季强烈的阳光使人感到燥热，宜摆放一两盆白色的花卉，绿叶衬托着洁白的花朵，使居室凉意倍增，可以减轻闷热感，使人感到平和。秋季在居室内摆放米黄色的花卉，可使您有雅致、舒畅之感。严冬宜放橙、红色的花卉，给人一种温暖的感觉，而且红色花卉还象征着希望、幸福、爱情与欢乐。

3. 书房 书房是读书、写字、绘图、用电脑的房间，是文雅、静谧和有序的地方。要以文静、秀美、雅致的植物来渲染文化气息。如文竹、吊兰、棕竹、芦荟、绿萝、常春藤等，或摆放小山石盆景，会给文静的书房增添一份幽雅感，并能缓和视力疲劳和脑神经的紧张。

在书房的写字台上宜摆放文竹，书橱上适合摆放吊兰、常春藤。文竹叶片碧绿，枝叶展开似片片云松，给人一种宁静、雅致之感。吊兰、常春藤的绿色叶片垂挂在书橱前，显得更加婀娜多姿。还可摆放香石竹、茉莉，既可提神健脑，又能增添书房内的幽雅气氛。

4. 餐厅 餐厅是全家人每天团聚、进餐的重要场所。摆放花卉时要注意色彩的变化与对比，以有助于愉悦心情、增加食欲、活跃气氛为目的。摆放清洁、甜蜜为主题的植物，如棕榈类、巴西木、凤梨类、发财树或其他色彩缤纷的大中型盆栽花卉和盆景。摆放金橘、佛手等芸香科植物，它的清香可使人们在进餐时更有食欲。

5. 窗台 窗台前光线充足，可摆放多种喜光的花卉。

(1) 适于南窗台摆放的花卉 如果南窗台每天能接受5小时以上的光照，可摆放月季、杜鹃、山茶、栀子、茉莉、米兰、天竺葵、仙人掌科植物、君子兰、百子莲、金莲花、鹤望兰、水仙、风信子、香雪兰、郁金香、冬珊瑚等。

(2) 适于东、西窗台摆放的花卉 可摆放海芋、仙客来、文竹、天门冬、秋海棠、吊兰、花叶芋、金边六月雪、蟹爪兰等多种植物，盛夏西照阳光对一些花卉的叶片可能灼伤，应注意喷水或遮阳。

(3) 适于北窗台摆放的花卉 可摆放吊兰、棕竹、常春藤、龟背竹、燕子掌、广东万年青、蕨类等植物，或一些夏季需休眠的花卉，如仙客来、马蹄莲、报春花等。

(五) 适宜在阳台栽培的花卉

阳台是室内空间和室外空间的过渡部分，也是居住空间的延伸。现在的楼房在设计中越来越多地运用了转角或弧形的阳台设计，主要是为了建筑外立面的需要和视野上的开阔，给人带来一种全新的感受。180°的观景阳台、落地窗观景阳台、转角阳台等层出不穷，它们多为全封闭的，也有半封闭或敞开式的。

阳台的布置首先要考虑满足生活功能的要求，如呼吸新鲜空气，眺望外界环境，晾晒衣物等。在使狭小空间既有使用功能的前提下，也可摆放盆花，为您的居室增辉，成为家人共同喜爱的地方。在敞开式或落地窗阳台摆放花卉时，不仅是给自己看的，也是给大家看的，所以还要与社区、街道的大环境相一致。

阳台朝南的光照时间长，养喜光耐热的花卉，如叶子花、白兰、茉莉、月季、石榴、米兰、橡皮树、金橘、佛手、仙人掌科植物。多种露地草本花卉如鸡冠花、石竹、凤仙花、一串红、大丽花、鸢尾、铃兰、百合、水仙、五色苋、五色椒、半枝莲、美女樱、金盏菊、美人蕉、草芙蓉、牵牛花、茑萝，以及碗栽或缸栽荷花、缸栽睡莲等。还可养盆松、盆竹等。除栽培仙人掌科植物、景天、大花马齿苋等少数耐高温燥热的花卉外，夏季高温季节要适当遮阳并向盆花周围喷水，否则此时的高温燥热对大多数花卉的生长非常不利，特别容易灼伤叶片。

阳台朝北的可以养耐阴或半耐阴的植物，如文竹、龟背竹、天门冬、玉簪、紫萼、一叶兰、八角金盘等。一些需休眠的花卉夏季放在北阳台很适宜，如仙客来、马蹄莲、报春花等，秋季天凉时再

移回南阳台或室内。在纬度较高的北方，房屋的方向接近正南或偏西的，在5～8月可养许多花卉，早晚有一定时间的日照，午间房屋遮阴，并有较强的散射光，对许多花卉的生长是有利的。

在夏季，阳台朝东比朝西和朝南的阳台更适宜许多花卉的生长，室内摆放的花卉移到东阳台栽培更好，对那些喜光又怕烈日暴晒的花卉更适宜。栽培国兰、洋兰、凤梨类、山茶、杜鹃、花叶芋、棕竹等都很好。

西阳台夏季烈日直射高温燥热，采用垂直绿化较适宜。植物形成的绿色幕帘，遮挡着烈日直射，起到隔热降温的作用，使阳台形成清凉舒适的小环境。浇水应在早晚进行，如气温过高，中午前后将阳台的地面充分淋湿，以改善阳台干燥炎热的小气候。种植攀缘植物，如金银花、葡萄、凌霄等木本植物，或羽叶茑萝、牵牛花、丝瓜、苦瓜、蛇瓜、红花菜豆、旱金莲等草本植物。有条件的做简易的棚架牵引，在色彩与形式上较讲究，冬季植物落叶后也可观赏。也可用绳、铁丝等牵引。在绿色屏障保护下的西晒阳台上，可栽培大多数花卉。

在阳台上养花，首先要仔细、耐心，并要有正确的栽培管理方法。才能达到预期效果。

（六）阳台养花应注意安全和社会公德

安全第一是所有的人都知道的道理。当您在楼上阳台养花时，时刻要注意安全，一是他人的安全，二是自己的安全。一些阳台悬在空中，在它们的下面是道路或庭院，时常有人在路上行走或在下面活动，一楼住户常在庭院中活动或劳动。住在二楼以上的您要注意：防止花盆等栽培容器被大风刮下或无意碰落伤着别人，是阳台养花必须注意的头等大事。花盆等栽培容器一般都应该放在阳台内侧，或放在阳台外侧专门安装的栽培槽内。如果放在栏杆旁或阳台的沿口上，它们的外侧必须设小栏杆保护。有的把花盆摆在窗户外面的窗台上，窗前没有防护设备也是不安全的，如大风或万一不慎都可能使花盆掉落。有的阳台要注意承载力，特别是在护栏上放置较大的花盆或栽培槽时，一定不能忽略这个问题。外延的花槽、花架不要伸出太长，较大的花盆或栽培槽尽可能靠近承重墙摆放。

家庭阳台养花要注意社会公德。在给花卉浇水或施肥时，应避免让肥水漏淋到下边人家的阳台、窗户甚至溅到室内。放在护栏花架、阳台沿口或窗台外侧的花盆，浇水时应将其搬到阳台或室内，当盆底不再漏水时才能放回原处，不能图自己的方便而不管楼下的住户。大型容器不便搬动的，应在其下面放一个浅的容器，截住漏出的水。整理植物的枯枝残叶时，要及时收集起来，放在自家的垃圾袋里，千万不要一扔了事。在楼房居住的，上下左右邻居多，彼此距离很近，有些植物会引起别人过敏或有异味的尽量少栽。沤肥的容器要密封，以防臭气熏人，最好使用市场出售的复合肥或专用肥，既方便又卫生。在给花卉施用沤制的有机肥时，住在楼房的，应选邻居在家人少的时候。在阳台养藤本花卉时，不要让它爬到或下垂到邻居家，除非邻居家从心里就同意。

第 3 章 CHAPTER 3 宅旁园地特点与花卉配置

随着生活水平的提高，人们越来越重视自己宅旁的绿化美化，用来栽培花卉的地块占宅旁园地面积的比例越来越高。要搞好宅旁花卉的配置，首先要了解宅旁园地特点。

(一) 宅旁园地特点

本书所说的宅旁园地，是指平房或楼房一层住户的小院中可以用来栽培植物的土地，面积不是很大。不包括农村那种房前屋后成百上千平方米的耕地。换句话说，宅旁园地栽培的花卉主要是用来自己观赏，不是以商品生产为目的。

城市楼房四周的耕地条件一般来说开始比较差，尤其新盖的楼房。从表面看土壤还可以，但在十几厘米或二三十厘米的土层下面垫的是施工垃圾，甚至是原来房屋的地基或马路。当您栽培花卉后，往往生长不良，怕旱忌涝，甚至枯萎。如果植物枯萎，排除病虫害的原因，多是施工垃圾里石灰太多，或旧房的地基里用了石灰砂浆，不改造就无法让植物生长良好。如果垫的施工垃圾里面石灰少则多表现生长不良；如果栽培的花卉表现出怕旱忌涝，下面可能是原来房屋的地基或马路，积水渗不下去，地下水上不来。笔者每年都多次见到上述情况。

(二) 宅旁园地环境条件

由于房屋对光照和风的影响，以及人的活动等，使宅旁的环境条件不同于大面积耕地。在没有遮阴的情况下，由于墙面及玻璃的反光使房屋南面的光照非常强，非常适宜喜光植物的生长，但在离南墙较近的地方夏季高温燥热，不利于植物的生长。房屋东侧下午阳光直射时间短，西侧正好相反，北侧被房屋遮阴时间长。城市楼群间的温度高于田野几摄氏度，笔者每年都观察到春季城市楼群南面的宿根植物比田野早发10天左右，晚秋初霜冻楼群的怕冻植物安然无恙，当出现冰冻时花卉才枯萎，也就是说终霜早、初霜冻晚，实际上无霜期比当地气象部门泛指的多2～3周。房屋南侧的耕地土壤水分蒸发快，容易干旱。如排水不好，在大暴雨时耕地容易被淹。空气流通慢，风小。

在宅旁栽培花卉时一定要考虑到上述因素。

（三）宅旁花卉配置

如果只有几平方米的园地面积，并且产品容易遭到破坏时栽培花卉比其他作物更适宜；有十几平方米的园地面积花卉、蔬菜可以同时栽培；面积再大，栽培植物的种类选择的余地就大了，目前主要是栽培观赏或食用作物，少数栽培香料、窨茶、药用植物等。下面仅介绍宅旁花卉植物的配置。

北方的房屋南侧可优先栽培牡丹、芍药、亚洲百合、郁金香，其次是宿根福禄考、荷包牡丹、蜀葵、剪夏罗等能露地越冬的花卉。它们花朵艳丽，除亚洲百合外春季开花都早。

如您春季想早早看到盛开的花朵，可栽培三色堇、雏菊、矮牵牛、毛地黄；若想秋季看到花朵盛开，可栽培地被菊、大丽花等；若想从春天到秋天有开花不断的花卉，您就栽培一串红、矮牵牛、万寿菊、小丽花、百日草、金鸡菊等草本花卉，还可栽培台儿曼忍冬、月季等木本花卉。

如您喜欢非常艳丽的花卉，可栽培牡丹、芍药、郁金香、一年生福禄考等。

如您喜欢特殊的植物，可栽培含羞草、风流草等。

如您喜欢在宅旁乘凉，在凳子旁栽培香待霄草、紫茉莉、木本夜来香、晚香玉等，乘凉闻香别有情趣。

如您工作忙没有更多的时间管理，可栽培大花美人蕉、大丽花、百合、唐菖蒲等球根花卉和鸡冠花、凤仙花、百日草、天人菊、美女樱等，它们管理容易。

如您的宅旁有栅栏、树木、篱笆等，可栽培藤本植物，如金银花、台儿曼忍冬、藤本月季、蔷薇、羽叶茑萝、红花菜豆、牵牛花、蛇瓜、丝瓜、苦瓜、观赏南瓜、小葫芦等。

如您的宅旁有大树，可在树下栽培非洲凤仙、玉簪、紫萼、蕨类植物、孔雀草、三色堇等。有树遮阴，在北方三色堇可越夏。

如您宅旁的园地面积较大，可栽培一些木本花卉，如连翘、丁香、玫瑰、接骨木、绣线菊、鸡树条荚蒾、金银木等。还可栽培在北方初霜后需移入室内的木槿、紫薇、夹竹桃等。

如您在室内养了一些木本花卉，春季最好将花盆移到室外，露地条件比室内好得多。怕强光的要注意遮阴，宅旁有树木、藤本植物或其他高棵草本植物都可为它们遮阴。

南方可于宅旁栽培竹类或棕榈科植物，或桂花、含笑、米兰、茉莉、山茶、叶子花、栀子、白兰等，然后再配置草本花卉。

第 4 章 CHAPTER 4 家庭养花所需物料

一、容　　器

（一）花盆

家庭室内栽培花卉最常用的容器是花盆。它不受地形、空间条件的制约，可以随便移动。盆栽花卉管理方便，是很好的室内外装饰品。花盆的种类繁多，人们通常用使用的材料来称呼，如陶制花盆、塑料花盆、瓷制花盆、紫砂花盆、玻璃制花盆、木制花盆、铸铁花盆等，目前应用最多的是前两种。也有以使用目的来称呼的，如兰花盆、水仙盆、吊兰盆、盆景盆等，它们的形状或工艺特殊，分别用来栽培兰花、水仙、吊兰、盆景等。兰花盆的盆壁有孔，利于排水通气；养水仙的花盆浅，不漏水；吊兰花盆有挂钩，能悬挂。

1. 陶制花盆　也叫泥盆、瓦盆等，是由黏土烧制而成的，多为圆形，质地比较粗糙。陶制花盆价格便宜，透气、透水性能好，比较耐用，是家庭使用最多的花盆。盆的规格很多，以前通常用花盆上口直径的市制尺寸表示，如三寸盆、五寸盆、一尺盆、一尺八寸盆等。

2. 塑料花盆　价格较便宜，尺寸多样，有圆、方等形状。制造精细的有红彩金边，或有许多图案。塑料花盆轻便、干净，但透气、透水性能差，在太阳光照下容易老化。

3. 瓷制花盆　为瓷质上釉盆，工艺精巧，常绘有各种图案，形状有方形、圆形、菱形、多边形等。外形美观大方，使用寿命长。花卉展览多用瓷制花盆。它的不足之处是价格高，透气、透水性能不如陶制花盆。

4. 紫砂花盆　采用紫砂泥制作，色泽雅致，制作精细，工艺

讲究，稳重大方。品种极其繁多，直径最小的只有3厘米，最大的可达2.5米。紫砂花盆具有十分理想的吸湿、透气作用，栽培花卉不易烂根。用各式紫砂花盆配上各种花木，色彩和图案美丽，风格高雅。高档紫砂花盆除了选料讲究、做工精细、造型美观外，还进行了装饰，书画陶刻是最常见、最普通、也是最重要的一种表现形式。

一件好的紫砂陶刻花盆往往集书法、绘画、陶艺、金石、雕刻、诗词等多种艺术于一体。除了紫砂花盆本身所具有的栽培花卉的实用价值外，还具有很高的艺术价值、欣赏价值和收藏价值。随着人们文化和生活水平的不断提高，陶刻紫砂花盆越来越被人们所采用。

5. 玻璃花盆 作套盆用，无底孔，不漏水，外形美观大方，将栽有花卉的陶盆放在里面。

塑料花盆、紫砂花盆也可以作套盆，还可用竹编、柳编、藤条编的花篮作套盆。

木制花盆、铸铁花盆等应用很少。

（二）花缸及木桶

花缸的尺寸大，多是瓷制品，结实耐用。

木桶的尺寸很大，由耐腐蚀的木板或竹片制造。不易破碎，易于移动，小的还可以悬空吊挂。

花缸及木桶主要用来栽培高大的花木。在大的客厅或公共场所摆放高大的花木，华南许多人家在敞开的阳台上栽培大的叶子花等，都需要用花缸或木桶栽培。

（三）其他

1. 塑料育苗钵 家庭栽培花卉有时还用到塑料育苗钵，实际是小的简易塑料花盆，上口直径6、7、8、9、10、11、12厘米不等，价格便宜，常用来培育花苗。您在市场上买的蝴蝶兰苗通常就栽在这种盆里。如您繁殖的花苗很少时，也可用牛奶瓶、饮料瓶等移栽，要将它们的底打孔，孔直径不小于1厘米，以利排水。

2. 筐 用柳条、竹片、藤条等编织而成，通气性能良好，本身的重量较轻，特别适于悬空立体栽培或作装饰品，即将陶制花盆放在里面。

家庭还可用一些废旧的盆、缸栽花，应在其底部打孔以便排水，效果一般不如花盆。

二、营 养 土

盆栽花卉对土壤的要求比在露地栽培要严格得多，这是因为根系被局限在花盆里。花盆所装的土壤有限，一般土壤提供的矿质营养不能满足花卉生长的需要；土壤里的水分变化剧烈，经常浇水使土壤的结构劣化，孔隙度变少。花卉盆栽后根系发达，一般土壤里面的空气不能满足根系呼吸的需要。所以，盆栽花卉必须人工配制土壤或用特殊的材料。我们把人工配制的富含矿质营养的土壤叫营养土。

（一）配制营养土的材料

1. 腐叶土 别名山皮土，是由阔叶树的落叶堆积腐烂而成。森林里的腐叶土是非常理想的土壤，但在远离森林地区不易取得。广义的腐叶土包括用落叶、秸秆、稻草等与田土混合在一起，层层堆积腐烂而成。它含较多的腐殖质，具有良好的团粒结构。

2. 泥炭土 别名草炭土、草炭。是温带地区泥沼或湿地的苔藓类及藻类植物死亡后腐败堆积而成。它的总孔隙度在90%以上，透气、透水性能好，质轻，无病菌、虫卵和杂草种子。我国储量丰富。

3. 园土 园田土壤包括旱田土、菜田土、塘泥等。园土最容易获得，用园土配制营养土可因地制宜。

4. 苔藓 苔藓也叫水苔，是将苔藓类植物的纤维加工制成，吸水性良好，像海绵，其纤维状物不易散开，常与蛇木屑搭配使用来栽培兰科植物，以弥补蛇木屑养分不易附着的缺点。苔藓要到花卉市场去买。

5. 落叶松土 是落叶松树下的腐殖土与落叶松树叶的混合物，最适合栽培杜鹃等。

6. 无机物 最常用的是河沙，还有炉渣、珍珠岩、蛭石、陶粒、碎砖头等。

7. 其他有机物 如充分腐熟的马、骡、驴粪，炭化稻壳（砻糠），蔗渣，椰壳，蛇木屑等。蛇木屑是由蕨类（笔筒树）的枝干纤维老化干燥后制成的，本身为黑色的纤维状细条，经过加工制造及消毒后成为块状或散状。

（二）营养土的配制

花卉种类繁多，对土壤的要求差别很大，您在栽培某种花卉时，应根据它的要求配制。本书在介绍每种盆栽花卉时都分别介绍了对盆土的要求。如您栽培的花卉不是很多，配制营养土的材料又缺乏，可直接从花卉市场或园艺场购买。

如果您自己配制营养土，除了洋兰类附生植物必须用苔藓或其他无土材料、杜鹃要用落叶松土外，其他植物大体上可参照以下的配方应用。

播种用的培养土：腐叶土5份、园土3份、河沙2份。

盆栽草本花卉的培养土：腐叶土3份、园土5份、河沙2份。

盆栽木本花卉的培养土：腐叶土4份、园土5份、河沙1份；泥炭土2份、河沙1份；园土5份、充分腐熟的马粪3份、河沙2份。

您可根据具体情况酌量增减这几种原料的比例。

三、劳动工具

（一）室内养花所需工具

家庭室内养花要用到浇水、喷雾、修剪、上盆等工具。

1. 小喷壶 浇水用。在五金薄铁加工作坊或花卉市场可以买到。家庭栽培的花少，室内给花浇水又不宜将水淋到花盆外面，所以一定买专供家庭浇盆花用的小喷壶。如不用喷壶浇水也可以，但容易使盆里的土壤板结。

2. 小喷雾器 喷水、叶面施肥、喷洒农药用。装水量在0.5～1.5千克的就足够了。小喷雾器价格便宜，基本是塑料制品，目前的产品多不耐用。

3. 剪枝剪子 花卉的修剪要有专门的剪枝剪子。家庭常用的生活剪子，在木本花卉的修剪时不如剪枝剪子好用。价格一般5～20元。不同价格的质量差别较大。

4. 小铁铲 给花卉上盆、换盆时用。铁铲长20多厘米，用起来很方便，还可用它给花盆松土。

上述工具在园艺商店、花卉市场、五金农资商店都可以买到。

（二）宅旁栽培花卉所需工具

1. 铁锹 铁锹是宅旁栽培花卉时必备工具。宅旁面积小，翻地、铲土、培土、开沟、浇水、排水、做畦、施肥等都要用到它。

2. 镐 用于整地、起垄、中耕、挖穴等。

3. 锄 用于中耕除草、播种等。

4. 耙子 用于平整土地、清除植株残体、石头瓦砾等。

5. 镰刀 主要用于割去衰老的植株。

6. 筛子 用于把土壤过筛，农家肥、营养土的各种配料等也常需要过筛。

这些工具在农资商店或农贸市场都可以买到。

如您宅旁耕地面积很小，只是育苗时偶尔用筛子筛细土盖种子，也可用旧的塑料窗纱，把它先铺在地上，用铁锹把土铲在塑料窗纱上，然后两人作业把土过筛，注意每次不要放太多的土。

四、肥　　料

（一）有机肥

宅旁栽培花卉对有机肥要求不严，可就地取材，一般什么有机肥都可以用，前提是一定充分腐熟和无影响花卉生长的物质。大多数室内花卉的底肥对有机肥的要求也不严，除必须充分腐熟外，放置很长时间的要进行杀虫处理。

给盆栽花卉追施有机肥时，施入土里的要具有一定的速效性。如果浇施液体有机肥，一定要充分腐熟。在室内施用时还要等到腐熟的液体有机肥没有大的异味时再用，尤其室内通风不良时，应以人为本。液体有机肥的制作并不难，您准备一个能密封的容器，小的可用罐头瓶，大的用塑料桶，总之因地制宜。把饼肥（大豆饼、花生饼、棉籽饼、菜籽饼、芝麻饼、蓖麻饼等）、淘米水、鱼内脏、油渣等放在容器内，除了淘米水外，要加入适量的水。住楼房的放在阳台的见光处，让它充分发酵，基本散去异味后使用。

（二）化肥

能用在花卉上的化肥种类很多，盆栽花卉用得最多的是磷酸二氢钾、硫酸亚铁、氮磷钾复合肥等。

1. 磷酸二氢钾（KH_2PO_4）　白色结晶，属于速溶速效肥料，水溶液呈酸性。可用于各种花卉，尤其适用于观花、观果类花卉。在花蕾形成前喷施可促进开花，使花大、色彩鲜艳。使用方法：多叶面喷施，稀释成0.1%～0.2%溶液进行叶面喷雾。也可用0.03%磷酸二氢钾溶液浇灌。因价格较高，又速溶速效，一般不作基肥使用。

2. 硫酸亚铁（$FeSO_4 \cdot 7H_2O$）　别名绿矾。理论上含铁20.09%、含硫11.53%，为蓝绿色结晶体。化学性质不稳定，易失去7个结晶水，变成棕色的硫酸铁，特别是在高温、光照强或有碱性物质存在的条件下更不稳定。

植物对铁的需要量不多，土壤中铁含量一般不会低于植物的需要量，但由于土质和土壤条件不同，常会影响植物对铁的吸收。在酸性环境中，植物对铁的吸收有效性高，不易发生缺铁现象；而在碱性石灰质土壤中，植物吸收铁的有效性很低。这是因为铁元素存在两种化合价，即高铁（Fe^{3+}）和亚铁（Fe^{2+}），亚铁是有效铁。在植物体内高铁占优势，并且很容易被还原为亚铁，但植物从土壤中不能吸收高铁，当土壤中的pH高时（土壤碱性）高铁多，植物不能吸收，因此，在碱性石灰质土壤中生长的植物常常出现缺铁症。这就是为什么原产南方酸性土壤的花卉在北方栽培时要施用硫酸亚铁。

使用方法：①将硫酸亚铁稀释成0.1%～0.2%溶液，浇施，每次都要浇透。如果花卉黄化比较重，此时根系的吸收铁的功能大大降低，要采用喷雾法进行叶面施肥。②用0.2%～1%硫酸亚铁药液喷施叶片。当黄化得到有效控制，根系的吸收功能恢复到一定程度后，再浇灌效果比较好。③作基肥，拌在营养土中，使用量为营养土的0.2%左右。④泡制肥水：硫酸亚铁1份，饼肥4～6份，水100份，一起放入非金属容器内，放置阳光下暴晒发酵约1个月，取其上清液兑水稀释后使用。

杜鹃、梅花、山茶、苏铁、橡皮树、罗汉松、五针松、金橘、佛手、柠檬、代代、棕竹、鹅掌柴、发财树、龟背竹、喜林芋属（蔓绿绒属）等在北方都应施硫酸亚铁。

3. 氮磷钾复合肥 花卉需要的三大矿质营养（氮、磷、钾）在这种复合肥里都有。其中的氮是硝酸铵形态，钾为硫酸钾形态，都是水溶性，其中的磷有一部分是水溶性的，另一部分是弱酸溶性的。可用于各种花卉，作基肥、追肥都可以。氮磷钾复合肥具有吸湿性，保管时要注意。

现在花卉市场上有各种专用肥出售，用起来很方便，根据您养的不同种类花卉购买相应的肥料。价格比自己配制的要高一些。

五、农　　药

家庭栽培花卉常用到杀虫剂、杀菌剂、生长调节剂，而除草剂很少用到。现在农药种类有几百种，除了您到大的专门农药商店外，一般的农资商店或花卉市场能供您选择的农药种类不可能太多。家庭栽培花卉一般病虫害不多，您到一般的农资商店或花卉市场上可买到最常用的农药。下面介绍最常用的部分农药。

（一）杀虫剂和杀螨剂

要根据您要防治的虫害买杀虫剂，首先分清害虫的种类。对刺吸性害虫、食叶性害虫、枝干害虫、地下害虫分别用药。蚜虫、白粉虱、螨类（红蜘蛛）、介壳虫等都靠刺吸植物汁液为生，所以您要买具有内吸功能的或具有较强触杀功能的农药。食叶性害虫要用具有触杀、胃毒功能的药。有的药几种功能都有，有的只有一两种。还要注意到有内吸功能的药并不一定对所有刺吸性害虫都有效，要认真看包装上的说明，如有的药对蚜虫有效，但对螨类无效。

1. 齐螨素　别名爱力螨克、爱福丁、爱维菌素等。中等毒性杀虫、杀螨剂，是生物性农药。对螨类和食叶性害虫有触杀和胃毒作用。用1.8%齐螨素乳油6 000倍液防治螨类，用1.8%齐螨素乳油1 500倍液防治蚜虫，用1.8%齐螨素乳油3 000倍液防治食叶性害虫。

2. 溴氰菊酯　别名敌杀死、凯素灵、凯安保等。属中等毒性杀虫剂。剂型有2.5%敌杀死乳油，2.5%凯素灵可湿性粉剂。有很强的杀虫活性，击倒速度快，以触杀和胃毒作用为主。能防治食叶害虫和蚜虫，对红蜘蛛无效。常用2.5%敌杀死乳油2 000倍液喷雾。

3. 乐斯本　别名毒死蜱，属中等毒性杀虫剂，具触杀、胃毒和熏蒸作用。在叶片上的残留期不长，在土壤中的残留期则较长，对地下害虫有较好的防治效果。常用40.7%乐斯本乳油1 000倍液喷雾防治螨类、蚜虫和食叶性害虫。乐斯本对皮肤有刺激，使用时要戴手套。

4. 敌百虫 低毒杀虫剂。在弱碱性溶液中可变成敌敌畏，但不稳定。具有很强的胃毒作用，兼有触杀作用。用于防治食叶性害虫和盆土里的虫类，对蚜虫、螨类、白粉虱防治效果极差。用90%固体敌百虫500～800倍液防治，固体敌百虫必须先用热水化开后再兑水使用。

5. 克螨特 别名丙炔螨特。低毒广谱性有机硫杀螨剂。该药对成、若螨有特效。用73%克螨特乳油2 000倍液喷雾。在高温高湿情况下在葫芦科和豆科植物幼苗上使用时，浓度不能高于3 000倍液。

6. 呋虫胺（护瑞） 制剂为20%可湿性粉剂，用3 000倍液喷雾。第3代烟碱类杀虫剂。具有触杀、胃毒和根部内吸性强、速效高的特点，持效期长达3～4周。毒杀介壳虫、蚜虫、叶蝉、飞虱、蓟马、粉虱及其抗性品系，同时对鞘翅目、双翅目、鳞翅目、甲虫目和总翅目害虫高效，并对毒杀蟑螂、白蚁、家蝇等卫生害虫高效。对蜜蜂安全。

7. 阿克泰 制剂为25%阿克泰水分散粒剂，用5 000～10 000倍液毒杀蚜虫，毒杀白粉虱用2 500～5 000倍液。内吸型杀虫剂。有效防治同翅目、鳞翅目、鞘翅目、缨翅目害虫，如各种蚜虫、叶蝉、粉虱、飞虱等。低毒杀虫剂，对蜜蜂有毒。在施药后，害虫接触药剂后立即停止取食等活动，但死亡速度较慢，死虫的高峰通常在用药后2～3天出现。

8. 氯噻啉 制剂为10%氯噻啉可湿性粉剂，用4 000～5 000倍液喷雾。是一种新烟碱类强内吸性杀虫剂，低毒、广谱。毒杀蚜虫、叶蝉、飞虱、蓟马，对鞘翅目、双翅目和鳞翅目害虫也有效。

9. 茚虫威（安打） 常用剂型15%悬浮剂，用3 000倍液喷雾。属低毒杀虫剂。毒杀甜菜夜蛾、小菜蛾、菜青虫、斜纹夜蛾、

甘蓝夜蛾、棉铃虫、烟青虫、卷叶蛾类、苹果蠹蛾、叶蝉、金刚钻、马铃薯甲虫等害虫。

现在不少地方出售敌敌畏和乐果，这两种药的药味太大，室内最好不要使用。80％敌敌畏和40％氧化乐果乳油对蔷薇科植物容易产生药害，引起落叶。

（二）杀菌剂

1. 代森锰锌 别名速克静、大生、喷克、大生富、山得生等。低毒杀真菌药。对炭疽病、黑星病、锈病、黑斑病等真菌病害有效。用70％～80％代森锰锌可湿性粉剂500倍液喷雾。

2. 百菌清 别名达克宁、达克尼尔等。为广谱、高效、低毒安全的杀菌剂，对真菌病害有预防和治疗作用，持效期长，而且稳定。是非内吸性杀菌剂。用75％百菌清可湿性粉剂600～700倍液喷雾防治真菌病害。该药对眼角膜有刺激作用。

3. 甲基硫菌灵 别名甲基托布津。是一种广谱内吸低毒杀真菌药剂，能预防和内吸治疗多种病害。对大丽花的花腐病、月季的褐斑病、君子兰叶斑病，以及各种炭疽病、白粉病及茎腐病都有一定的防效。用70％甲基硫菌灵可湿性粉剂600倍液喷雾。

4. 甲霜灵锰锌 别名瑞毒霉锰锌。为广谱内吸性杀真菌药剂，兼具甲霜灵与代森锰锌的杀菌特点。用58％甲霜灵锰锌可湿性粉剂500～700倍液喷雾。

5. 三唑酮 别名粉锈宁、粉锈灵、百理通等。是一种高效、低毒、低残留、持效期长、内吸性强的杀真菌农药。对白粉病、锈病有预防保护和内吸治疗作用。用15％三唑酮可湿性粉剂或20％乳油1 000～1 500倍液喷雾。

6. 农用链霉素 是一种广谱抗生素制剂。可以防治多种植物细菌性病害。用72％农用链霉素粉剂3 500倍液喷雾。

7. 病毒灵 别名盐酸吗啉胍。对多种植物的病毒病有保护、纯化和治疗作用。在发病初期用20％病毒灵悬浮剂400～600倍液喷雾。

8. 菌毒清 是一种高效广谱杀病毒、杀真菌农药。具有一定的内吸和渗透作用，对多种真菌病害和病毒病害有较好的防治效果。用5%菌毒清水剂200倍液喷雾。菌毒清不宜与其他药剂混用。

9. 己唑醇 剂型为5%己唑醇悬浮剂，用1 500～2 000倍液喷雾。属唑类杀菌剂，具有内吸、保护和治疗活性。对担子菌纲和子囊菌纲引起的病害如白粉病、锈病、黑星病、褐斑病、炭疽病等有很好的保护和铲除作用。在推荐剂量下使用，对环境、作物安全，但有时对某些苹果品种有药害。

10. 氟硅唑（福星） 剂型40%乳油，用8 000～10 000倍液喷雾。是美国杜邦公司生产的世界上第一个有机硅类杀菌剂。对担子菌、子囊菌和部分半知菌类防治效果显著。对白粉病、黑星病、锈病、灰霉病、黑斑病、叶霉病等有很好的防治效果。

11. 安泰生（丙森锌） 剂型70%可湿性粉剂，用600～800倍液喷雾。可防治霜霉病、褐斑病、炭疽病、轮纹病、黑星病、疫病等。安泰生含锌量为15.8%，锌在作物中能够促进光合作用；促进愈伤组织形成；促进花芽分化、花粉管伸长、授粉受精和增加单果重。锌还能够提高作物抗旱、抗病与抗寒能力；对蜜蜂无害，对作物安全，无残留污染。不能和铜制剂或碱性农药混用。

12. 世高（恶醚唑） 剂型10%世高水分散粒剂，用3 000～6 000倍液喷雾。世高的杀菌谱广，能有效防治子囊菌、担子菌、半知菌等病原菌引起的黑星病、白粉病、叶斑病、锈病、炭疽病等。对作物的安全性好，可应用于多种作物上。

13. 氟咯菌腈（咯菌腈，适乐时） 制剂为2.5%氟咯菌腈悬浮种衣剂，用1 500～2 000倍液喷雾。触杀性杀菌剂，用于种子处理，可用于防治多种作物种传和土传真菌病害，如防治根腐病、立枯病、枯萎病，对灰霉病、菌核病有特效。

（三）植物生长调节剂

植物生长调节剂用量很少就能达到人工调节植物生长的要求。

植物生长调节剂不是万应灵药，只是起一定的辅助作用，也就是说，必须在加强综合栽培技术措施的基础上，按使用的目的，在关键时期使用，才能发挥其作用。

1. 促进生根的 促进植物扦插生根的常用植物生长调节剂有吲哚乙酸（IAA）、吲哚丁酸（IBA）、萘乙酸（NAA）以及 ABT 生根粉等。在实际选用时，由于吲哚乙酸容易分解，效果不够稳定；吲哚丁酸虽不易被氧化分解，但价格较贵；萘乙酸比较便宜，效果也较好，生产上应用较多。家庭繁殖花卉用药量很少，所以您如能买到哪一种小包装的应用都可以。

萘乙酸（NAA）别名 α-萘乙酸，是一种广谱性植物生长调节剂，具有促进植物生长，促进生根、抽芽、开花，防止落花落果，促进早熟增产的作用。市场上出售的有 20%萘乙酸粉剂、0.1%萘乙酸水剂、5%萘乙酸水剂等。用药液浸泡扦插枝条基部 3～5 厘米，可促进生根，提高成活率。其中用嫩枝扦插的使用浓度低，硬枝扦插的使用浓度高；浸泡时间长的使用浓度低，浸泡时间短的使用浓度高。如用 0.3%～0.5%的高浓度溶液，浸蘸 3～5 秒钟，就能较好地促进生根。萘乙酸对人畜低毒，但对皮肤和黏膜有刺激作用，施药后要洗手洗脸，防止对皮肤损伤。

2. 延缓植物生长的 延缓植物生长的常用植物生长调节剂有比久、多效唑、矮壮素、乙烯利等。

这类药剂可控制花卉植物体内激素的合成或代谢，改变同化产物的分配，调节花卉生长发育，能使花卉的茎干变得粗短、叶子深绿、叶片加厚，可使花卉提早开花。

在应用植物生长延缓剂抑制生长时，小剂量多次施用比大剂量一次施用效果好，这样既可经常保持抑制作用，也避免对植物的毒害和其他副作用，还能增加植物对药剂的吸收。使用最适宜的时期，取决于植物生长调节剂的种类、药效持续时间和使用的目的等。

（1）比久 别名丁酰肼、B_9。可以被植物根、茎、叶吸收，进入体内后主要集中于顶端及亚顶端分生组织，影响细胞分裂素和生长素的活性，从而抑制细胞分裂和纵向生长，使植物矮化粗壮，但不影响开花和结果，使植物的抗寒、抗旱能力增强。通常用0.1%～0.3%的药液喷洒叶片。

（2）多效唑　别名 PP_{333}、氯丁唑等，是内源赤霉素合成的抑制剂，可明显减弱顶端生长优势，促进侧芽生长，茎变粗，植株矮化紧凑。如用多效唑处理菊花、天竺葵、一品红、芸香科植物等株型明显受到抑制；能增加叶绿素、蛋白质和核酸的含量；可降低植株体内赤霉素物质的含量，还可降低吲哚乙酸的含量和增加乙烯的释放量。多效唑主要通过根系吸收而起作用，从叶片上吸收的量少，不足以引起形态变化，但能增产。多效唑属低毒药物。剂型有25%多效唑乳油、15%多效唑可湿性粉剂。

（3）矮壮素　别名三西、西西西、氯化氯代胆碱等。可经叶片、幼枝、芽、根系和种子进入植株体内，其作用机理是抑制植株体内赤霉素的生物合成，它的生理功能是控制植株徒长。是赤霉素的拮抗剂，抑制细胞生长，而不抑制细胞分裂，使植物矮壮，茎干增粗，叶色加深，增强抗倒、抗旱、抗寒、抗盐碱等作用，促进生殖生长，从而提高坐果率，也能改善品质，提高产量。如杜鹃在生长初期用矮壮素 300～500 倍液喷淋土表，能矮化植株，早开花。剂型有 50%或 40%矮壮素水剂、50%矮壮素乳油。各种植物对浓度要求差别较大。

（四）农药、化肥溶液浓度表示方法及稀释倍数含义

1. 有效浓度　指在 1 千克溶液中含有溶质（农药或化肥）有效成分的毫克数，不是指溶质质量的毫克数。单位毫克/千克，1 毫克/千克相当于有效成分占溶液的百万分之一，以前用 10^{-6} 表示溶液有效浓度，再以前用 ppm 表示，现在 ppm 已废止。例如用50%矮壮素水剂配制 100 毫克/千克矮壮素溶液，需兑水倍数多少？配制时计算方法很多，1 千克等于1 000 000毫克，那么 100 毫克/千克矮壮素溶液里矮壮素有效成分与水的重量比为 100∶1 000 000＝1∶10 000，也就是将纯的矮壮素稀释10 000倍就变成了 100 毫克/千

克矮壮素溶液。但是50%矮壮素水剂只含50%的有效成分，需要10 000×50%=5 000，即加水5 000倍。有效浓度主要用在农药的应用上。

2. 百分比浓度 指溶质质量占溶液质量的百分比。要求溶质与溶液的单位必须相同。百分比浓度在化肥上应用得较多。

3. 稀释倍数 指农药或化肥的化合物的单位重量或容积加水倍数。如用58%甲霜灵锰锌可湿性粉剂500倍液喷雾，就是1克58%甲霜灵锰锌可湿性粉剂加水500克。如果用有效浓度表示则为1 160毫克/千克甲霜灵锰锌溶液，算法是这样的：配制出1千克58%甲霜灵锰锌可湿性粉剂500倍液，需用58%甲霜灵锰锌可湿性粉剂=1 000克÷500=2克。有效药量=2克×58%（有效成分）=1.16克=1 160毫克，在1千克水里有效浓度则为1 160毫克/千克。

六、种子、苗木及盆花的购买

无论您是一位初学养花者，还是您养花多年，无论是家庭养花，还是商品花卉生产者，都有花卉种子、苗木及盆花的购买问题。由于多方面的原因，常会遇见各种问题。下面从初学养花者的角度就常见的问题加以介绍。

（一）种子的购买与采集

植物形态学的种子是由胚珠受精形成的，它是真正的种子。从栽培学角度讲，种子还包括所有能繁殖的器官，如根、茎、叶、果实，也包括蕨类植物的孢子。

家庭养花种子的来源一是自己繁殖，二是购买，三是采集。初学养花者除了别人给的外，就要购买或自己采集种子了。就全国而言，目前卖种子的地方有花卉市场、花木公司、农户、种子商店、一部分农贸市场。还可以邮购，您可从互联网或有关报刊上获取售种信息。几乎所有的农业大学、农业科学院都出售花卉种子。

总体说来，目前经营种子的利润比较大，尤其新的杂交一代种子和近些年流行的花卉种子。一些进口的杂交一代花卉种子的价格按重量算比黄金还贵。当然平均到1粒种子上只有几分到几角钱。这对只在宅旁绿化的家庭来说不是单价问题，而是经营商整袋出售，并不按粒出售，一家用不了。建议您首先选择买苗，当然也可以几家合买，或您买了种子后育出秧苗送人、出售。

在宅旁栽培草本花卉时，除了买种外还可到公共的花境、花坛等处去采常规品种的种子，注意别践踏和损坏花卉，采种并不会对花卉造成任何损坏，当然要和有关部门打一下招呼，以免引起不愉快的事发生。现在万寿菊多是杂交一代，您不要采，它的后代分离太大，也就是说，用它育的苗利用价值太低。现在多数草本花卉都是常规品种，可以采种使用。为了学生实习和绿化，笔者在单位种了许多种草本花卉，每年都有上千人来无偿采种。现在花卉市场、花木公司、农户、种子商店、一部分农贸市场都出售3元左右1袋的普通花卉种子。如您不追求太高档，买这样的种子或用自己采的都可以，其实差别不是很大。

目前市场上出售花卉种子的问题不少，一是名不副实，同名异物、同物异名的常有发生，无论是精美包装的，还是散装的。有的是卖种子的人就搞错了，有的故意鱼目混珠，有的种子质量太差，表现种性差或发芽率太低。如您不认识某种花卉种子，最好请明白人帮您买。买回后要做发芽试验，即使您从权威单位买的种子照样可能不出苗，笔者每年都遇到这个问题。目前花卉的种子问题比粮食、蔬菜等作物大多了，当然会慢慢地改进。您买的带包装的种子要留着种子袋和收据，万一有问题可与卖主交涉。

您要买球根花卉的种球，首先确认是不是某种花卉的球根，市场上也有鱼目混珠的。然后看有无病害，是否有腐烂，是否受冻，芽眼是否干枯，最后看种球的大小。种球的大小对开花有很大的影响，太小的种球种植当年可能不开花，如唐菖蒲、晚香玉、香雪兰等很小的种球种植当年是不能开花的。您要买郁金香要问清是否进行了低温处理，详见本书郁金香一节。水仙球的大小价格差别好几

倍，买时要注意，专门卖水仙球的人一般会雕刻，您可让他义务为您雕刻加工，当然也可参照本书水仙一节或其他书籍介绍的方法，自己雕刻加工会别有一番情趣。您要买百合种球，至少要问明白是哪种类型，具体见百合一节。

（二）苗木的购买

苗木一般指木本花卉的幼株，广义的花卉苗木包括草本花卉的秧苗。从栽培学角度讲，定植前称苗木或秧苗，定植后称植株。所以，就是同一种花卉苗木与植株不能用大小来划定一个具体标准。

目前花苗利润较大，比如一年生的草本花卉秧苗1株售价1元左右，比同样成本的蔬菜苗高出1～2倍。这是由于国家和许多单位大量投入绿化费，家庭用量较少，育苗的市场风险也较大。如您有条件可自己培育，一则省钱，二则也是一种乐趣。

一般提倡买大苗，尤其生长较慢的木本花卉，大苗可早开花。当然也要注意尽量不买节间很长的徒长苗，草本花卉更容易徒长。也不要买叶片数很多、节间非常短并且生长量很小的“小老苗”。买苗时还要注意有病虫害的不要买，特别要看叶片的背面，刺吸式害虫大多长在叶背面。要有很好的护根措施，有的阔叶木本苗木可不带土坨，但根系一定要发达；针叶树的苗木必须带土坨；草本花卉绝大多数要有塑料育苗钵保护根系，即苗根系在塑料容器里。

冒充牡丹、某种兰花等名贵花卉的苗木在市场上出售，已是司空见惯的事。当您购买还没长出叶片的苗木时，要特别注意辨认真伪。

（三）盆花的购买

买盆花可到花卉市场、农贸市场、花木公司等地购买。根据您的爱好和经济条件选购盆花。如有时间多看看，货比三家，最后再买。确定要买的种类后，首先从总体上看看花卉的长势，花卉和花盆间是否平衡、协调，花盆是否符合您的要求。然后仔细观察植株生长是否健壮，枝条是否丰满，叶片是否挺拔，底层叶片是否变黄，花朵是否鲜艳，有没有病虫害。要仔细看木本花卉茎干生长得怎么样，是否有严重伤痕。蚜虫、螨类、白粉虱、介壳虫长在叶片背面，又较小，需仔细查看。假如购买大型花木，如苏铁等，可以让摊主挖掉一些泥土，直至看到茎基部。一些花商为了好看，更主要是为了获取更大的利润，在出售前将多株花组栽在一起，买这样的盆花时更要认真看看每株花的生长情况。

如买花送亲友，或者用于节日、庆典纪念等，应买正在盛开的盆花，这样马上能见到效果，增加喜庆的气氛。如平日买盆花，买含苞欲放的更好，一是它开的时间长，二是您可观察开花的全过程。多数花在含苞欲放时别有一番情趣。

第5章 CHAPTER 5 花卉育苗技术

大多数草本花卉和一些木本花卉都可以用播种育苗。播种育苗的繁殖速度快，可以在短期内大量生产。由种子培育的植株长势旺盛、寿命长，种子调运方便。但用种子繁殖的后代有的出现变异和混杂，有的植物实生苗生长缓慢，需多年才能开花，有的花卉不能采到种子，因此需要用无性繁殖。

一、播种育苗

播种育苗是指用植物器官的种子或蕨类植物的孢子进行的有性繁殖。把种子（或孢子）培育成幼苗（孢子体）的技术叫播种育苗技术。通过播种繁殖的幼苗又叫实生苗。

家庭栽培花卉的种子有的可以自己繁殖。如您栽培的是常规品种，在开花时，只要能结籽的，采用人工授粉的方法一般都能采收到好的种子。如您栽培的是杂交一代种子，就不要采种了，它的后代分离，不宜再用来播种，如万寿菊种子后代分离就十分严重。

（一）种子的处理

1. 消毒 如果您的种子数量少，或种子比较贵重，或育苗时温度比较低，在播种前最好进行消毒处理。通常的做法是用温水或药剂消毒。种子在55℃的温水中浸15～20分钟后，种子表皮上的病菌将被杀死，但多数花卉的种子如葫芦科的、观赏辣椒的种子等则安然无恙。利用这个特点把种子放在55℃的温水里，浸15～20分钟杀菌。也可用杀真菌的农药，如50%多菌灵可湿性粉剂500倍液浸种1小时，或用福尔马林100倍液浸种10分钟，或用0.5%高锰酸钾溶液浸种2小时，或用1%的硫酸铜溶液浸种5分钟。无论用哪种药，当将种子从药液中捞出后，一定要用水充分冲洗才能播种或催芽。如果播种的数量大，也可用药剂拌种，用种子重量0.2%～0.3%的农药拌种，常用农药有福美双、多菌灵等。

2. 浸种催芽 浸种是指把种子放在水里，让它充分吸水以满足发芽过程对水分的需要。催芽是指在人工创造的适宜环境条件下让种子发芽。把用水浸过的种子用湿润的纱布、毛巾包好，放入容器中，或直接放在陶盆里，上面用湿毛巾或纱布覆盖不见光，放在25℃左右的地方催芽，每天用温水淋洗种子2次，直到出芽。如果您播种育苗的环境温度能够在22℃以上，大多数花卉可浸种后直接播种，或消毒后直接播种，这样比较省事；如您播种育苗的环境温度低，应催芽后播种。万寿菊、百日草、紫罗兰、紫茉莉、蒲包花、菊花、凤仙花、小丽花、羽叶茑萝等出苗容易，可直接将干籽播下。观赏南瓜、观赏辣椒、冬珊瑚等浸种催芽后再播更好。

在种子消毒、浸种、催芽的每个过程中，除了个别的木本花卉种子用强酸、强碱进行种皮软化处理外，都不能使种子接触油、酸、碱、盐。用强酸、强碱进行种皮软化处理后必须用自来水冲洗干净。

3. 低温层积处理 将种子和沙分层堆积叫层积处理。将它们储藏在0～7℃的低温环境下，并兼有催芽目的时，就叫做低温层积处理或低温层积催芽。此法在木本花卉种子播种育苗时应用较多。它操作简便，是比较安全的一种方法。

在层积以前要进行种子消毒，然后将种子与湿沙混合，种子和沙体积比为1∶3～5，或一层种子一层沙子交错层积。大量生产时每层厚度在5厘米左右。沙子湿度以手握成团，松手后触之即散为宜。低温沙藏层积处理必须满足以下3个基本条件：0～5℃的低温(取决于树种)；适当的湿度（不要太潮）；一定的时间。各树种时间很不一致，如杜鹃、榆叶梅需30～40天，海棠需50～60天，桃、李、梅等需70～90天，蜡梅、白玉兰需90天以上。经层积处

理后即可取出直接播种，或筛去沙土，或催芽后再播。家庭少量的可放在冰箱的冷藏室里。

（二）营养土的准备

家庭栽培花卉播种育苗数量少，一般用花盆播种即可，所用营养土很少，因此尽可能用最好的营养土播种。如用腐叶土5份、园土3份、河沙2份，或腐叶土3份、河沙 1 份，或泥炭土 2～3 份、河沙 1 份配制。然后放在阳光下晒几天，或放在蒸锅里蒸，上汽后蒸 10 分钟。

家庭播种数量一般很少，可以在陶（泥）盆或其他较浅的塑料盘、木制盘上播种。无论用哪种容器，它的底部都必须有较大的孔隙能够排水。将消毒的营养土装入上述播种用的容器里，用手轻轻地压实。再用一面直的尺、或小木板、或玻璃等把土层表面刮平，如果用陶盆也可用晃动的方法使土面平整。

（三）播种

用小喷壶把容器里的营养土浇透，等一会儿见到容器下面稍有水渗出为宜。表土层有的地方有积水，是表土层不平。如容器没放平，在低的一侧有积水，等积水渗下后，用细土轻轻地填平或把容器放平。然后马上播种。大粒种子如观赏南瓜、紫茉莉等可以点播。点播虽然费工，但出苗健壮，管理方便，还可晚分苗。多数花卉种子较小，采用撒播。用手指拿着种子在容器不同的地方撒，撒完后，发现不匀的用牙签将种子轻轻地拨匀。如您是初次播种，开始手里一定要少拿种子播种，经多次把种子播完，这样容易播匀。播种后上面覆盖细土，覆土厚度 0.2～1.5 厘米。具体覆土厚度取决于种子的大小，矮牵牛、蒲包花、大岩桐、毛地黄等微粒种子覆土 0.2 厘米或更薄，鸡冠花、石竹、麦秆菊、瓜叶菊等很小粒种子覆土 0.5 厘米左右。凤仙花、蜀葵、大丽花、百日草、观赏辣椒、冬珊瑚、万寿菊、一串红、福禄考等小粒种子覆土 1 厘米左右。观赏南瓜、仙客来、金盏菊等大、中粒种子覆土 1.2～1.5 厘米。总之，不可覆土太薄。播种过程见图 5-1，如您用的土壤已经消毒，播种时就不必用药土了。

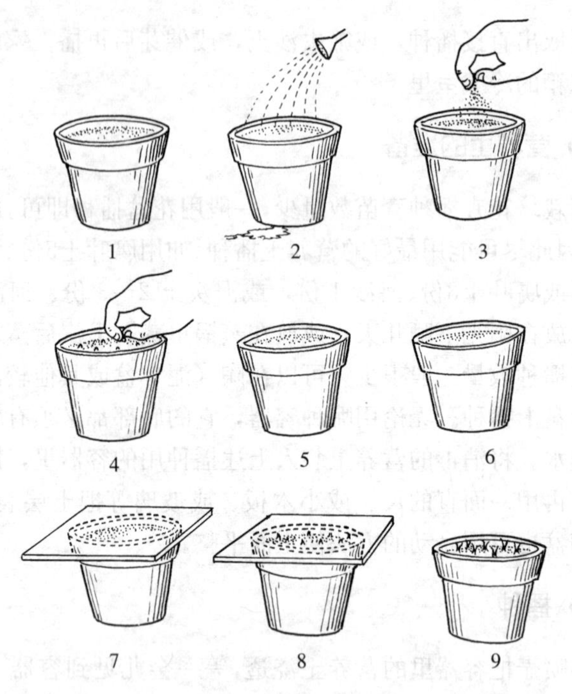

图 5-1 播种过程

1. 装土 2. 浇水（盆底流出水） 3. 撒药土 4. 播种
5. 覆药土 6. 覆细土 7. 盖玻璃 8. 种子出土 9. 撤去玻璃

覆土后找一个干净的白色塑料袋，把它撕开盖在土表面，您如有地膜或保鲜膜就更好了，或用玻璃盖在容器上面。春季播种后放在南窗台充分见光处，在秋季播种的如瓜叶菊、蒲包花、冬紫罗兰等要放在遮阴的地方。每天早晨把塑料薄膜下面的水珠抖掉，见到幼芽拱土后应马上去掉塑料薄膜或玻璃。

应当指出，用容器育苗的，播种覆土后再浇水的做法是不妥的，这样使覆的细土孔隙度变小，含水量多，对种子发芽出土不利，也容易加重病害。

(四) 出苗障碍

温度适宜的情况下，从播种到出苗多数草本花卉只有几天的时

间，木本花卉时间要长一些。出苗期间很容易发生出苗障碍。

1. 籽苗“带帽”出土（图5-2） “带帽”出土是指子叶带种皮出土的一种现象。出土的两个种皮夹住子叶，使子叶不易张开。它对生长影响很大。原因是种子上面覆土太薄，细土的重力不足以脱去种壳，另外，将种子垂直播种在土壤中也容易发生这种现象，葫芦科的种子、百日草、小丽花、蜀葵、观赏辣椒、乳茄等种子容易“带帽”出土。出苗期间，您认真观察，看见有“带帽”出土的种子后，马上覆盖细土；如已长高了不宜再覆土，可早晨用小喷雾器喷雾，使种皮湿润后用手轻轻地脱去。

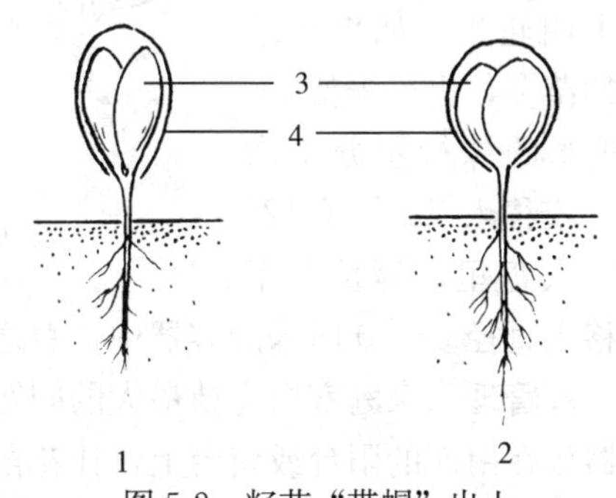

图5-2 籽苗“带帽”出土

1. 观赏瓜类 2. 观赏辣椒 3. 子叶 4. 种皮

2. 不出苗或出苗很少 原因很多：①温度太低或太高。②土壤水分太少。③土壤里肥料太多。④种子发芽率低，尤其买的种子很容易出现这种问题，笔者每年买的各种种子都多次遇见这种情况。⑤种子在土里已感染上病菌腐烂。⑥误混入能产生药害的农药、除草剂使种子受害最重。

3. 死苗 籽苗出土后逐渐死掉了一部分或全部。在家庭育苗时死苗主要有以下原因：猝倒病、立枯病导致死苗；个别花卉的陈种子出苗后也可能死苗；煤烟也能熏死幼苗；室内育苗的要注意做菜的油烟和香烟的危害。

4. 发霉 在土壤表面或籽苗上长有霉层，是由于土壤湿度太大且不见光所致。有少量发霉的去掉霉层，放在通风见光处。

（五）幼苗管理

1. 分苗 当籽苗有1～2片（对）真叶时，将苗移入直径6～10厘米的容器中。叶片在茎或枝条上的排列方式叫叶序，叶序常见的有互生、对生、轮生等（图 5-3）。每个节上只生长 1 片叶的叫互生，每节上相对着生 2 片叶叫对生，3 片或 3 片以上的叶生长在 1 个节上叫轮生。如果您培育的苗多，也可先按3～4 厘米的株行距分 1 次苗，或移入 72 孔或 128 孔的穴盘里，等长大了再移入直径 6～10 厘米的容器中，总之不要耽误幼苗生长。

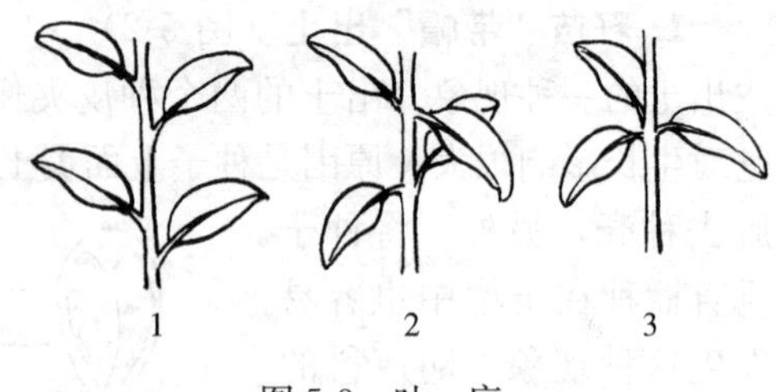

图 5-3 叶 序
1. 互生 2. 对生 3. 轮生

2. 管理 家庭室内育苗最大的问题是光照，冬、春育苗要把育苗容器放在南面的阳台或窗台上，让花苗充分见光。只有充分见光幼苗才能正常生长，不徒长，也不易发生病害。如室内温度太低，宁可晚些播种育苗。一般来说，室内白天见光处温度最好在 20℃以上，晚上不低于 15℃。如您家晚上温度太高，应将育苗地方的温度降下来，否则有些花苗容易徒长。比如可通过挡窗帘、移到阳台或其他冷凉地方等方法控制温度。室内通风差时，蒸发量少，浇水不能太多，当然不能过于控水，以免变成小老苗。您如用肥沃的营养土育苗，苗期短的草本花卉不用追肥。室内尽量开窗换气，让幼苗见风。当室内外温差大时，注意别把幼苗放在风口，避免闪苗。闪苗的叶片边缘向内卷，重的变白，严重的枯死。

二、分生繁殖

分生繁殖是人为地将植物体上长出来的幼植株体（如吸芽、珠芽、球茎），或者营养器官的某一部分（如长匍茎、变态茎），分离另行栽植使之成为独立植株的一种繁殖方法。它的优点是所产生的新植株能保持母株遗传性状，操作方法简便，易于成活，成苗快。缺点是繁殖系数较低，产苗量较少，有的切面较大容易感染病害。为提高繁殖系数，可砍伤根部。当根部受伤后，分生根蘖增加。为

防止伤口感染病害，使用药剂或草木灰涂抹伤口消毒。

(一) 分生繁殖的操作方法

分生繁殖按操作方法一般分为分割法和分离法两种类型。

1. 分割法 常用于一些丛生灌木花卉和一些宿根花卉。将全株分割为数丛也叫全分株法，如芍药、玉簪、报春花等（芍药也可用半分株法）。或将母株根际发生的萌蘖，带根分割另行栽植，母株不动，如牡丹、茉莉、文竹、迎春花、蜡梅、珠兰等，这种方法也叫半分株法（图 5-4）。分割繁殖比较简便，很多花卉都可以采

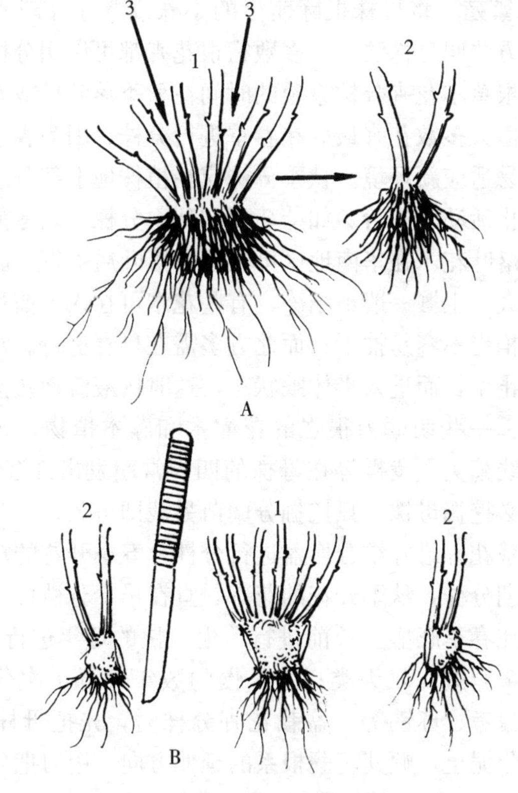

图 5-4 分割分株法

A. 全分株法 B. 半分株法 1. 母株 2. 新丛 3. 分割部位

用。分割要用锋利的刀、剪、斧、铁锹等将萌蘖切开，有的能用手掰开。

2. 分离法 多用于具有球茎、鳞茎的球根花卉，即将母株所形成的新球掰开或切开，分别栽种培育成新植株。如大丽花、大花美人蕉、蕉芋、唐菖蒲、郁金香、水仙花、朱顶红等。

(二) 按营养器官类型进行的分生繁殖

按分生繁殖的花卉植物营养器官的不同，分为下列 9 种类型，其中以分株繁殖应用最多。

1. 分株繁殖 将母株根际萌生的小株或蘖芽分割成若干单株进行栽植的方法叫分株法。大多数宿根花卉都可以用分株繁殖。

露地宿根草本花卉分株繁殖的时间在秋季落叶后或春季开始生长前进行，但大多数花卉最好在春季进行分株，因为春季植株的生长势强，容易适应新环境。秋季分株应在植株地上部分进入休眠而根系仍未停止活动时进行。如芍药要在秋季分株，入冬前必须长出一些新根。落叶花木在华南地区可在秋季落叶后进行，因为南方的空气湿度较大，土壤一般不结冻，有些花木可在入冬前长出一些新根，冬季枝梢也不容易抽干；而北方多需在早春进行。常绿花木在冬季大多停止生长而进入半休眠状态，这时树液流动缓慢，因此应在春天分株。一些萌蘖力很强的花灌木和藤本植物，如蔷薇、月季、一些绣线菊类、凌霄等在母株的四周常萌发出许多幼小株丛，在分株时不必挖掘母株，只挖掘分蘖苗另栽即可。

室内盆栽花卉最好结合换盆进行分株，春季开花的草本花卉宜于秋冬休眠期分株，秋季开花的花卉，宜在早春分株；室内常绿花木分株最好在春季旺盛生长前进行。生长快的每年进行 1 次分株，如报春花、金鸡菊、景天类；生长慢的数年进行 1 次分株，如芍药、宿根福禄考、苏铁等。盆栽花卉分株时，先把母株从盆内取出，抖掉部分泥土，顺其萌蘖根系的延伸方向，用刀把分蘖苗和母株分割开，另行栽植。对多数花卉来说要尽量少伤根系。有一些草本花卉常从根茎处产生幼小植株，分株时先挖松盆沿附近的盆土，再用刀从与母株连接处切开另行栽植。分株苗栽植后及时浇水，有的需遮阴。

2. 分离吸芽繁殖 某些花卉的根际或地上茎的叶腋间自然发生短缩、肥厚呈莲座状的短枝（短匍茎）叫吸芽。吸芽的下部可自然长出根。从母株上将它们分离另行栽植成为新株。能发生吸芽的花卉有芦荟科里的一些种类、凤梨科植物、石莲花等。为了促进吸芽的发生，可摘心或砍伤根茎。

3. 用珠芽或零余子繁殖 珠芽和零余子是某些植物所具有的特殊形式的芽，生于叶腋间，如百合里的卷丹在叶腋间生珠芽，可用来繁殖（图5-5）。山药在叶腋间生有零余子，种植后能生根长成新的植株并接山药，生产上用它繁殖作种。

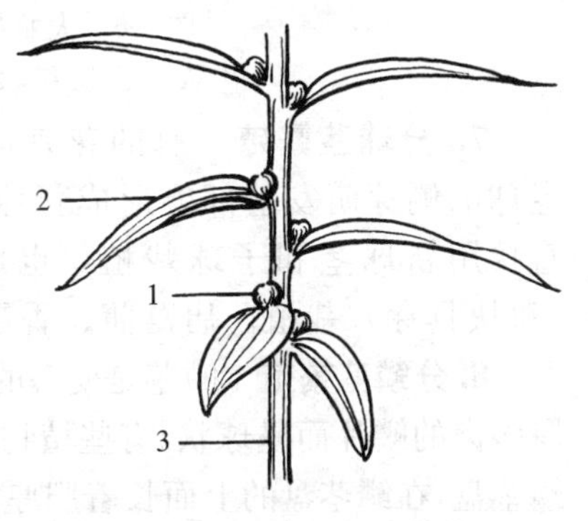

图5-5 百合珠芽（气生鳞茎）

1. 珠芽 2. 叶片 3. 地上茎

4. 分离走茎繁殖 从叶丛抽出的节间较长的茎叫走茎，如吊兰茎节上着生叶、花和不定根，也能产生幼小植株。分离小植株另行栽植即可形成新株。以走茎繁殖的花卉有虎耳草、吊兰等。

5. 分根茎繁殖 地下茎肥大呈粗而长的根状，根茎具有节、退化鳞叶、顶芽和腋芽等，节上发生不定根和侧芽，进而形成新株。用根茎繁殖时，将其切成段，每段具2～3个节。美人蕉属的花卉具粗壮肉质根茎，荷花具肥大多节的根状茎，睡莲具横生或直立的块状根茎，铃兰具横行而分枝的根状茎，它们多用此法繁殖。

6. 分块根繁殖 块根由地下的根肥大变态而成，没有芽，它们的芽长在接近地表的根颈上，因此分割时每一部分都必须带有根颈部分，才能形成新的植株（图5-6）。如大丽花具粗大纺锤状肉质块根、花毛茛具较小纺锤状肉质块根、冠状银莲花具分枝状块根。

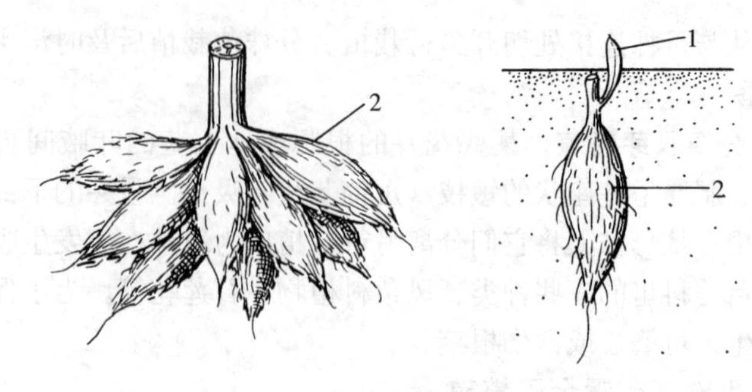

图 5-6　大丽花分块根繁殖

1. 芽　2. 块根

7. 分球茎繁殖　有的花卉地下变态茎短缩肥厚而呈球状，老球的侧芽萌发基部能形成新球，新球旁常生子球。繁殖时可直接用新球茎和子球栽植，也可将较大的新球茎分切成数块（每块具芽）栽植。唐菖蒲、香雪兰、番红花可用此法繁殖。

8. 分鳞茎繁殖　鳞茎是变态的地下茎，具有鳞茎盘，其上着生肥厚多肉的鳞片而呈球状。有些植物的变态地下茎有短缩而扁盘状的鳞茎盘，在鳞茎盘的上面长着肥厚的鳞叶，鳞叶之间发生腋芽，每年可从腋芽中形成1个或数个子鳞茎从老鳞茎分出，抱合在母球上，生产上可将这些子球分开，另栽培养大球。为加速繁殖，可分生鳞叶促其生根，这在百合的繁殖栽培中已广泛应用。鳞茎因其外层膜状皮的有无分有皮鳞茎（如郁金香、风信子、水仙、晚香玉、朱顶红、石蒜、韭莲、球根鸢尾、大花葱、网球花属、虎眼万年青、蜘蛛兰等）和无皮鳞茎（如百合、贝母等）。

9. 分割块茎繁殖　多年生植物有的变态地下茎近于块状。根系从块茎底部发生，块茎顶端通常具几个发芽点，块茎表面也分布一些芽眼，内部着生侧芽，如马蹄莲，可将块茎直接栽植。仙客来、大岩桐、球根秋海棠块茎扁圆形，不能分生小块茎，但可切割分成数块繁殖。

三、扦插繁殖

利用植物的营养器官如根、茎、叶、芽的再生能力，将其从母

体取下插入基质或水中，使之生根、发芽，培育成新植株的一种繁殖方法叫扦插繁殖。植物的根、茎、叶、芽等脱离母体后，在适宜的环境条件下就会从根上长出茎叶，从茎上长出根，从叶、芽上长出茎根来。这是由于植物细胞具有全能性，即每一个细胞都有遗传物质，它们在适宜的环境条件下都有形成相同植株的能力。另外植物体具有再生功能，即当植物的某一部分受伤或被切除而使植物整体受到破坏时，能表现出修复损伤和恢复的功能。也就是说根、茎、叶、芽等脱离母体后，创伤部位的创伤细胞原生质能产生生长素，促进细胞的分裂，因而产生新的组织。

扦插的优点是繁殖材料容易取得，除组织培养外，在无性繁殖中它的产苗量最大，成苗快，开花早，能获得与母株遗传性状完全一致的种苗。扦插繁殖既适合大规模生产，也适于家庭少量繁殖。缺点是扦插苗不能形成主根，寿命比播种苗短，抗性不如嫁接苗。

用来扦插的植物营养器官如根、茎、叶、芽叫插穗。用茎扦插的叫枝插（图 5-7）。用叶扦插的叫叶插（图 5-8）。用根扦插的叫根插（图 5-9）。枝插的按照枝条的发育程度又分为软枝扦插（嫩枝扦插）、半软枝扦插（半硬枝扦插）、硬枝扦插 3 种。

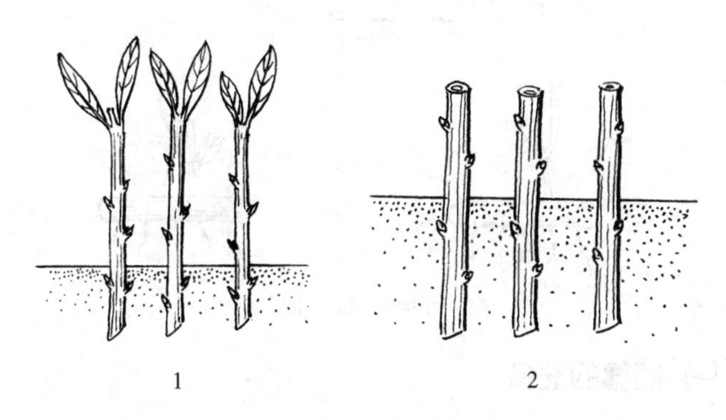

图 5-7 枝 插

1. 软枝插 2. 硬枝插

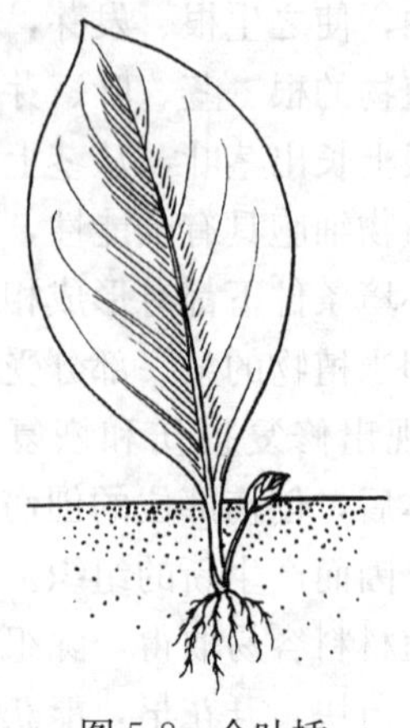

图 5-8　全叶插

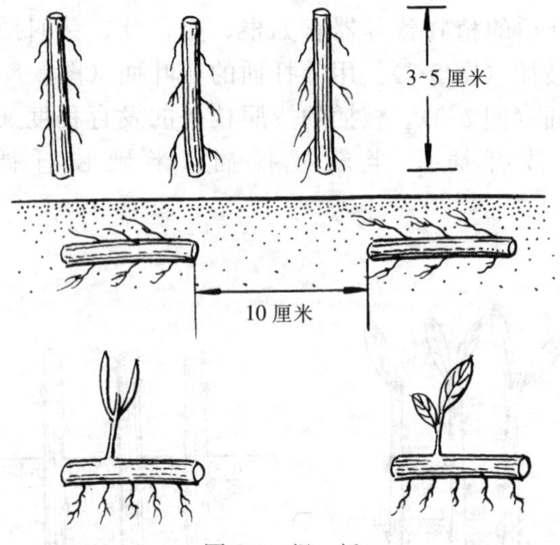

图 5-9　根　插

（一）插穗的准备

1. 软枝插穗　软枝也叫嫩枝、青枝等，它是当年生的枝梢。选取老熟适中的枝梢作插穗，过老生根缓慢，过嫩容易腐烂，同时

本身营养积累太少，不利于发根。采自生长强壮或年龄较幼的母株枝条上的插穗生根率高。插穗长3～10厘米，上部保留一部分叶片，其余叶片从叶基部剪掉。切口要光滑，以平行剪下为宜。软枝插穗生根快，在条件适宜时15～30天发根甚至成苗。大多数植物在节的附近生根，所以在节的下方剪断。但有些草本花卉在节上也能生根，如菊花、美女樱、金鱼草等。为了采集大量合适的软枝插穗，可对母株摘心，或摘去花蕾，促发侧枝。为了采集插穗，木本花卉在冬、春季应放在室内高温的地方促发枝条。

绝大部分草本花卉和一部分木本花卉可以用软枝扦插繁殖。梅花、月季、杜鹃、山茶、桂花、玫瑰、茉莉、南天竹、龟背竹、绿萝、常春藤、菊花、香石竹、天竺葵、大丽花、一串红、矮牵牛、吊竹梅、彩叶草、四季海棠等均可用此法扦插。

软枝插穗是带叶扦插，插穗采下后应尽快扦插，避免叶片失水萎蔫。但仙人掌科及多浆种类的插穗必须放置数小时至几天，等到切口干燥后才能扦插，否则很容易腐烂。

2. 半软枝插穗 半软枝是指当年抽生、已生长充实、基部已半木质化的枝条。常绿木本花卉常采用半软枝扦插。此法生根快，成活率高，有些种类硬枝扦插往往需2个月才能发根，而半软枝扦插仅需1个月左右就能发根。插穗应选取生长较充实部分，如顶梢过嫩要剪掉，用下部枝条作插穗，下端剪口在芽下3毫米左右处。插穗长度8～25厘米，每个插穗上有2～4个节。要用锋利的剪刀剪取插穗，使剪口平滑，否则容易腐烂。插穗不仅靠自身营养发根，还要靠插穗上的叶片进行光合作用，因此要适当地保留叶片，只去除一部分叶片，或将较大叶片剪去1/3～1/2。将插穗上的花芽全部去掉，以免开花消耗养分。

3. 硬枝插穗 已木质化的1～2年生枝条叫硬枝。这种枝条所含营养物质丰富、细胞液浓度高、呼吸作用微弱，用它扦插容易维持插穗内的水分代谢平衡，在扦插过程中有利于愈伤组织的形成和分化形成根原基，最终长出不定根。落叶花木在落叶后萌芽前，常绿花木在停止生长至春天树液流动前剪取插穗。贴梗海棠、白玉兰、迎春、木槿、木芙蓉、紫薇、夹竹桃、含笑、栀子及许多园林树木、果树等都可用此法繁殖。北方多在冬季落叶后，将当年生枝条剪成长20～30厘米，捆成捆埋在湿润沙土中越冬，翌年春季取出在露地扦插。也可在春季树木萌动前结合修剪，剪取插穗进行扦插。插穗至少要有2～3个芽，剪口要平滑，在距顶芽的上部3～5毫米处切成水平面，下端切成斜面。

4. 叶插穗 以叶片为插穗来繁殖新的个体叫叶插。有一些植物的叶脉断伤部位能产生愈伤组织，并萌发不定根和不定芽，从而形成新的植株，利用这一特性而进行叶插繁殖。大岩桐、非洲紫罗兰、长寿花等都可以用叶插繁殖。

5. 根插穗 用根作插穗的扦插法叫根插。有些木本花卉和宿根花卉的根可以扦插繁殖。选母株茎基附近中等粗细的侧根，截取长5～10厘米的小段作插穗。适于根插的花卉有宿根福禄考、芍药、荷包牡丹、蜡梅、凌霄、紫藤、蔷薇、丁香、贴梗海棠、绿萝等。

6. 叶芽插穗 有些花卉的叶柄虽能长出不定根，但不能发出不定芽，所以不能长成新的个体，因此要用基部带1个芽的叶片或顶芽进行扦插（图5-10），才能形成新的植株。对生叶花卉可剖为两半，互生叶的花卉每一片叶带1个芽作插穗。可进行叶芽插的花卉有牡丹、杜鹃、桂花、山茶、茉莉、橡皮树、栀子、八仙花等。

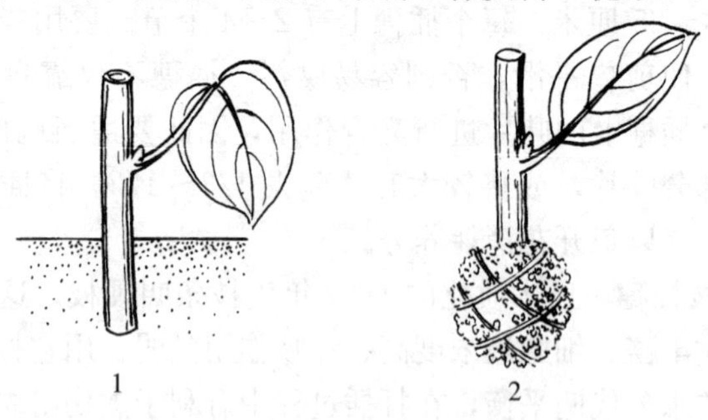

图5-10 叶芽插

1. 插于沙中 2. 用苔藓包插穗基部

（二）插床与基质

家庭养花扦插数量少，可因地制宜选择简易容器作插床。用土壤或基质扦插的可用陶盆（瓦盆、泥盆），直径大小由您要扦插的数量而定。一个容器内可扦插多种植物。也可用木箱、塑料盘、废旧的塑料盆或搪瓷盆，无论用什么样的容器下面都要有排水孔。一般放置在庭院、阳台庇荫的地方。用水扦插的选用各种不透光的瓶子（图 5-11），如用透明的瓶子要用纸将它糊上，经常换水，以免生长绿苔（藻类）。如只扦插几株，还可采用现有的塑料育苗钵、雪碧、可口可乐瓶扦插。

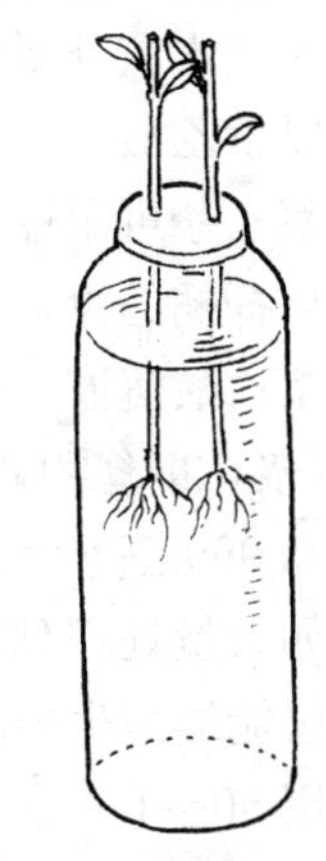

图 5-11　暗瓶水插

如果用较浅的容器如塑料盘，装 8～10 厘米厚的土壤或基质。用花盆等较深的容器，则先在盆底铺 10 厘米厚粗沙或炉渣压平，保证排水通畅，上面再装土壤或基质。用铁丝或竹片作支架，扦插后盖上塑料薄膜保湿。

对大多数花卉来说，用河沙作基质扦插效果好。也可用腐叶土、泥炭土、水苔、蛭石、珍珠岩、炉渣、水等作扦插基质。还可用泥炭土与河沙等量混合作基质。在河沙、水苔、蛭石、珍珠岩、炉渣等基质上扦插的生根后应尽快移走，否则要浇营养液。

（三）药剂处理

对于非常容易生根的许多花卉，在扦插前不必使用药剂处理，既省事又省钱，如大多数菊花、美女樱、长寿花、景天等许多草本花卉。对于很难生根的米兰、紫薇、蜡梅、桂花、山茶、杜鹃、白玉兰等花木要用生长素处理以促进生根。常用的生长素有吲哚乙酸（IAA）、吲哚丁酸（IBA）、萘乙酸（NAA）、ABT 生根粉等。市场上有多种生根药剂出售，大多是用吲哚乙酸、吲哚丁酸、萘乙酸复配的。

使用浓度因生长素和花木的不同而异。一般情况下使用吲哚乙酸、吲哚丁酸、萘乙酸时，对易生根的使用浓度20～50毫克/千克，浸泡12～24小时；对难生根的使用浓度100～200毫克/千克，浸泡6小时。将插穗下部3厘米左右浸泡在药液里。浸泡时空气湿度宜大，使插穗缓慢而稳定地吸收药液，如果空气干燥，药液被吸收进入到木质部影响芽的生长与发育。

以萘乙酸为例介绍药液的配制：现在工厂生产的萘乙酸制剂有20%萘乙酸可湿性粉剂、0.1%萘乙酸水剂、0.6%萘乙酸水剂等。您如果扦插的少，可买0.1%萘乙酸水剂，它等同于1 000毫克/千克的萘乙酸溶液。如配制成20毫克/千克的萘乙酸溶液，理论上加水49倍，即您用0.1%萘乙酸水剂1毫升加水49毫升，因药剂里约有0.999毫升水。

如大量处理难于生根的花木，可选用ABT生根粉1、2号。此药不仅能缩短生根时间，提高生根率，而且能促使根系发育健壮。一般用50～100毫克/千克药液，将1年生嫩枝基部浸泡2～8小时，取出后立即插入基质中。

如您没有上述药剂，可将插条基部2厘米浸入0.1%～0.5%高锰酸钾水溶液中，浸泡12～14小时，取出立即扦插。也可用白糖水溶液处理插条，草本花卉使用的浓度为2%～5%，木本花卉为5%～10%。将插条基部2厘米浸入上述溶液中约24小时取出，用清水将插条沾着的糖液冲洗干净后扦插。

生长调节剂必须审慎使用，如果用量不准或处理不当，会对插穗产生抑制作用，反而不能生根。市售各种生长调节剂都备有说明书，应按规定使用。使用生长素水剂处理插穗时，还需注意处理部位和处理时间。如用粉剂处理，应按照配比数据，将生长调节剂与滑石粉混合，一定要搅拌均匀，把插穗切口在粉剂上蘸一下，既简便又易掌握，具有较好效果。使用生长剂后，光照、水肥的管理要跟上，否则不易达到预期目的。

对于一些不易生根的花木，也可在生长期间将枝条基部进行环状剥皮或用铁丝等物绑缚，使养分大量聚集在环剥或绑缚部位，到

休眠期沿环剥或绑缚处剪下进行扦插，可促进生根。也可带踵扦插，山茶、桂花、无花果等花木剪取插条时，将插条基部带上少许上年生枝条则易生根。

（四）扦插方法

1. 枝插 ①扎孔扦插：用粗度和插穗一样的短竹竿或木棍、铁棍在基质上扎孔，孔深和插穗扦插的深度相同，接着把插穗顺孔插入，然后浇水（图 5-12）。如果在河沙上扦插，应先浇水后扎孔。千万不要将插穗直接往基质里硬插，以免损伤插口。扎孔扦插是应用最多的一种方法。②开沟扦插：先开 1 条与扦插深度相同的沟，把插穗摆在沟内，覆上基质，再开第 2 条沟，再把插穗摆在沟内，覆上基质，插完后浇水（图 5-13）。大量扦插的先浇水后插，一般把插穗的 1/3 左右插入基质中。大量扦插时多用此法。

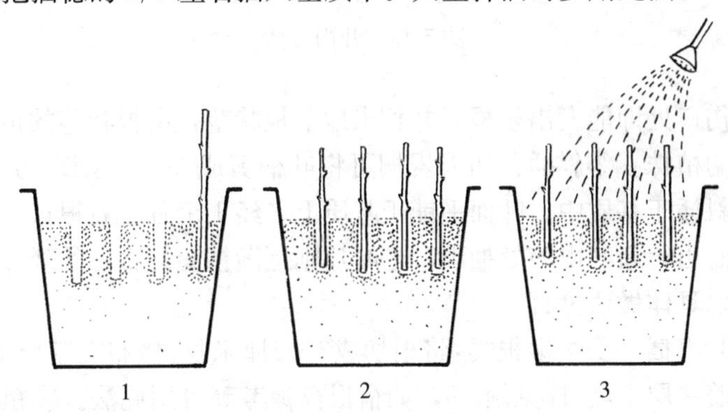

图 5-12 扎孔扦插

1. 扎孔 2. 扦插 3. 浇水

2. 叶插 ①平置：把叶片平铺在基质上，再用小石块压在叶面上，使主脉和基质密切贴合，注意保持湿度。秋海棠类可用整片叶子插，剪取发育充分的叶片，切去叶柄和叶缘薄嫩部分，以减少蒸发。在叶脉交叉处用刀切割，再将叶片铺在基质上，要使叶片紧贴在基质上。②直插：将叶片浅浅地插入素沙土中。如将虎皮兰的叶片切成小段，每段长 4～6 厘米，插入素沙土中，1 个月左右在

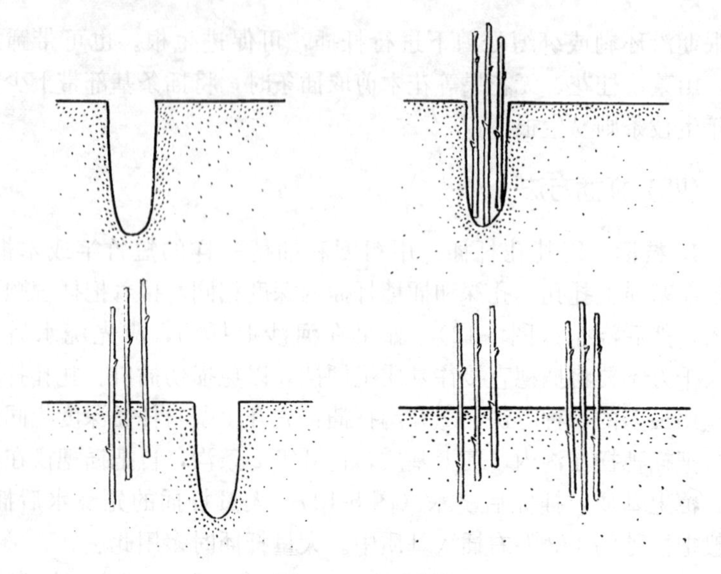

图 5-13　开沟扦插

基部伤口处即能发出须根，并长出地下根状茎，由根状茎的顶芽长出新的植株。③斜插：如大岩桐可将叶柄剪成 3～5 厘米，剪去边叶，斜插于基质中，叶面平铺于基质上。经 1 个月左右根自切口处萌发而出，新叶由该处抽出，老叶片则逐渐枯萎。百合的鳞片也要斜插，具体做法见百合一节。

3. 根插　①细嫩根类：将根切成3～5厘米长，撒布在基质上，上面覆盖一层土壤，详见图5-9，如宿根福禄考等可用此法。②粗壮根类：有些乔灌木花卉根较粗壮，切成 10～20 厘米长，可横埋在土中，深约 5 厘米。③肉质根类：将根切成 2～3 厘米长，插于基质上，上端与基质齐平或略突出，如荷包牡丹、霞草等。

（五）扦插后的管理

扦插后控制适宜的温湿度和光照是生根的关键。多数花卉生根的适宜温度为 20～25℃，原产热带的花卉要求 25～30℃或更高些。土温比气温高 3～5℃对大多数花卉生根有利，尤其菊花表现得十分明显。空气相对湿度80%～90%有利于生根，用塑料薄膜覆盖能有效地保湿，每天打开1～2次塑料薄膜通风换气，以补充所需氧气和防止病菌发生。多数花卉用软枝扦插要求光照30%左右，可放在较荫蔽处，防止阳光直晒，但夜间增加光照有利于扦插成活。要经常喷水，保持插床适度湿润，但喷水不可过量，否则插床过湿，影响插条愈合、生根。仙人掌类花卉要适当少浇水。在土壤上扦插的当新根长到1～2厘米时移植，在无机基质上扦插的生根后要早移植，或浇营养液。

四、嫁接繁殖

把优良品种的枝、芽、根茎、球体等作为接穗嫁接在生长强壮、抗性强的砧木上，使组织相互愈合后，形成新个体的繁殖方法叫嫁接繁殖。供嫁接用的繁殖体，如枝、芽、根茎、球体叫接穗，接受接穗的植株叫砧木。

（一）嫁接繁殖的作用及问题

1. 嫁接繁殖的作用 ①能够克服某些植物用其他方法不易繁殖的缺点。②接穗的繁殖体性状稳定，能保持植株的优良性状，而砧木一般不会对接穗的遗传性产生影响。③砧木的很多优良特性能影响接穗，使接穗的抗病虫害性、抗寒性、抗旱性、耐瘠薄能力提高。如牡丹嫁接在芍药上、西洋杜鹃嫁接在毛白杜鹃上、菊花嫁接在白蒿或青蒿上等，都能显著提高适应能力。④嫁接比播种或扦插繁殖的生长茁壮，提早开花结实。⑤嫁接繁殖时通过选用砧木，可改变株型。如利用蔷薇嫁接月季，可以生产出树月季；菊花嫁接在白蒿或青蒿上，使嫁接后的植物具有特殊的观赏效果。⑥繁殖期短，可大量繁殖苗木。

2. 嫁接繁殖的问题 ①嫁接繁殖一般仅限于双子叶植物。②费工。③寿命相对较短。④技术性较强。

嫁接繁殖重要的是熟练的技术和操作的速度。初学者可先用一般枝条材料，反复练习，观察领悟，很快即可掌握技巧，逐步运用自如。当然家庭养花嫁接的数量少，操作的速度快慢不是问题。

（二）砧木

砧木选择是否合适，直接关系到嫁接成活率和接穗发育的好坏。优良的砧木应具备以下条件：①繁殖容易，大量需要时在短期内能生产出大量植株。②砧木可通过无性或有性繁殖，如果能用播种方法培育实生苗最好，这是因为实生苗对外界不良环境条件抵抗力强，寿命长，生长快，根系发达，便于管理等。③一般亲缘关系越近的亲和力越强，同属不同种的植物亲和力弱些，但可成活，如梅花嫁接在杏、野梅、山桃、毛桃上均可。④选生长健壮、营养充足、截面大、髓部小、维管束不易木质化、易操作的为好。⑤砧木的年龄也是影响成活的一个因素，一般幼龄的砧木成活率较高，但也有用老龄砧木的，如树桩盆景的嫁接。

（三）枝接技术

用枝条作接穗的嫁接繁殖简称枝接。枝接常用以下 3 种方法：

1. 切接（图 5-14） 切接技术是嫁接的基本技术，可广泛用于繁殖各种花木。在春季或秋季进行切接，以春季更好。

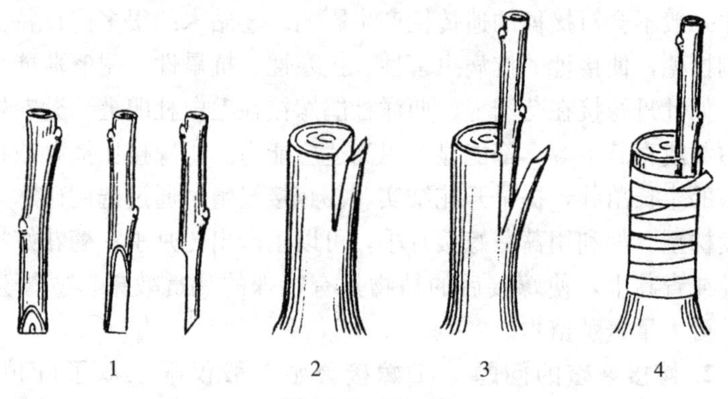

图 5-14 切 接

1. 切接穗 2. 切砧木 3. 插入接穗 4. 绑扎

（1）接穗的准备 选1年生充分成熟、生长健壮的枝条，在中部剪成长6～10厘米、具有2～3个芽的枝条作接穗。顶端和基部的枝条都不要，因顶端生长可能不充实，基部的芽可能发育不健全。用刀在接穗的下端削成大小不同相对的两个斜面，一面长约3厘米，另一面长1～1.5厘米，削面要光滑，一刀削成。

（2）砧木的准备 在距地面6～20厘米处截去砧木的上部枝干。在砧木截面的一侧用刀自上而下切开一条裂缝，长约3厘米，注意要用利刀下刀以保证切面光滑，有利于同接穗愈合。

（3）结合和绑扎 迅速将接穗长的削面朝里，插入砧木接口内合拢，切口两侧的形成层应与接穗削面两侧的形成层恰好对齐密接，并用塑料条绑扎好。如果接穗比砧木小，将接穗的一侧与砧木的一侧对准密接也可以。为了防止细嫩的接穗抽干，最好再用塑料袋把接口和整个接穗罩上，待接穗萌发后再去掉。

2. 劈接 也称割接。劈接多在春季进行。砧木与接穗的直径相差较大，也就是砧木较粗而接穗细小时可采用此法（图5-15）。将接穗的下端削成长3～4厘米的楔形，相对两侧长短应该一致，上部留2～3个芽。离地面10厘米左右将砧木上部截去，于中央处垂直向下劈成长3～4厘米的切口。将接穗插入砧木切口中，使接穗外侧与砧木外侧的形成层对齐。还可在一个砧木的切口两侧各插1个接穗，嫁接后用塑料条绑扎。北方也可于封冻前将砧木挖出，在室内进行劈接，接后假植于冷室或阳畦内，第2年春季栽于露地。

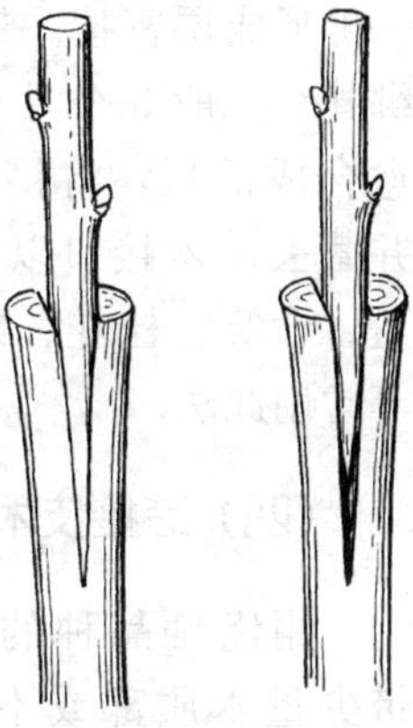

1 2

图5-15 茎干劈接

1. 接口密接（正确）
2. 接口有空隙（错误）

3. 靠接 将接穗和砧木的枝条靠近嫁接在一起，使其成为优良新株。靠接的特点是砧木和接穗都带根，只要把二者移植在一起，一般双方都削去相同的皮，然后把伤口对齐，绑缚好（图5-16和图5-17）。

靠接应在生长旺季进行，但不宜在雨季和伏天。多用于其他嫁接方法不易成活的常绿木本盆栽花卉。先将砧木与接穗移植在一起，或使两盆靠近。选二者粗细相近的枝条，在适当部位将它们都削成梭形切口，二者的削口长短要一致。切口长 3～5 厘米，深达木质部，切面要平滑。然后使二者形成层密切接合，或至少一侧形成层密接。最后用塑料带绑扎。一般 3 个月左右愈合。当愈合成活后，将接穗截离母株，并截去砧木接口以上部分。白兰、含笑、桂花、蜡梅、金橘等常用此法。

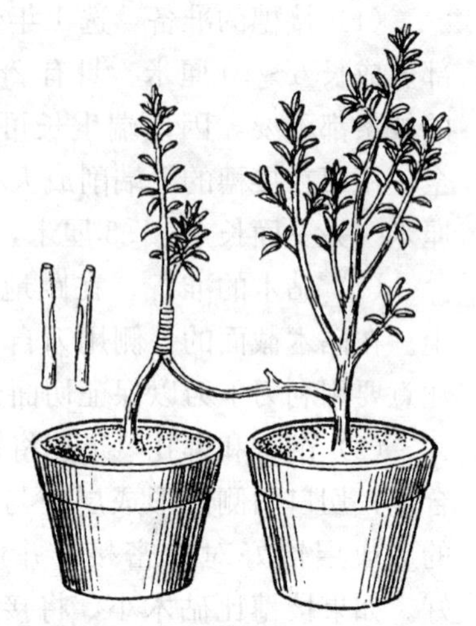

图 5-16　靠接方法之一

（四）芽接技术

用优良品种的芽作接穗，带少量木质部或不带木质部，接入砧木皮层的嫁接方法叫芽接。在树木生长旺盛、树皮易剥落时进行。芽接的方法主要有两种：①砧木枝条较粗的，多采用“丅”形芽接，也就是多数书籍讲的 T 形芽接或“丁”字形芽接。嫁接时在砧木上下刀，一横一竖，因此本书用“丅”形芽接描绘使初学者更容易理解。②芽接枝条较细的，多采用嵌芽接。芽接可以节省接穗，成活率高，1 次接不活还可以继续补接。芽接操作简便，适于在砧木和

图 5-17　靠接方法之二

接穗都较幼小的情况下操作。但砧木必须容易剥皮。大部分蔷薇科花卉，如月季、蔷薇可以芽接繁殖，一些易剥皮的其他花卉也都能用芽接繁殖，如杜鹃、梅花、丁香等。

1.“┬”形芽接 ①在健壮的当年生枝条上面选充实饱满的腋芽(通称接芽)作接穗。事先把接芽的枝条剪下来，去掉叶片，一定保留叶柄，如剪下数量多，应当用湿布包好。先在剪下的枝条接芽上方约1厘米处横切一刀，并深入到木质部，再从接芽的下方1厘米左右向上呈盾状切削，到上切口为止，取下盾形芽片做接穗。然后剥去或保留接芽里侧的少量木质部。②用嫁接刀在砧木上先做垂直接口，后做水平接口，形成“┬”形，其长宽略大于芽片，然后用刀挑开表皮以便将芽插入。将砧木接口溢出的胶乳擦净。③把带有芽的盾形芽片插入已撬开的砧木两片表皮里，让芽片紧贴在砧木上，并使上端水平切口相吻合。用撬开的砧木两片表皮盖好，并露出芽。④用塑料条绑扎牢固，松紧要适度，同时把叶柄露在外面。一般从上往下绑扎，防止芽从水平接口处被挤出。整个操作过程详见图5-18。

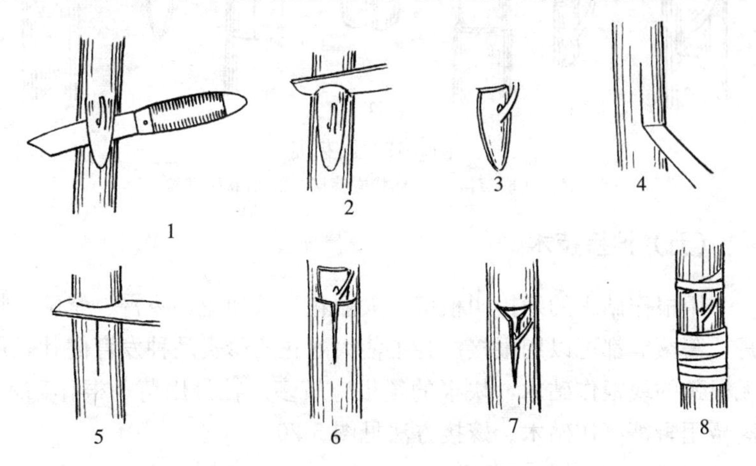

图5-18 “┬”形芽接

1. 从芽下方向上削 2. 芽上方水平切口 3. 切下的芽片
4. 在砧木上切垂直口 5. 在砧木上切水平口 6. 将芽片插入砧木切口
7. 芽片完全插入切口 8. 用包扎物绑紧

嫁接 5～10 天观察芽是否新鲜，如已皱缩，要重新嫁接。嫁接约 1 个月后成活。春接的成活后去掉绑扎物。当新芽长到 10～15 厘米时，剪去接口上面的砧条，促使接芽生长。新芽生长后剥除接口下面砧木上的萌蘖，使砧木养分能集中供应给接穗。剥芽要及时，可分多次进行。

2. 嵌芽接 此法适于砧木苗较细或者砧木皮层不易自然剥离的花木，嫁接的成活率不如"T"形芽接高。具体有片状嵌芽接、环状嵌芽接、盾状嵌芽接（图 5-19）。切取芽片时根据不同方法、不同接穗从芽上方 0.3～1 厘米处下刀，再在芽的下方0.5～0.8 厘米处下刀，取下芽片后，接着在砧木的适当部位切与芽片大小相当的切口，然后将芽片插入接口，两侧形成层对齐，最后绑扎。

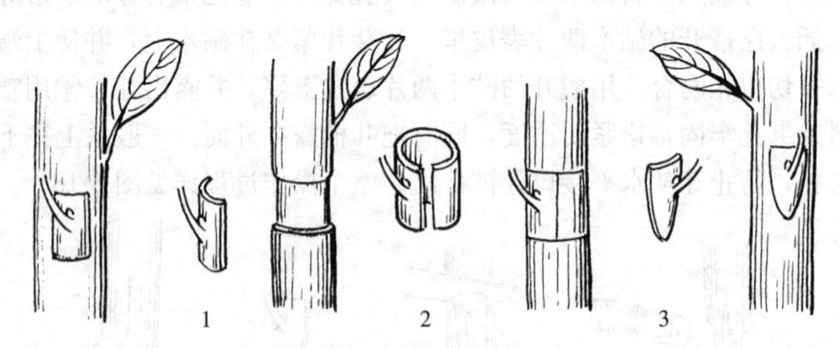

图 5-19 嵌芽接

1. 片状嵌芽接 2. 环状嵌芽接 3. 盾状嵌芽接

（五）根接技术

用根作砧木的嫁接叫根接。大丽花、八仙花、凌霄、紫藤、牡丹、蔷薇等都可以用根接。为了使大丽花的珍贵品种发育健壮，用无根颈的块根作砧木，块根的须根应较多。牡丹用芍药根作砧木，蔷薇用野蔷薇作砧木。嫁接方法见图 5-20。

（六）嫁接后的管理

嫁接后要加强环境条件的控制和其他多方面的管理。

1. 环境条件的控制 ①花卉嫁接后的愈伤组织需要在一定温

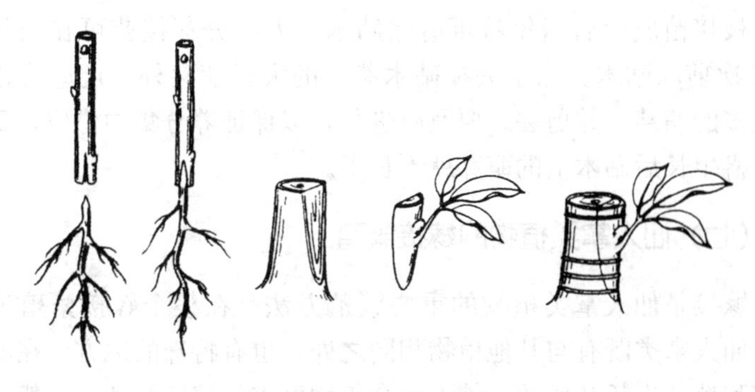

图 5-20 根 接

度下才能形成，大多数花卉以 20～25℃为宜，原产热带的花卉要求 25～30℃。温度过高或过低愈伤组织形成基本停止，有时会引起死亡，从而导致嫁接失败。②空气相对湿度在 90%左右最适合愈伤组织的形成。这是由于一方面愈伤组织的形成需要一定的湿度，另一方面接穗要在一定湿度的环境下才能保持活力，如果湿度过低，细胞易失去水分，从而引起接穗死亡。家庭养花嫁接数量少，可用塑料薄膜绑扎；大量生产的除了用塑料薄膜绑扎外，还可封蜡。③光照强使接穗蒸发量变大，容易失去水分枯萎；黑暗条件有利于促进愈伤组织的生长，直射光明显抑制愈伤组织的形成，因此嫁接初期要适当遮阴保湿。

2. 及时检查成活情况 枝接一般在接后 3～4 周检查成活情况，如接穗已萌发或接穗鲜绿，说明成活了。芽接的 1 周后检查成活情况，可用手触动芽片上保留的叶柄，如一触即落，表明已成活，否则芽片已死亡，应补接。

3. 松绑 嫁接成活后，枝接的接穗成活 1 个月后，可松绑。一般不宜太早，否则接穗愈合不牢固，受到风吹容易脱落；也不宜过迟，否则绑扎处受到伤害影响生长。秋天芽接成活后腋芽当年不再萌发的，不把绑扎物去掉，等翌年早春接芽萌发后再解除。

4. 剪除砧木、抹芽、去萌蘖 剪除接穗上面的砧木视情况而定，枝接苗成活后当年就可剪除砧木，大部分芽接苗可在当年分1～2次剪除砧木。除了去掉砧木萌生的大量萌芽外，还应将接穗上过多的萌芽一并剪去。要及时进行，以保证养分集中供应，到接穗旺盛生长后砧木上的萌芽就不长了。

（七）仙人掌类植物的嫁接繁殖

嫁接是仙人掌类植物的重要繁殖方法。在整个嫁接繁殖过程中，仙人掌类既有与其他植物相同之处，也有特殊的地方。在温度适宜和植株生长旺盛的条件下，全年均可进行嫁接繁殖，一般在春季和秋季更为适宜。

一些珍贵品种或不易用其他方法繁殖的；根部不发达的；生长缓慢的；抢救基部腐烂的；没有叶绿素的；为了提高观赏效果的，均可采用嫁接繁殖。

嫁接的方法有平接、插接和套接。

1. 平接（图 5-21） 适用于柱状或球形种类。先用利刀将砧木上端横切，一定要切除生长点。然后将接穗基部平切一刀，接穗与砧木的切面务必平滑。接穗对准砧木。最后用线或塑料带绑扎。绑扎时用力要匀，使两者密切接合，防止接穗移动影响成活。在用三棱箭（量天尺）、长生球（糙球）作砧木嫁接名贵品种时，多采用平接法。

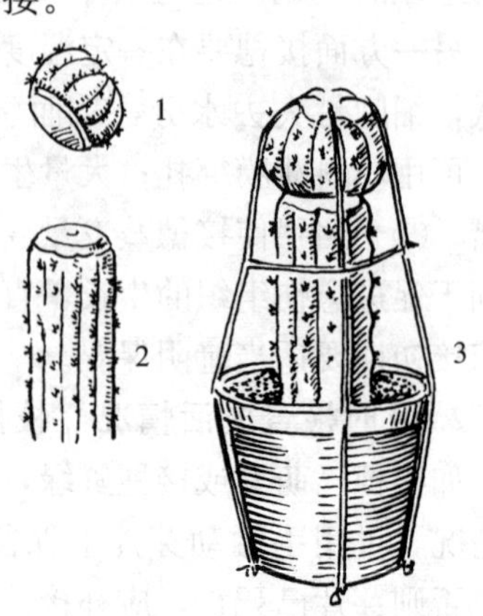

图 5-21 仙人掌平接

1. 切削接穗 2. 切削砧木
3. 切口对接和绑扎

2. 插接（图 5-22） 仙人掌插接也叫劈接，适用于扁平茎节的悬垂性种类，如蟹爪兰、仙人指等，多用仙人掌作砧木。嫁接时用利刀将砧木上端横切去顶，再在顶部有维管束部位垂直向下切开1条裂缝，接着将接穗下端的两

个大面斜削，呈楔形，露出维管束，插进砧木的裂缝内，使接穗与砧木髓部的中柱部分密接，最后用仙人掌长刺或竹针固定。

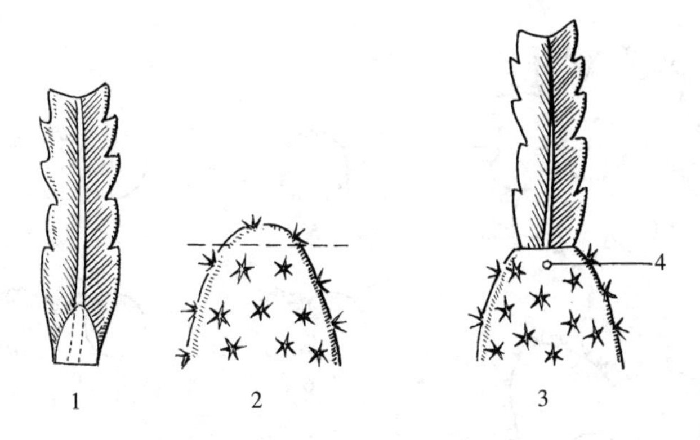

图 5-22　仙人掌插接

1. 蟹爪兰或仙人指　2. 仙人掌

3. 嫁接在一起　4. 竹针或大的仙人掌刺

3. 套接　用木麒麟作砧木。选生长粗壮的半年生枝条，将上部剪去，接着削成铅笔状。将接穗球下部削去一部分并开十字形裂口，然后将尖砧木插入接穗中，用木麒麟的刺固定。

此外，还有斜接（图 5-23）。

接穗和砧木切口处流出的黏液要及时擦去。嫁接时接穗与砧木的维管束要对接正确，两个维管束环要有相接触处，两环重叠最好，两环相交有两个接触点较好，两环内切或外切都行，两环成为大小不等的同心圆即没有接触的地方不能成活，详见图 5-24。嫁接后放在干燥处，温度控制在 20～25℃，空气相对湿度在 50%以下，但小的接穗和蟹爪兰、仙人指嫁接繁殖时要防止过度干燥，必要时用塑料袋罩上。3

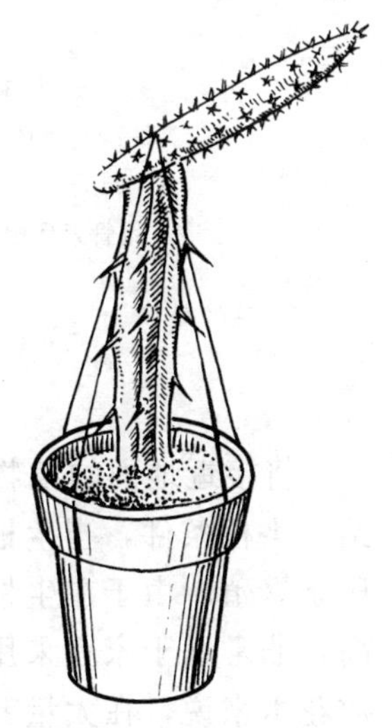

图 5-23　仙人掌斜接

天后浇水，伤口更不能碰到水，成活后拆去绑扎线。拆线后1周左右可移到向阳处进行正常管理。

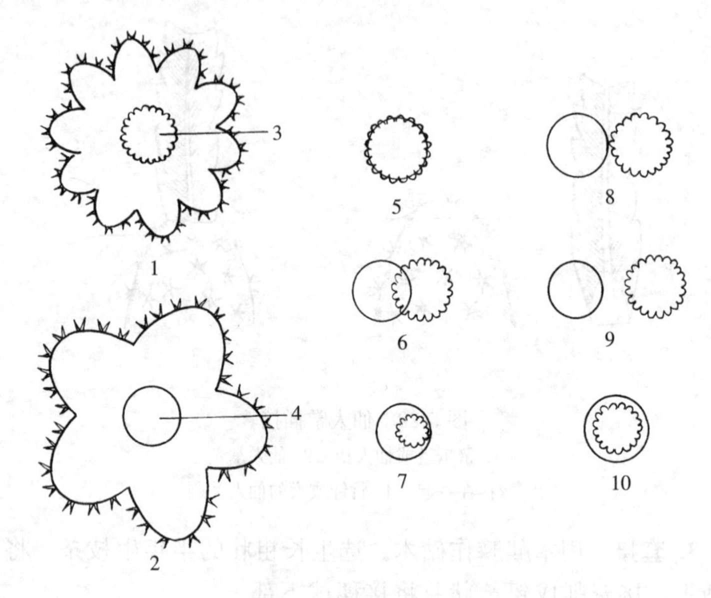

图5-24 维管束环对接

1. 接穗 2. 砧木 3、4. 维管束环

5. 维管束环重叠（正确） 6. 维管束环双切（正确）

7. 维管束环内切（正确） 8. 维管束环外切（正确）

9. 维管束环相离（错误） 10. 维管束环同心圆（错误）

五、压条繁殖

将接近地面的植物枝条埋入土中让其生根，或将空中枝条给予生根条件，当生根后剪离母株成为独立新株的繁殖方法叫压条繁殖。由于在生根过程中得到了母株的营养，所以成活率高，非常适于家庭采用，可从母株上分出较大的新株。对大多数花木来说，在大量繁殖时只有无法用播种、分株、扦插的前提下才用此法。这是因为它繁殖量较小，操作较麻烦，繁殖所

用时间长。

在早春发叶前或晚秋进行压条，春季压条秋季切离，秋季压条第2年春季切离，露地栽培常绿树在雨季进行。

(一) 压条部位的处理

压条繁殖一般分为堆土压条、平卧压条、空中压条3种，可按不同花木种类进行操作。无论用哪种方法都要对被压部位进行处理，用刻伤、环剥、劈伤、缚缢等（图5-25）。由于受伤部位容易积累上部合成的营养物质和产生激素，从而容易生根。在被压土的部位纵向刻出几道伤痕，或横向刻伤1～2圈，深达木质部，此法多用于容易发根的花卉。也可刻去1～2块舌状的皮层，同时带小量木质部，有些则需剥掉一圈较宽的韧皮部，并将形成层刮干净，以防它们产生愈伤组织把割断的韧皮部接通，必要时将伤口处的木质部晾干后再包泥土，这样才能促使环剥上方的形成层发生新根。这种方法多用于发根困难的花卉。一些比较柔软和容易离皮的花卉，为提高工作效率，常用双手将被压土的部分扭曲，使韧皮部和木质部分离。

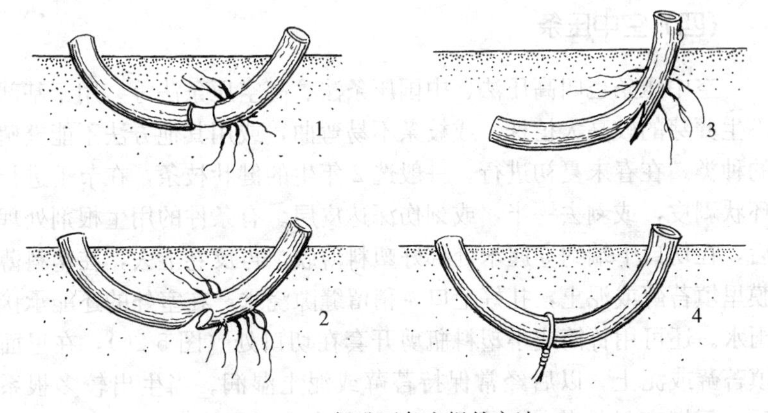

图5-25 促进压条生根的方法

1. 环剥 2. 刻伤 3. 劈伤 4. 缚缢

（二）堆土压条

堆土压条也叫壅土压条。适用于多蘖芽或枝条不容易弯曲的花木。可于休眠期将母株近地面10～20厘米处重剪，促使发生大量新枝，当新枝长到20厘米后进行刻伤。再向上培土20～30厘米，经常保持培土湿润。当生根后刨开堆土，与母株切离。如海桐、八仙花、六月雪、黄金雀、贴梗海棠、月桂、杜鹃、瑞香、牡丹、玉兰、连翘、紫荆等都可用堆土压条繁殖。

（三）平卧压条

平卧压条适用于枝条长或蔓性的植物种类。可将其枝条弯曲引到地面，使其平卧土面或引到浅沟中，然后盖土15厘米左右，埋入土中部分要固定住，以防浇水后枝条弹出土面，大的枝条要用钢筋制成U形钩，插在地里将枝条卡住，或钉木桩固定。枝条上端露出土面。如果在每个节下都用刀刻伤，1次可获得多数幼株。迎春、叶子花、茉莉、藤本月季、常春藤、凌霄等，都可用此法繁殖。

（四）空中压条

空中压条也叫高压法、中国压条法、高空压条法等。用于基部不生蘖芽的较高大植株，或枝条不易弯曲，或用其他方法不能繁殖的种类。在春末夏初进行。一般选2年生的健壮枝条，在节下进行环状剥皮，或剥去一半，或刻伤深达皮层。有条件的用生根剂处理后，在切口下端约5厘米处绑好塑料薄膜，再反卷上去，在塑料薄膜里填苔藓或泥土，扎好上口，稍留缝隙浇水，在室外的还能承接雨水。还可用竹筒或小塑料瓶剪开套在切口处（图5-26），在里面填苔藓或泥土。以后经常保持苔藓或泥土湿润。当生出较多根系后，再切离母株栽培，尤其较大的枝条。月季、杜鹃、桂花、山茶、米兰、白兰、玉兰、广玉兰、橡皮树、柠檬、金橘、佛手、八角金盘、朱蕉、紫藤等常用此法繁殖。

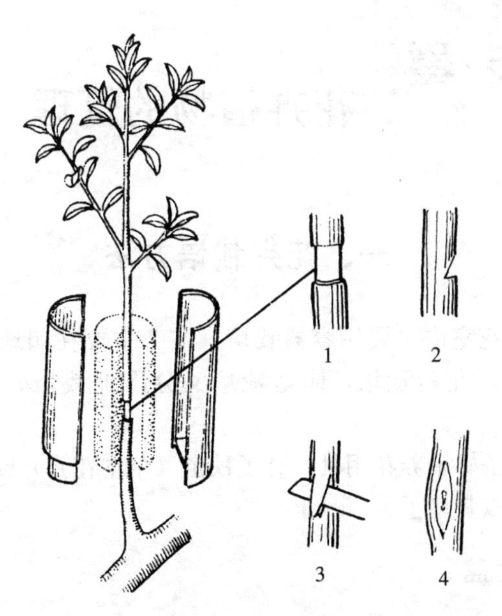

图 5-26　空中压条
1. 环剥　2、3、4. 刻伤

第6章 CHAPTER 6 花卉植物的管理

一、花卉栽培方法

家庭养花室内主要用容器栽培，宅旁主要在园地栽培。容器栽培主要是用花盆栽培，园地栽培又分露地栽培和保护地栽培两种。

当您准备好了养花用具，有了秧苗（草本花卉）或苗木（木本花卉）就可以栽培了。

（一）上盆

花卉上盆是指首次把花苗栽入盆内的工作，上盆是盆栽花卉的重要操作过程。

1. 花盆的选择 根据秧苗或苗木的大小选择尺寸合适的花盆，花盆太大太小都不好。花盆太大盆土中的水分过多，因植株叶片面积小，水分蒸发量不大，盆土不容易干，影响根系呼吸，甚至导致烂根，同时也不美观，摆放花盆还占地方，另外根系多集中在花盆的底部及周围，而内部较少，这样对养分的利用率低。花盆太小则头重脚轻不对称，不仅影响观赏，也因土壤少，水肥不能满足花卉生长的需要，根系难以伸展。

用什么材料的花盆，根据栽培的花卉种类和您的经济条件、爱好确定。栽培国兰、大花蕙兰等要用兰盆。水仙要选择与造型协调的盆，例如，水仙雕刻造型为“喜庆花篮”，花盆就应用圆形或如花篮形状的盆，长方形或椭圆形的花盆就不太合适；“双凤朝阳”造型则相反，应采用方形或椭圆形盆。观赏根系为主的则要用透明的或倚在假山石上。

2. 陶盆浸水 陶盆也叫泥盆，新的陶盆使用前必须放在水里

浸泡几个小时，让花盆吸足水分后才能使用，否则盆会吸收土壤里的水分，影响花卉的生长，另外浸泡有利于除去盆上的有害物质。

其他材质的花盆不用浸水，旧的花盆在上盆前应清洗干净，放在阳光下暴晒杀菌，清除可能存在的虫卵，必要时还应喷洒药剂。

3. 盆底铺垫 除了水培或栽培水生花卉要用无孔的花盆外，盆底一定要有足够大的孔以利排水。先把盆底的排水孔盖好，用一片陶盆碎片或瓦片盖在排水孔上面，做到堵而不塞，以利于排水。花盆如摆放在大地上，要防止土壤里的害虫、尤其蚯蚓进入盆里，可在排水孔处铺上尼龙纱网或铜纱、棕皮等。

然后在盆底铺放一层河卵石或大的沙粒、炉渣、碎砖、陶粒等，以利渗水和预防盆底的排水孔被堵，具体用什么可就地取材。铺放厚度占花盆高度的1/6～1/3，这取决于栽培的花卉种类，如兰花要厚一些，一年生草本花卉要浅些。

4. 上盆时间 根据各种花卉最适宜的移栽时间和您的需要而定，并无确定的时间要求。落叶花木的苗木在落叶而未萌发前上盆，常绿花木的苗木上盆时间在冬春生长缓慢时更为有利。

5. 装营养土和栽苗 根据栽培的花卉不同选用不同的营养土或无土基质。先放入适量培养土，然后手提花苗放入盆中，栽1株的放在盆的正中央。注意要在四周均匀填入培养土，将要填满时，把花苗往上略提一提，并摇动花盆，使土壤与根系紧密接触。土面应低于花盆顶沿2～5厘米，具体随着花盆的增大而增大，花缸留的还要多一些，从土面到盆沿的高度一般占盆高的1/10左右，以避免浇水和施肥时溢出盆外（图6-1）。

6. 浇水 上盆后应马上浇水。慢慢向盆内浇水。第1次浇水一定要浇足，直到盆底有水渗出。如果1次不易浇透，分几次浇灌。也可将花盆放在装水的容器内，使水从盆底的排水孔慢慢地渗透进去，当盆面土湿润了要及时取出，注意盛水器内的水不能高于花盆的边沿。

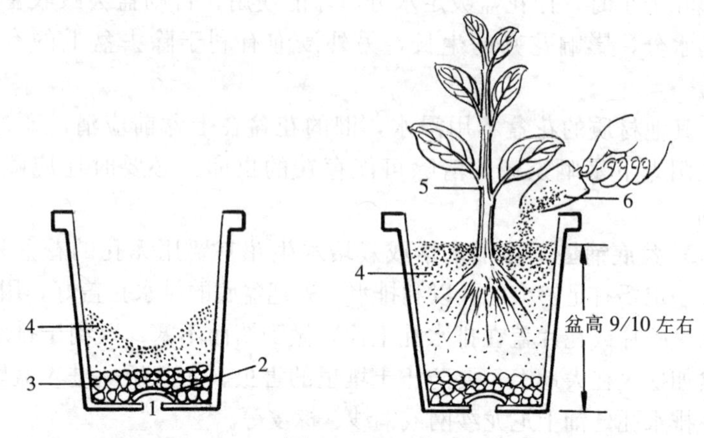

图 6-1　上　盆

1. 排水孔　2. 花盆碎片或瓦片　3. 粗沙或碎砖、陶粒
4. 营养土　5. 秧苗（苗木）　6. 上土工具

如您栽培的是没有用容器护根的苗，上盆后应放在半阴处养护，缓苗后再移到光照充足处。用容器护根的秧苗上盆后则通常直接放在光照充足处。

（二）换盆

换盆是指把花卉植株从花盆里取出，换入直径更大的花盆中、或只是更换盆土再栽回原盆、或换新花盆的整个操作过程。

1. 换盆时间　有下列情况之一者都应换盆：①当花卉长大后，原来的花盆已不能满足植株继续生长所需要的土壤营养，根系已穿出排水孔。②盆中土壤板结，物理性质变坏，影响通气透水。③盆里土壤的营养缺乏，有机质减少或酸碱度发生了变化，不适合所栽花卉的生长需要。④腐烂的根系较多，或盆土中有严重为害根系的病虫。⑤利用根部萌蘖进行繁殖或分株。

在花卉休眠结束、新芽刚刚萌动时换盆最好，尤其常绿木本类花卉最好不要在休眠期进行，因这时不利于已损伤根系的恢复。一般每年换 1 次盆，但已长大成型的植株可以每 2 年换 1 次盆。

2. 盆的大小 根据花卉的根幅大小选择相应的花盆。草本花卉换盆时一般花盆的直径比根幅直径大3～6厘米较为适宜。植株较大的木本花卉，花盆直径比植株的冠径小20～40厘米较为适宜。栽培仙人球类的花盆直径等于球径或略大于球径。

3. 换盆方法（图6-2） 将花卉植株从花盆里取出。取出方法：①花盆不大的或根系不太发达的一手拖住花盆的底部，一手握拳敲击花盆，使盆土与花盆松动，然后取出植株。②大、中型花盆或根系长满盆的用磕盆的方法取出花卉植株，即用双手拿住花盆，将植株朝下，在木块上轻轻地磕盆沿，使植株与花盆分离，然后让花盆朝上，取出植株。大的盆栽花卉不宜用此法。③植株较大的木本花卉，可先把花盆边沿的土挖出，然后一两人脚踏盆沿，手握树干用力将植株提出。④在花缸等大型容器栽培的高大花木，必须先把花盆边沿的土挖出，然后轻轻地把花缸放倒，注意别损伤枝叶，把缸沿靠在拐脚墙边，或用长木料一侧顶在墙边，一侧顶在缸沿，然后几人一起用力把植株拔出。

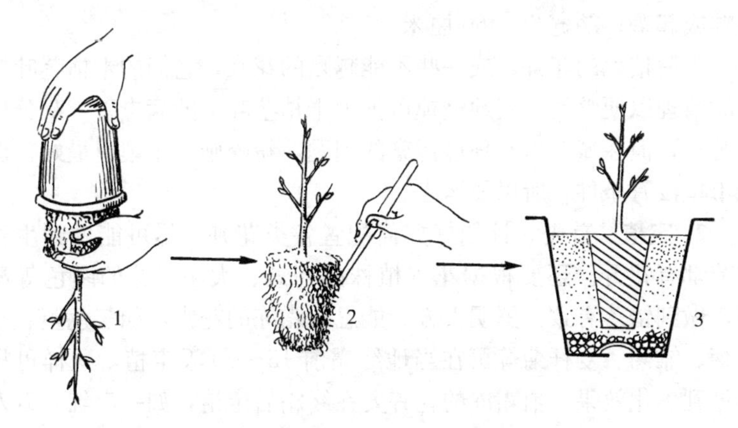

图6-2 换 盆

1. 把花株从花盆中取出 2. 去掉适当残土和花根
3. 换入大的花盆中

4. 原来花盆残土的处理 ①植株较小、根系没有衰老的换大盆后，原盆土质量又好的可以不动，将植株带原土换入大的盆中，再用培养土填满空隙。②多年生木本花卉应去掉土球的1/4～1/2，扒掉部分老根。③对发根容易、生长力强的成年植株或养殖多年的老株，在换盆时要将根上所带原土完全去掉或仅保留根颈部的部分宿土，修剪腐烂老根。④洋兰换盆时要去掉旧的植料和剪除老朽根茎，用清水洗净，在阳光下晾干后再上盆。

（三）整地与定植

1. 整地 如果您喜迁新居，要在城市楼房旁边的土地上栽培花卉，清理土中杂物要提前进行，这是一件费工的事，当然以后就好了。将翻起的大土块敲碎，清除土中的石块、碎砖、瓦片、砂浆、残留树根、断株及其他杂草，同时施适量的基肥。如果土壤过于贫瘠，可以用较肥沃的壤土来替代部分瘠土，多买些农家肥施入土中。春季要用犁杖或铁锹翻耕，如能在上冻前翻耕最好，有利于消灭土壤里的病虫害，使土壤熟化。根据栽培目的做畦或起垄。1米宽的畦可以栽培多数花卉，干旱地区做平畦，多雨或低洼地块做高畦或起垄。垄宽50～60厘米。

霜后枯死的花卉，或一些不能越夏的花卉，它们的干枯茎叶要及时清理以便整地。就地烧掉可消灭干枯茎叶上的病虫害，灰分也是肥料，但在城市里有环境污染的问题，粉碎施入土壤里最好，但城市里没有条件，所以要运走。

2. 定植 首先您计划好如何配置各类花卉，尽可能做到生长季节都有花开。还要根据花卉植株的高矮、大小、花的颜色等配置，做到错落有致，鲜明大方。能忍耐霜冻的花卉，如三色堇、金盏菊、雏菊、麦秆菊等可在当地终霜前15～20天定植，这样可提前见到美化效果。怕霜冻的花卉要在终霜后定植，如一串红、万寿菊、大丽花、百日草等。木本花卉春季应早栽。

用镐头在畦上或垄上挖穴，然后施入肥料，用镐头与土壤进行搅拌。接着栽苗，用容器育苗的千万要除掉容器，除非您是用报纸做的育苗筒。用土把苗坨下部盖上，但不能毁坏苗穴以便浇水用。然后浇水，让水漫过或齐苗坨，但不能从穴里流出，当水完全渗入

土壤后用手将土覆在苗坨上。

3. 直播 在终霜前后进行。按照一定间距直播于畦或垄上，出苗后进行间苗，拔除多余的较弱的花苗，留生长健壮的苗。一般间苗2～3次，多数种类最后留1株苗。大花向日葵、紫茉莉、鸡冠花、羽叶茑萝、凤仙花等都可以直播。球根花卉如大花美人蕉、大丽花、唐菖蒲、晚香玉、百合、郁金香等直接栽培种球。

二、植株调整方法

对花卉植株生长控制的目的是促进局部生长，抑制其他部分生长，多数是抑制强盛的营养生长，少数是抑制生殖生长；调整植株的枝叶密度，疏去过密的枝叶、过多的花芽、花、果实，促使植株的株型、花朵、果实等整齐一致，美观大方。对花卉植株的生长控制与调整主要是人工进行，有的可用生长促进剂或抑制剂。

（一）草本花卉的植株调整

草本花卉的植株调整，主要有摘心、摘叶、打杈、支架绑缚、引蔓、疏花、摘除过多的果实等。

1. 摘心 用手指摘除或用剪刀剪除主干或侧枝的生长点（新梢的顶芽），抑制植株长得太高，使全株低矮，株丛紧凑，观赏效果好。摘心有利于养分的积累，促使萌发侧枝，或加粗生长，或促进花芽分化等。有时候为了调整邻近新梢的长势，也可以通过摘心达到抑强扶弱的目的，或者对侧枝摘心，使其成为主干的辅枝，促使主干生长健旺。菊花、一串红、百日草、蜀葵等都可摘心处理。

2. 抹芽、打杈和摘叶 抹去刚萌生的腋芽，或打去嫩枝杈，摘除过密的叶片，其作用是节省养分。

3. 摘蕾 摘除过多的花蕾，只留中央顶端的花蕾，也是抹芽的一种，菊花、大丽花、芍药等要摘蕾。在生产球根花卉的种球时，为了促使球根的生长，要摘除花蕾。观果植物如幼果太多，应摘去适当数量的幼果，使保留的果实长得硕大。

4. 支架绑缚 容易倒伏的花卉和藤本花卉需支架，容易倒伏的花卉大多还要绑缚。藤本花卉一般只是开始引蔓，以后能自动缠绕。一些大丽花品种、盆栽菊花没用药矮化处理的、昙花、龟背竹等需要支架绑缚。牵牛花、茑萝、葫芦科花卉、红花菜豆等需支架栽培，或种在有篱笆、树旁等处。

（二）木本花卉的修剪

1. 修剪时间 在休眠期、生长期都可以进行修剪，具体到每一种花卉时，要根据它们不同的开花习性、耐寒程度和修剪目的决定。①早春先开花后长叶的木本花卉，它们的花芽一般在上年的夏秋季已经形成，如果在早春发芽前修剪，就会剪掉花枝，因此修剪应在花谢后2周内进行，但此时花木已开始生长，树液流动比较旺盛，修剪量不宜过大。②夏秋季开花的花木，它们的花朵或花序多生长在当年新生的枝梢上，因此可在发芽前即休眠期进行。③观叶的植物可在休眠期修剪。④在休眠期进行修剪时，耐寒性强的可在晚秋和初冬进行，不宜过早，过早会诱发秋梢；怕冷的则应在早春树液开始流动但尚未萌芽前进行。⑤花木整形，也就是强修剪时，均应在休眠期进行。

2. 修剪方法 从总体上说，修剪应按以下方法进行，具体到每株花木时，您可灵活掌握。①如果枝条很密，先剪去交叉的枝条、重叠的枝条、徒长的枝条等，有的要引开重叠的枝梢，见到病虫枝、枯枝必须剪去，然后再认真地找一遍病虫枝。这样使枝条疏密有致，植株内部更易接受光照，促进空气流通，有利于植株健壮生长。②许多木本花卉生长花蕾的位置都是在1年生或2年生的新枝上，多年生的老枝必须剪去。③有些花卉在枝梢的顶端开花，开花后应进行剪截，以利于继续长出新的花枝，如月季、茉莉、紫薇和天竺葵等。每个分枝再经过修剪就可以形成3～4个分枝，最后形成圆球形树冠。④剪截的切口在分枝处，按45°倾斜角剪截，切口要平滑，不要剪破树皮。⑤萌芽力弱的花木，如广玉兰、白玉兰等，剪除枝条的数量要少。

三、花期控制方法

人们总希望花卉按照自己的要求准时开放，现在的栽培技术是能够做到的。您只要创造适宜花卉生长发育的条件，就可以按照您的需要准时开花。

（一）控制播种育苗期或栽培期

只要不是对日照长度或光照强度特别苛刻的花卉，几乎都可以按照您的需要准时开花。当然对日照长度或光照强度特别苛刻的花卉，您创造适应它的环境条件也能开花，不过生产成本太高而已。现在的主要切花如菊花、唐菖蒲、百合、郁金香、非洲菊、朱顶红等都能用不同的播种育苗期或栽培时间来控制开花时间，满足人们四季的需要。水仙、风信子等在冬、春的冷凉时节排开播种，就会分期开花。一串红、百日草、万寿菊等许多草本花卉通过不同的育苗期可做到四季开花。就连只在春季开花的许多木本花卉也可在元旦、春节按照人们的意愿开花，如牡丹、梅花、迎春花等。

（二）用园艺技术调节植株生长速度

通过摘心、修剪、摘蕾、剥芽、摘叶、环刻、嫁接等措施，调节植株生长速度，对花期控制都有一定的作用，可调节开花时间。大多数草本花卉可通过摘心推迟开花时间，如一串红能延迟10～15天。常采用摘心方法控制花期的还有香石竹、万寿菊、孔雀草、大丽花等。木本花卉早修剪，就能早长新枝早开花，如月季，花后剪去残花能继续开花。

（三）调节光照时间

通过调节光照时间，可以提前或延迟开花。

1. 缩短光照时间 许多短日照花卉通过短日照的处理都可按您的意愿提前开花。常用短日照处理的有盆栽菊花、一品红、蟹爪兰、叶子花、落地生根、长寿花等。菊花短日照处理要求光照8～10小时。如使菊花在国庆节盛开，从7月中旬起，每天17～20时进行遮光，20时后揭去遮光物，天亮前至早8时遮光，8时后揭开遮光物，正常管理经70天左右可开花。一品红每天用10小时白昼，50～60天可开花。蟹爪兰每天光照9小时，2个月可开花。遮光材料要密闭，不能透光，要预防低照度散射光产生的破坏作用。短日照处理中间不能间断。

2. 延长光照时间 许多要求长日照或相对较长日照的花卉，只要延长光照时间也能开花，如唐菖蒲、蒲包花、瓜叶菊等。唐菖蒲需16小时左右的光照，蒲包花、瓜叶菊延长光照时间就能使开花时间提前。有资料报道，在23时至次日2时的3小时内用荧光灯照射1.5小时，就能达到延长光照时间的目的。

3. 昼夜颠倒 适宜在夜间开花的花卉，白天把阳光遮住，夜间用人工光照，能改变夜间开花习性，使其在白天开花。如昙花的花蕾逐渐膨大到长10厘米左右并开始向上翘起时，白天把花盆移到完全黑暗的环境条件下，晚上用60瓦的电灯照射，经过4～5天，即可在上午8～9时开放。

（四）调节温度

1. 升高温度 随着温度在适温范围内的升高，开花的进程也加快，可提前开花。几乎所有的进入开花期的花卉在霜期或低温季节，都可以通过升高温度促进生长，加上其他措施进而能提前开花或延长开花时间。所以在温室、拱棚等保护地栽培的花卉，以及在家庭养的许多花卉都能在冬季或春季开花，这首先得益于适宜的温度。如要杜鹃提前开花，可将温度升高到20～25℃，并经常在枝叶上喷水，保持80%以上的空气相对湿度。

2. 降低温度 在春季自然气温还没回暖前，将处于休眠状态的植株移入1～5℃的低温室内，并用微弱的灯光照射3～4小时，保持盆土湿润，降低新陈代谢机能，可延长休眠期，达到延迟花期目的。根据需要开花的日期、植物的种类与当时的气候条件，推算

出低温后培养至开花所需的天数，从而来决定停止低温处理的日期。这种方法管理方便，开花质量好，延迟花期时间长，适用范围广。包括各种耐寒、耐阴的宿根花卉、球根花卉及木本花卉都可采用，目前牡丹已成功延迟开花。杜鹃含蕾未放时进行冷藏，可抑制生长3～5月。仙客来、石蒜、倒挂金钟、四季海棠等在6～9月期间降低温度，放在荫棚处可打破休眠继续开花。

当大批鲜花开放时，为了延迟花期，可将含苞待放的花枝剪下，放在5～10℃的冷藏室中。如晚香玉、唐菖蒲可保持7天左右，百合、非洲菊一般保持15天左右，芍药可保持1个月左右。

（五）使用植物生长调节剂

用500～1 000毫克/千克赤霉素处理牡丹、芍药的休眠芽，几天后芽就能萌动；处理牡丹的花蕾可加强花蕾生长优势，有利于二次开花；处理君子兰、仙客来、水仙的花茎，能使花茎伸出植株之外，利于观赏。10月1日前后用25毫克/千克赤霉素处理仙客来叶面，每隔10天处理1次，连续处理3～5次，直到见到花芽为止，新年前后即可开花。处理毛地黄、红花吊钟柳、桔梗等花卉，有代替低温的作用，可促使早抽薹。用500毫克/千克赤霉素处理含笑，可使它在9～10月开花。用1 000毫克/千克的乙烯利或萘乙酸，在凤梨科植物的株心灌注，可促使开花。杜鹃在开花前1～2个月，用1 000毫克/千克比久处理花蕾，花期可延迟10天左右。

四、水分管理

从栽培管理角度上说，水分的管理是盆栽花卉工作量最大，也是最为关键的一项措施。这是因为不同的花卉对水的要求不同；同一种花卉的不同生长阶段对水的要求不同；同一种花卉随着天气和季节的变化对水的要求不同；同一种花卉随着栽培土壤或基质的变化对水的要求不同。浇水是否恰到好处是养花成败的关键，许多人没能把花养好首先是没掌握好如何浇水。浇水似乎简单，一个儿童都可以做到，其实不然。在盆花的管理上它确是一项最难掌握的管理措施，甚至有的人养了十几年的花，也没有完全掌握好浇水的技术。农谚“浇水学三年”道出了浇水有很大的学问，笔者从多年的实践中体会到管理技术最难掌握的就是浇水。从土壤水分的测量技术上说，虽然有很多仪器和方法可以应用，但目前在家庭盆栽花卉上都很难用上，完全不同于气温测量那么简单，只要花一两元钱买一支温度计就可以了。

花卉栽培的土壤水分管理主要是浇水，空气的水分管理主要是喷水加湿和通风降湿。我国大多数居室内养花是空气湿度不足，湿度过大的情况很少。

下面就浇水要注意的共性问题加以介绍，本书撰写的150种（或科属）花卉如何浇水都分别进行了介绍，详见各节。

（一）水质

水质对花卉的生长发育影响很大，尤其盆花由于受花盆的限制，对水中有害物质缓冲能力比露地差，因此对水质的要求更为严格。当水质问题较大时，轻的导致花卉生长不良，重的花卉死亡。少数花卉植株和幼苗对水质是非常敏感的，如茉莉、米兰、山茶、栀子、杜鹃等怕碱性水，笔者单位的自来水是碱性硬水，通过多年实践感到管理上述花卉颇费工夫。

1. 适宜浇花的水 雨水、河水、湖水、塘水等称为软水，一般呈弱酸性或中性，水中的钙、镁、钠、钾含量较少，最适合浇花。但住在楼里的人们去取这样的水一般做不到，绝大多数人都用自来水浇花。自来水常含有氯离子，对花卉生长不利。如有条件，应将自来水倒入缸内存放5～7天后再用。养花数量不是很多的，将自来水放入矿泉水或饮料瓶里几天，敞开瓶盖，让水中的氯气挥发后再浇花是容易做到的。许多人直接用自来水浇花，似乎未见到盆花出现什么问题。这一方面是多数花能忍耐自来水里含有的很少

量的氯离子，另一方面环境条件对花卉生长的一些影响在没有严格对比的情况下是看不出来的。

农村没有自来水的也多用井水浇花，北方许多地方地下水含钙、镁的化合物较多，用来浇原产于南方酸性土壤的花卉是不适宜的。长时间用这种水浇花，喜酸性的花卉就生长不好。解决的办法一是取雨水、河水、湖水、塘水等浇花，二是在栽培时用酸性土壤，三是用硫酸亚铁200～300倍液每15天浇1次。还可在水中加入0.02％～0.05％磷酸二氢钾，用柠檬酸、醋酸也可增加水的酸性，但不能用强酸。

还可把水晾晒一两天，当有害物质蒸发和沉淀后，除去表面漂浮的杂质，用中间的清水浇灌。

近年来磁化水、激光水成为很好的浇花用水。磁化水活性成分高，能促进花繁叶茂。在水盆里放入磁力强大的磁铁，经过12小时后即成为磁化水。激光水是用激光照射过的普通水，用激光水浇花，可使许多名贵花卉花大色艳，花期延长。

2. 不宜浇花的水 虽然直接用自来水和一些井水浇盆栽花卉不太适宜，但适当处理后还是可以的，但有些水无论如何是不能用的。如有油污或含洗涤剂的水，被严重污染的水，盐、碱浓度太高的水，暖气水等。笔者单位的自来水在寒冬冻了，没办法，只能用暖气水浇花，结果米兰、茶花、茉莉等显著受害；用暖气水播种，有的种子出苗率大幅度下降。

（二）水温

水温与盆土温度相接近有利于花卉的生长，一般温差不宜超过5～6℃。如果突然浇温差较大的水，根系及土壤的温度突然下降或升高，会使根系正常的生理活动受到阻碍，减弱水分吸收，发生生理干旱。因此，夏季忌在中午浇水，应以早、晚浇水为宜。冬季则宜在中午浇水。冬季以水温比土温略高为好。冬天自来水温度低，应储存几天后再用，还可排除氯气。

（三）浇水方式

1. 喷浇 多数花卉喜欢喷浇。喷浇还能降低气温，增加环境湿度，减少植物水分蒸发，冲洗叶面灰尘，提高光合作用。喷浇如人工降雨，对盆土结构破坏小，不易板结。经常喷浇的花卉，枝叶洁净，能提高观赏价值。盛开的花朵、茸毛较多的花卉、怕水湿的花卉不宜喷水。非洲菊的叶芽、仙客来的花芽怕水湿，一些国兰的叶片怕水湿。

向植株及养护场地喷水可以增加局部环境空气湿度，防止扬尘沾染枝叶。

2. 灌浇 直接往花盆的土壤上浇水。许多养花者习惯用灌浇，它方法简单。盛开的花朵、茸毛较多的花卉和其他不宜用喷水的都用灌浇，灌浇容易使土壤板结。

3. 浸盆 将花盆浸在水里，让水从花盆的底孔渗入盆土里。浸盆的好处是减少土面的板结，浇水充足，不至于上湿下干，当盆土很干时可用此法，用盆播种时更为适宜。浸盆的水面要低于土壤的表面，让水慢慢地渗入。家庭可用洗手盆装水。

4. 浸泡 将整株花卉或根部浸在水里。主要用于附生兰科花卉、蕨类和部分凤梨科花卉。栽培基质用苔藓、蕨根、树皮块等不易浇透的材料，也适合浸泡的方式。

（四）浇水的一般原则

农谚“见湿见干”一般说来可作为大多数盆栽花卉的浇水的准则。

见湿就是浇水要浇透，见到盆底排水孔流出水为止。要避免浇水过量，造成盆土里的肥和细土不断随水从盆底排水孔漏掉，严重影响植株生长。切忌浇半截水，即下面还有干土。

见干就是盆里表层土壤已经干了，需要浇水了。怎样判断已经见干了？①干燥的盆土颜色变浅，重量变轻。②盆土与花盆间出现了缝隙。③用手指或铅笔弹花盆，发音清脆，说明盆土见干了；如

果声音低沉发闷，就表示盆土内还有较多的水分，不需浇水。④用手摸盆土有发干的感觉。⑤看植株本身。如果缺水显得缺乏生气，或者叶片萎蔫下垂，甚至枯萎焦黄，从色彩上看也不如平时鲜艳和富于光泽。如果正值花期，花朵会凋谢。当然植株这些现象有时不光是因为缺水而造成的。⑥扒开土面以下约1厘米才见潮土算干，应立即浇水。任何花卉都不能等土壤变成干土块时才浇水，那样花卉就枯萎了。

因干旱或漏浇等原因造成盆土过干，花卉就会嫩枝低垂，叶片萎蔫，叶面干涩失去光泽，仙人掌类和多肉植物类体色暗淡无光。遇到这种情况不要立即浇大水，先把花盆放在疏荫处，少浇些水，并向叶面喷少量的水，当枝叶挺起后再浇透水，可防止根系损伤和叶片枯黄脱落。

（五）不同季节浇水时间及浇水量

夏季应在气温较低的清晨和傍晚浇水，冬季则宜在气温较高的中午进行浇水，春秋季气温适中，10～16时都是适宜浇水的时间。盛夏中午忌浇水。

夏季大多数植物生长旺盛，天气炎热，蒸发量大，应多浇水，一般室内花卉2～3天浇1次，在室外则每天浇1次水。秋冬季节对那些处于休眠、半休眠状态的花卉要控制浇水，使盆土经常保持偏干。

（六）不同种类的花卉浇水量

一般草本花卉比木本花卉需水量大，浇水宜多。木本花卉和仙人掌类植物要掌握“干透湿透”的原则。原产南方的花卉比原产干旱地区的花卉需水量大。叶片大、质地柔软、光滑无毛的花卉蒸发多，需水量大。叶片小、革质的花卉需水较少。喜湿的花卉如蕨类、马蹄莲、海芋、旱伞草等浇水要勤些，应“宁湿勿干”。另外，枝叶茂密的如瓜叶菊应多浇，枝叶稀疏的应少浇。月季、杜鹃、山茶、米兰等应掌握“见干见湿”的原则。对稍耐旱的花卉，如蜡梅、枸杞、石榴、橡皮树、松树等要掌握“干透浇透”的原则。对仙人掌及多浆花卉则应“宁干勿湿”，当土壤适当干透再浇。

盛开的花朵，不宜多喷水，否则会造成花瓣腐烂，或影响受精，降低结果率。叶片上生有一层密密茸毛的花卉，如秋海棠、大岩桐、蒲包花等，不宜在叶面上喷水，否则水分难以蒸发，易霉烂生病。

（七）根据花卉的生长期浇水

在北方大部分花卉生长旺盛期在5～8月，应多浇水；但有的品种如仙客来、香雪兰、报春花、倒挂金钟等在6～8月休眠，应少浇水，一般5～7天浇水1次即可。生长期在冬季11月至翌年4月的君子兰、报春花、瓜叶菊等，应多浇水。春季盆花开始生新根、出新芽，这时可根据盆土干湿情况决定浇水次数和浇水量。花蕾生长期要多浇水，开花期少浇水。刚修剪的花卉要少浇水，否则枝叶徒长，影响造型。

（八）根据容器和栽培土壤决定浇水量

植株大而容器小的浇水次数要多些，植株小容器大浇水次数要少些。容器小而浅的浇水量和次数应稍多些，大而深的浇水则应少些。陶盆渗水性好，盆土易干，浇水量和浇水次数应稍多些，釉瓷盆、塑料盆都不渗水，盆土不容易很快干，浇水量和浇水次数则应少些。

保水性能好的土壤，如壤土浇水间隔时间应长些，反之沙土间隔时间应短些。

（九）室外盆花的水分管理

晴天蒸发量大要多浇水；阴天蒸发量小可少浇或不浇；秋冬则要控制水分，少浇或一段时间内不浇；下雨天，即使淋不着雨的盆花也暂时不要浇，因为空气湿度大。风大或干旱天气，空气干燥，蒸发量大，花卉失水快，应多浇些水。大雨过后盆内的积水应及时倒掉，天气预报有大雨，则可提前将花盆倾斜，以便随时排除

积水。

无论在室内外栽培盆花，长时间浇水容易使盆土排水不通畅，要松土。多年不换盆根系将排水孔堵死，造成盆里的水排不出去，要及时换盆，并将盆底多垫易于排水的粗沙等。

（十）空气湿度的控制

一般来说空气相对湿度在60％～80％有利于大多数花卉的生长发育。宅旁的湿度主要受大气候控制，摆放在露地上的盆栽花卉空气湿度高了很难降下来，在园地栽培的可通过铲地改变小气候，湿度低了可浇水和喷水。室内多数情况下湿度偏低，尤其在北方取暖季节，只有在雨季湿度适中或偏高。室内空气湿度偏低时，采取在花卉植株周围局部加湿的办法解决，不要在整个室内加湿。一般认为人最适宜空气相对湿度在50％～60％，要以人为本。

无论室内外，当高温空气干燥时每天向叶片多次喷水，增加花卉周围的空气湿度。除原产于沙漠干旱地区的植物外，喷水都是必要的。喜湿的花卉平时也要用喷雾器向叶片喷水。用透明的塑料薄膜袋将花盆罩上，可增加花卉周围的空气湿度。

（十一）解决无人给盆花浇水的措施

当您和您的家人要离开家里一段时间，如在长江以南空气湿度高的地方，对于大多数花卉来说，将花盆浇足水，即使短期内不浇水也不会有大的问题。离开家里时间长无人给花浇水，可采用下述方法解决盆栽花卉水的供应问题：

将花盆浇足水后，放在另一个不漏水的盆里，盆里装1/3～1/2的水，使花盆的1/4～1/2浸在水里，笔者多年用龟背竹、君子兰、仙人掌等不同习性的花卉试验，一般15天左右没有大的问题。用非常疏松的基质或土壤栽培的浸水可深些，否则浸水应浅些，耐湿的花卉可深些，怕涝的应浅些。

离家时间短，浇足水后放在背阴无风处减少蒸发。或在盆的土表层铺一层湿青苔，或盖上塑料薄膜，则保湿时间较长。

如果用陶盆（泥盆）栽培花卉，在花盆旁边放上水盆，一个水盆可管几盆花，水盆略低于花盆。将一条厚布带，一端浸在水盆中，另一端压在花盆孔底下，由于厚布带的毛细管作用，水盆中的水分可徐徐传到花盆底，再传到盆土里。根据盆花喜湿情况调节厚布带的宽度。此法保湿时间长些。

用小型电脑浇水器，名叫“魔术雨”，只要输入浇水时间、频率和浇水量，它就能按规定进行自动操作。

五、温度调节

不同的花卉生长所需要的温度不同，如荷花、大岩桐、仙人掌科植物等需较高的温度，瓜叶菊、报春花、蒲包花、冬紫罗兰、三色堇等需较低的温度。同一种花卉的不同生长发育阶段对温度的要求也不同，如水仙花芽的分化需 30℃左右，当花轴长2～3 厘米时9℃左右最为适宜。每种花卉生长都有适宜的温度范围，也有最高温度和最低温度，在适宜的温度范围内生长发育良好，超过最高温度或低于最低温度则停止生长发育。在居室内养花对大多数花卉来说，多数时间不会超过最高温度和低于最低温度，但不一定在最适宜的温度范围内。居室的温差小，对喜欢大温差的花卉，尤其在花芽分化阶段需温差大，或需低温、高温的花卉都不适宜，需进行人工调节。

（一）利用室内不同部位的温差合理摆设盆花

几乎每个家庭室内的不同部位的温度都不相同，可分别摆放对温度要求不同的花卉。在靠近暖气、火炉、火炕和阳光充足的南面窗前摆放喜高温的花卉。在远离暖气、火炉或靠近门旁可放需要低温、耐阴的花卉。怕高温的仙客来、报春花等放在北阳台度夏。耐高温的放在南阳台。

要求昼夜温差大的花卉，白天放在室内温暖的地方，晚上移到阳台、门旁或窗台上，尤其北窗台上，用窗帘把花卉与室

内隔开。即使要求温差不大的花卉，当开花时这样做也有利于延长开花时间。

（二）预防寒害、冻害

寒害指植物的细胞液并没有结冰，但低温使植物正常生理活动受到影响或停止，根系没有吸水能力了，出现生理干旱，嫩叶萎蔫，老叶脱落。冻害指植物的细胞液结冰。

当冬季室内最低温度保持在15℃以上时，绝大多数室内花卉都能安全过冬，这在北方楼房有暖气的房间里一般是不成问题的。但在农村或在南方无取暖的室内不仅达不到15℃，有的甚至最低时在2～3℃，这样的家庭冬季防止花卉冻害或寒害就成为第一重要的问题了，尤其那些不能忍受低温的花卉。较长时间的低温花卉会黄叶、落叶甚至死亡，在栽培时要特别注意，尤其目前许多流行的价格较高的花卉。下面是目前最流行的一些不耐低温的花卉遭受寒害、冻害的温度值。

原产热带雨林中的花卉大多不耐低温；瓜栗（发财树）冬季温度低于16℃，叶片变黄脱落，低于5℃死亡；龟背竹的老株可耐短时间5℃低温，长期低于5℃易发生冻害；天鹅绒竹芋冬季不宜低于13℃；香龙血树（巴西木）温度低于13℃进入休眠，5℃以下植株受寒害；“洋兰之王”卡特兰温度在5℃左右时出现冷害现象；“洋兰皇后”蝴蝶兰低于5℃容易死亡；厚叶型文心兰的冬季温度不宜低于12℃；墨兰夜间温度不宜低于10℃；彩叶凤梨冬季温度应不低于10℃，否则顶端叶片出现卷曲皱缩的冻害现象，并逐渐发生焦枯；花烛冬季温度不宜低于15℃，否则形成不了佛焰苞，13℃以下出现冻害；猪笼草冬季温度不能低于18℃，否则植株停止生长，低于10℃叶片边缘遭受冻害。

笔者每年都看到当霜冻或冰冻降临的时候，有的家庭在敞开式的阳台上养的花没能搬到室内，一些价格较高的花卉都被冻了。也看到春季霜冻或冰冻还没结束的时候，有的将盆花移到敞开式的阳台上，受了寒害或冻害。预防这样的寒害、冻害并不难，只要您注意听天气预报就完全可以避免。

在寒冷到来前不施氮肥，增施磷、钾肥，适当控制浇水，提高花卉的抗寒性，这对预防寒害、冻害有一定的作用，但这种作用是非常有限的。

宅旁栽培的花卉也有预防冻害的问题：怕霜冻的花卉不能在终霜前定植；秋季您要将一些花卉移入室内继续栽培的话，怕霜冻的花要在初霜前移入室内。除了终年无霜的地区外，总有些露地越冬的花卉要适当防寒。月季、牡丹在北方寒冷的地方要防寒越冬；一些花灌木也要防寒越冬，如紫荆、紫薇等。用草帘、化纤布、塑料薄膜等将树整株包上防寒；用秫秸、稻草、落叶、马粪、土壤等进行地面覆盖防寒。

（三）土壤温度的调节

春季为了在宅旁早定植花卉增加观赏效果，可先做好定植畦，或起垄，然后覆盖塑料地膜，能有效地提高地温，又能促进花卉的生长发育。如果春季在宅旁育苗，可用电热加温线铺设电热温床。

室内育苗时，为了提高花盆里的土壤温度，可把花盆放在暖气上或旁边。

摆放在窗台上的花盆，当外界气温很低时，窗台凉，直接影响花盆里的土壤温度，可在花盆下面垫上聚苯板，聚苯板隔凉效果非常好，您可收集各种家电包装用的聚苯板。

（四）高温的调节

宅旁的通风条件差，加上房屋墙面和玻璃的反光，夏季花卉容易受高温的危害。不在紧挨着墙的地方栽培不能忍耐高温的花卉；怕热的花卉栽培在房屋的北侧或有疏荫的地方；盛夏高温时，往植株上喷水降温，根据土壤墒情早晚浇井水降低土壤温度。

在南阳台种植耐热藤本花卉，形成疏荫，在疏荫下摆放盆花。往阳台上洒水和往花卉上喷水，根据温度高低，一天可进行多次。

六、光照调节

每种花卉的生长都需要一定的光照强度和日照长度，花芽的形成还要求一定的光周期。家庭室内养花主要注意调节光照强度。

（一）充分见光

除了在阳台、窗台养花外，在室内的其他地方，一天内阳光直接照射到花卉上的时间很短或根本照不到，只能不同程度地得到散射光。长时间得不到阳光照射的花卉，生长发育就会受到严重的影响，尤其喜光的花卉。因此您要将在室内摆放的花盆定时移到阳台或窗台上见光，让它充分生长一段时间后再移回室内，有条件的移到宅旁最好。

（二）补光

室内光照不足可用电灯补光，现在无论是补光技术还是适宜的灯具都不是问题了。育苗、工厂化生产、加代育种都早已用上人工补光了。由于补光消耗的电能多，家庭室内养花一般又没有太大的必要，所以几乎没有人应用，您只要让花卉充分见光就可以了。如果您有室内小花园，嫌移动花盆麻烦或地栽的不能移动，钱又不是问题，可进行补光。每平方米用 80 瓦左右的电灯补光，比较好的灯有农用生物效应灯，光谱成分更适合花卉生长的要求，耗电少。如买不到，用白炽灯（电灯泡）和日光灯搭配使用，各种光谱也比较齐全。

（三）遮光

室内盆栽花卉怕强光的，您将花盆从阳台或窗台移到室内就可以了。如不便于移动，用遮阳网遮阴，每平方米遮阳网人民币 2 元左右。为了好看，也可用竹帘遮阴。

窗台或阳台养花，由于窗玻璃不平，个别地方有凸透镜或凹透镜效果，使太阳光部分聚焦，光强时容易使一些花卉的叶片被灼伤，如君子兰叶片很容易被局部灼伤，要适当遮阴或避开强光。

宅旁栽培花卉时，把怕强光的栽培在高棵植物、树、篱笆的北侧，或房屋的北侧。在高纬度地区或用竹竿在花的南侧插成花荫架。有小温室的用遮阳网覆盖。

七、花卉施肥

盆栽花卉受花盆的限制，不能从土层的深处吸收矿质营养，室内栽培又不能得到雷雨提供的氮肥。一些花卉上盆后要生长几年后才换土，花盆所装的有限土壤对过多的肥料缓冲能力有限，因此基肥不可能太多。这样一来盆栽花卉就容易肥力不足，因此合理施肥是养好盆花的一项重要措施。毫无疑问宅旁花卉也有合理施肥的问题，但没有盆花那样难以掌握。

（一）基肥的施用方法及用量

1. 地栽花卉　①如果施用的农家肥料充足，首先选用撒施，力求均匀，让整个地表都有农家肥料，再用铁锹翻入土中。化肥一般不提倡撒施。②先用镐头开沟，然后将有机肥或化肥沿垄沟施入，这种方法叫条施。施肥后用镐将肥料与土壤拌匀，或者在垄台上开沟，使垄沟变成垄台，将肥料埋在土壤里。③先刨穴，把有机肥或化肥施入，用镐或锄头与穴里的土壤拌一下，使肥料混在土壤里，这种方法叫穴施，在肥少或用速效肥时采用此种方法。撒施每平方米用农家肥7～8 千克，但烘干鸡粪、禽粪、人粪尿绝对不能用这么多。

2. 盆栽花卉　将土壤和肥料充分拌匀。除了施用农家肥，还可加入化肥，如氮磷钾复合肥，过磷酸钙等，如栽培原产南方的花木还要加入硫酸亚铁。每立方米的土壤加入氮磷钾复合肥或其他化肥的量 1 千克，或过磷酸钙 1.5 千克，硫酸亚铁 2 千克。充分腐熟的农家肥施用量因种类不同差别很大，马、驴、骡粪可占盆土总量

的1/3～1/2，禽粪、饼肥必须充分腐熟，用量要少得多。

（二）往土壤里追肥的方法及用量

在土壤提供的矿质营养不能维持花卉正常生长时，会出现叶片发黄、枝条细弱、花稀、果实小等状况，这时就需要追肥。追肥要根据花卉种类、习性、施肥目的、所缺元素来决定肥料的种类、数量、次数和施肥方法。追肥后要及时浇水，让肥料溶解。

1. 地栽花卉 多用环状施肥，即在花卉植株四周的任何一侧施用都可以，离植株15～20厘米远，切不可直接挨着植株，否则容易将花卉烧死。为了操作方便多在垄台上施肥，和植株在一条直线上。如果不能马上趟地要用锄头刨坑，把肥料放在小坑里，然后用土盖上。用农家肥可在沟里条施，然后趟地把粪用土覆盖在垄里面。农家肥每平方米1次施用量1～1.5千克，化肥20～30克，每次不提倡用更多的化肥。

2. 盆栽花卉 除了环状施肥外，最好施用稀薄液体肥料。环状施肥一般在盆边施用，化肥也可撒施在盆里，然后浇水让它溶化进入土壤里，最好先用水溶解后再施用。盆土或基质的比重因种类不同差别很大，所以不宜用它的重量计算化肥用量。化肥用量控制在盆土或基质体积的千分之一以下，不可太多。体积和重量不是一种计量单位，您可把1厘米^{3}的盆土或基质按1克算，或者说把盆土或基质的体积当作水的体积计算，然后算出化肥的合理施用量。

（三）根外追肥

根外追肥也叫叶面追肥。是用适当的化肥溶液喷到叶面上，解决花卉生长期间缺乏矿质营养元素的一种施肥方法。喷到叶片上的养分，可通过叶片表面的角质膜和气孔渗入，并进入到其他器官。根外追肥肥料的使用率高，肥效快，节省肥料，是一种科学的施肥方法。对菊花、紫罗兰叶面施肥，下层叶片不脱落，还可促使其提前开花。黄化的杜鹃用0.2%硫酸亚铁溶液，每隔7～10天喷1次，连喷 3 次，黄化现象显著好转。

各种微量元素肥料、尿素、磷酸二氢钾、过磷酸钙等都可作根外追肥的肥料。各种化肥根外追肥使用百分比浓度：磷酸二氢钾 0.1%～0.2%；尿素 0.5%～1%；过磷酸钙 1%；硫酸亚铁 0.2%～0.5%；硫酸锌 0.05%～0.2%；硼砂 0.1%～0.25%；钼酸铵 0.05%～0.2%；硫酸铜 0.2%～0.4%；硫酸锰 0.01%～0.05%。用尿素作根外追肥浓度不可太高，防止因质量不好产生药害，另外在观叶花卉上用，可能留下白霜不好看，可擦去或喷水洗去。过磷酸钙是酸性肥料，不易完全溶解，先用少量水搅拌 20 分钟左右完全溶解，等沉淀后取澄清液稀释到需要浓度。

根外追肥使用浓度不能太高，次数不宜太频。根外追肥可以和喷洒农药一起进行，能减少工作量。

（四）施肥注意事项

1. 施肥时间 不同的花卉在不同的生长时期，对养分的需求不同，施肥种类和施肥量要有所差别。如苗期多施氮肥，可促秧苗生长。现蕾和开花期施用磷肥，可促进花大而鲜艳、花期长。盆栽花卉在高温的中午前后或雨天不宜施肥，此时施肥容易伤根，最好在傍晚施肥。

2. 施肥次数 生长盛期每 7～10 天施 1 次稀薄肥水，秋后 15～20 天施 1 次或不施。要“少量多次”或“薄肥勤施”。

3. 依季节掌握施肥量 大多数花卉春、夏季节生长快，长势旺，可适量多施肥。入秋后气温逐渐降低，花卉长势减弱，应少施肥。秋季露地越冬的花卉停止施肥，防止出现第 2 个生长高峰，否则容易使花卉组织细胞细嫩而导致越冬困难。室内花卉冬季处于休眠状态的应停止施肥。具体看花卉长势定用量。坚持“四多、四少、四不”的原则：黄瘦多施，发芽前多施，孕蕾多施，花后多施；发芽少施，茁壮少施，开花少施，雨季少施；徒长不施，新栽不施，盛暑不施，休眠不施。

4. 有机肥要充分发酵腐熟后施用 在施用有机肥料时，不论

是固体肥料还是液体肥料都必须在施用前进行充分发酵腐熟，否则易造成对根系的伤害，而且还会散发出浓烈的臭味并招来蝇类。

5. 不同种类的花卉施用不同的肥料 以观叶为主的可偏重于施氮肥；球根花卉应多施些钾肥，以利球根充实；香花类花卉，进入开花期，多施些磷、钾肥，可促进花香味浓；桂花、山茶等喜猪粪，忌人粪尿；需要每年重剪的花卉应增加磷、钾肥的施用比例，以利萌发新枝；花型大的花卉，如大丽花、菊花等，在开花期应施适量的完全肥料，才能使所有花都开放，形美色艳；观果为主的花卉，在果实生长期施以充足的完全肥料；杜鹃、山茶、栀子等南方花卉忌施碱性肥料。

6. 往土壤里追肥忌溅在叶片上 浇灌肥液时不要将肥液溅在叶片上，在给草本观叶花卉追肥时更应注意。为了保险起见，最好在追肥后喷1次水，把叶面清洗一下。

另外施肥前，盆土应略干一些，最好先松土，然后再施肥，这样更利于肥料被根部吸收，次日再浇水1次，便于积蓄在表土的肥料流入土中。

八、预防花卉被烈日灼伤

在烈日下，花卉经过高温暴晒后，有的叶片呈焦叶症状；树干部和基部，表现为树皮失水变色，最终干枯脱落，木质部裸露；枝条失水变色出现黄黑斑，花朵或果实被灼伤，花卉变色脱落，果实变色发黑、腐烂等，这些症状就是日灼。日灼最终能导致被灼伤部位干枯，或者枝条皮层干裂脱落，严重的导致死亡。笔者多年观察到家庭养花遭受日灼伤害的不少。

灼伤的原因。将忌强光的植物栽培在光照强的地方，午间没有任何遮阴，花卉的叶片、枝条、树干、花朵、果实等在遭受强光暴晒后，气温过高再加上大风和较低湿度的影响，被烈日直接照射的部位温度骤升，水分迅速蒸发又得不到及时的补充，造成局部细胞死亡而出现日灼；不了解花卉对光照强弱的适应性，春末夏初将本来就怕强光的花卉从室内移到室外，虽然没有经过烈日暴晒，但直接接受较强的光也能发生日灼，笔者多年见到有人将需要在室内养育的蝴蝶兰、花烛、君子兰等，到春暖花开时直接搬到室外不加任何遮阴，几天后明显被灼伤。一些中等耐强光甚至较耐烈日的花卉，冬春一直在室内养育，没有经过逐步见强光的锻炼，突然移到室外遇见强光暴晒，没有适应的过程，也能被日灼，如苏铁等。

日灼危害发生的部位。树干日灼一般在树的南侧和西侧，或者其他受阳光直射的部位。先期在干部最明显的特征就是危害部边缘有一条淡淡的痕迹，这是树干部失水引起的。这条线以内的区域就是危害区，但由于刚失水树皮的颜色在外观上很难看出来。叶部日灼最明显的症状就是早上叶片出现萎蔫现象，叶部尖端或边缘出现焦边现象，叶片上有焦灼点，最后叶片大面积被烧焦，变黄枯死，或叶缘枯焦。花朵被灼伤后变色脱落，果实被灼伤后变色发黑、腐烂等。

预防措施。不将怕烈日暴晒或喜阴的盆栽花卉放在露地暴晒。如果放在室外要有荫棚或有天然遮阴物，如藤本植物的棚架下，或午间前后有树荫的地方。即使是不怕光的花卉如果在室内养了几个月后，移到室外时午间要遮阴一段时间，使其适应后再撤除遮阴物。预防日灼危害的根本性措施就是浇水，保证植株体内有充足的水分供应。通常情况下保持土壤湿润，特别是在高温大风天气，可增加浇水量和浇水次数。必要时给花卉喷水降低温度和提高空气湿度。玉簪、紫萼等是怕高温暴晒的，笔者看见有的栽培在露地叶片被日灼，但是也看见有的地方栽培玉簪没有被灼伤，原因是当地小气候空气湿度大，土壤水分充足，当地烈日暴晒程度没有那么重。

发生日灼危害后急救措施是浇水，向植株茎叶喷水降温。已经日灼较重的剪去，加强水肥管理，促进植株生长以弥补日灼的影响。

第 7 章 CHAPTER 7 花卉常见病虫害防治

一、概　　说

花卉种类极其繁多，每种花卉又都可能发生若干种病害和被多种害虫为害，限于篇幅，本书仅介绍几种最常见并在多种花卉上共同发生的病虫害。

（一）病害

花卉病害的种类非常多，就是专长于花卉植物保护的人，有的也要借助显微镜或电镜作最后确定，但这丝毫不影响家庭栽培花卉对常见病害的防治。

花卉病害有侵染性病害和非侵染性病害之分。侵染性病害是由真菌、细菌、病毒、菌原体、线虫、藻类、寄生性种子植物等侵入感染（简称“侵染”）花卉，导致发病。侵染性病害具有传染性，被病原物侵染的花卉叫寄主。非侵染性病害是由于栽培环境条件的恶化导致的，也叫生理病害，它不传染。

1. 常见真菌病害　由真菌侵染寄主引起的常见病害有猝倒病、白粉病、锈病、炭疽病、灰霉病、霜霉病、疫病、黄萎病、根腐病、茎腐病等。

几乎所有的草本花卉的幼苗都可能发生猝倒病。许多花卉都可能感染上白粉病、锈病、炭疽病、灰霉病、病毒病等，因此本章做重点介绍。

2. 常见细菌病害　由细菌引起的常见细菌病害有软腐病、细菌性斑点病、细菌性维管束萎蔫病等。

3. 其他常见病害　由病毒引起的病害叫病毒病。由线虫引起的病害叫线虫病。

（二）害虫

按照害虫为害植物的特点分为刺吸式害虫、食叶害虫、枝干害虫（钻蛀害虫）和地下害虫。下面介绍常见害虫所属的目，这在您买农药时很有用，一些农药的说明书只给出能防治害虫的目，并没有列出能杀灭的害虫名字。

1. 刺吸式害虫　刺吸式害虫用刺吸式口器从植物中吸取大量汁液。刺吸式害虫主要有同翅目的蚜虫、介壳虫、白粉虱、叶蝉，蜱螨目的螨类等。

2. 食叶害虫　以叶片为食物来源的昆虫叫食叶害虫，有咀嚼式口器。食叶害虫的幼虫主要啃食叶片，将叶片吃光或仅剩叶脉。食叶害虫主要有鳞翅目的刺蛾（黄刺蛾、褐边绿刺蛾、中国绿刺蛾、扁刺蛾、桑褐刺蛾等）、夜蛾（银纹夜蛾、小造桥夜蛾、烟实夜蛾）、天蛾（红天蛾、旋花天蛾、蓝目天蛾、榆绿天蛾）、毒蛾（黄尾毒蛾、盗毒蛾、茶黄毒蛾）、螟蛾（瓜绢野螟、棉大卷叶螟）、凤蝶（柑橘凤蝶、樟青凤蝶）、粉蝶（菜粉蝶、黄钩蛱蝶）、丝棉木金星尺蛾，双翅目的潜叶蝇，鞘翅目的金龟子、瓢虫，直翅目的蝗虫。此外，通常把腹足纲柄眼目的蜗牛、野蛞蝓等也算作食叶害虫。蜗牛和野蛞蝓实为软体动物。

3. 枝干害虫（钻蛀害虫）　枝干害虫的幼虫钻蛀植物的主干、主枝、侧枝。枝干害虫主要有鞘翅目的天牛类，鳞翅目的咖啡木蠹蛾、白杨透翅蛾、一点蝙蝠蛾等。

4. 地下害虫　在地下为害花卉的根部或近地表主茎的害虫。主要有鞘翅目的金龟子的幼虫蛴螬、金针虫，鳞翅目的地老虎，双翅目的种蝇幼虫（地蛆），直翅目的蝼蛄、蟋蟀等。地下害虫主要为害宅旁栽培的花卉，室内盆栽花卉很少被为害。

（三）农业防治

在病虫害的防治上首先要重视农业防治。栽培技术的改进、环境条件的合理控制对病虫害的防治效果是非常肯定的，尤其是病害

的防治，特别是生理病害。其次是用药剂防治。

根据花卉对环境条件的要求，创造适宜的栽培条件能有效地控制病害的蔓延，一些生理病害可避免发生。光照太强使怕强光照的花卉叶片被灼伤，对病害的抵抗力下降，只要适当遮阴就可以了，同样喜强光的花卉如在太阴的地方生长不良，容易感染病害，移到强光处就解决了。湿度大、通风不良导致许多病害发生和蔓延，只要控制湿度、加强通风就能控制病害的发生或蔓延。许多养花者怕旱着花卉，浇水次数太多，使盆土太湿，导致土壤空气太少，发生沤根，最后落叶、落蕾、落花等；有的养花者施肥量太多，使土壤盐类浓度太高，导致烧根。上述问题都是不难解决的。

地栽花卉由土壤传播的病害用倒茬方法能有效地控制或避免，盆栽通过换土能完全解决土传病害。同一种花卉的不同品种对有的病害的抵抗力不一样，选抗病品种是最有效的措施。通过种子传播的病害进行种子消毒就迎刃而解了。加强植株的调整，及时摘心、整枝、修剪、支架等对一些病虫害的防治都有效果。经常检查病虫害的发生，在刚发生时马上采取措施能有效地防止蔓延。在露地栽培时还可用天敌防治。

（四）药剂防治

在采取农业防治的前提下，发生病虫害也是不能完全避免的，即使在室内养花，本来没有病虫害，您也应十分注意防治。这是因为一些病菌和害虫能借空气传播，使您防不胜防，发现后应及时用药剂防治。药剂防治是综合防治的一项重要措施，有比较高的防治效力，收效快，急救性强。农药种类很多，各有各的特点和防治对象，要因病因虫下药，使用浓度要适当，防治要及时。喷药可使用小喷雾器（图 7-1）。喷药要均匀，各个部位都要喷到。为了防止病虫害产生抗药性，应当轮换使用不同的农药，不能一直使用同一种农药。

农药是毒剂，喷药时要注意安全，配药时戴上橡胶手套，穿上

图 7-1　喷洒药剂

有长袖的衣服，戴上帽子和口罩，可能的话也戴上眼镜。千万不可用剧毒农药。

1. 病害的药物防治　由真菌、细菌、病毒、线虫、藻类等侵染花卉所造成的病害症状有着明显的不同，防治的药物也不同，大多数农药只能防治某类病菌所引起的病害，如防治真菌病害的农药多数不能用于防治细菌、病毒、线虫、藻类引起的病害，同样防治病毒病的农药多数不能用于防治细菌、真菌、线虫、藻类引起的病害。在选择药物时首先要注意到这一点，认真看农药包装上的说明书或查看有关书籍。花卉的真菌病害种类最多，目前能使用的农药也多。

2. 虫害的药物防治　首先分清是哪类虫害再下药。用于防治咀嚼式口器的胃毒剂一般防治刺吸式口器的效果很差，如敌百虫几乎对蚜虫、介壳虫、白粉虱、叶蝉和螨类无效。对刺吸式口器的害虫要用有内吸或触杀功能的农药。

蚜虫、螨类、介壳虫这 3 类害虫对花卉的为害最大，也是最难防治的，因此本章做了重点介绍，其他刺吸式害虫的用药防治请参照这 3 类害虫的防治方法进行。

除了蜗牛、野蛞蝓、潜叶蝇外，大多数食叶害虫都可以被具有

触杀、胃毒、熏蒸功能的农药杀死。家庭栽培的花卉面积小或盆数少，您只要早发现，早防治，消灭食叶害虫并不难。由于受篇幅所限，本书不能做专门介绍了。

防治蜗牛用50%辛硫磷乳油1 000倍液喷雾，或用8%灭蜗灵颗粒剂，碾碎后加4倍的细土，在傍晚撒在被害株的附近。

防治野蛞蝓可在其爬过的地面撒生石灰或草木灰，有杀灭作用；或撒生姜粉，或用浓盐水喷洒地面有驱避作用。它会"融化"像水一样的东西和一层皮。

防治潜叶蝇用25%斑潜净乳油1 500倍液、或1.8%爱福丁乳油3 000倍液、或10%吡虫啉可湿性粉剂2 500倍液、或50%马拉硫磷乳油1 500倍液、或2.5%溴氰菊酯乳油6 000倍液、或80%敌敌畏乳油1 000倍液喷雾。

枝干害虫的防治：成虫产卵时被刻伤的部分涂以20%敌敌畏柴油液杀卵；及时查找虫粪处的虫口，清理虫口，并塞上浸有80%敌敌畏乳油或40%乐果乳油10～50倍液的药棉球，用粘胶等堵塞洞口，毒杀虫道内幼虫。在卵孵化期浇灌50%辛硫磷乳油1 500倍液、或48%乐斯本乳油1 300倍液。对很大的花木可用注药法：发现害虫已经进入树干，从排粪口注入40%乐果乳油10倍液，每厘米树干直径用药液15～25毫升。

防治蝼蛄可用毒饵，将麦麸、豆饼、玉米碎粒等炒香作饵料，然后将90%敌百虫晶体30倍液与饵料拌匀，100克饵料用3克（毫升）药液。傍晚撒施。也可用90%敌百虫晶体1 000倍液、或50%辛硫磷乳油1 000倍液灌根，每株250毫升药液。

防治地老虎的措施：经常清除杂草。捕杀幼虫，发现幼株被地老虎咬断时，在清晨扒开被害植株附近的表土捕杀，连续检查4～5天。1～3龄幼虫期抗药性差，且暴露在寄主植物或地面上，用杀虫剂喷雾即可防治。用90%敌百虫晶体1 000倍液、或50%辛硫磷乳油1 000倍液灌根，每株250毫升药液。还可用毒饵。

二、猝 倒 病

猝倒病是草本花卉种子发芽出土和籽苗阶段的最常见病害。其中鸡冠花、一串红、蜀葵、观赏辣椒、冬珊瑚等很容易感病。

（一）病原与症状

1. 病原 猝倒病的病原主要是瓜果腐霉菌（*Pythium aphanidermatum*），刺腐霉（*Pythium spinosum*）也能引起猝倒病。

瓜果腐霉菌的菌丝无色、无隔膜，富含原生质粒状体。在条件适宜时，菌丝体几天就可以产生无数的孢子囊。孢子囊成熟时生出一排孢管，孢管顶端逐渐膨大形成1个球形泡囊，流至顶端的原生质集中于泡囊内，后分割成8～50个或更多的小块，每块1核并形成1个游动孢子。游动孢子游动休止后，萌发出芽管，侵入花卉种子或籽苗。

2. 症状 ①种子或幼芽在还没出土前遭受侵染而腐烂，造成明显的缺苗断条。②茎或根系遭受侵染后呈水渍状病变，接着籽苗发病部位变黄褐色，向苗上下扩展，导致籽苗倒伏。往往子叶还没凋萎，籽苗突然猝倒，贴伏在地面上。有时胚轴和子叶均腐烂，变褐枯死。当湿度大时，病株附近长出白色棉絮状菌丝，开始常是个别发病，几天后，以此为中心向外蔓延扩展，最后引起成片猝倒，甚至整个育苗容器的籽苗全部死亡。

（二）发病条件

病原菌以卵孢子在12～18厘米表土层越冬，并长期存活。有适宜条件产生孢子囊，以游动孢子或直接长出芽侵入花卉籽苗。

病菌侵入花卉籽苗后，当地温在15～20℃时增殖最快，在10～30℃的范围内都可以发病。土壤湿度和近地表空气湿度大病害加重，这是因为孢子发芽和侵入都需要一定的水分。通风不良也容易发病。光照不足导致籽苗生长势弱，抗病性差则容易发病。籽苗的新根还

没长成，幼茎柔嫩抗病能力弱，此时最易感病。

（三）防治方法

1. 加强苗期管理 如您在露地育苗，应选地势较高、能排能灌的地方。室内育苗的在容器上播种后，放在温度较高的地方。如果您无法提高土温到20℃以上，要晚播，或到有条件的亲戚朋友家播种。播种时浇水要适量。播种密度不宜过大，对容易得猝倒病的种类或缺乏育苗经验的可条播，种子不是特别小的点播。籽苗太密又不能分苗的应适当间苗；发现发病后及时剔除，并用药物治疗。

发病后马上分苗能有效地防止病害蔓延，哪怕籽苗很小您也要马上移入新的地方。

2. 育苗土壤消毒 育苗的土壤消毒对预防猝倒病效果十分显著，笔者多年对最容易感染猝倒病的子母鸡冠、一串红、蜀葵等进行床土消毒，消毒后没有或很少感染猝倒病，不消毒的感染很重。

家庭育苗用于播种的土壤很少，可将其放在蒸锅里蒸，上汽后蒸30分钟，可杀灭所有病虫害及杂草种子，晾凉后播种。对无机基质，可用开水消毒或用0.1%高锰酸钾溶液消毒。

播种量多的使用药土处理。在播种时把药土铺在种子下面和盖在上面进行消毒，采用这种下铺上盖的方法把种子包在药土里，方法简便易行。做法：每平方米苗床用25%甲霜灵可湿性粉9克加70%代森锰锌可湿性粉1克。加入过筛的细土4～5千克，充分拌匀。苗床浇水后，先将要用的1/3药土撒匀，接着播种，播种后将剩余的2/3的药土撒在种子上面，请戴橡皮手套操作。然后再撒细土到所需覆土厚度。用药量必须严格控制，否则对籽苗的生长有较重的抑制作用。就是用上述药量，对有些花卉种类的出苗和籽苗生长也可明显看出一定的抑制作用，但随着苗的生长抑制作用变小。也可用市场出售的其他一些杀土壤病菌的药剂如此防治。

3. 药剂防治 在籽苗发病初期用64%杀毒矾可湿性粉400倍

液、或72.2%普力克水剂400倍液、或15%恶霉灵水剂450倍液、或58%雷多米尔·锰锌可湿性粉500倍液、或75%百菌清可湿性粉600倍液，每平方米苗床喷药液2～3升。

三、白粉病

白粉病能使许多花卉受害，不管木本花卉，还是草本花卉。白粉病的病原为一类专性寄生菌，在同一种植物上，有时可以被两种以上的白粉病菌侵染，而它们对环境条件的要求又不完全相同，这给防治带来很大麻烦。

（一）症状

在叶片、枝条、嫩梢、花芽、花蕾及花柄等部位均能受害，以叶片受害最重。发病初期，嫩叶正反面生长白色粉斑，扩展后覆满整个叶片。病部表面长出的一层白色粉斑是病菌无性世代的分生孢子。有的后期白色粉状霉层变为淡灰色，受害病叶或枝条上有黑色小粒点，即病菌的有性世代的闭囊壳。被害植株矮小，不繁茂，叶子凹凸不平或卷曲，枝条发育畸形，不能开花或开花畸形。严重时，花少而小，叶片萎缩枯死，以致整株死亡，失去观赏价值。

（二）病原及发病条件

1. 月季、玫瑰、蔷薇白粉病 病原有毡毛单囊壳（*Sphaerotheca pannosa*）和蔷薇单囊壳（*Sphaerotheca rosae*），都属子囊菌门真菌。除了为害月季、玫瑰、蔷薇外，是桃树等普遍发生的病害。病菌一般以菌丝体在休眠芽内、病叶、病梢上越冬。翌年条件适宜时形成分生孢子，借风力传播。当气温17～25℃、湿度大时病害重，尤以生长最适温度21℃、空气相对湿度97%～99%时发病最重，也就是说只有在高湿环境条件下该病菌对月季、玫瑰、蔷薇等为害重。

2. 凤仙花白粉病 病原是凤仙花单囊壳（*Sphaerotheca balsaminae*）等，属子囊菌门真菌。可侵染凤仙花、百日草、波斯菊、大金鸡菊、三色堇、木槿、玫瑰、瓜类等。在气温适宜、高湿和通风不良时发病重。

3. 菊花白粉病 病原是菊科白粉菌（*Erysiphe cichoracearum*），属子囊菌门真菌。可侵染菊花、紫藤、枸杞、凌霄、福禄考、风铃草、美女樱、飞燕草、蜀葵、瓜叶菊、金盏菊、百日草、非洲菊、金光菊、大丽花、向日葵等植物。有人认为我国南方无性态的菊粉孢（*Oidium chrysanthemi*）是菊花白粉病的主要病原，并侵染瓜叶菊、非洲菊等。菊花白粉病菌以闭囊壳随病残体在土表越冬，在南方和北方温室不存在越冬问题。以20～24℃、空气干燥时发病最重。菊粉孢以子囊果在受害组织上越冬，翌年子囊果开裂，散出子囊孢子借风传播，在温和、干燥天气下发病重。

此外，还有许多白粉病病原。病菌以菌丝体或分生孢子在病残体、病芽上越冬。早春分生孢子借助风、雨传播，侵染叶片和新梢。生长季节可发生多次重复侵染，以4～6月和9～10月发病较重。施氮肥偏多，过度密植，阳光不足或通风不良均有利于病害发生。品种间抗性有差异。

（三）防治方法

1. 农业防治 选用抗病品种繁殖，如月季就有高抗白粉病的品种。及时清扫落叶残体并烧毁，不用带有白粉病菌的土壤培育容易感染白粉病的秧苗。不用有白粉病的母株扦插、分株。避免适合白粉病菌生长的最适宜湿度持续时间过长。早春精细修剪，剪除病枝、病叶，及时烧毁。增施磷钾肥，控制氮肥。

2. 药剂防治 刚发生时可用碳酸氢钠（小苏打）500倍液喷雾，隔3天1次，连喷5～6次。发芽前喷洒3～4波美度石硫合剂。发病初期用下列可湿性粉药剂防治：25%粉锈宁2 000倍液、或45%敌唑铜2 500～3 000倍液、或64%杀毒矾500倍液、或50%苯菌灵可湿性粉剂1 000倍液、或70%甲基硫菌灵1 000倍液。

上述药无效时用30%特富灵可湿性粉剂1 000倍液或40%福星乳油7 000倍液。隔7～10天喷药1次。也可用5%己唑醇悬浮剂1 500～2 000倍液喷雾、或40%氟硅唑（福星）乳油8 000～10 000倍液喷雾、或10%世高水分散粒剂4 000～5 000倍液喷雾。

四、锈　病

锈病是由担子菌纲锈菌目中的锈菌引起的花卉病害的总称，是一类特征明显的病害。因各类锈菌的多数孢子能形成红褐色或黄褐色、颜色深浅不同的铁锈状孢子堆而得名。

锈病是许多花卉都能发生的一种真菌病害，它既为害草本花卉，也为害木本花卉，如牡丹、月季、杜鹃、玫瑰、蔷薇、杏、金银花、八仙花、菊花、唐菖蒲、芍药、石竹、萱草、万寿菊、翠菊、蜀葵、鸢尾、香石竹等都能发病。

（一）症状

锈病为害花卉的叶片、叶柄和芽，有些也为害花和果实。产生大量的锈色、黄色、橙色，甚至白色的斑点，当表皮破裂后露出铁锈色孢子堆，有的锈病还能引起肿瘤。通常症状有以下3种类型。

开始在叶片及花轴上产生泡状斑点（病菌和夏孢子堆）。开始被表皮覆盖，后来表皮破裂，散出黄褐色粉状的夏孢子。有时很多孢子堆合并成一片，表皮翻卷，叶面上有一层黄褐色粉状夏孢子。在夏孢子堆周围失绿而呈淡黄色，严重时整个叶片变黄，甚至造成全株叶片枯死，花轴变成红褐色，花蕾干瘪或凋谢脱落，如大花萱草锈病。

开始在叶上产生淡黄色小斑点，后变成褐色，隆起呈小脓疱状，破裂后散出黄褐色粉末。后期在叶片和叶柄及茎上长出深褐色或黑褐色椭圆形肿斑，破裂后露出栗褐色粉状物。严重时可造成全株叶片枯死，在菊花等花卉上发生较重。

在叶面上出现橙黄色夏孢子堆，后产生黑褐色冬孢子堆，严重时叶片全部受害，叶背布满一层黄粉，叶片焦枯，提早脱落，严重影响生长和发育，多发生在玫瑰、蔷薇等花卉上。

（二）发病条件

锈菌是一类专性寄生物，一般只侵染某些寄主（花卉）的同一属甚至一定的品种。但是花卉的锈菌中也有些具有转主寄生的特点，如为害贴梗海棠的梨胶锈菌（*Gymnosporangium asiaticum*）、松芍柱锈菌（*Cronartium flaccidum*）都是以松柏类为转主寄主的病害，即该菌是在松柏上越冬的，所以在城市附近及其他松柏类较多的地方发病重。

不同锈病菌的发病条件不完全相同，如菊花锈病菌的夏孢子在16～21℃，空气相对湿度高于85%最利于其发生与蔓延；萱草柄锈菌在旬均温度24～26℃，空气相对湿度高于85%有利于发生与蔓延。多数病菌遇夏季高温夏孢子易死亡，冬季温度过低，冬孢子也易死亡，所以冬季较长又较寒冷，夏季温度较高，病害不严重。如四季温暖多雨或多雾年份则发病重。当栽培管理差，栽种过密，通风不良，地势低洼，排水不良，土壤板结，土质黏重，施氮肥过多或缺肥及土质瘠薄等容易发病。反之，栽培管理得当，生长健壮的花卉，发病则轻。一些种类的花卉品种间的抗病力差异较大。

（三）防治方法

1. 农业防治 秋末清除草本寄主的病株和病残体，尤其对单主寄生的，不在宅旁栽培松柏，不给转主寄生的病菌提供条件。选用抗锈病的品种。在地势较高、排水良好的地段栽培。加强栽培管理，合理施肥，增施磷、钾肥，不偏施氮肥。露地栽培要及时排出积水，室内经常开窗通风，降低湿度。经常检查，发现病叶和病枝及时剪除烧毁。

2. 药剂防治 生长季节喷洒65%代森锰锌可湿性粉剂500倍液、或50%多菌灵可湿性粉剂1 000倍液、或40%新星乳油7 000倍液、或5%己唑醇悬浮剂1 500～2 000倍液、或40%氟硅唑（福星）乳油8 000～10 000倍液、或10%世高水分散粒剂4 000～5 000倍液喷雾。

五、炭 疽 病

炭疽病是黑盘孢目真菌所致病害的总称。在花卉病害中，炭疽病的发病率是很高的，为害也比较重。如牡丹、山茶、茉莉、栀子、肉桂、鹅掌柴、米兰、九里香、橡皮树、白兰、富贵竹、棕榈科植物等木本花卉，菊花、百合、花烛、喜林芋、君子兰、萱草、金盏菊、鸡冠花、龙舌兰、万年青、中国兰、蝴蝶兰、兜兰、仙人掌科植物、吉祥草、麦冬等草本花卉都容易发生炭疽病。花卉叶片受害率一般为10%～30%，严重的可达90%以上。

（一）症状

花卉发生炭疽病时，除根以外的所有部位都可能被侵染。产生界限分明、稍微下陷的圆斑或沿主脉纵向扩展的条斑或不规则形病斑，病斑颜色因病菌和被感染的花卉不同而不同，但一个共同特点是病斑上后期病菌的分生孢子盘成熟后，产生同心轮纹状或散生的黑色小粒点，或粉红色发黏分生孢子团。还可在幼嫩的枝条上引起小型的疮疤，造成枯梢。

大多数炭疽病菌都为害叶片，是一种最常见的叶部病害。如春芋的叶上产生圆形至不规则形病斑，褐色至灰褐色，具颜色较深的边缘，四周有时生宽窄不一的黄色晕圈，斑上生轮纹状或散生的黑色小粒点，粉红色发黏分生孢子团。鹅掌柴、橡皮树、龙舌兰炭疽病病斑呈灰白色，叶斑凹陷或不明显，有明显的深色边缘，上面分布不均匀的黑色小粒点。牡丹、栀子、肉桂、茉莉、鸡冠花炭疽病的病斑红褐色。中国兰、蝴蝶兰、兜兰等发生炭疽病后，产生近圆形或长条形褐斑，与没染病部分分界的云纹状边缘较深且较宽，发生在叶尖时常造成叶尖枯斑。

种子、种球发病后腐烂，不能出土，常造成缺苗断条。当子叶出现病斑后，光合作用受抑制，幼苗瘦弱或病死。

百合等鳞片染病时，产生浅褐色斑，后变成黑褐色，略凹陷，造成花芽败育，不能开花。

为害花时，如花烛的佛焰苞腐烂。为害果实的如佛手染病后则出现不规则形果斑。

（二）发病条件

炭疽菌以分生孢子盘在花卉病株上，或随感病落叶进入土壤越冬，翌年春季条件适宜时，病菌在病部产生大量分生孢子，借风雨或浇水溅射传播，从伤口或直接侵入。分生孢子萌发的适温20～25℃，空气相对湿度80%以上，能适应pH3～11，pH4～8时发病率最高。当花卉生长在湿度大不通风的环境中，或施用氮肥过多、或植株瘦弱抗病性下降，都有利于病菌的侵入。该病具潜伏侵染的特性，有时侵入后一直不发病，在环境条件适宜、植株衰弱时才显出症状。

（三）防治方法

1. 农业防治 结合修剪，除去病枝、病叶和枯梢，减少病原。选无病植株作母株繁殖花苗。选用抗炭疽病的花木品种。用50℃温水浸种20分钟或55℃温水浸种10分钟，捞出晾干后播种。合理施肥和浇水，增强花卉抗病性。盆栽花卉发生炭疽病时，可摘除病叶、注意透光和通风，不要放置过密。选用抗炭疽病的花木品种。

2. 药物防治 用50%多菌灵可湿性粉剂500倍液浸种1小时，消灭种子表面的病菌，用水冲洗干净后播种。发病初期用25%炭特灵可湿性粉剂500倍液、或80%炭疽福美可湿性粉剂800倍液、或50%使百克可湿性粉剂1 000倍液、或50%施保功可湿性粉剂1 000倍液、或40%百菌清悬浮剂500倍液、或5%已唑醇悬浮剂1 500～2 000倍液、或70%安泰生（丙森锌）可湿性粉剂600～800

倍液、或10%世高水分散粒剂4 000～5 000倍液喷雾。隔10天左右1次，连续防治3～4次。

六、灰霉病

灰霉病是花卉常见病害，严重时可引起大量落花落叶，影响植物开花，降低观赏价值。灰霉病的病菌很容易产生抗药性，原因是遗传性的改变，即基因突变，产生抗性突变体。

（一）症状

主要为害叶片、枝条和花器。叶片染病多在叶尖或叶缘处出现褐色水渍状斑，随后病斑迅速扩展，变褐色软腐。呈V形向内扩展，或形成灰霉的大圆斑。枝条染病出现水渍状小点，后扩展为长条形病斑，出现茎腐，病部以上枝叶枯死。花蕾和花瓣染病先在边缘产生水渍状褐斑，后花瓣腐烂黏附在一起。湿度大时，发病的位置布满了灰色霉层，干燥时花瓣变褐干枯。采下来的切花如带菌，只要条件适宜，储运中该病仍继续扩展。

（二）发病条件

病菌以菌丝体或菌核及分生孢子在病部或病残体上越冬。春季条件适宜时，菌核萌发直接产生分生孢子，借气流或风雨传播，进行初侵染和再侵染。该菌发育的适温10～32℃，最低4℃，最适宜气温20℃左右。当空气相对湿度高于90%以上且持续时间较长，如连续阴雨湿度大、空气不流通透光差，尤其在塑料薄膜的温室里发病重。在这种环境条件下叶片、花器很容易染病。储运过程中温度不稳定，湿度大，花上结露时该病发生也较重。

（三）防治方法

1. 农业防治 种子消毒可杀灭附着在花卉种子表面的真菌，用10%磷酸三钠药液浸种20分钟，用流水冲洗40分钟后使用。

也可用52～55℃温水浸种15分钟。对盆土、花盆、种球进行消毒。施用腐熟的有机肥料，增施磷、钾肥，提高植株的抗病能力，同时注意控制氮肥用量，防止徒长而加重病害。及时摘除病叶、病花、病果及黄叶。阴雨天应注意室内通风，充分透光，尤其气温在20℃左右时。

2. 药剂防治 在发病初期喷施50%速克灵可湿性粉剂1 000倍液、或50%扑海因可湿性粉剂900倍液、或65%代森锌可湿性粉剂500倍液，每7～10天喷雾1次，连喷2～4次。还可用40%嘧霉胺悬浮剂1 200倍液、或40%氟硅唑（福星）乳油8 000～10 000倍液、或2.5%氟咯菌腈悬浮种衣剂1 500～2 000倍液喷雾。

七、病 毒 病

病毒病是指由病毒侵染植物而引起的一类病害。常见的花卉几乎都能被病毒侵染，如牡丹、月季、菊花、兰花、水仙、唐菖蒲、百合、大花美人蕉、大丽花、香石竹、仙客来、郁金香、仙人掌科植物、一串红、玫瑰、八仙花等都能被病毒侵染。一种病毒可侵染多种花卉，其中黄瓜花叶病毒（CMV）是为害最重的一种病毒。一种花卉可同时被几种病毒侵染。

（一）症状

病毒病的症状很容易辨认。常表现为植物矮化或萎缩，病株顶芽受抑制，侧芽大量萌发，枝条丛生，畸形生长。叶片、花朵、果实变色。叶片多表现深绿与浅绿镶嵌的花叶状，或病叶上有褪绿斑点，斑点较大，边缘不明显，分布不均匀。全株或部分器官表现为浅绿色或黄色，或表现为坏死斑、坏死条纹、褪绿斑、褪绿条纹等，或叶脉生长受抑制，叶肉仍然生长，叶片变皱，叶缘向上或向下卷。花瓣表现碎色，绿花。但很少有腐烂、萎蔫现象。先局部发病，或迟或早在全株上出现症状。不同的病毒在不同的寄主种类及品种上会有差异，有些病毒病会因温度等变化而出现隐症。

（二）传染途径及方式

病毒没有主动侵染寄主的能力，只能从机械的或传播介体所造成的伤口侵入，只要是微伤，活细胞就能被侵入。多数病毒在自然情况下靠介体传播，如蚜虫、叶蝉、土壤中的真菌、线虫，无性繁殖材料等。

1. 汁液传染 花叶型病毒病可通过汁液传染。有些病毒病可以通过病株、健壮植株的枝叶间相互摩擦或人为接触摩擦发生传染，如移苗、整枝、日常管理、切取无性繁殖材料等，使手指或工具沾染有病毒的汁液而传播给无病植株。

2. 昆虫传染 尤其以蚜虫、叶蝉传染最重，其次为土壤线虫及真菌。

3. 无性繁殖材料传染 由于病毒病为全株性侵染，一旦感染病毒，寄主植物的各个部位一般都带有病毒。如插穗、接穗、块茎、球茎、鳞茎、块根、走茎等都可以传播病毒病。

4. 其他 土壤中带病毒的有机物传播。种子中的胚及花粉常常会带有病毒，因而通过播种及花粉能传播病毒。菟丝子与多株寄主植物的维管束连在一起，传播病毒也非常容易。

（三）防治方法

采用以预防为主的多种措施进行综合防治才能取得较好效果，首先是切断传播途径。

1. 农业防治 消灭或减少侵染源。用各种方法消灭蚜虫、叶蝉、螨类、线虫等，将传毒昆虫消灭在传播之前。选留无病毒种子，用无毒的材料进行无性繁殖或进行茎尖脱毒。铲除杂草寄主。在进行摘心、剥芽、扦插等操作时，工具应经常消毒，尽量避免通过手指及工具传播病毒。发现病株，及时拔除并烧毁。热处理法去除病毒，如一般种子可用50～55℃温水浸泡10～15分钟，比较耐高温的种子在恒温设备里处理。加强栽培管理，注意通风透气，合理施肥与浇水，促进花卉生长健壮，可减轻病毒病的为害。

2. 药剂防治 必要时喷洒3.85%病毒必克可湿性粉剂700倍液、或7.5%克毒灵水剂500倍液、或10%病毒王水剂500倍液、或20%盐酸吗啉双胍·胶铜（病毒A）可湿性粉剂500倍液。

八、蚜　虫

蚜虫是同翅目蚜科害虫的总称，是花卉及蔬菜等许多植物的第一大害虫。

（一）蚜虫特点

1. 虫体小，容易传播 蚜虫只有芝麻粒大小，以为害最重的棉蚜为例，体长不足2毫米。非常容易扩散，除了有翅蚜迁飞外，蚂蚁等也帮助扩散；人为的操作也能将蚜虫扩散，您买的蔬菜如有蚜虫不小心也可能传给室内花卉；大风也可能将蚜虫刮走落到新的寄主上。家庭养花本来没有蚜虫，不知从哪里来的是常有的事，往往通过通风进入室内的花卉上。蚜虫从最先发生的中心株向四周扩散为害，首先形成中心株。

2. 繁殖快 蚜虫分有翅蚜和无翅蚜。有黄、橙、绿、红、紫、褐等多种颜色。蚜虫可卵生和孤雌胎生。条件适合，蚜虫生下来5天后不需和雄蚜交配就可孤雌胎生4～5个小蚜虫。这样4～5天一代，繁殖速度非常快。如果您不注意观察，在高温季节叶片后面可能有一堆蚜虫。

3. 刺吸式口器 口器细针管状，刺入植株嫩梢、茎、叶，吸取汁液。往往在最鲜嫩的部位刺吸植物汁液和繁殖。

（二）为害

受害花卉种类非常之多，大多数花卉都难免被蚜虫为害，无论草本花卉，还是木本花卉，有些植物的根部都难以幸免。一种花卉可能被一种或数种蚜虫为害，一种植物的每个生长期都可能被蚜虫为害。

1. 使植株生长受阻、畸形 蚜虫以刺吸式口器从植物中吸收大量汁液，使植物营养恶化，生长停滞或延迟，严重的畸形生长，植株长得矮小，叶片卷曲，甚至生长停止，花蕾不能开放，植株提前老化、早衰。蚜虫在吸取植物汁液的同时，将唾液注入植物体内，引起斑点、缩叶、卷叶、虫瘿、肿瘤等多种被害状，影响观赏效果。

2. 传染病毒 蚜虫能携带病毒，再从刺吸伤口侵入花卉，造成二次侵染为害。目前已知至少有159种蚜虫可传带病毒。其中棉蚜可传107种病毒，桃蚜可传103种病毒。所带的病毒有些能导致严重的病毒病。

3. 蜜露污染 蚜虫刺吸过多的植株汁液排出体外。由于蚜虫多又贪食，排出的蜜露覆盖在叶片表面，招引蚂蚁，感染霉菌，诱发煤污病。严重影响花卉呼吸和观赏效果。

（三）蚜虫主要种类

花卉的蚜虫种类较多，有时单一发生，有时混合发生。对花卉为害最重的是棉蚜和桃蚜。

1. 棉蚜（*Aphis gossypii*） 别名瓜蚜。杂食性害虫，分布在全国各地。常被为害的花卉有牡丹、杜鹃、常春藤、石榴、金橘、白兰、栀子、蔷薇、洋兰类、香石竹、大丽花、小丽花、一串红、瓜叶菊、福禄考、金盏菊、仙客来、鸡冠花等。北方一年发生10～20代，南方20～30代。北方以卵越冬，翌年温度升到10℃以上时孵化，先为害越冬寄主，经3～4代后产生有翅迁移蚜，4～5月迁到夏季寄主上为害，5～6月进入为害高峰期。9～10月迁到越冬寄主上继续繁殖为害，产生有翅雄蚜和无翅雌蚜，交尾产卵越冬。

2. 桃蚜（*Myzus persicas*） 别名菜蚜、烟蚜。主要为害牡丹、白兰、樱花、玫瑰、文竹、芍药、兰花、大丽花、万寿菊、美人蕉、鸡冠花、蜀葵、茉莉、美人蕉等300多种植物。北方每年发生20～30代，南方30～40代。北方以卵在嫩枝、树皮裂缝越冬，

翌年孵化为害，并进行孤雌胎生繁殖，5～6 月繁殖快为害重，10 月产生有翅蚜，交尾产卵越冬。

（四）防治方法

蚜虫繁殖和适应力强，种群数量巨大，因此各种方法都很难取得根治的效果，但如果抓住防治适期，往往就会事半功倍，达到理想的防治目的。

1. 农业防治 冬、春及时铲除宅旁杂草，喷洒农药消灭越冬寄主上的蚜虫，减少虫源。栽植密度适宜，通风透光。盆栽花卉蚜虫零星发生时，可用毛笔蘸水轻轻刷掉并杀死。有翅蚜虫对黄色、橙黄色有较强的趋性，因此可利用黄板引诱蚜虫。可在黄板上涂抹10 号机油或凡士林，竖立在花株附近诱粘蚜虫。现在有工业化生产的黄板，可引诱蚜虫、白粉虱。还可将银灰膜放在花卉植株的旁边驱除蚜虫。

2. 生物防治 保护利用天敌，主要天敌有捕食性瓢虫、草蛉、蜘蛛、食蚜蝇、蚜茧蜂、食虫蝽类等。

3. 药物防治 蚜虫发生数量多时，需及时喷药。防治蚜虫的药剂很多。洗衣粉对蚜虫有触杀作用，用毛刷蘸取洗衣粉 500 倍液，刷洗花株枝叶上的蚜虫，还能较好地刷洗掉蚜虫分泌的蜜露。也可用小型喷雾器喷施。

早春是防治蚜虫最佳时期。越冬卵孵化后及为害初期及时喷洒50％辟蚜雾（辟蚜威）超微可湿性粉剂2 000倍液、或 20％灭多威乳油1 500倍液、或 50％灭蚜松（灭蚜灵）乳油1 000～1 500倍液、或 2.5％功夫乳油3 000倍液、或 50％辛硫磷乳油1 500倍液、或2.5％鱼藤精1 000倍液、或 20％呋虫胺（护瑞）可湿性粉剂3 000倍液、或 25％阿克泰水分散粒剂5 000～10 000倍液喷雾。

乐果、氧化乐果对蔷薇科花卉如樱花、梅花等可能产生药害，并且在许多地方已产生很强的抗药性，药的气味又大，一般不宜在室内花卉上应用。敌敌畏药味太大，尽量不在室内应用。敌百虫对防治蚜虫几乎无效。

九、螨　　类

为害花卉的螨类有百余种，属蛛形纲蜱螨目不同的科，其中为害较重的有40多种，分布于全国各地。

（一）螨类特点

1. 繁殖能力强　螨类一生经过卵、幼螨、若螨和成螨4个发育阶段，发育天数少，完成一个世代的时间短，在高温干旱的条件下，繁殖迅速，气温在30℃以上，5天左右繁殖一代，世代重叠。全年可繁殖10～20代。可两性生殖，也可在缺雄螨时孤雌生殖，雌螨不需交尾受精，就可繁殖下一代，繁殖速度快，容易暴发成灾。

2. 个体小　大多数种类体长不到0.5毫米，不注意肉眼不易看见，尤其老年人养花更要注意，经常让家里的年轻人看看叶片背面有无螨类。体椭圆形或长卵形，分节不明显，无头、胸、腹之分，体色大多为红、褐或黄等，无翅和触角，成螨、若螨有足4对，幼螨3对。

3. 非常容易传播　螨类能靠爬行、风、流水、农机具、家畜等传播，也能随花苗运输远距离传播。螨类会吐丝下垂，或数十头螨结球吐丝下垂，随风飘散远方，所以家庭室内栽培花卉，只要从空气中飘落1～2头螨来，在短期内就可大量繁殖，使花卉受害。

4. 防治难　螨类体积太小，易隐蔽，不注意早期不易发现，一旦发现已成重灾；螨类对农药容易产生抗性，不注意合理用药使防治效果大大下降。因此螨类对花卉的为害重，防治又较难。

（二）为害

若螨、成螨群聚于叶片背部，用口针刺破植物的表皮细胞，深入到海绵组织和栅栏组织吸取汁液。受害细胞萎缩，表皮细胞坏死，使叶片呈灰白色或枯黄色细斑，严重时叶片干枯脱落，有的在叶片上吐丝结网，影响植物的正常生长发育。有一些螨类还能分泌某些化学物质随唾液进入植物体内，使被害部分的细胞增生，最后导致变褐坏死。茶黄螨使叶片畸形、卷曲。瘿螨为害嫩叶幼梢、花和幼果，造成畸形果或果面粗糙，变黑褐色或锈果，有的形成虫瘿或毛毡，造成更大损失。根螨能刺吸块根、球茎营养，造成腐烂干瘪。

螨类还能传播植物病毒。

（三）为害花卉的常见螨类

1. 朱砂叶螨（*Tetranychus cinnabarinus*） 叶螨科，别名棉叶螨、棉红蜘蛛、红叶螨等，是世界性的害螨。雌螨体长0.48毫米左右，宽0.32毫米左右，体形椭圆，深红色或锈红色。雄螨体长0.37毫米左右，宽0.19毫米左右，体淡黄色。

它在我国至少为害27科66种花卉，如牡丹、月季、桂花、茉莉、桃花、海桐、锦带、金银花、常春藤、石榴、山梅花、蜡梅、木槿、仙人掌类、菊花、蜀葵、一串红、鸡冠花、万寿菊、孔雀草、凤仙花、大丽花、牵牛、石竹、茑萝、萱草、香豌豆等。

2. 柑橘全爪螨（*Panonychus cirri*） 叶螨科，别名柑橘红蜘蛛。主要为害芸香科植物，如金橘、佛手、柑橘等，还为害月季、桂花、山茶、含笑、橡皮树、蔷薇、南天竹、玉兰、天竺葵、美人蕉、万寿菊等。

3. 卵形短须螨（*Brevipalpus obovatus*） 细须螨科。主要为害杜鹃、白兰、栀子、桃花、石榴、常春藤、迎春、文竹、非洲菊、大丽花、鹤望兰、万寿菊、马蹄莲等。

4. 山楂叶螨（*Tetranychus viennensis*） 叶螨科，别名山楂红蜘蛛、樱桃红蜘蛛。可为害樱花、桃花、榆叶梅、贴梗海棠、西府海棠、石榴、木槿、玫瑰等。

5. 刺足根螨（*Phizoglyhus echinopus*） 粉螨科，别名球根粉螨、葱螨等。可为害百合、水仙、唐菖蒲、郁金香、风信子、苏铁等。

6. 史氏始叶螨（*Eotetranychus smithi*） 叶螨科。主要为害月季、蔷薇、鱼尾葵、板栗等。

（四）防治方法

1. 农业防治 认真检查购买的花苗、种球、盆花等，如发现有螨类，要彻底防治根除。种球栽种前用温水浸，百合、郁金香、水仙、香雪兰等种球在43～45℃温水中浸泡1～3小时。清除宅旁枯枝落叶和杂草，以压低越冬螨的数量，减少虫源是重要的防治措施。宅旁栽培天气干旱时在花卉四周浇水增加空气湿度，保持土壤湿润。合理施肥，增施磷、钾肥，不偏施氮肥，促使花木生长健壮减轻螨害。

2. 利用天敌消灭螨类 人工繁殖和释放天敌，如捕食性螨中的植绥螨类。保护天敌，如叶螨天敌有肉食性的深点食螨瓢虫、拟长毛钝绥螨。要合理和适时使用选择性药剂以稳定天敌的食物链，在允许的为害水平之下残留部分害螨，以保障天敌生存的必要条件。

3. 药剂防治 轮换施用农药种类，一种农药在1年内只能用1～2次，不能连续施用。使用无内吸作用的药剂，喷药时要仔细周到，重点喷在叶背、嫩梢、嫩枝和幼果等部位。用1.8%虫螨克乳油2 000倍液，持效期长，无药害。也可用73%克螨特乳油2 000倍液、或15%速螨酮（灭螨灵）乳油2 000倍液、或20%灭扫利乳油2 000倍液、或5%尼索朗乳油1 500倍液、或10%天王星乳油6 000～8 000倍液、或20%螨克（双甲脒）乳油2 000倍液、或5%卡死克乳油2 000倍液、或20%复方浏阳霉素乳油1 000倍液。

十、介壳虫

介壳虫种类繁多，已有文献报道的达6 000余种，我国记载的有650余种，除紫胶虫、白蜡虫、胭脂虫等少数种类可供人们利用之外，其他大部分是害虫。

介壳虫为同翅目刺吸式害虫。不同的介壳虫属不同的科，如草履蚧是绵蚧科、堆蜡粉蚧是粉蚧科、东方片圆盾蚧是盾蚧科，等等。我国各地栽培的花卉几乎都受介壳虫为害，其中木本花卉比草本花卉受害重，南方比北方受害重。受害较重的芸香科植物至少受80种以上的介壳虫为害，山茶至少被23种以上的介壳虫为害。是最常见且难防治的害虫。

（一）为害特点

雌成虫产卵后，经数日便可孵化出无介壳的可移动的小虫，称为初孵幼虫。它们在寄生植物上爬动，当找到适宜的处所后，便把口器刺入植物体内，吸食植物汁液，开始固定生活，有的种类能终生爬动。

若虫和雌成虫刺吸嫩芽、嫩枝干、根、叶片和果实的汁液。被吸食处会呈现黄白色或黄褐色的斑点或晕圈。单独存在的介壳虫在叶上的吸食可能造成点点的斑痕，多数群聚在一起的因吸食量大，使被害部整块呈现黑褐色。为害轻的花卉生长不良，叶片发黄，提早落叶落果，为害重的枝梢渐渐枯死，最后整株枯死。

介壳虫排泄的蜜露常诱发煤污病，枝叶表面布满黑霉层，阻碍光合作用，降低观赏价值。以口器刺吸植物组织所造成的伤口，又可造成病菌感染，使受害株易于发病。

（二）形态特征

介壳虫的若虫和雌成虫，体微小，无翅，大多无足、触角和眼，常见到的是介壳，虫体在介壳下，介壳小的仅0.5毫米，较大的也仅5～10毫米，形态有近圆形、椭圆形等多种。介壳有红、白、灰白、暗棕、浅黄等颜色蜡质。介壳虫群集固定在枝、叶和果面上。雄成虫体微小，有翅、足、触角和眼，田间不易找到。

在花卉的枝干上，常可发现有黄白色、灰白色、棕褐色以及其他颜色的圆形或椭圆形小突起，乍看时似乎是植物的疣瘤或似沾着的分泌物和污染物，用手拨动可脱落，里面有1个很小的虫子就是介壳虫，其外层保护物是其自身分泌的蜡质层（介壳）。

介壳虫卵生或胎生，卵生还是胎生与介壳虫种类有关，有些种类只能胎生，全是雌虫。也有部分种类卵生，需要经过交配的过程，雌雄两性都有。

（三）防治

1. 加强检疫 在购入盆花或苗木时，要仔细检查，不购买有介壳虫的。如已购入有大量介壳虫的，应彻底淘汰或处理。虫量少的可将介壳虫彻底清除。

2. 刮除虫体 经常检查，发现介壳虫要及时用竹片刮除烧掉，一般离开植物的介壳虫不会再为害。除名贵花木或叶片少的花卉外，当叶片多或介壳虫多的可将叶片摘下烧毁。

3. 加强管理 露地栽培的适当稀些，盆花摆放也应互相离开些，以利通风，降低湿度，减少介壳虫，使花木健壮生长。冬季结合修剪，剪除有介壳虫的枝，并及时处理。冬季枝干刷白涂剂防蚧防冻，白涂剂用生石灰∶硫黄粉∶食盐以2∶4∶1的比例，加适量动物胶和水，加水量以容易涂刷而不会流掉为宜。冬季或早春刮去主干粗皮，集中烧毁，可大幅度降低当年虫口密度。

4. 保护和利用天敌 介壳虫的天敌很多，捕食的有多种瓢虫、草蛉、食蚜蝇、花蝽等，寄生的有多种寄生蜂，这些天敌对控制介壳虫为害有较大作用，应尽量加以保护和利用。喷农药时，尽量选择对天敌杀伤力小的种类，不在天敌发生初盛期喷药；用对天敌杀伤力小的施药方法，如注射、涂干和根施。必要时人工繁殖和引进天敌放养。

5. 药剂防治 经常检查花卉是否有介壳虫，如果达到了一定虫口，不便人工刮除时就要用药防治。家庭室内盆栽花卉数量少用棉球蘸取洗衣粉200倍液擦除，然后再用棉球蘸清水擦拭，避免洗衣粉对花卉的伤害。有人用棉球蘸取食醋或酒精擦除效果也不错。

雌成虫产卵后，经数日孵化出无蜡壳的可移动的幼虫，它们在花卉植物上爬动，当找到适宜的处所后，把口器刺入植物体内吸食

汁液，开始固定生活。利用初孵化的幼虫无蜡壳保护的特点进行防治是最好的时期，此时的幼虫对药物敏感，防治省时省力，而且效果好。

介壳虫对农药易产生抗药性，要经常更换农药种类，不能多次连用同一种农药。在每代成虫产卵和幼虫孵化期，一般应每隔7～8天防治1次，连续进行防治2～3次，即能基本控制当代介壳虫的为害。

用以下乳油1 000倍液喷雾防治：40％杀扑磷（速扑杀，可透过蜡质层杀死介壳下的虫体）、或40％乐斯本（毒死蜱）、或40％水胺硫磷、或50％杀螟松、或45％马拉硫磷、或50％辛硫磷、或25％亚硫磷（爱士卡）。还可用2.5％功夫乳油4 000～5 000倍液、或20％灭扫利乳油4 000～5 000倍液、或20％呋虫胺（护瑞）可湿性粉剂3 000倍液喷雾。

第 8 章 CHAPTER 8 常绿花木

白　兰　花

彩图 001

白兰花是木兰科含笑属常绿乔木，学名 *Michelia alba*，别名白兰、缅桂、白缅花等。由于花期长，花浓香，叶片常年绿色，我国各地普遍栽培。

单花着生在当年生枝的叶腋间，具短梗，长 3～4 厘米，花蕾纺锤形，花瓣 6～12，近长椭圆形至披针形，常扭曲或内弯，乳白色或略带黄色。花期 5～10 月，多不结实。树高可达15～20 米，容器栽培一般控制在 2 米以下。树皮灰白色。单叶互生，长 17～27 厘米，长椭圆形或披针状椭圆形，叶面绿色，叶背淡绿色，薄革质，先端长渐尖或尾状渐尖，基部楔形，全缘，叶表面光滑，背面叶脉有疏毛。

喜日照充足，稍耐阴，忌高温暴晒。喜温暖，不耐寒，北方不能在露地越冬。喜湿润、通风良好的环境。根系肉质，忌低湿，积水易烂根。喜肥沃疏松、富含腐殖质的微酸性沙壤土。

白兰花在我国不结果，一般不用播种法；扦插不易生根，所以也不用扦插繁殖；主要用嫁接和压条繁殖。

嫁接繁殖在生长旺季最适宜，用紫玉兰、黄兰等作砧木。靠接的选择茎粗 0.6 厘米左右的紫玉兰作砧木，紫玉兰先上盆。在 4～9 月靠接，尤以 5～6 月最宜。选与砧木粗细相同的白兰花枝条作接穗。将砧木和接穗的皮层和部分木质部分别削去 6 厘米长度（削面要光滑），再将两个削面的形成层对齐并紧密合在一起，用塑料带扎紧。接后约 50 天嫁接部位愈合，即可与母株切离。也可以用切接。

压条繁殖于6～7月选取直径1厘米左右的2年生发育充实的枝条，作环状剥皮，环剥带宽2厘米左右。晾2～3天，再用剪开一半的塑料育苗钵套在外面，里面装上土，用园土或腐殖土和苔藓各半混合均可，用另一个塑料育苗钵扣在上面保水，或用塑料薄膜。保持环剥处土壤湿润，约2个月后生根。

将生根苗上盆，幼株每隔1～2年换盆1次，长大后3～4年换盆1次，逐渐加大容器。换盆在春季进行，不用太深的容器。盆养白兰花的成败关键在浇水：春季出房浇透水1次，以后隔天浇1次透水；夏季空气太干燥时叶面喷水；冬季只要盆土稍湿润即可。容器摆放在室外的，雨后要及时倒去积水。如枝梢发褐、萎缩、枯黄，多因根部长期过湿受损所致，应控制水分，并进行松土。如叶片突然蔫萎，说明过干，应立即浇水。薄肥勤施，冬季不施肥，在抽新芽后开始至6月，每3～4天浇1次淡肥水，7～9月每5～6天浇1次淡肥水，施几次肥后应停施1次，只浇清水。如土壤偏碱性，或浇灌用水偏碱，容易引起白兰叶片发黄，根系变黑腐烂，可用0.2%硫酸亚铁水溶液喷洒叶面，每5～7天喷1次，防止叶片发黄。秋季移入室内前，进行1次修剪，将病枯枝、徒长枝、过密枝均剪掉。平时及时剪去病枝、枯枝、徒长枝，摘除部分老叶，以抑制树势生长，促进多开花。

主要病害有炭疽病。害虫有蚜虫、螨类、介壳虫等。

帝　王　花

彩图002

帝王花是山龙眼科普洛帝属常绿灌木或乔木，学名 *Protea cynaroides*，别名普洛帝、蓟花山龙眼等。原产南非。帝王花目前在南非有350种以上，是南非的国花。其一花多色，色彩异常美丽，花朵大，苞叶和花瓣挺拔，观赏期长，适合于盆栽观赏，我国已经有盆栽的出售。作鲜切花保持时间长，是世界性的高档切花。

花顶生，花序下面叶片密集，头状花序，近球状，直径12～30厘米。在一个生长季节，1株帝王花能开出6～10个花球。苞片大，花瓣状，长卵圆形至披针形，色彩丰富，有红、粉、乳白、绿等，花球中的花蕊可以开放较长时间。花期5～12月。树高30～150厘米。茎粗壮，叶互生，卵圆形至长椭圆形，叶片革质，有光泽，绿色。

喜光，烈日时适当遮阴。凉爽干燥气候适宜生长，喜温暖，不耐寒，冬季温度一般不宜低于5℃，个别品种可耐0℃左右低温，最适宜生长温度27℃左右。喜疏松肥沃、排水良好的沙壤土，要求土壤酸性，大多数种类生长适宜pH5.0～6.5。忌积水。

播种、扦插、嫁接繁殖。

盆栽初期应经常浇水，成活后视土壤和天气状况而定。喷灌能增加帝王花患病的概率，较大的水珠还会降低帝王花的观赏价值。对磷肥的需求量少，过量的磷会对植株产生毒害作用，在施肥时要注意各营养元素的配比。铵态氮比较适合它的生长发育，是比较理想的氮源。每年需施1～3次微量元素。植株高15～20厘米时开始第1次修剪，使其形成良好的株形。营养生长初期不要过度修剪。

常见病害是根腐病。常见害虫是棉铃虫、蚧虫等。

杜　鹃　花

彩图003

杜鹃花是杜鹃花科杜鹃花属中具有观赏价值的植物总称，简称杜鹃，别名映山红、山石榴、山踯躅、红踯躅、山鹃等。属的学名*Rhododendron*。杜鹃花许多种类四季常绿，开花整齐，花、叶兼美，是一种既可观花，又可赏叶的花卉，非常适宜家庭盆栽。为我国春节销量最大的木本年宵花卉。

我国目前栽培的杜鹃花园艺品种有几百种。根据形态、性状、亲本和来源，分为以下4种类型。

东鹃：来自日本，又称东洋鹃。高1～2米，分枝散乱，叶薄色淡，毛少有光亮，花朵繁密，花径2～4厘米，最大的6厘米，花色多种，单瓣或由花萼瓣化而成套筒瓣，少有重瓣。

毛鹃：高2～3米，生长健壮，适应力强，幼枝密被褐色刚毛。叶具粗糙毛。花大，单瓣，宽漏斗状，少有重瓣，花色有红、紫、粉、白及复色等。

西鹃：别名西洋杜鹃、比利时杜鹃。花色、花型最多，最美丽。体型矮壮，树冠紧密，叶片厚实，深绿少毛，叶有光叶、尖叶、扭叶、长叶与阔叶之分。花色多样，有单色、镶边、点红、亮斑等。多为重瓣，少有单瓣，花瓣狭长、圆阔、平直、后翻、波浪、皱边、卷边等。花径6～8厘米，也有超过10厘米的。习性娇嫩，怕晒怕冻。近年育出大量杂交新品种。

夏鹃：原产印度和日本，一般在5～6月开花。体型矮壮，高约1米，枝叶纤细，分枝稠密，树冠丰满、整齐。叶片狭小，排列紧密。花冠阔漏斗状，花径6～8厘米，花色、花瓣同西鹃一样丰富。

喜半阴，忌强光暴晒。生长适宜温度15～25℃，喜凉爽，忌酷热。在15～25℃时花蕾发育快，长期高温花芽不易形成。要求空气潮湿，空气相对湿度70%～90%最为适宜。多数品种要求疏松的酸性土壤，pH5.0～6.0最好，有的品种土壤pH7左右也能生长。对水质要求较严，忌含钙、镁较高的水。

扦插繁殖用嫩枝，一年四季都可以扦插。剪取插穗前2天，母株要充分灌水。剪取最健壮的半木质化的新枝，长5～10厘米，带一小段2年生踵。将插穗基部2～4厘米放在200毫克/千克吲哚丁酸或ABT生根粉等药液中浸泡1～2小时，取出用清水冲洗后扦插。家庭数量不大的可在容器里扦插。用落叶松树叶土作扦插基质，没有的用2/3泥炭土和1/3沙配制，或用微酸性的红沙或河沙。控温20～28℃，适当遮阴，经常喷雾保湿，控制空气相对湿度在85%以上。毛鹃、东鹃、夏鹃30天左右生根，西鹃60～70天生根。生根后及时移植。用直径8厘米左右的容器移苗，长大后再移入花盆里，苗长到适当大小时应剪去顶上的新梢，促其发生侧枝，使株形矮壮。

嫁接繁殖用3～4厘米的嫩枝作接穗，用播种苗或上盆生长2～3年的毛杜鹃等作砧木。还可以空中压条繁殖或分株繁殖。

盆栽的由于杜鹃花根系浅，生长慢，对土壤空气要求严格，植株和盆的大小要对应。1～2年生的用直径10厘米左右的盆，以后随着杜鹃花的长大换相应大小的盆，一般盆的直径为杜鹃花树冠直径的1/2～2/3。落叶松树下的腐殖土酸度适宜，土质疏松，肥沃，透水性能好，最适宜杜鹃花生长。如无落叶松腐殖土，也可用泥炭土、腐锯末、废菇料、红沙土等配制。栽后立即浇透水，放阴处恢复10天左右再放到光照适当的地方。强光高温季节要遮光50%～70%，晚秋、冬、早春要充分见光。杜鹃花喜湿润的环境，北方气候干燥，尤其冬季取暖的房间，应及时浇水并喷雾，以保持较高的空气湿度。室内空气湿度小，用透光好的塑料薄膜罩住杜鹃花的花盆，能有效提高空气湿度。许多家庭养不好杜鹃花，其原因主要是空气湿度太小，远远不能满足它的生长需要。施肥要少施勤施，春季每月追施1次磷肥，花后施1～2次氮、磷为主的混合肥料，秋季孕蕾期施1～2次磷肥。如果叶片不够浓绿，可用0.1%硫酸亚铁溶液浇灌1～2次，叶片可转浓绿。用雨、雪水或河水浇杜鹃花最好。如用自来水，应将水在容器内静置1～2天，待水中的氯气挥发后再用。盆土见干后才浇水，浇则必透。开花期不宜多浇水，过多易落蕾和早谢。浇水时间以晚上为好，早晨次之。水温与气温的温差不超过5℃最好，有利于植株的生长。碱性水质的可加入少量硫酸亚铁或食醋进行调节。土壤缺铁造成黄化病的现象经常出现，可用0.1%硫酸亚铁溶液浇灌，直至恢复。用矮壮素、比久、多效唑等生长抑制剂可促进花芽形成。大多数品种花芽形成后需经4～7℃低温处理30天左右才能开花，未满足低温处理的植株可用赤霉素处理，其浓度为500～1 000毫克/千克。短日照和遮光处理有利于花芽形成和开花。

为加速植株成形，要摘心促发新枝。一般最后1次摘心距开花约6个月。枝条太多严重影响植株生长发育，降低其观赏性和商品性，往往要通过整枝来调整。一般在春季花谢后及秋季进行整枝，剪去枯枝、斜枝、徒长枝、病虫枝及部分交叉枝，使整个植株开花丰满。对于花蕾太多、影响花形的应提早疏蕾，这样不但使当年花大色艳，也有利于植株来年再生长开花。室内盆养杜鹃花要通风。花后及时摘除残花。换盆时剪去1/4左右老根和剪短主根。

秋季花芽分化后可通过升温或降温控制杜鹃花的开花时间。要提前开花，控制在20～25℃并经常在枝叶上喷水，保持80%以上的空气相对湿度。要延迟开花，可将形成花蕾的杜鹃花放在3～4℃的环境中。

主要病虫害有褐斑病和螨类等。

粉苞酸脚杆（宝莲灯）

彩图004

粉苞酸脚杆是野牡丹科酸脚杆属常绿灌木，别名宝莲灯、宝莲花、粉苞、珍珠宝莲、美丁花等，学名*Medinilla magnifica*。原产菲律宾、马来西亚和印度尼西亚的热带森林。花、叶、果观赏效果都佳，宜作大、中型盆栽观赏。

穗状花序下垂，长45厘米左右，如灯状。花瓣状的大苞片长3～10厘米，粉红色，卵圆形，有深粉色纵条纹。花冠钟形，直径2.5厘米左右，花瓣4，倒卵形至圆形，红色或粉红色，雄蕊8～10，等长，花药顶具喙，单孔开裂，子房下位。浆果球形，粉红色，顶端有宿存萼片。树高2.5米左右，盆栽一般不超过70厘米，茎直立，枝稀疏，分枝扁平，粗壮，茎4棱或具4翅。单叶对生，无柄，叶卵形至椭圆形，长30厘米左右，革质有光泽，全缘，光滑，叶脉明显。

喜半阴，忌烈日暴晒，生长适温18～25℃，空气湿度60%～80%最适宜生长，不耐寒冷和干旱。在疏松肥沃、含腐殖质丰富、排水良好的微酸性土壤中生长良好。

扦插繁殖一般结合换盆和整形进行。将较高的枝条剪切下来，选长15～18厘米、半木质化的嫩枝，去掉下部叶片作插穗。为加快生根，用生根粉或生长素处理。控制较高温湿度，1个月左右生根，当年可移栽上盆。也可用压条、播种繁殖。

盆栽用3份腐叶土、1份河沙混合配制营养土，加入适量基肥。将生根的苗栽入容器中，成株每2年换盆1次。夏季将容器放在凉爽地方，并注意遮阴，避免暴晒。冬季无须遮阴，注意增温。及时供应水分和肥料，每2～3周施1次肥。秋冬季节植株处于休眠期，停止施肥，减少浇水量，保持盆土略显干燥，使其休眠。只有经过休眠才能开花，否则只营养生长。花芽长出时提高温度，增加浇水量，保持盆土湿润。开花时温度略低于生长期温度，降低空气湿度，停止施肥，保证水分供应以延长花期。花谢后及时将花梗剪掉。

广　玉　兰

彩图 005

广玉兰是木兰科木兰属常绿乔木，学名 *Magnolia grandiflora*，别名荷花玉兰、洋玉兰等。花大且香，家庭栽培可孤植或盆栽。广玉兰是亚热带树种，北方容器栽培。

花单生枝顶，花冠呈杯状，直径15～25厘米，开时形如荷花。萼片3，花瓣状，花瓣6～12，多为6，倒卵形，厚，肉质，白色。雄雌蕊均多数，雌蕊在上，雄蕊在下，花丝扁平紫色，雌蕊群密被长绒毛，金黄色，花柱卷曲。花期5～7月，果熟期9～10月。蓇葖果圆柱状长圆形或卵形，密被褐色或灰黄色绒毛。种子椭圆形或卵形。原产地树高可达20～30米，家庭盆栽一般控制在2～2.5米，否则北方室内越冬占用空间大。树冠阔圆锥形，树皮淡褐色或灰色，薄鳞片状开裂。叶互生，倒卵状长椭圆形，长16～20厘米，叶革质。

喜光，幼树稍耐阴。喜温湿，有一定抗寒能力，长期低于-12℃叶片受冻害。在肥沃、湿润与排水良好、微酸性或中性土壤上生长良好。碱性土壤易使其发生黄化，忌积水。对烟尘及二氧化硫气体有较强抗性。

用播种和嫁接法繁殖，也可以用压条方法繁殖。播种繁殖的秋播或春播，秋播的随采随播。播种前用清水浸泡种子1～2天。嫁接繁殖的常用木兰作砧木，木兰砧木用扦插或播种法育苗，当干径达0.5厘米左右即可作砧木用。春季用带有顶芽的健壮枝条作接穗，接穗长5～7厘米，具有1～2个腋芽，剪去叶片，用切接法在砧木距地面3～5厘米处嫁接。也可用腹接法，接口距地面5～10厘米。嫁接苗一般要有3年以上的树龄才能孕蕾开花。广玉兰生长较缓慢。

一般早春移栽，但以梅雨季节最佳。盆栽的土壤应疏松肥沃。盆底施入足够的基肥。在孕蕾和现蕾时，施氮、磷肥2～3次。开花前追肥1次。花后追肥1～2次，用氮、磷结合的肥料，以促进新枝叶的生长。不施未腐熟的肥料以免灼烧根部。缺铁时会使嫩叶变黄甚至枯萎，严重的整株萎靡。在早晨或晚上用硫酸亚铁溶液对叶片的正反两面进行喷洒，或在秋季或早春对苗木施基肥。浇水宜在早晨。空气湿度长期低于50%，叶片颜色褪绿，必要时给叶片喷水。北方盆栽的霜降后移入室内越冬。

如果盆栽容器太小，阻碍了广玉兰根系的生长，造成难孕蕾开花。光照不足的地方，虽然枝叶生长良好，但会影响孕蕾开花。氮肥过多，磷肥不足，会出现只长叶不孕蕾开花的现象。

常见病害有炭疽病、白藻病、干腐病等。常见害虫有介壳虫等。

桂　花

彩图006

桂花是木犀科木犀属常绿灌木或乔木，学名 *Osmanthus fra-*

grans，别名木犀、岩桂、秋桂、九里香、金粟等。桂花是我国十大名花，终年常绿，枝繁叶茂，虽然花朵小，但花清香幽远，沁人心脾。桂花的桂与贵同音，是友好和吉祥的象征，非常适宜家庭栽培。

变种和品种多，一般分为4组：金桂组、银桂组、丹桂组和四季桂组。

花序聚伞状簇生叶腋，基部有合生苞片。小花柄0.6～1厘米，光滑，黄绿色，有的洒紫红晕。萼长1毫米左右，4裂。花冠近基部4裂，花瓣圆形至近倒卵形，长2～3毫米。花色因品种而异，如金桂花淡黄色至深黄色，银桂近白色或淡黄色，四季桂近白色或黄色，丹桂橙红或橙黄色。雄蕊2，稀有4雄蕊，无花丝，贴生于花瓣基部，雌蕊1，柱头2裂。核果椭圆形，长1.8厘米左右，先绿色，熟时紫黑色，种子椭圆形，多数品种不结实。花期8～10月，四季桂每2～3个月开花1次。金桂和银桂的花香气浓，丹桂和四季桂香气淡。果熟期翌年4～5月。单叶对生，革质，椭圆形至椭圆状披针形，长4～12厘米，叶表光滑，叶柄长0.8～1.2厘米。

喜充足的阳光，但苗期在夏季应适当遮光。喜温暖，耐高温，冬季极端最低温度接近－20℃时，只要小气候良好，地栽桂花可露地越冬，一般认为盆栽桂花长时间低于－6℃可能受冻害。喜土层深厚、疏松肥沃、排水良好的微酸性沙壤土。喜湿润，忌积水，太涝根系容易腐烂，叶片脱落，导致全株死亡。有一定的耐干旱能力。以土层深厚、疏松肥沃、排水良好的微酸性沙壤土最为适宜，忌碱性土和黏重、排水不良的土壤。喜肥。开花要求有一段白天晴朗、夜晚冷凉兼有雨露滋润的雾湿条件，高温干燥花期延迟。

春季扦插宜在新梢萌发前，用上年的秋梢枝条作插穗。秋季扦插宜在春梢停止生长、秋梢还没有萌发前进行，用树冠中上部向阳的当年生半木质化嫩枝作插穗，徒长枝和内侧枝不宜作插穗。插穗长8～10厘米，一般保留3～5个节位，直径0.3～0.5厘米。上端

留 2～3 片叶，剪去 1/2 叶片。如果不在生根药剂里浸泡，也要在清水里浸泡插穗基部 12～24 小时。地温 25～28℃、空气相对湿度 85%～95%时，40 天左右开始生根。

压条繁殖于春天萌芽时在 1～2 年生枝条上进行环状剥皮，宽 1～1.5 厘米。用压条方法包裹处理，经常浇水保持湿润，2 个月左右形成新根，秋季与母树分离。

分株繁殖于分株前 2～3 个月，在母株和子株连接处进行半切离操作，促使须根进一步生长，以便全切离后能够成活。

盆栽时盆土用腐叶土 5 份、园土 3 份、沙土 2 份配制，或腐殖土和沙壤土各半，都要另加充分腐熟的农家肥。在新梢发生前少浇水，夏秋干旱天气需多浇，秋季开花时浇水适中，如果盆土过湿容易引起落花，大雨天盆内如有积水，需及时将盆倾斜。生长季节每 10 天左右施 1 次稀薄液肥，7 月以后增施磷肥，促进发芽分化和多开花，花前和花后各施 1 次肥。为了克服土壤与水质的碱性，在生长季节，每隔半个月左右用 0.1%～0.2%硫酸亚铁溶液喷施 1 次叶面。

成年的桂花树每年春、秋抽梢两次，需适当修剪，保持生殖生长和营养生长的生理平衡。早春萌芽前把枯枝、细弱枝、病虫枝剪去，以利通风透光。秋季在开花后需进行 1 次修剪，根据植株生长势，疏去过密枝和徒长枝，使每个侧枝上均匀留下粗壮短枝。对树冠过大而呈“头重脚轻”的植株，要剪去上部生长过强的枝条，保留下部较弱的枝条，以均衡树势。尤其主干很高、下部枝条空虚、树形不好的，在主干高度的 2/3～3/4 处，将顶部枝条都剪去，让主干下部另发新枝。其他时间根据长势可适当修剪，花芽多在当年新枝侧芽上形成，不宜重剪。

用大盆栽培的生长旺盛植株，每 2～3 年于春季萌芽前换盆 1 次。盆栽桂花常出现叶片干尖的现象，原因是长期不换盆或盆土黏重，即根系生长不好受到损害所致，不是缺水或土壤酸度的问题。

常见病害有炭疽病、褐斑病、枯斑病等。常见害虫有介壳虫、黑刺粉虱、叶蝉等。

海　桐

彩图 007

海桐是海桐科海桐属常绿灌木或小乔木，学名 *Pittosporum tobira*，别名海桐花、七里香、山瑞香、宝珠香、山矾等。其株形圆整，四季常青，花洁白，花香袭人，适于家庭盆栽或植于室外。

顶生伞房花序。萼片 5，三角形，绿色。花径 1 厘米左右，花瓣 5，偶有 4 瓣，卵圆形，稍向外反卷，白色或黄绿色，雄蕊 5，偶有 4（与花瓣数量相同），花瓣与雄蕊近互生，子房上位。花芳香，花期 5 月，果熟期 10 月。蒴果球形，有棱角。种子红色有黏液，千粒重 25 克左右。树高 2～6 米，盆栽一般在 2 米以下。枝叶密生，小枝和叶多数聚生枝顶。单叶互生，枝顶常轮生，倒卵形至倒卵状披针形，长 5～12 厘米，先端圆钝或微凹，基部楔形，边缘稍反卷，革质，全缘，表面有光泽，亮绿色，新叶黄嫩。

喜光，不怕烈日，较耐阴。喜温暖湿润，耐暑热，具有一定的抗寒性和抗旱能力，生长适温 15～30℃。对土壤要求不严，较耐盐碱和水湿。

扦插繁殖于春季用 1 年生的顶端枝条作插穗，或夏季用半软枝作插穗。插穗长 10 厘米左右，剪口要平滑，顶端留 2～3 片叶，一般剪去一半。将插穗基部在1 000毫克/千克萘乙酸药液里浸泡 5～8 秒钟。然后扦插，扦插深度 4～5 厘米。适度遮阴，喷雾保湿，30 天左右生根。扦插苗 2～3 年形成小树冠。

播种育苗时采集的果实需摊放数日，当果皮开裂后敲打出种子。海桐的种子表面有一层黏稠物质，可通过加水拌草木灰搓洗出去，或在陶瓷容器里用碳酸氢钠水浸泡，然后洗去黏稠物质。种子怕日晒。秋季播种，第 2 年春天出苗。或用湿沙储藏，第 2 年春季播种。种子上面覆盖细土 1.5 厘米左右，经沙藏的春播 15 天左右开始出苗。幼苗生长较慢，苗期加强管理，适时移苗。

盆栽时盆土应疏松肥沃。夏季需要经常浇水，冬季温度较低，

浇水量相应减少。生长季节每个月施1～2次肥，其他季节不施肥。由于耐修剪，每年春季进行修剪整形，保持树形优美。家庭盆栽当长至相应高度时，剪去顶端。夏天放在室外最为适宜，冬天放在冷凉而不结冰的室内。每年春季换盆，将枯根剪除。

吹绵蚧是海桐的主要害虫之一。开花时常有蝇类群集，应注意防治。

含　笑

彩图008

含笑是木兰科含笑属常绿灌木或小乔木，学名*Michelia figo*，别名含笑梅、笑梅、香蕉花等。其枝叶丰茂，叶色碧绿，室内栽培时，在有阳光的下午花香四溢，有香蕉般的甜美香味，是著名的芳香观赏花木，适宜南方地栽，北方盆栽。

花单生于叶腋，小而直立。萼片3，花瓣状。花瓣6，肉质，花瓣微微半开，盛开时含而不放故名。初开时乳白色，后逐渐转为象牙黄色，边缘有紫晕。全开时即凋落，香气无。花期3～6月，9月果熟。蓇葖果卵圆形，先端呈鸟嘴状。种子千粒重90克左右。地栽树高2～5米，分枝紧密，树冠圆球形。枝、芽、叶柄、花柄均被锈褐色茸毛。单叶互生，叶柄短，椭圆形至矩圆形，长4～10厘米，全缘，革质，有光泽，深绿色。

不耐烈日暴晒，夏季在疏荫下生长良好。强光暴晒和干燥条件下，叶色易变黄。喜温暖，较耐寒，在长江流域以南背风向阳处可露地越冬，短时间－13℃全落叶但不会冻死。喜湿润气候，不耐干燥，怕涝。要求肥沃深厚的酸性土壤，忌太黏重的土壤。

在春季扦插时选1～2年生枝条作插穗，长10～15厘米；夏季扦插选当年生半木质化枝条作插穗，长8厘米左右。上面留4～5片叶，将绿色叶片剪去一半。在200毫克/千克吲哚丁酸药液里浸泡插穗基部15分钟左右。扦插深度为插穗的1/3～1/2，扦插后遮阴50%左右，经常保持湿润，控制空气相对湿度80%～90%，温度 25～30℃，50 天左右生根。

压条繁殖于春季选生长充实健壮的 2 年生枝条，用高压法或地压法，2 个月后生根，生根后再培养 2 个月左右剪离母株。

嫁接繁殖用 1～2 年生深山含笑、紫玉兰、白玉兰、黄兰等作砧木。选母树上部的健壮 1 年生枝条作接穗，长 6 厘米左右，有 1～2 个节。不带叶片或仅留顶部 1 片叶，下部削成楔子型。在砧木离地面 5 厘米处横切，随即在横切面的一侧，向下纵切一刀，切口的长度与接穗的斜削口的长度相等。将接穗插入砧木，对准形成层，用塑料薄膜绑扎，最后堆土至接穗处，促其伤口愈合。

盆栽用腐叶土、沙及腐熟的农家肥等适量配成偏酸性的土壤。上盆时苗木要带土，上盆后浇 1 次透水。只要受光均匀，含笑能自然长成圆头形树冠，一般不用整形。为了多开花和生长健壮，换盆时和在花期后进行适当修剪，主要剪去徒长枝、过密枝、纤弱枝及枯枝，使树体通风透光。夏季每隔 1～2 天浇 1 次水；春、秋季盆土见干见湿，必要时用清水向植株叶面及花盆四周喷雾，以增加空气湿度；冬季保持盆土略干，浇水过多或雨后受涝容易烂根。浇水的水温与土温差别不宜过大。生长期间每半月左右施 1 次稀薄液肥，孕蕾期适当多施一些磷、钾肥可使花色艳丽，冬季停止施肥。花谢后如不留籽，要及时剪掉。如果想要含笑提前开花，花蕾膨大后将温度升到 15℃以上，或在需花前 45 天适当剪除嫩枝，并用赤霉素1 000毫克/千克溶液点涂花蕾，开始时两天 1 次，以后每天 1 次，当花蕾较大时停止点涂。夏季阳光强烈应遮阴 50%左右。每年春季翻盆换土 1 次，适当剪去一些过长、过密根。如用原来的花盆，应将花盆冲洗干净，换盆后放在阴处 3～5 天后再见光。

叶发黄或落蕾是盆栽含笑常见的生长障碍，要注意预防。叶发黄或脱落的原因有：空气干燥，或强光照射，或土壤碱性重，或缺铁，或盆土过干或过湿，或施肥太浓，或土壤太黏重。落蕾原因有：盆土过干或过湿，或冷暖变化突然，或在花芽形成后换盆伤根太多。

主要病害有煤污病、叶枯病、炭疽病、藻斑病等。主要害虫是介壳虫。

红 花 檵 木

彩图 009

红花檵木是金缕梅科檵木属常绿灌木或小乔木，学名 *Loropetalum chinense* var. *rubrum*，别名红檵木、红桎木等。其枝繁叶茂，花期长，嫩枝淡红色，花叶娇艳，姿态优美，木质柔软，极耐修剪，易蟠扎整形，适宜家庭盆栽观赏。

花 3～8 朵簇生于新枝顶端。萼片 4，卵形。花瓣 4，条形，长 2～4 厘米，淡红或紫红色。雄蕊 4，花丝极短，鳞片状。蒴果卵圆形，种子长卵形，黑色，光亮。一年 2 次盛花期，第 1 次 3～4 月，第 2 次 8～9 月，生长条件适宜四季开花。果熟期 9～10 月。露地栽培树高可达 4～9 米，多分枝，嫩枝淡红色，被暗红色星状毛。单叶互生，卵形，长 2～5 厘米，先端锐尖，基部歪圆形，暗紫色，革质，全缘。新叶初发时叶红，具有很高的观赏价值，随着叶龄的增大和气温的升高，叶色发生较大变化，在初夏叶色变为暗红色，到了盛夏高温季节，叶色几乎变成了绿色。

喜光，稍耐阴，但阴时叶色容易变绿，开花少。喜温暖，生长适温 15～30℃，在－14℃的低温下能安全越冬。耐干旱能力强，耐水涝能力也很强。适宜在肥沃微酸性土壤中生长，不耐瘠薄。盆土忌黏重积水。

嫁接繁殖用切接或芽接，2～10 月均可进行。切接以春季发芽前进行为好，芽接则宜在 9～10 月。用白檵木作砧木进行多头嫁接。

扦插繁殖在 3～9 月进行。插穗在温暖湿润条件下，20～25 天形成愈合体，1 个月后长出 1～6 厘米长的新根 3～9 条。

繁殖成活的苗木及时上盆，成株春季萌芽前换盆。高温干旱季节及时浇水，中午结合喷水降温，保持土壤湿润。浇灌用水以不带碱性和氯离子为宜，否则易出现叶片先端发枯现象，最好加入少量的硫酸亚铁，以满足对酸性环境的要求。生长季节每月追施 1 次氮磷钾复合肥，使其花序、叶片能呈现较深的红色。用800～1 000倍液中性肥料进行叶面追肥，每月 2～3 次，以促进新梢生长。当氮肥偏多时，叶片颜色容易转淡变绿。

红花檵木具有萌发力强、耐修剪的特点。在早春、初秋等生长季节进行轻、中度修剪，摘去成熟叶片及多余枝梢，经过正常管理 10 天左右即可再抽出嫩梢，长出鲜红的新叶。配合正常水肥管理，约 1 个月后即可开花，且花期集中。

害虫有蜡蝉、星天牛和褐天牛等。蜡蝉常以产卵器切断红花檵木枝条，产卵在枝条组织中，这是导致枝条枯死的主要原因之一。

红叶金花（红纸扇）

彩图 010

红叶金花是茜草科玉叶金花属常绿或半落叶直立性或攀缘状灌木，学名 *Mussaenda erythrophylla*，别名红纸扇、红萼花、红玉叶金花等。原产西非。家庭可在房前屋后单植或丛植，也可盆栽。

聚伞花序顶生，萼片 5 枚，其中 1 枚特别肥大如叶片状，呈血红色，另 4 枚小，披针形。花冠高脚碟状，筒部红色密被红色长柔毛，长约 4 厘米，花瓣 5，近圆形，顶部有小突尖，上部淡黄白色，喉部红色。花期春秋两季，秋末冬初果熟。浆果椭圆形。树高 1～3 米，枝条密被棕色长柔毛。叶对生或轮生，长 7～10 厘米，亮绿色，叶宽卵圆形，顶端渐尖，中脉及侧脉密生红绒毛，叶脉红色。

喜光，盛夏忌烈日暴晒。喜高温多湿气候，怕涝，不耐干旱。生长适宜温度 20～30℃，不耐低温，低于 10℃落叶休眠，低于 5℃地上部分干枯死亡，在华南地区露地栽培的地下部分仍有萌发能力。华南大多数地区可露地越冬，北方冬季必须室内越冬。适宜空气相对湿度 70%～80%。喜肥沃壤土或沙壤土，喜酸性土壤。

扦插、播种、分株或压条繁殖。早春用上年的硬枝作插穗扦插，或春末至秋初用当年生的嫩枝扦插。插穗长 8～10 厘米，每个插穗有3个节。在20～30℃的温度下，20～30天生根。一般扦插后40～50天即可上小花盆培育。播种繁殖的先将种子用1%～2%高锰酸钾溶液浸泡1～2小时，取出后稍晾干播种，覆土1厘米左右，7～10天出苗。摘心打顶1～2次后具3～4分枝即可定植庭院或较大的花盆中。分株繁殖的在换盆或移栽时进行，将株丛分开，分株后修剪单独栽植。

盆栽用肥沃疏松的沙壤土，上盆时要施入腐熟的有机肥，以后每个月施肥1次。花前增施磷肥。生长旺盛的高温季节，每天浇水1～2次，冬季半落叶状态应少浇水。冬春气温低，出现半落叶现象，此时可进行修剪，促发新枝。越冬最低温度保持在10℃以上。

主要病害有叶斑病、白粉病。主要害虫有介壳虫、蚜虫。

黄　蝉

彩图011

黄蝉是夹竹桃科黄蝉属常绿灌木，学名*Allamanda neriifolia*。由于花大，黄色艳丽，除了华南露地广为栽培外，近年已经在全国各地盆栽观赏。其全株汁液有毒，不可误食。

聚伞花序顶生，萼片5，深裂。花朵金黄色，喉部有橙红色条纹，花冠基部膨大呈阔漏斗形，长4～7厘米，径4厘米左右，花瓣5，圆形，左旋，也有右旋的，花冠基部膨大，内部着生雄蕊5枚。花期4～8月，果期10～12月。蒴果球形，直径2～3厘米，有长刺。树高2米左右，盆栽一般控制在1米以下。无毛，小枝灰白色，具乳汁。叶3～5片在节上轮生，椭圆形或倒披针形，长5～12厘米，先端渐尖，全缘，叶脉在下部隆起。

喜光，不耐阴，过阴将导致开花数目减少，而且枝叶也会显得稀疏。喜高温，适宜生长温度18～30℃，不耐寒。最适空气相对湿度75%～85%。对土壤水分较敏感，缺水易引起叶片卷皱，积水易导致植株死亡。喜肥沃、排水良好的沙壤土。

扦插繁殖用1年生充实枝条作插穗，切口乳汁干燥后扦插。在温度20℃条件下，1个月左右开始生根。

扦插苗生根后上盆，每盆1株。5～6片叶时及时摘心，培养矮化丰满株形。生长季节保持土壤湿润，空气干燥时要向植株喷水，否则会因空气过于干燥引起叶片卷皱，休眠期控制水分。每半个月左右施肥1次，注意肥料中氮肥含量不宜过多，以免枝叶生长过旺而开花稀少。开花期要多施磷、钾含量较多的肥料，如磷酸二氢钾。花后应对植株进行适当修剪，以促进分枝，及时剪除枯黄的枝叶、病叶。冬季移至室内阳光充足处，控制浇水，5℃以上可安全越冬。春季进行换盆，1～2年换1次，盆土加入充分腐熟农家肥。换盆时修剪，可在距地面20厘米处剪除，促发新枝叶。

常见病害煤烟病。常见害虫有介壳虫、刺蛾、叶蝉和蚜虫等。

黄　兰

彩图012

黄兰是木兰科含笑属常绿乔木，学名*Michelia champaca*，别名黄缅桂、缅桂等。花芳香浓郁，树形美丽，为著名的观赏树种。花可提取芳香油或薰茶，也可浸膏入药。黄兰是佛教六花之一。

花橙黄色，极香，花瓣15～20片，倒披针形，长3～4厘米，宽4～5毫米。种子千粒重45～55克。花果同期，每年2次，6～7月和9～10月。成树高10余米，原产地可达40米。树冠呈狭伞形。芽、嫩枝、嫩叶和叶柄均被淡黄色的平伏柔毛。叶片披针状卵形或披针状长椭圆形，长10～25厘米，宽4.5～9厘米，叶柄长2～4厘米。

要求光照充足。喜热不耐寒，冬季室内最低温度应保持在5℃以上。喜酸性土，忌碱性土。喜湿润，不耐干旱，但忌过于潮湿，忌积水。在排水良好、疏松肥沃的微酸性土壤上生长良好。

播种繁殖为主，也可嫁接。蓇葖果成熟刚开裂出现红色时，及时采收。阴干2～3天取出种子，用水搓洗，立即用沙土盆播，覆盖沙土 1.5 厘米左右，3 周左右出苗；或采后沙藏至翌年春播。幼苗移植宜在傍晚或阴天进行，移植后应遮阴。或用天目黄兰、黄山黄兰等作砧木嫁接，一般 2～3 年生嫁接苗开花。播种苗比嫁接苗生长佳。

春或秋栽植。移栽时要带土坨，裸根移栽不易成活，尽量少伤根。为减少移栽后水分蒸发，起苗前剪掉部分枝叶。栽植地块应土层深厚，栽植穴内施腐熟的有机肥，与土拌匀。栽植后浇透水。

盆栽应选稍大的容器，用疏松肥沃的微酸性沙壤土，并施充分腐熟的有机肥，进入生长旺季每月施氮磷钾复合肥一次。每天浇水 1 次。南方冬季无花期修剪 1 次，北方春季结合换盆修剪。剪去病枝、枯枝、交叉枝等。盆栽的树太高应切头，根据家里房屋大小和个人爱好，控制适当高度。建议在 1 米左右处截干，然后让其萌发新枝。如果不采种，花后及时摘除幼果。

主要害虫有介壳虫和凤蝶。

金苞花

彩图 013

金苞花是爵床科单药花属常绿亚灌木，学名 *Pachystachys lutea*，别名黄虾花、珊瑚爵床、金包银、金苞虾衣花等。原产秘鲁和墨西哥。春秋开花，花形奇异，花期长，观赏价值高。适宜布置会场、厅堂、居室及阳台装饰。南方还用于布置花境、花坛等。

整个花序像一座金黄色的宝塔，花序上生有密集而发达的金黄色苞片和洁白的花朵。长在苞片上的白色二唇裂瓣片为花瓣。株高 30～50 厘米，茎节膨大。叶对生，长椭圆形，有明显的叶脉。

喜阳光充足，也较耐阴。适宜生长温度 16～30℃。5℃以上才能安全越冬。超过 30℃或低于 10℃，均不利生长。温度低易引起叶片脱落，时间久了会导致根系腐烂，甚至枯萎死亡，2016 年1 月深圳遭遇霸王级寒潮，金苞花地上部分明显受冻。要求疏松透气、肥沃，并含有丰富腐殖质的壤土。

主要用扦插繁殖，在生长季节都可以进行。用8～10厘米嫩梢作插穗，扦插在沙或蛭石上，控制温度20℃以上，空气相对湿度80%左右，约半个月生根，温度高时1周就可生根；也可水插。还可以播种繁殖。经过人工授粉可以结籽，当柱头分泌黏液而晶亮时，用另一株雄花的花粉授于柱头上，授粉时间以上午9时前后为宜。授粉1个半月果实变褐色时种子成熟。种子采收后立即播种，约20天出苗。

小苗上盆约1周缓苗后，逐步见阳光。当有3～4对叶时摘心，留1～2节，当新梢长出2～3对叶时，再留1对叶摘心，一般停止摘心后2～3个月开花。夏季中午前后需适当遮光，避免烈日暴晒。夜间不低于10℃，否则会因温度过低引起叶片发黄脱落，时间长了还会导致根系腐烂，严重时甚至死亡。冬季如果白天气温不低于25℃，晚上在15℃左右时也能开花。当孕蕾时，每15～20天追肥1次，用氮磷钾复合肥和有机肥交替使用。春秋两季每天浇水1次，夏季每天浇水2次，并适当增加叶面喷水次数，高温季节浇水要充足，保持土壤湿润，但忌盆内积水。空气干燥时向叶片喷水，不要喷到花序上。冬季在北方居室如有暖气，往往会过于干燥，可经常向叶片喷水。冬季如果没有花蕾，室内温度不高要控制浇水，盆土稍湿润即可，停止施肥。第2年春季换盆，剪去植株的一半，促使多分枝多开花。

常见病害有白粉病、煤污病。常见害虫有白粉虱、介壳虫、蚜虫等。

金边瑞香

彩图014

金边瑞香是瑞香科瑞香属常绿小灌木，学名*Daphne odora* var. *marginata*，是瑞香中观赏价值最高的一个变种。金边瑞香以“色、香、姿、韵”四绝著称，盛花期在春节期间，香味浓烈，花

期40～60天，适宜家庭盆栽。

花簇生于枝顶端，头状花序，有总梗，有数十朵小花，花蕾深粉红色，花由外向内开放。无花瓣，萼片筒状，径1.5厘米左右，上端4裂，似花瓣，外面红色，内面粉白色，花柱很短，柱头大，头状。树高50～90厘米，枝细长，光滑无毛，树形自然浑圆。单叶，顶端叶片密集轮生，长椭圆形至倒披针形，长5～8厘米，叶柄短，全缘无毛，先端钝尖，基部楔形，表面深绿色，叶背淡绿色，叶缘金黄色故名。

喜半阴，忌烈日暴晒，但晚秋，冬、春应放在有阳光照到的地方。忌高温炎热，适宜生长温度15～25℃，较耐寒。根肉质，盆土长期过湿易引起烂根。喜肥沃疏松、富含腐殖质酸性沙壤土，pH5.5～6.5为最适。不耐浓肥。

老枝扦插于春季植株萌芽前，选择粗1厘米以上、生长饱满的1年生壮枝作插穗，插穗长度15厘米左右；嫩枝扦插于6～7月采用当年生的健壮枝条，长度10～12厘米，在细沙土上扦插。温度在20～25℃时，扦插30～35天生根。

盆栽用通透性好的土陶盆栽培。用疏松保水性能好的富含腐殖质的土壤，加入少量的河沙和农家肥。6～10月上午9时至下午4时应将盆花放置在通风良好的阴凉处。夏秋季保持土壤湿润，炎热时喷水降温。控制好浇水量，不干不浇，干必浇透，切忌浇而不透，造成盆土上湿下干。下雨过后，及时将盆内积水倒掉。生长季节每隔10天左右施1次稀薄液肥。盆土含水量控制在45%左右，能安全过冬。金边瑞香萌发力较强，耐修剪。花后进行整枝，在春季对枝叶繁多的植株进行摘心、摘叶处理，疏去过多的新萌枝条，控制水分过快蒸发。

主要病害有茎干腐烂和叶斑病。茎干腐烂发病的部位是根茎，病部韧皮部发黑腐烂，逐步向根部发展，但木质部表现正常，叶片绿色正常，表面未发现病征。夏季是茎腐病发病高峰期。叶斑病叶面出现褪绿小圆点，后期扩大为近圆形的较大病斑。常见害虫有介壳虫、蚂蚁。

金 凤 花

彩图 015

金凤花是豆科云实属直立常绿灌木，学名 *Caesalpinia pulcherrima*，原产西印度群岛。金凤花的花形奇巧，花朵宛如飞凤，以姿容形态取胜。是热带地区有价值的观赏树木之一，有霜地区盆栽观赏。金凤花为汕头市市花；傣族用金凤花供奉佛主。

总状花序近伞房状，顶生或腋生，疏松。花梗长短不一。萼片5，无毛，最下一片长约1.4厘米，其余的长约1厘米。花瓣橙红色或黄色，长1～2.5厘米，边缘皱波状。花丝长5～6厘米，红色，伸出于花瓣外，花柱长。荚果扁平，倒披针状长圆形。在热带地区花果期几乎全年。地栽树高可达3米，枝绿或粉绿色，有疏刺。树冠半球形。二回羽状复叶4～8对，小叶7～11对，长椭圆形或倒卵形，小叶柄很短。

喜光，不耐阴，耐烈日高温。耐寒力差，长期5～8℃的低温，枝条受冷害，越冬室温不宜低于10℃。对土壤的要求不严，喜酸性土，较耐干旱，稍耐水湿。对肥力的要求不高，生长在肥力中等磷钾肥较高的土壤上开花繁茂，色泽也鲜艳；但在氮肥较高的土壤上栽培，水分充足时枝叶繁茂，开花多，但色泽不鲜艳。

播种繁殖。从6月中旬至12月中旬，荚果陆续成熟，采成熟的果荚在阳光下暴晒，开裂后取出种子，种子千粒重约132克。可随采随播或翌年春播。一般播种后3天即开始发芽。金凤花自播能力非常强，家庭栽培用苗少也可挖取自播苗栽培。

盆栽的用疏松肥沃微酸性土壤。当小苗长出4片叶左右移栽。先移到小口径花盆，随着植株的长大逐渐换入较大的盆内。根据盆土肥力适时追肥，开始施液肥，以后每隔半个月左右施1次。摘除主干生长点，控制高度并促其分枝，使树冠丰满。基部开花的随时摘去，以利各枝顶部陆续开花。及时浇水除草。花盆放在南阳台处。

地栽的栽培穴宜施基肥，花前及开花盛期，追施磷钾肥。

常见病害有叶斑病、白粉病、褐斑病。

九 里 香

彩图 016

九里香是芸香科九里香属常绿灌木或小乔木，学名 *Murraya paniculata*，别名千里香、过山香、九秋香、月橘等。其树姿优美，具有矮生的特性，叶小秀丽，花香浓郁，花白色，浆果近球形，肉质红色。我国各地多盆栽，华南地区地栽，是制作盆景的材料。

聚伞花序，顶生或生于上部叶腋内，花多数，径 4 厘米左右。萼片 5，极小。花瓣 5，白色，倒披针形，长 1.2～1.5 厘米，向外弯。雄蕊 10，生于伸长花盘的周围，花丝白色。花期7～10 月，果熟期 10 月至翌年 2 月。浆果近球形，直径 0.6～1 厘米，红色。地栽长成乔木时树高可达 3～8 米，多分枝，质坚韧，不易折断，无刺。奇数羽状复叶，长 8～13 厘米，有小叶 3～9 片，互生，小叶卵形、匙状倒卵形或近菱形，最宽处在中部以上，全缘或有圆锯齿，浓绿色，有光泽。

喜阳光充足、空气流通的环境，也耐半阴。喜温暖，最适宜生长温度 20～32℃，不耐寒，－2℃出现冻害，室温过低易掉叶，影响翌年生长。稍耐干旱，忌涝，对土壤要求不严，喜疏松、含腐殖质丰富的微酸性土壤。

分株繁殖于春季用利刀切取老株根部萌生的带根子株，用盆另栽，先放在遮阴处恢复，然后移至向阳处。

播种育苗则采收成熟的红色果实，洗出种子后随即播种。播种后覆盖细沙，上面覆草保湿，一般 30 天左右出苗。小苗生长缓慢。

扦插繁殖一般不易生根。在春季剪取 1～2 年生枝条作插穗材料，剪成长 10 厘米左右，基部叶片剪去，顶端保留几片小叶。在河沙上扦插，勿碰伤插穗皮层，遮阴，50～60 天生根。

将育成的苗上盆养护，以后每隔2～3年换1次盆。刚栽种或翻盆的九里香要浇透水，放在庇荫处几天，然后再移到阳光充足、通风良好的地方。生长期间浇水不宜过多，只要能经常保持土壤稍湿润即可，盆内不要积水，浇水过多易烂根。树叶出现卷缩，失去光泽，常是烂根引起的，此时要控制浇水。过2～3天后反而更加严重的要将植株从盆中取出，用水冲去根部泥土，将其晾干，再浸入5 000倍液的高锰酸钾溶液消毒，然后放到2 000倍液的萘乙酸生根素溶液中浸泡8小时再重新上盆。在生长期，每月施1次液肥。不单施氮肥，否则枝叶徒长影响孕蕾，花芽分化期间每月可向叶面喷1次0.2%磷酸二氢钾溶液。北方栽培一年内要施几次硫酸亚铁肥。春季进行修剪，花期不要强剪。对徒长枝、过密枝随时进行短剪或疏剪，保持树姿优美和比例适当。

常见病害白粉病。常见害虫螨类、蚜虫、介壳虫、金龟子等。

龙　船　花

彩图017

龙船花是茜草科龙船花属常绿小灌木，学名 *Ixora chinensis*，别名英丹、仙丹花、百日红等。其株形美观，开花密集，花色鲜艳，在华南花期全年，是重要的盆栽木本花卉。

顶生聚伞花序再组成伞房花序，花序具短梗，长6～7厘米，直径6～12厘米。花序有红色分枝，每一分枝有花4～5朵。花冠筒细长，高脚碟状，花径1.2～1.6厘米，花瓣4，卵圆形，先端浑圆，橙红色或红色。雄蕊4，与花瓣互生。浆果近球形，成熟时紫红色。树高0.5～2米，多分枝，全株无毛。单叶对生，革质，倒卵形至矩圆状披针形，长6～13厘米，宽2～4厘米，柄短，端钝尖，基部楔形或浑圆，全缘。

喜光，耐半阴，不耐强光暴晒。阳光充足叶片翠绿有光泽，也有利于花序形成，开花整齐，花色鲜艳。耐高温，不耐寒，适宜生长温度20～32℃，低于0℃易遭受冻害。茎叶生长期需充足水分，喜湿怕干，但长期过于湿润容易引起部分根系腐烂。喜肥沃疏松的酸性沙壤土，适宜土壤 pH5～5.5。

扦插繁殖于春季用 1 年生枝条作插穗，也可在生长季节用嫩枝扦插。插穗长 10～15 厘米，除去基部叶片后扦插。当温度 24～30℃时，40～50 天生根。如果用生根药剂处理插穗能缩短生根时间。

播种繁殖如果采种，需要人工授粉。春季播种，20 天左右发芽，长出 3～4 对真叶时移植。

在分枝多而密集的情况下，可采用压条繁殖。在离枝条的顶端约 20 厘米处环状剥皮，用压条方法处理，2 个多月生根。

盆栽的当植株高 20 厘米左右时摘心。每年春季换盆时，对上部枝条短截，促发新枝；花后对植株修剪，去掉弱枝，促发新梢。夏季强光时适当遮阴能延长花期。龙船花喜湿怕干，茎叶生长期需充足水分，保持盆土湿润，又不可太湿，过分潮湿对开花不利，甚至落叶、烂根。定期叶面喷水保证有较高的空气湿度。除了施基肥外，生长期间每个月追施稀薄液肥 2 次，开花期间每周施肥 1 次。如发现叶黄时，施硫酸亚铁。冬季室内盆栽气温保持在 15℃以上，可继续生长。

常见病害有叶斑病和炭疽病。常见害虫有蚜虫和介壳虫。

米　兰

彩图 018

米兰是楝科米仔兰属常绿灌木或小乔木，学名 *Aglaia odorata*，别名米仔兰、四季米兰、鱼子兰等。原产我国闽、粤、川、滇及东南亚等地。其树枝秀丽，枝叶茂绿常青，花小似粟米，繁密，金黄色，花期长，开花时阵阵幽香，适宜家庭盆栽。

圆锥花序腋生，繁密，花小，直径 2～3 毫米。花萼 5，裂片圆形。花冠 5 裂，长圆形或近圆形，花黄色，极香。雄蕊 5，花丝合生成坛状，比花瓣短。花期夏秋，或四季开花。浆果卵形或近球形，有肉质假种皮。树高可达 2～7 米，多分枝，树冠圆球形。奇数羽状复叶互生，小叶 3～5，对生，倒卵形至长椭圆形，长 2～7 厘米，先端钝，基部楔形，两面无毛，全缘，叶面亮绿。

喜光，稍耐半阴，在南方高湿多云雾地区，则喜光照充足，在北方忌酷暑暴晒，约 25℃以上时宜疏荫，25℃以下宜光照充足。喜温和，不耐寒，越冬室内温度以 10～15℃为宜，最低室温不宜低于 5℃以下。要求疏松肥沃微酸性的壤土或沙壤土，忌盐碱，适宜 pH5～6。喜湿润的土壤和空气环境，干旱脱水易造成叶片枯黄或落叶，严重时导致植株死亡。忌通风不良和高温闷热的气候。

高压法繁殖于春季和初夏选长势健壮无病虫害的植株，在向阳面选 2～3 年生枝条，离分杈位置约 20 厘米处进行环状剥皮露出形成层。切口宽 1 厘米左右，当切口稍干 1～2 天后缠上泥条或苔藓，再用薄膜包扎，要使泥条始终保持湿润，2～3 个月生根。当新根发出后剪离母株，假植在隐蔽处缓苗，需 1 个多月后上盆定植。

扦插繁殖于春季剪取 1～2 年生枝条作插穗，长约 10 厘米，带 2～3 片复叶扦插。为提高生根率，用吲哚丁酸 100 毫克/千克、或萘乙酸 200 毫克/千克、或 ABT 生根粉 50 毫克/千克溶液浸泡插穗基部 8 小时，然后扦插。用塑料薄膜罩在上面，并盖上遮阳网，扦插后 50～60 天生根率可达 60%左右。但移栽后，幼株在北方生长较缓慢，所以北方多从南方运入米兰苗栽培。

如买苗，无论地栽还是盆栽，都要求苗木健壮，根系完好，包装严实不散坨才能栽活。

盆栽须配制酸性栽培土壤，可用泥炭土或腐叶土 7 份、河沙 3 份，加入腐熟的饼肥或复合肥，拌入 0.5%硫酸亚铁。土内不要加入碱性肥料。开始栽培的花盆不必太大。栽好后先放在阴处养护，1 个月后室内栽培的要放在南阳台，使其充分见光。在室内摆放时要加强通风，有条件的 15 天左右轮换到室外。如室外气温低于 5℃时，室内没有取暖的夜间要将花盆移开窗台，防止玻璃上的冷气和窗缝漏风入内，冻坏米兰，到白天有阳光时再放回原处。盛夏高温季节，早晚向叶面喷水，天气干燥时每天向叶面及四周地上喷

水，保持环境湿润。当新叶长出后再移到疏荫下，以后逐渐适应强光。盆土要经常保持湿润，但也不可使盆土长期太湿，否则会引起落叶和烂根。冬季室内气温较低应控制浇水，盆土以稍干为宜，切忌浇水过多。由于米兰幼株生长较慢，春季上盆后，如果盆土肥沃，一般到立秋前后再开始追肥，追稀薄的液肥。从第2年开始，在生长旺季每隔20天左右追施有机液肥1次，或用0.1%尿素和0.2%磷酸二氢钾混合溶液追施。冬季一般不宜施肥。

修剪整形应从小苗时开始，只保留15～20厘米高的一段主干。要在15～20厘米高的主干以上分杈修剪，促使株形丰满。多年生老株的下部枝条常常衰老枯死，因此北方宜隔年在高温季节短剪1次，促使主枝下部的不定芽萌发而长出新的侧枝，从而保持树姿匀称、树势强健、叶茂花繁。1～2年换盆1次。

常见病害有叶斑病、炭疽病和煤污病等。常见害虫有蚜虫和介壳虫。

茉莉花

彩图019

茉莉花是木犀科素馨属常绿灌木，学名 *Jasminum sambac*，别名茉莉、茶叶花等。原产印度、伊朗等。其叶片椭圆翠绿，光泽照人，花朵洁白，开花时清香四溢，被誉为“人间第一香”。我国各地普遍栽培。

聚伞花序顶生或腋生，通常有花3～9朵。花萼杯形，裂片7～9，近条形，长5毫米左右。花瓣白色，有单瓣、重瓣，长卵圆形或椭圆形。雄蕊2，花丝极短，花药内藏，雌蕊1，柱头绿色，略高出花冠。还有千层瓣茉莉，花瓣绿白色。花芳香。花期5～10月。浆果。树高0.5～2米，枝细长，略呈藤本状，幼枝有短柔毛或近无毛。单叶对生，卵圆形至椭圆形，长2.5～9厘米，宽3～5.5厘米，薄纸质，先端急尖，基部圆形或近心形，绿色，光亮。

喜充足的阳光，有“晒不死的茉莉”之说，长日照植物。耐炎热，生长适宜温度25～35℃，不耐寒，怕冻。喜肥，有“清兰花，浊茉莉”之说。生长季节需常施稀薄液肥。适宜空气相对湿度75%～85%，盆土忌过湿，又怕干。喜酸性土壤，适宜pH6～6.5。西北风对开花有不良影响。

扦插繁殖于春季结合整枝进行，或在梅雨季节扦插。在2～4年生母株上，剪取1～2年生健壮枝条作插穗，插穗长8～10厘米，保留上部2～3个节上的腋芽。下切口约在节下1厘米处，上切口约在节上1厘米处。下切口斜面，一般上切口平面，但在露地扦插的上切口宜剪成斜面，以防积水腐烂。温度在25℃左右时，约30天生根。

压条繁殖于雨季进行，或在春季发芽前进行。选1～2年生的健壮枝条，进行刻伤处理。地栽的在枝条附近挖沟，将刻伤处理的部位埋入土中，盖土4～5厘米，必要时加以固定。剪去埋入土中茎节上的叶片，不用遮阴，保持土壤湿润，生根后剪离母株。

分株繁殖可利用多年生老树在树干基部长出的蘖芽，于春季或秋季进行分株。在分蘖处剪开或切割蘖芽，尽可能保护好根系。

盆栽开始用直径20厘米左右的盆。盆土稍干时浇水，维持盆土湿润，浇水过多或雨天盆内积水，会烂根，造成叶片发黄脱落，甚至植株死亡。生长季节盆土过干或遇到干燥天气时，新枝萌发受阻，这时除及时浇水外，还应喷水以增加空气湿度。炎夏干旱天气每天浇1次水；春、秋季干燥多风天气，一般每两天浇水1次；冬季进入休眠期，浇水量不宜过大，否则极易徒长。开始每10天左右浇1次0.2%硫酸亚铁溶液，以保持盆土呈微酸性。6～9月开花期施含磷较多的液肥，每周施1次，用0.1%的磷酸二氢钾水溶液，在傍晚向叶面喷洒促其多开花。1～2年翻盆换土1次，一般不去根，换上新的营养土并在盆底放一些迟效肥料作基肥。茉莉如果常受西北风吹袭，会造成开花不良，花朵脱落或变色，故应将花盆放在空气流通、避开西北风的地方。有条件的春季早点搬到室外，放在向阳处，秋季搬回室内放在温暖而阳光充足处。

茉莉栽后一般当年可开花，2～3年花最盛，以后逐年衰退，

需及时重剪更新。春季结合换盆进行修剪，留的枝条长20厘米左右，其余全部剪掉。太老的枝条应从基部剪除，使其萌发健壮的新枝条。同时要剪去过密枝条和摘掉老叶片，促其发新芽并多孕花蕾。生长期间，经常修剪。

盆栽茉莉叶片变黄的原因有浇水过勤过多、排水不畅、盆土偏碱、长期不换盆等。只长叶不开花的原因是光照不足或氮肥太多。

常见病害有白绢病、褐斑病。常见害虫有螨类、茉莉叶螟、介壳虫等。

山 茶 花

彩图020

山茶花是山茶科山茶属常绿灌木或小乔木，学名 *Camellia japonica*，别名山茶、茶花、晚山茶、耐冬、洋茶、菇春等。其开花期长，花大色艳，花型、花色丰富，是我国十大名花之一，各地普遍栽培。

花单生或对生于枝顶或叶腋，花梗极短或不明显。苞萼9～13，覆瓦状排列，被短毛。单瓣花的花瓣5～7，1～2轮，大红色，近圆形，顶端微凹或缺口，基部联合成筒状。雄蕊100余枚，花丝黄、白或红，花药金黄色，子房光滑无毛。园艺品种非常多，除了单瓣花外，有半重瓣类型，花瓣3～5轮，一般20片左右；重瓣品种大部雄蕊瓣化，花瓣在50枚以上。整个种类的花期11月至翌年4月。秋季果熟，蒴果球形，径2～3厘米，无宿存花萼。种子椭圆形，种皮淡褐色或黑褐色。树高可达15米，小枝淡绿色至黄褐色。叶卵形、倒卵形或椭圆形，长4～11厘米，叶正面深绿色，背面较淡，叶表有光泽，网脉不显著，叶柄粗短。

较喜光，但不耐烈日暴晒，冬季要充分见光，其他季节应遮去50%左右的阳光。生长最适温度18～25℃，10℃以上开始发芽，30℃以上停止生长，超过35℃就会出现日灼。耐寒品种能耐短时间－10℃的低温，多数品种能忍耐－3～－4℃。花朵开放的适宜温度10～20℃。喜空气湿润，最适宜空气相对湿度70%～80%，忌干燥。喜肥沃、疏松、微酸性的土壤，适宜pH5.5～6.5，在4.5～6.5范围内都能生长。

扦插繁殖于春末或夏季进行。选生长充实、叶片完整、叶芽饱满和无病虫害的当年生半木质化的枝条作插穗，剪取时基部要带踵。插穗长10厘米左右，先端留2片小叶。将插穗基部2～3厘米浸入50～100毫克/千克吲哚丁酸溶液或100～200毫克/千克萘乙酸溶液中8～12小时，然后扦插，扦插深度3厘米。保持25～30℃，空气相对湿度85%～95%。一般30～40天生根，生根后要逐步减少遮阴。也可用嫩枝扦插，需在河沙上扦插。

嫁接繁殖于5～6月选生长良好、半木质化的复瓣品种枝条作接穗。用单瓣的山茶花实生苗作砧木，苗高4～5厘米时即可用劈接法进行嫁接，或采用腹接。还可用空中压条方法繁殖。

盆栽用松叶土、腐叶土或泥炭土加少量沙配制盆土，也可用腐叶土、园土、沙土等量配制作盆土，加少量充分腐熟的有机肥。生长期每15天左右施1次稀肥，现蕾后增施1～2次磷、钾肥。在高温季节、换盆后的恢复期和开花期间不施肥。北方冬季室内温度偏高、温差小对山茶花开花很不利，晚上可放在不冻的阳台上，或把花盆放在窗台上，晚上放窗帘时，让花盆在窗帘外面。浇水要适量，过湿易烂根，也不能太干。现花蕾后用1 000毫克/千克赤霉素药液点涂花蕾，每周2次，约半个月后就能加速花蕾生长，以后每周点涂1次，加强栽培管理，即可提前到10～11月开花。当花蕾长到大豆粒大小时及时疏蕾，每个新枝留1～2个花蕾，切不可过多，植株内侧或远离枝顶的花蕾可摘除，疏蕾时应注意枝形的美观。花谢后进行修剪，剪去枯枝、徒长枝、畸形枝、过密枝，不宜重修剪，修剪前一天浇足水。在春天花后或秋季换盆，同时剪去枯枝和徒长枝。

盆栽僵花的防治：花朵不能够正常开放，有的花蕾甚至干瘪，这叫僵花。僵花是盆栽山茶花最容易出现的问题。低温、霜冻可导致僵花，一经绽开的花蕾，受到霜冻就不能继续开放，最低温度应控制在 2℃以上。弱光会使光合产物的蛋白质多于糖类，降低碳氮的比例，从而抑制花朵开放，改善光照条件对防止僵花具有重要意义。现蕾后如偏施氮肥，会导致植株的徒长，碳氮比例严重失调，不能正常开花。在花谢后春梢抽出前，施足氮磷钾复合肥，秋天适当施磷、钾为主的孕蕾肥，以后酌施 1 次以磷为主的催花肥。开花所必需的激素是在根尖产生的，僵花与根系的好坏有着极为密切的关系，花盆大小要和植株的大小相适应，使根系在花盆里能舒展，以利于根的生长。盆土要疏松、肥沃。及时清除根部的杂草。秋后浇水要控制，要做到润而不湿，干而不燥，防止积水烂根和浓肥伤根。

主要病害是炭疽病。害虫有螨类、介壳虫等。

松　红　梅

彩图 021

松红梅是桃金娘科薄子木属常绿小灌木，学名 *Leptospermum scoparium*，别名松叶牡丹。因其叶似松叶、花似红梅，故而得名。原产新西兰、澳大利亚等地区，是近年来才引进我国的。花朵虽然不大，但花色艳丽，繁花似锦。自然花期晚秋至春末，花形优美，盛花期在元旦、春节之间，可作为年宵花卉，还可作切花。在北方盆栽观赏，在气候温和的南方地区则可用于庭院绿化。

花有单瓣、重瓣之分。花色有红、粉红、桃红、白等多种颜色。花径大小差别较大，其中最大的 2.5 厘米左右。蒴果革质，成熟时先端裂开。株高可达 2 米，分枝繁茂，较为纤细，新梢通常具有绒毛。叶互生，叶片线状或线状披针形，叶长 0.7～2 厘米，宽 0.2～0.6 厘米。

喜阳光充足的环境，夏季怕高温和烈日暴晒，其他季节应给予充足光照。生长适温 18～25℃，种子发芽及枝条生根的适宜温度 20℃左右，耐寒性不强，冬季需保持－1℃以上的温度。耐旱性较强，忌长期积水。对土壤要求不严，但以富含腐殖质、疏松肥沃、排水良好的微酸性土壤最好，最适宜 pH6.5～7.0。

用扦插、高空压条、播种等方法繁殖，在春、秋季节进行。扦插繁殖选用成熟的枝条，插穗长 10～12 厘米，插入沙床，温度适宜 30～40 天生根。如果将插穗在 0.5%吲哚丁酸药液里浸泡 2～3 秒可以缩短生根时间。高空压条约 2 个月生根，适宜在冷凉的山区进行繁殖，高温多湿的条件则成活率较低。

夏季怕高温和烈日暴晒，长期高温和烈日暴晒会导致松红梅灼伤和局部失水。夏热地区可放在荫棚、树荫下或其他阴凉通风处养护，也可洒水降温。除了夏季外，其他季节给予充足阳光，不可长期置于过于荫蔽处。北方冬季需室内盆栽养护，放在南阳台或窗台。2 月份当阳光充足时，10～12℃以上的温度开始开花，3～4 月能继续开花。

生长期内每隔 1 个月施 1 次腐熟的稀薄液肥，当土壤碱性偏大时用 5%硫酸亚铁溶液改良。平时保持土壤湿润，雨季注意排水，避免土壤长期积水。每年花后进行 1 次修剪，以矮化树冠、保持树形美观，促使植株萌发新的开花枝。幼株可将顶部剪去以促进分枝，形成丰满的树冠。除一些影响株形的枝条完全剪掉外，其他枝条不可全部剪去，一般剪去 1/2～2/3。已经成熟木质化的枝条上不能再生长新芽，如果修剪过重，只留下老熟的枝条，植株将无法恢复生长。修剪后施肥，以促使植株生长，保证第 2 年开花。松红梅的根系距离土层表面较近，应尽量避免翻动土壤，以免伤害根系。

常见病害有叶斑病。常见害虫有介壳虫。

烟　火　树

彩图 022

烟火树是马鞭草科大青属小灌木，学名 *Clerodendrum quadriloculare*，别名星烁山茉莉。烟火树的花形奇特，十分美丽，5 片洁白耀眼的长条形花瓣，好似繁星闪烁，有如团团烟火而故

名。原产菲律宾及太平洋群岛。它还具有药用价值。

聚伞形花序顶生，小花多数。花筒紫红色，长型花瓣5，外卷成半圆形。花蕊长，伸出花瓣之外。当年栽培就开花。果实椭圆形。烟火树的树高已见中文报道50～60厘米，这可能是盆栽的数据，笔者在深圳仙湖植物园和深圳大学等地调查，地栽树高2米多。幼枝近方形，墨绿色。叶对生，长椭圆形，先端尖，全缘或边缘锯齿状，叶背暗紫红色。

喜光。性喜温暖湿润的气候，不耐寒。在深圳2016年1月的那次霸王级寒潮，将丛植在仙湖植物园北坡的烟火树绿色叶片冻落一地，笔者眼瞅着脱落，但是栽植在深圳大学南坡的叶片基本未脱落，小气候不同所致，两处烟火树的花蕾和花朵均未见冻害。稍耐干旱与瘠薄。

分株繁殖为主，1棵树一年可繁殖20～50株分蘖苗。一般春季分株，分株苗直接地栽或上盆。当年分蘖小苗翌年即可开花。烟火树耐移植，在深圳2017年春夏移栽的都成活得很好，热带地区一年四季都能移栽成活。

用肥沃壤土盆栽，开始用中号盆栽培，当树长大后换大尺寸的盆。管理容易。有霜冻地区要进行防护越冬，盆栽的移到室内越冬。

地栽的单植或丛植。栽植和管理方法同其他树种。

该树引入我国时间短，尚未见病虫害的报道。

一 品 红

彩图023

一品红是大戟科大戟属常绿灌木，学名*Euphorbia pulcherrima*，别名圣诞花、象牙红、猩猩木、墨西哥红叶等。花期正值圣诞、元旦期间，非常适合节日的喜庆气氛，是圣诞节最主要用花。主要盆栽观赏。汁液有毒。

杯状聚伞花序多数，集生于枝顶有3条分枝的花枝上，长可达

8 厘米左右，下具 12～15 片披针形苞片。开花时苞片红色，是主要观赏部位，变种有苞片双色、重瓣、一品黄、一品白等。总苞坛状，淡绿色，边缘齿状分裂，有 1～2 枚大而黄色的杯状腺体。花小，是苞片中间一群黄绿色的细碎小花，无花瓣，着生于总苞内，雄花多数，具柄，仅具 1 枚雄蕊，雌花位于总苞中央，1 枚，子房柄明显伸出总苞之外，无毛，子房光滑。自然花期 12 月至翌年 3 月，生产上常作短日照处理。树高 1～4 米，茎直立，光滑，嫩枝绿色，老枝深褐色，茎叶含白色乳汁。单叶互生，绿色，卵状椭圆形至披针形，有时呈提琴形，长 10～20 厘米，叶背有柔毛，全缘或波状浅裂。生于枝顶的叶状苞片长圆至披针形。

在茎叶生长期需充足阳光，忌暴晒，光照不足，枝条易徒长。短日照植物，每天光照控制在 12 小时以内，促使花芽分化，每天光照 9 小时，5 周后苞片即可转红。喜温暖，生长适温 18～25℃，9 月至翌年 4 月为 13～16℃。冬季温度不宜低于 10℃，否则会引起苞片泛蓝，基部叶片易变黄脱落，怕霜冻。生长期只要水分供应充足，茎叶生长迅速，水分缺乏或者时干时湿，会引起叶黄脱落。以疏松肥沃，排水良好的沙壤土为好。

扦插繁殖于春季 3～5 月剪取 1 年生木质化或半木质化枝条，长约 10 厘米作插穗。也可用当年生的嫩枝条扦插，插穗长 6～8 厘米。剪取后立即投入清水中洗净乳白色汁液，勿进口，然后切口蘸上新鲜草木灰，晾干切口后扦插。深度 5 厘米左右，保持基质潮湿，生根容易。

盆栽用疏松透气、排水良好的酸性土壤，加入少量的有机肥作基肥。上盆后浇透水。浇水量以保持盆土湿润又不积水为度，但在开花后要减少浇水。夏季天气炎热，需水量多，每天早晨浇足清水，傍晚如发现盆土干燥，应补充浇水 1 次，这次水量可以少些。放在露地的大雨时要防止盆内积水。在生长季节每隔 10～15 天施 1 次稀薄液肥，秋后每周施 1 次复合肥，连施 3～4 次。秋冬放在向阳温暖地方，不受冷风吹袭，以免叶黄脱落。入冬后停止施肥。

修剪一般在换盆时剪去老根、病弱枝。一品红生长较快，容易

形成徒长枝，及时摘心整枝，以便达到株矮、花大、花头整齐的目的。开花前2个月将徒长枝剪低，按照观赏习惯保留高度。一品红枝条柔软，可以扭曲造型。如果不留枝条作插穗，花后重剪，只保留盆土以上20～25厘米的枝条。

常见病害有茎腐病、灰霉病和叶斑病。最容易被白粉虱为害。

栀 子 花

彩图024

栀子花是茜草科栀子花属常绿灌木或小乔木，学名 *Gardenia jasminoides*，别名栀子、黄栀子、山栀、白蟾花等。其枝繁叶茂，叶片四季常绿，花洁白如玉、花开时馨香浓郁，沁人肺腑。各地普遍栽培。

花单生于枝端或叶腋。萼筒卵形或倒圆锥形，有棱，萼片5～6，线形，绿色。花梗短，花冠高脚碟状或筒状，花芽时花瓣旋转排列，原种花瓣6，花径4～5厘米，白色肉质。现在栽培有许多变种，如大花重瓣的，花径7～10厘米，花瓣卵圆形，张开后略向外卷，花浓香。雄蕊5～11，着生于花冠喉部，内藏，花药线形，子房下位。花期5～8月，果熟期11月。果卵形，橙黄色，有6条纵棱，顶端有宿存萼片。树高1～3米，小枝绿色。叶对生或3叶轮生，叶片革质，表面深绿有光泽，不平滑，椭圆形状卵形或倒卵状披针形，长5～14厘米，侧脉明显。

喜阳光，也耐阴，强光暴晒易灼伤叶片。喜温暖，生长最适温度20～28℃，较耐寒，成年植株可忍耐短期－5℃低温。冬季温度降至－12℃，叶片即受冻害，一般淮河以北地区需盆栽室内越冬。要求空气相对湿度70％以上。喜通风良好的环境。宜疏松、肥沃、排水良好的酸性沙壤土，适宜pH5～6。怕积水，不耐干旱瘠薄。

扦插繁殖用嫩枝作插穗，插穗长12～15厘米，插穗的1/3插入水中，插入水里的叶片全部去掉，2～3天换水1次。水插极易生根，适合家庭应用。多雨季节在土壤上扦插成活率也很高，注意遮阴和保持一定湿度，10～12天生根。扦插苗2年后开花。也可用压条繁殖。

盆栽用腐叶土加沙配制盆土，或用40%园土、15%粗沙、30%厩肥土、15%腐叶土配制。扦插苗生根后上盆。经常保持盆土湿润，夏季每天早晚向叶面喷1次水，以增加空气湿度，雨季室外盆栽的要及时倒掉积水，冬季严控浇水，但可用清水常喷叶面。每隔半个月左右施1次稀薄液肥，开花前增施磷、钾肥1次，水质碱性的地区每隔半个月左右浇1次0.2%硫酸亚铁溶液。室内栽培要放在南窗台或南阳台。花谢后剪除过密枝、枯枝、病枝、徒长枝或太接近地面的枝条，形成圆整的树冠。

叶片发黄原因：当缺氮、磷、钾肥时，从植株下部老叶开始变色，逐渐向新叶蔓延。其中缺氮的单纯叶黄，新叶小而脆；缺钾的老叶由绿色变成褐色；缺磷的老叶呈现紫红或暗红色；缺铁的表现在新叶上，开始时叶片呈淡黄色或白色，叶脉仍是绿色，严重时叶脉也呈黄色或白色，最终叶片会干枯而死；缺镁引起的黄化由老叶开始逐渐向新叶发展，叶脉仍呈绿色，严重时叶片脱落而死；浇水过多、大雨积水或受冻等也会引起黄叶。

盆栽栀子落蕾原因：空气湿度偏低；盆土偏湿造成植株烂根；有害气体危害所致，如室内烧煤冒烟；新买的栀子花在运输途中受到风寒所伤。

主要病害有叶斑病和黄化病。主要害虫有介壳虫、粉虱等。

朱　槿

彩图025

朱槿是锦葵科木槿属常绿或落叶灌木或小乔木，学名 *Hibiscus rosa-sinensis*，别名扶桑、佛槿、大红花、花上花等。其花型独特，姹紫嫣红，花期长，栽培品种繁多，我国普遍栽培。

花着生在上部枝条叶腋，单生，花柄长3～5厘米，花下垂。

花萼披针形，有星状毛。花有单瓣和复瓣之分：单瓣花冠漏斗形，花径10厘米左右，花瓣5，卵形，边缘波状，合体花蕊伸出花冠外；重瓣的花形似牡丹，花径10～17厘米，但合体花蕊不一定突出花冠外。花色红、白、粉、黄和复色等。花期全年，夏秋最多。蒴果卵状球形，长约2.5厘米，重瓣的多不结果。树高可达6米左右，茎直立，多分枝。单叶互生，浓绿色，卵形，长7～13厘米，先端突尖或渐尖，基部近圆形，边缘有不整齐粗齿或缺刻。

喜阳光充足，不耐阴，光照不足会使花蕾脱落，花朵缩小，花色暗淡。喜温暖湿润，不耐干旱，怕霜冻。对土壤要求不严，但在肥沃、疏松、pH6.5～7的微酸性土壤中生长的好。

通常扦插繁殖。硬枝扦插用2年生健壮枝条，选用侧枝中段最好，去掉下部叶片，切口要平；嫩枝扦插选择当年生健壮的枝条。将枝条剪成长10～15厘米作插穗，一般带有顶芽的插穗生根快。留上部2～3片叶，有花蕾的除去。扦插深度3厘米以上。控温18～25℃，空气相对湿度70%～85%，遮阴，20天后生根。也可以水插，插入水里1/3～1/2，5～6天换水1次，30天左右生根。

嫁接繁殖多用于扦插困难或生根较慢的品种，尤其是扦插成活率低的重瓣品种，或在1个植株上嫁接几个不同品种。在春、秋季进行嫁接，一般用劈接法。嫁接后放遮阴处，约20天伤口愈合，30天后移到散射光处，再过7～10天可充分见光。春季嫁接的苗当年能开花。

繁殖生根后的苗木移植到口径15厘米左右的盆中栽培，每盆1株，长到高15厘米以上时移入口径22厘米左右的容器中。株高20厘米左右时摘心，使其分枝，春季扦插苗当年可以开花。朱槿枝叶繁茂需要大量水分，夏季每天浇水1次，以浇透为度，盆内不能积水；伏天如果天气干旱每天早、晚各浇水1次，并需对地面喷水多次，以降温和增加空气的湿度，防止花叶早落。冬季则应减少浇水、停止施肥，使之安全过冬。朱槿对肥的需要量较大，每10天左右追施薄肥1次。如遇多雨季节，可改施复合肥料于根部。秋季要注意后期少施肥，以免抽发秋梢，秋梢组织幼嫩，抗寒力弱，冷天易遭冻害。冬季温度过低会引起落叶，成为影响来年开花的重要原因。每年春季换盆，除去老根、腐根，剪去部分过密卷曲的须根，换上新的营养土，同时进行修剪整形。各个枝条除基部留2～3芽外，上部全部剪去，促使发新枝，长势将更旺盛，株形更美观。

主要病害有叶斑病和茎腐病。主要害虫有蚜虫和介壳虫。

朱缨花

彩图026

朱缨花是含羞草科朱缨花属常绿灌木或小乔木，学名*Calliandra haematocephala*，别名美蕊花、红绒球、红合欢等。叶色亮绿，开花时间长，花色鲜红，花似绒球状，是美丽的观花灌木，在热带和亚热带地区可露地栽植，其他地区盆栽观赏。

头状花序腋生，如红绒球，直径5～6厘米，含20～40朵花。花冠管5裂，淡紫红色。雄蕊多数，基部联合，比花冠管长5～6倍，上部花丝伸出，深红色，是主要观赏器官。荚果条形。树高1～3米，枝条扩展，小枝灰褐色。二回羽状复叶有1对羽叶，每片羽叶有小叶6～9对，小叶斜披针形，长2～4厘米，中上部的小叶较大，下部较小，新叶淡红色，成叶绿色。种子千粒重53克左右。

喜光，稍耐阴，长期在荫蔽条件下，枝叶稀疏开花不良。喜高温湿润气候，不耐寒，生长适温23～30℃，越冬时温度保持在15℃以上并且避风的环境下，可使落叶减少。对不同的土壤适应性强，以疏松肥沃的酸性沙壤土最适。

扦插繁殖于春季剪取长20厘米左右的健壮枝条作插穗，插床温度在15～28℃时，50天左右生根。

播种育苗于春季播种。朱缨花种皮硬，用60℃温水浸种，每天换水1次，第3天捞出，晾干种皮表面水分后，保湿催芽1周，播后5～7天发芽。

盆栽于春季萌芽前移植或换盆。室内盆栽的要放在南阳台，生长季节有条件的放到室外。生长季节保持盆土湿润，冬天少浇水，等盆土干一半时再浇。从春到秋每个月施肥1次。露地栽培的，前期浇水见干见湿以利根系深扎，每2～3个月施肥1次。

修剪时选上下错落的3个侧枝为主枝，冬季对3个主枝短截，在各主枝上培养几个侧枝，使其互相错落分布。当树冠扩展过远、下部出现光秃现象时，及时回缩换头。随时剪除枯死枝。开花1～2年后，生长势减弱，对老化枝条重剪，促发新枝。通过修剪，使整个株丛呈1～2米的圆球形。

主要病害是溃疡病。害虫有天牛、木虱、螨类等。

第 9 章 CHAPTER 9 落叶花木

八 仙 花

彩图 027

八仙花是虎耳草科八仙花属落叶或常绿灌木，学名 *Hydrangea macrophylla*，别名紫阳花、绣球、阴绣球、粉团花、斗球花等。目前栽培的多为园艺品种，现在已是我国和美国、加拿大、日本等国比较流行的盆栽花卉。

花序顶生，伞房花序，数十至上百朵花聚生成球形，大型。萼片 4，花瓣状，宽卵形或圆形，为观赏部分。花萼颜色多变，初开时由绿变白色，渐转蓝色或粉红色。随着土壤 pH 的变化，花色发生变化，即土壤 pH4～6 时（酸性），花朵多呈蓝色，在 pH7.5 以上时（碱性）则呈红色。不是所有八仙花品种经过处理都会变成蓝色，其中不含飞燕草色素的品种不会变。室内栽培时花期春季。树高 1.5～2 米，室内盆栽只有几十厘米。枝粗壮，无毛。叶对生，卵圆形或椭圆形，绿色，长 20 厘米左右，叶缘具粗锯齿。

要求半阴环境，怕强光，强光季节遮阴 60%～70%较为理想。短日照植物，每天有 10 小时以上的黑暗处理，45～50 天形成花芽。生长适温 16～28℃，有的品种非生长季节能忍耐 0℃或更低一些的温度。花芽分化需在 5～7℃条件下经过 6～8 周的时间才能完成。20℃左右可促进开花，开花期间维持 16℃左右能延长观花期。要求土壤湿润，但浇水不宜过多，受涝引起烂根，冬季室内盆栽以稍干燥为好。喜疏松、肥沃和排水良好的沙质壤土。

扦插繁殖于第一批花谢后选取腋芽饱满、生长健壮的枝作插

穗，长8～10厘米。插在沙中，扦插深度3厘米，遮阴，保持沙子湿润，1个月左右生根，2年后开花。压条在春季新芽萌动时进行，选根部的萌蘖枝压条。

分株在早春换盆时进行，根据母株长势将其分成数株。

盆栽开始用15～20厘米盆栽培。按2份腐叶土、2份园土和1份沙土比例配制营养土，再加入适量腐熟有机肥作基肥。植株长到10～15厘米高时摘心，促使萌发多个新枝，然后选4个中上部新枝，将下部的腋芽全部摘除。当新枝长至8～10厘米时，再进行第2次摘心。八仙花一般在2年生的壮枝上开花，开花后应将老枝剪短，保留2～3个芽即可，以限制植株长得过高，并促生新梢。在生长季节要使盆土经常保持湿润状态。夏季天气炎热，蒸发量大，除了浇足水分外，还要每天向叶片喷水。盆中不要积水，否则会烂根。天气转凉后，逐渐减少浇水量，冬季盆土以稍干燥为好，过于潮湿则叶片易腐烂。生长旺季，每隔15天左右施1次稀薄液肥，孕蕾和开花期间增施磷酸二氢钾肥，可喷0.2%的磷酸二氢钾溶液，能使花大色艳。为保持土壤的酸性，可用1%～3%的硫酸亚铁加入肥液中施用。为了加深蓝色，可在花蕾形成期施用硫酸铝；为保持粉红色，可在土壤中施用石灰，注意都不要施用太多。光照不太强的季节将花盆放在向阳背风处养护，进入4～5月光照增强要移到半阴处。八仙花花序非常大，需及时设支架绑扎，这样既可保持花株挺立，又能使植株显得丰满。花后摘除花茎，促使产生新枝。每年春季换盆1次，剪去腐根、烂根及过长的须根，并对枝条适当修剪，应从基部剪去病虫枝、纤弱枝，只保留强壮枝并对其重剪，每枝留2～3个芽，促发新枝，使之开花繁茂。冬季存放在5℃左右的地方，一般不经过5～7℃6～8周的低温八仙花是不能开花的，这点是绝对不能忽略的。

主要病害有萎蔫病、白粉病和叶斑病。主要害虫有蚜虫和盲蝽。

鸡　蛋　花

彩图 028

鸡蛋花是夹竹桃科鸡蛋花属落叶灌木或小乔木，学名*Plumeria rubra* var. *acutifolia*，别名缅栀子、蛋黄花。原产于西印度群岛和美洲，现已遍布全世界热带及亚热带地区。夏季开花，清香优雅，适宜热带地区庭院布置，也可盆栽观赏。

聚伞花序顶生，花萼裂片小，花冠筒状，径 5～6 厘米，花瓣 5，卵圆形，基部重叠，外面乳白色，中心鲜黄色，似蛋白包裹着蛋黄，故而得名。花丝短，有香气，晒干的花可泡茶。还有红花鸡蛋花（学名 *P. rubra*），花蕾和花瓣外侧红色，是鸡蛋花的原种。花期 4～10 月。蓇葖果双生，长 10～20 厘米。种子斜长圆形，扁平，长 2 厘米，宽 1 厘米，顶端具膜质的翅，翅长约 2 厘米。树高可达 5 米，主干不直，常扭曲歪斜，小枝粗壮，肉质，具乳汁。叶互生，有柄，常集生枝顶，卵圆形或长圆披针形，长 20～45 厘米，顶端短渐尖，基部斜楔形，光滑或叶背有毛，全缘。

喜光，喜高温湿润。适宜生长温度为 23～30℃，夏季能耐 40℃的极端高温，不耐寒，气温低于 15℃以下开始落叶休眠，在深圳几乎全部落叶，在三亚未见落叶。耐干旱，怕涝。喜疏松、富含有机质的酸性沙壤土，有一定的抗碱性。

扦插繁殖一般南方于 1～2 月，北方于夏季进行。从分枝的基部剪取枝条作插穗，长 20 厘米左右。剪口处有白色乳汁流出，需放在阴凉通风处 2～3 天，使伤口结一层保护膜再扦插，带乳汁扦插易腐烂。扦插在干净的蛭石或河沙上，插后喷水，置于室内或室外荫棚下，保持基质湿润。插后 15～20 天移至半阴处，控制温度 18～25℃，空气相对湿度 65%～75%，20 天后生根。

还可嫁接繁殖，在热带地区可播种育苗。

盆栽除上盆或翻盆换土后需荫蔽 7～10 天外，可于室外暴晒。春秋季每隔 1～2 天浇 1 次水，夏季晴天每日早上浇 1 次，傍晚如土干再浇1次，雨季要注意倒掉盆中积水，冬季保持盆土微润不干即可。鸡蛋花喜肥，上盆或换盆时，培养土中加入充分腐熟的农家肥和适量过磷酸钙，生长季节每10～15天施1次肥，勿单施氮肥免徒长，冬季不施肥。每年春天换盆1次，鸡蛋花生长迅速，一般换入口径50厘米以上的花盆中。盆栽植株当长到一定高度时，截头促发侧枝。在成株落叶后修剪，一般不宜重剪，否者影响下年开花。将高枝、过密内膛枝、弱枝剪去。随时剪除枯萎或有长角甲虫的枝。

常见病害有角斑病、白粉病、锈病等。害虫有长角甲虫、螨类、介壳虫等。

牡　丹

彩图029

牡丹是毛茛科芍药属落叶灌木，学名 *Paeonia suffruticosa*，别名牡丹花、富贵花、木芍药、洛阳花、花王等。原产中国西部及北部，为我国十大名花之一。花型多样，花色丰富，花朵硕大，雍容华贵，色香俱佳，故有“国色天香”之美称，历来被我国人民视为幸福、和平、富贵吉祥、繁荣昌盛的象征，非常适宜家庭栽培。

花单生枝顶，花径10～30厘米。萼片5，绿色，宿存。原种花瓣5～6，园艺品种部分或全部雄蕊变成花瓣，成为重瓣花，瓣化现象还与栽培环境条件、生长年限等有关。花瓣颜色有白、黄、粉、红、紫红、紫、墨紫、粉蓝、绿、复色等。正常花的雄蕊多数，结籽力强。花期4～5月，果熟期8月。蓇葖果5角形，密生短柔毛，成熟后开裂，有5～15粒种子。种子不规则圆形，种皮黑色或褐色。种子千粒重300克左右。茎高0.5～3米，多在0.5～0.8米，枝干直立，圆形，脆易折，老皮灰褐色，当年生枝光滑。叶互生，多2回3出羽状复叶，总叶柄长8～20厘米，表面有凹槽。顶生小叶常为3～5裂，小叶片披针、卵圆、椭圆等形状。

喜光，较耐阴，在长江以南地区遮去强光对生长开花有利。喜凉爽、干燥气候，不耐炎热高温，较耐寒，在冬季极端低温不低于－18℃的地区可安全越冬，在北方寒地冬季加以覆盖防寒也可安全越冬。春天气温稳定在4～5℃时，芽开始萌动，16～18℃是开花适温，26～28℃是花芽分化最适温度。要求地势高燥，土层深厚、肥沃、疏松而排水良好的沙壤土。在微酸、微碱性土壤中也能生长，以中性土为好，忌土壤黏重或低洼积水。

分株繁殖一般5～6年分1次，通常于秋分前后进行。分株过早因养分积累不足，翌年生长不良；过晚因温度低，不利根系伤口愈合，影响越冬。在距植株树干30厘米处的外面向下挖，见到根尖将母株整株取出，找到连接细小部位处，劈开或用刀分割开，要注意枝与根的比例应相称。为防止病菌感染，伤口可涂抹硫黄或用硫酸铜400倍液消毒。分株后立即栽植，如需远运时，应将根在阴凉处晾到变软后再包装运输，以免根脆折断或霉烂。

嫁接繁殖于9月进行，根接最为适宜。用牡丹或芍药根作砧木，芍药根接后成活率高；牡丹根较硬，不易操作，接后成活率不如芍药，但生长比芍药根旺盛，发根快并且多。砧木长25厘米左右，直径1.5～2厘米，晾2～3天。接穗选母株基部当年生萌蘖枝，剪成长5～10厘米，有2～3个芽。将接穗基部腋芽两侧削成2～3厘米的楔形斜面，将砧木上口削平，劈开2～3厘米。将接穗插入砧木切口中，使砧木与接穗形成层对准，用绳扎紧，接口处涂抹泥浆或液体石蜡。或在9月进行枝接。用实生牡丹作砧木，选当年生健壮的萌蘖枝作接穗。或在5月上旬至7月上旬进行芽接，砧木用牡丹实生苗，接穗用当年生枝条上的充实饱满芽。

压条繁殖于5月底至6月初选健壮的1～2年生枝条，在基部刻伤，埋入土里，保持土壤湿润，第2年秋剪断栽植。或在开花后10天左右，当嫩枝半木质化时，于基部第2或第3叶腋下0.5～1厘米处环状剥皮，宽1.5厘米左右，用脱脂棉蘸上50毫克/千克吲哚丁酸药液缠于环剥口，然后按高枝压条法处理，第2年秋季剪离母株。

室外栽培，北方栽植适期为9月中下旬至10月上中旬。牡丹

栽植后一般不再移植，因此在室外栽培时一定要深翻，把建房留下的建筑垃圾彻底清除干净，然后施足底肥，使土层深厚、土质疏松肥沃。如果买牡丹苗，最好到当地的牡丹园或有信誉的公司购买，谨防上当。栽前剪去病根和折断的根，然后用5%生石灰水或0.1%硫酸铜溶液浸30分钟，再用清水将药液冲洗干净。挖坑栽植，栽培深度以茎和根的交接处与土面一平为宜，栽后浇水。大地封冻前要浇水。春季及时浇水，满足生长和开花的需要。夏季多雨一般可不浇水，但要注意雨后排水，防止受涝，秋季适当控制浇水。及时松土除草。牡丹喜肥，一年至少施肥3次。春天结合浇“返青水”施用速效肥，促使花朵变大；开花后追施1次，补充开花的营养消耗和为花芽分化供应充足养分；结合浇封冻水进行施肥。为保持枝条健壮、开花大而艳丽，按植株大小，只选留一定数量的饱满的花芽。一般5～6年生的枝干留3～5个花芽，余者摘除。新栽的植株，第2年不让开花以利植株的生长，当春天萌芽后，去除全部花蕾。牡丹栽培2～3年后要整形修剪定干，根据品种、树龄和应用目的进行，对生长势旺、发枝力强的品种留3～5个枝；对生长势弱、发枝力差的品种，只剪除细弱枝，保留强枝。树龄大的植株，可多留枝干。尽量去掉基部的萌生枝，以便尽快形成美观的株形；繁殖用的母株，萌生枝则可适当多留些，以提高繁殖系数。整形修剪定干要在秋冬进行，以后每年都要适度修剪。

盆栽目前应用最多的是让牡丹春节期间开花的促成栽培，方法如下。选容易开花、花期早、开花大、颜色艳丽、生长旺盛和受市场欢迎的品种，如赵粉、洛阳红、胡红、朱砂垒等。用4～6年生具有6～8个枝条，每个枝条又有1～2个肥大花芽的健壮植株盆栽。于春节前50～60天将植株起出，尽量少伤根，去掉附土，将它在阳光下晾晒2～3天或放在空气流通处阴干十余天。当根、枝条、芽变软时，栽于直径40厘米、深60厘米左右的花盆中，盆土用沙壤土。栽后浇透水，每天向植株喷水3次，保持较高的空气湿度。一般经过3～4天，花芽膨起。放在8～9℃处5～6天，然后加温到10～11℃。经常喷水，每7天左右追施稀薄液肥1次，逐渐加大浓度。在春节前 10 天左右，升温至 18～25℃，每天补光 4 小时，喷水 3～4 次，保持空气湿润，春节即可开花。如果因温度高或其他原因开花提前，将花盆暂时放在 5～15℃的地方。

常见病害有褐斑病、锈病、炭疽病、菌核病等。常见害虫有介壳虫、蛴螬、地老虎等。

木 芙 蓉

彩图 030

木芙蓉是锦葵科木槿属落叶灌木或小乔木，学名 *Hibiscus mutabilis*，别名芙蓉花、拒霜花、木莲等。木芙蓉秋季开花，花大美丽，是重要的观花树种。适宜在庭院、池畔、台阶、路边等处栽植，也可盆栽。

花集生于枝顶，总状花序，或单生于叶腋间。花柄长 5～8 厘米，萼片短钟形，花径约 12 厘米。单瓣或重瓣，重瓣的外瓣多平展，内瓣重叠隆起。每朵花开 8～10 天。蒴果扁球形，有黄色刚毛及绵毛。种子肾形，种皮土黄色。木芙蓉乔木状时树干高可达 7 米，分枝茂密；灌木状时枝干丛生。单叶互生，叶片广卵形，掌状 3～7 裂，裂片呈三角形，基部心形，叶缘具钝锯齿，两面被黄褐色绒毛。

喜光，稍耐阴，过阴则生长缓慢，枝条细长，影响花芽分化。盛夏宜略加遮阴。秋季孕蕾开花期需充足的光照，如光照不足，遇上阴雨连绵，容易引起落花落蕾。喜温暖，不耐寒，在长江流域以北地区露地栽植时，冬季地上部分常被冻死，但第 2 年春季能从根部萌发新枝条，秋季能正常开花。喜湿润气候。喜肥沃湿润而排水良好的沙壤土。耐水湿，忌干旱。

扦插繁殖。在黄河以南长江流域以北地区，落叶后将枝条剪下，选生长健壮的枝条剪成长 20～30 厘米，在向阳苗床里沙藏，注意防寒越冬。第 2 年春季扦插，扦插时勿损伤插穗皮。在长江流域以南地区，春季萌动前用 1～2 年生枝条作插穗，剪成长 10～15

厘米，用 25～30℃水浸泡 1 小时，打孔扦插，将插穗的 3/4 插入土中，压实、浇水。或冬季用长约 45 厘米的枝条作插穗，插入土中 18～20 厘米，秋季能开花。分株繁殖，在春季萌芽前进行分株。挖出全株，去除部分宿土，按自然长势用利刃切成数株，分株后立即栽植。加强管理，当年秋季开花。播种育苗。木芙蓉种子成熟晚，成熟后及时采收，露地播种，播后保持苗床湿润；种子少的在温室用育苗盘精细播种育苗。压条繁殖。选择 1 年生健壮枝条或当年生已半本质化嫩枝，不用刻伤，压弯埋入地里或盆土中，1 个月左右生根。

春季萌芽期间需满足其对水分的需求，特别是在北方旱季，需经常灌水。炎夏季节应多浇水，入秋后适量减少浇水。一般在花蕾现色时应适当控水，以抑制叶片生长，使养分集中在花朵上。在开始开花时施复合肥，撒在树冠根部，然后浇水，可使花色更加艳丽。灌木状的冬前地上部分枯萎，将其剪掉或在地面上 5 厘米处剪切，然后培土以利安全越冬。春季将培土扒开。

盆栽木荚蓉需用较大的容器。盆土要求疏松肥沃、排水透气性好。生长季节要有足够的水分。花蕾太多的适当疏蕾，可使花大色艳。南方冬季移至背风向阳处充分休眠，北方宜在室内凉处越冬。

常见病害有白粉病。常见害虫有盾蚧、蚜虫、朱砂叶螨、角斑毒蛾、小绿叶蝉、大青叶蝉等。

木　槿

彩图 031

木槿是锦葵科木槿属落叶灌木或小乔木，学名 *Hibiscus syriacus*，别名白饭花、篱障花、鸡肉花、朝开暮落花等。其叶片茂密，开花多，在夏秋木本花卉花少时开放，管理容易，适宜室外栽培，也可盆栽。

花单生叶腋，花径 5～8 厘米。单瓣花的花瓣 5，花瓣基部有时红或紫红，花瓣边缘波状或齿列；重瓣的外瓣多平展，内瓣重叠隆起，花瓣淡紫、紫红、粉红或白色等。花期 6～9 月，每朵花开放1天。果熟期8～10月。蒴果长椭圆形，被黄褐色茸毛。种子肾形，种脐凹陷较深，种脊被黄色长柔毛，种皮黄褐色。树高2～3米，茎直立，多分枝，稍披散，树皮棕灰色，幼枝被毛，后渐脱落。单叶互生，在短枝上也有2～3片簇生的。叶卵形至菱状卵形，有明显的3条主脉，先端常3裂，基部楔形，下面有毛或近无毛，先端渐尖，中上部边缘有锯齿。萌芽性强，耐修剪。

喜光，耐半阴。喜温暖、较耐寒，但在北方寒地不能安全越冬。对土壤要求不严，喜肥沃的中性至微酸性土壤，耐瘠薄。较耐干旱和水湿。对烟尘、二氧化硫、氯气等抗性较强。

扦插繁殖采用硬枝扦插和嫩枝扦插均可。春季剪取1～3年生粗壮硬枝作插穗，其中3年生枝条生根率最高，2年生次之，1年生低。一般带3个芽，清水浸泡4～6小时后进行扦插。一般20天左右可生根，春季扦插苗当年即可长高1米左右。嫩枝扦插宜在雨季进行，选取当年生半木质化的新枝作插穗，上部保留1/3叶片。

木槿单瓣品种可收到种子，也可播种繁殖。果实在10月前后成熟，采收后剥出种子低温干藏。第2年春季播种，播种后约20天出苗。还可用分株繁殖。

扦插苗开始栽在口径小的容器里，苗高20厘米左右栽到室外或上盆栽培。植株长大要换大花盆。北方寒地冬天要搬进室内，除了北方寒地外地栽的不用防寒。春季萌芽前移植或换盆。盆栽的生长期保持土壤湿润。地栽的在天旱时适当浇水。春季萌芽前施肥1次，6～10月开花期施磷肥2次。

木槿通过修剪可控制株形和树姿。最好冬季剪枝。但不要剪枝太多。①直立型的木槿修剪方法：树冠内的枝条拥挤，枝条占据有效空间小，开花部位易外移，剪除过多内膛枝，使主侧枝分布合理，疏密适度。对外围过密枝要合理疏剪，以便通风透光。②开张型木槿的修剪方法：常发生主枝数过多，外围枝头过早下垂，内膛直立枝多且乱的现象。对内膛萌生的直立枝，一般疏去，不短截，防止枝条过多，树形不美，影响开花。

蚜虫对木槿为害重。

日本海棠

彩图 032

日本海棠是蔷薇科木瓜属落叶灌木，学名*Chaenomeles japonica*，别名东洋锦、倭海棠，20世纪90年代由日本引进。盛开时繁花似锦，艳丽妩媚，花期2个月。可植于庭院、路边、坡地，也常盆栽室内观赏。是近年来重要的木本年宵花卉。

老干和当年生枝均着花，花色有大红和粉红色，稀有自然变异品种，一株同时开出大红、粉红、纯百或白色花中加以红线、红瓣、红边等。每簇花由数朵组成，紧贴在枝上，与贴梗海棠极相似，只是叶稍薄。花瓣倒卵形或近圆形，长约2厘米，宽约1.5厘米，花的最大直径约3.5厘米。雄蕊40～60。果实球形，黄色，果径约4厘米。树高约70厘米，枝条多横生，有细刺；小枝粗糙，圆柱形，幼时具绒毛，紫红色，2年生枝条有疣状突起，黑褐色，无毛。冬芽三角卵形，先端急尖，无毛，紫褐色。叶片倒卵形、匙形至宽卵形，长3～5厘米。

喜中等强度的阳光，也耐半阴，光照不足生长不良。能耐－32℃低温和42℃高温。适宜在酸性和中性土壤上生长，在盐碱土和黏性土上生长不良。喜湿润，耐旱，忌积水。

以扦插繁殖为主，在春秋季节进行。剪取长10厘米左右的健壮枝条作插穗，插在素沙土中，保持湿润，遮阴，约30天生根，翌年春季移栽。还可用分株繁殖，在春秋均可进行，容易成活。或用嫁接繁殖。

盆栽的生长季节每月追肥1次。保持土壤湿润，盛夏天气要对叶面和地面进行喷水，提高空气湿度有利生长，又能使叶片清洁。8～9月温度较高，忌大水大肥，应见干见湿，否则不利花芽分化。冬季土壤以稍偏干控制。春季发芽前修剪枝条，剪去顶部，留中下部的花蕾部分。在生长季节对枝条打顶，促发新枝，日本海棠耐修剪，易于成型。换盆和移栽在冬季落叶后进行。

利用花芽对温度敏感的习性，在冬季采用加温催花的方法使其在节日开花。首先给予低温处理打破花芽休眠。盆栽的初冬落叶后放在低温处，然后按照需花时间，将盆栽日本海棠从低温处移入室内向阳处。逐步升温到 20～25℃，不可突然升温。浇透水，加施液肥，以后每天往枝干上适当喷水，经过 40 天左右就能开花，可供元旦或春节观赏。催花的不宜浇或喷凉水，否则延迟开花时间。即使不用于加温催花盆栽的，也不宜在温暖的室内越冬，否则植株不能正常休眠影响以后生长发育。

常见害虫主要是蚜虫，家庭盆栽数量少时勤观察，发现后可用手消灭。

月 季

彩图 033

月季是蔷薇科蔷薇属常绿或落叶灌木，学名 *Rosa chinensis*，别名玫瑰、月季花、长春花、月月红、斗雪红、四季蔷薇等。原产我国华中和西南地区。目前栽培的是现代月季（学名 *R. hybrida*），是一种非常复杂的杂种无性系，有变种和品种 2 万多个。月季是我国十大名花之一，既可在室外露地栽培，又可以盆栽。在作切花商品以及文学作品的描述时几乎都将月季叫“玫瑰”，而植物学的玫瑰是另外一种植物。

花簇生，伞房花序或圆锥花序，也有单生的。萼片尾状长尖，边缘有羽状裂片，裂片大小品种间差异大，也有萼片边缘全缘的类型。单瓣的花瓣 5，多为重瓣，有花瓣数十枚。花色花型多，多数品种具香气。各类月季在条件适宜时都能连续开花。茎直立，有的可长成树状，或呈蔓状与攀缘状，茎棕色，常具钩刺，也有几乎无刺的。小枝绿色，叶墨绿色，奇数羽状复叶，宽卵形或卵状长圆形，先端渐尖，具尖齿，叶缘有锯齿，两面无毛，光滑。

喜充足光照，对日照长短无严格要求。喜温暖，大多数品种白天生长适宜温度 15～26℃，夜间 10～15℃，低于 5℃进入休眠或

半休眠。比较耐寒，许多品种在露地经过覆盖可以在北方寒地安全越冬，茎可耐－15℃的低温，有的品种能耐更低一些的温度。花芽分化的适宜温度16～25℃，17～20℃时分化最好。对土壤要求不严，但喜中性和排水良好的肥沃土壤，在酸性土壤中生长不良。喜肥，肥力对开花影响很大。较耐干旱，忌积水。

扦插繁殖宜选长势健壮、树形优美、花梗长、叶有光泽、耐寒力强，从春到秋开花不断的品种扦插。用1年生成熟的枝条作插穗，或用当年生长充实、腋芽饱满、半木质化的新梢作插穗。前者叫硬枝扦插，后者叫软枝扦插。插穗长15厘米左右，有3个芽(或叶片)。秋季落叶后结合修剪选健壮的枝条作插穗，当时扦插或沙藏在第2年春天扦插。在沙子上或沙土上扦插，扦插深度一般为插穗长度的2/3左右，扦插后经常喷水保湿。为了扦插后容易生根和成活，最好用带踵插穗，也就是在1年生枝条上剪下一小段2年枝，这段2年生枝叫踵，因踵储藏的营养多，可供插穗生根用；或者春天掰取刚生出的健壮嫩枝，一定要带踵，这里说的踵是指基部形成层分生组织部位；或在生长旺季，于枝条的基部第3～4节叶的下部进行宽度3毫米的环状剥皮，2～3周后环剥口生成愈伤组织，然后剪下作插穗。还可以用水插。

对难生根的品种或优良品种的月季可采用嫁接繁殖。嫁接苗一般比扦插苗生长快，当年就可育成粗壮的大株，但一般4～6年后开始衰老。可用芽接、切接和根接，目前广为采用的是芽接法。这种方法生长快，开花早。砧木常用粉团蔷薇、野蔷薇、十姐妹月季等。芽接时间应在生长旺盛季节进行，通常在5月上旬至10月上中旬。先选取当年萌发的枝条作接穗，接穗上的腋芽要发育饱满充实。剪去叶片，从叶柄下1厘米处用刀呈40°角切进木质部，再从叶柄上约1厘米处，连皮并稍带木质部把接芽削下。接着按切下芽片大小把砧木从上向下将茎皮（稍带木质）削开，再切去上部1/2，立即把接芽插进砧木接口下端的缝隙中，使两个削面贴合对齐，然后用塑料薄膜剪成狭条，捆缠严实。这段时间要防雨淋，嫁接后10天检查成活情况，一般10天左右接芽与砧木即已愈合，并开始生长。如10～15天插芽颜色鲜绿表明成活，如没活要补接。接活后的植株可以去掉遮阴进行阳光照射，并把砧木上发出的幼芽剥除，但砧木上的老叶要保留。当嫁接苗新芽长至10厘米左右时，即开始解绑，用快刀在一侧将绑扎条割断，注意不要碰伤嫁接苗。当新芽长到15～20厘米最好支架绑扎，防止新枝被风吹断。当新枝木质化并发出新芽时，可将砧木上的枝叶全部剪除。

地栽月季的根系长达80～100厘米，并且栽培后能活5年以上，因此要大量使用有机肥使土壤疏松肥沃，一般的土壤施厩肥和泥炭土5～10厘米厚，然后深翻40～50厘米。定植行距35～40厘米，株距30厘米左右，如果作切花栽培还可稍密些。如果将盆栽的月季栽于室外要适当稀些，把植株从盆中倒出，将在盆内形成的卷曲根系分散开，然后栽植。对定植时间的要求不严格，在休眠期定植最好。嫁接苗必须使接口在土面上，防止接穗生根。如买的是储藏苗木，定植前要把根系放在水中浸泡1～2天，使其吸足水后再栽。栽后保持土壤半干半湿以利于根系的生长；在抽梢、孕蕾、修剪后、开花期间都要供给足够的水分；修剪前和在炎热夏季月季进入半休眠状态时适当控制水分。月季生长量大，需肥多，要经常施用稀薄肥料，避免施用过多的氮肥引起营养生长过旺。常用的氮、磷、钾比例为1∶1∶2～3。生长季节要经常中耕除草。在寒冷的地方越冬前必须进行防寒处理，防寒的关键部位是根与茎的连接处。一般用培土保护；比较冷的地方用草、纸等防寒物包上；在寒地将地上茎割去，先盖防寒物，再培土。

盆栽月季对土壤要求严格，以肥沃略带黏性的土壤最好，用马粪等疏松物太多时枝条容易徒长，黏土太多影响排水透气。月季根系发达选用大而深的花盆，也可根据苗木的大小逐渐增大花盆，如1～2年生的用直径17～30厘米的盆，3年生以上的用33厘米或更大的盆。春秋是上盆和换盆的适宜季节。大株换盆时，要修剪枝条和疏去过密的老根。经常施肥，但每次不要太多太浓，一般季节每10天左右1次，旺盛生长期每3～4天1次。浇水要浇透，摆放在露地的花盆，大雨时及时倒掉盆中积的雨水以免烂根，并适当浇井

水降温。经常松土。在北方秋冬落叶后将枝条剪短放到低温处越冬。每年春季换盆。

小苗定植后应及时去掉一切花蕾和上部的侧芽以促使植株生长，待枝条直径0.6厘米以上时再作开花母枝；及时去掉侧芽、侧蕾，使花枝健壮和顶花蕾发育得更好；用嫁接苗培育的植株要及时去掉砧木上发的芽和接穗上的根；及时去掉弱枝上的花蕾，保留其叶片；在壮枝上长出的弱枝条应去掉，要在挨着壮枝的分杈处去掉；留外向芽使株丛开展；剪去病枝、病叶销毁。

主要病害有白粉病、灰霉病、病毒病、锈病等，其中白粉病最容易发生。主要害虫有蚜虫、介壳虫等。

紫　薇

彩图034

紫薇是千屈菜科紫薇属落叶灌木或小乔木，学名 *Lagerstroemia indica*，别名怕痒树、痒痒树、百日红、满堂红等。其树姿优美，花期长，花朵鲜艳，多在木本花卉开花较少的夏季开放。可在室外栽培，适宜北方寒地盆栽。

圆锥花序着生在当年生枝顶，长4～20厘米，花钟状，花径3～5厘米。花萼半球形，绿色，顶端6浅裂。花瓣6，近圆形，边缘皱缩，有不规则缺刻，基部有长爪，粉红、鲜红和白色等。雄蕊36～42，外侧6枚花丝较长，向柱头弯曲，花药黄色，子房6室。花期6～9月，果熟期9～11月。蒴果椭圆状球形，长9～13毫米，6瓣裂。树高可达10米，树龄可达500多年，树皮呈长薄片状，剥落后树干光滑细腻，幼枝略呈四棱状，常有狭翅。单叶互生，新枝有时对生，椭圆形至倒卵形，长3～7厘米，宽2.5～4厘米，先端钝或稍尖。

喜光，稍耐阴。喜温暖气候，不能在北方寒地越冬。喜肥沃、排水良好的土壤，喜土壤湿润，耐旱，怕涝。

播种育苗于秋季采种干藏，春季播种。播前将种子用温水浸泡4

小时左右，用湿沙催芽。播种后覆盖细土1厘米左右，有1～2对叶片时，移入直径8厘米左右的容器中培育。长大后移入直径20～27厘米的容器培育。播种苗一般第2年开花，也有当年开花的。

扦插繁殖于春季用硬枝扦插，萌芽前选择1年生健壮枝条作插穗，插穗直径0.5～1厘米最容易生根，3年生以上的枝干也能扦插繁殖。插穗长15厘米左右，下端剪成斜口，上端剪成平口。为提高成活率，将插穗基部在50毫克/千克萘乙酸药液里浸泡12小时，或用清水浸泡2～3天。扦插深度为插穗长度的1/2左右，地上留1～2个节间。扦插后1个月左右生根。在夏季用半木质化程度较高的枝条作插穗，剪成长15厘米，去除下部叶片，留上部2～3片叶，扦插后保湿和遮阴。还可用分株和压条繁殖。

盆栽于生长季节放在阳光处，有条件的放在室外。春冬保持盆土湿润，夏秋季节每天要浇水1次，干旱高温时每天应适当增加浇水次数。紫薇喜肥，春夏生长旺季多施肥，每隔10天施1次，入秋后少施，冬季进入休眠期不施。

室外栽培的应在房屋南侧，在春旱时浇1～3次水，雨季及时排涝，防止烂根。秋天不宜浇水。

修剪方面，如果要培育成乔木，应注意培养主干，剪去下部侧枝。紫薇当年生的枝条就能开花，一年中经多次修剪可使其开花多次。在冬季重剪，使枝条分布均匀、树冠美观，剪除过密枝和部位不适当的枝条，保留的枝剪去约1/3。春季新枝长到15厘米时摘心，保留下部10厘米，促使长出2个分枝；当2个分枝长至20厘米时，再进行摘心，保留下部15厘米。在修剪时将徒长枝、干枯枝、下垂枝、病虫枝、纤细枝和内膛枝剪掉。

常见病害有白粉病、褐斑病、煤污病等。常见害虫有黄刺蛾、介壳虫、紫薇长斑蚜等。

CHAPTER 10

观叶植物

澳洲鸭脚木（大叶散）

彩图 035

澳洲鸭脚木是五加科鸭脚木属常绿乔木，学名 *Schefflera actinophylla*，别名大叶散、大叶伞、昆士兰伞木、昆士兰遮树、辐叶鹅掌柴等。株形优雅，易于管理，是理想的室内观叶植物。

树高可达 30 米，容器栽培 1～2 米，树干平滑，嫩枝绿色，后呈褐色。掌状复叶丛生于枝条先端，通常微微下垂，柄长 5～10 厘米。小叶数随树木的成长增加，幼龄时 4～5 片，长大时 5～12 片，大树时最多 16 片。小叶长椭圆形，长 15～30 厘米，宽 5～10 厘米，形如鸭脚而故名。叶缘波状，无毛，先端钝，有短突尖，基部楔形，叶面浓绿色，有光泽，叶背淡绿色，革质。圆锥状花序顶生，花梗被星状毛，花小型，盆栽极少开花。浆果球形，成熟时红色。

喜光，不耐强光暴晒，稍耐阴。喜高温多湿，生长适温 20～30℃，不耐低温。喜通风环境。怕旱，也不耐水湿，忌积水。喜疏松富含有机质的壤土或沙壤土。

扦插繁殖在初夏结合修剪进行。剪取 1～2 年生、长 10 厘米左右、带 2～3 节的枝条作插穗，扦插后 1 个月左右生根。其中稍木质化的 2 年生枝条生根更容易；用长枝带踵进行扦插，生根更快。还可播种育苗，应随采随播。

夏季烈日暴晒叶片会失去光泽并灼伤，宜遮去 30%～40%阳光。能在约 1/3 的自然光照条件下正常生长。但过阴会引起落叶，室内应摆放在光线明亮的地方。保持盆土湿润，过干过湿都会引起树叶的脱落。空气干燥叶片会褪绿黄化，生长期间经常进行叶面喷雾，有利于枝叶的生长。因生长量大，每月施1次肥。安全越冬温度5℃以上，注意越冬期间的保暖工作。

常见病害有叶斑病和炭疽病。常见害虫是介壳虫。

八 角 金 盘

彩图 036

八角金盘是五加科八角金盘属常绿灌木或小乔木，学名 *Fatsia japonica*，别名手树、八金盘、八手等。

树高可达5米，直立，茎光滑无刺，少分枝。单叶互生，叶柄长10～30厘米，叶片掌状，近圆形，有时边缘呈金黄色，直径12～40厘米，7～11深裂，多为8裂，故而得名。裂片卵状长椭圆形，先端短渐尖，叶缘有细锯齿，表面浓绿，革质有光泽，背面灰绿色。伞形花序集成顶生圆锥花序，长20～40厘米。花小，两性，花萼近全缘。花瓣5，乳白色，雄蕊5，花丝与花瓣等长，花柱5，子房下位。秋季开花，果熟期翌年4～5月。浆果近球形，熟时黑色。

喜散射光，忌强光暴晒，耐阴。光照过强会灼伤叶片，光照不足则叶片变薄、泛黄且无韧性。喜温暖湿润的气候，有一定耐寒力，冬季室温应不低于5℃。喜中性或弱酸性土壤，黏壤土、细沙土和盐碱土都不适宜。

可播种育苗。4～5月果实成熟后，立即采收。采回后堆积，上面用覆盖物盖上，经过7天左右果皮、果肉变软、腐烂，然后装入袋内搓揉，将果肉、果皮搓烂，在清水中冲洗，把果肉、果皮冲去，取出纯净的种子即可播种。一般20天左右出苗。

扦插繁殖在北方宜春季进行；南方除盛夏外，全年都可扦插，梅雨季节最适。取茎基部萌发的侧枝作插穗，扦插时先用同插穗粗度近似的木棒打孔，然后扦插，半个月左右就能生根。分株繁殖的于春季换盆时进行。

盆栽于春季将苗木栽入盆内，在植株较高时，可适当短截，以适合盆栽观赏。从第2年起春季萌芽前换盆。避免中午的强光暴晒，5～10月遮光60%左右，室内观赏的应摆放在有明亮散射光的地方，冬春则应放在室内光照充足处。保持盆土湿润，不积水，夏季每天浇1次透水，春、秋两季3～4天浇1次透水，冬季一般4～7天浇1次透水。除浇水外，夏季宜喷雾。栽培容器放在室外的，大雨后及时将盆内积水倒掉，防止烂根。除在换盆时施适量基肥外，在旺盛生长期还应适当施肥。北方需要浇硫酸亚铁水溶液。花后不留种子的及时剪去残花梗。

主要病害有煤烟病、叶斑病。主要害虫有蚜虫、螨类和介壳虫。

菜豆树（幸福树）

彩图037

菜豆树是紫葳科菜豆树属乔木，学名 *Radermachera sinica*，别名幸福树、富贵树、蛇树、豇豆树、豆角树、牛尾木等。其树叶碧绿，形态优美，我国各地广为盆栽。

树高6～12米，树皮浅灰色，纵深裂。2回奇数羽状复叶，稀为3回羽状复叶，对生，小叶卵形或卵状披针形，绿色，长3～7厘米，顶端有长尾尖，基部宽楔形，两面无毛。圆锥花序顶生，直立。花萼5齿裂。花冠钟状漏斗形，白色至淡黄色，裂片5，不等大。雄蕊4，2强，柱头2裂。花期5～9月，果熟期10～12月。蒴果细长，下垂，圆柱状长条形，长70厘米左右，稍弯曲，多沟槽，果皮薄革质。种子椭圆形，有膜质翅。

喜光，稍耐阴，幼苗比较耐阴。耐高温，生长适温为20～30℃，畏寒冷，冬季最低温度不宜低于5℃。喜湿润，忌干燥。在疏松肥沃、富含有机质的壤土和沙壤土上生长良好。

春天播种育苗。种子浸泡4小时左右，然后拌湿沙再播种，长出2～3片叶时移植，有4～5片大叶时上盆。

扦插繁殖于春季剪取1～2年生木质化枝条作插穗，长15～20

厘米，下切口最好位于节下0.5厘米处。插穗扦插深度约为穗长的1/3。保持苗床湿润。长出较多根系后，移栽上盆。

压条繁殖于春季在2年生壮枝或茎干的节下，进行环状剥皮，剥皮宽度为茎干直径的2～3倍，然后按照压条方法处理。到了秋末，当环剥口长出较多的根系后，将其切离母株上盆。

室内盆栽时应放在光照充足的地方，如果长时间处于光线暗淡的环境，易造成落叶。盛夏温度达30℃以上时，适当遮阴。在春季抽生新梢时，适当控制浇水，维持盆土比较湿润即可。放于室外的，在高温季节每天给植株喷水2～3次，并对周围小环境喷水，形成一个凉爽湿润的适宜环境。当室内空气干燥时，每天往叶上喷洒2～3次清水，能有效预防新生叶片的叶尖枯黄。冬季进入休眠状态，浇水宜少。放于室外的盆栽植株，大雨后应及时倒出盆内的积水。生长季节每月施1次速效液肥，气温低于12℃后，停止追肥。每年春季换盆，在培养土中加入适量的腐熟农家肥。

常见病害叶斑病。常见害虫有介壳虫、螨虫、蚜虫等。

吊　兰

彩图038

吊兰是百合科吊兰属多年生常绿草本植物，学名*Chlorophytum comosum*，别名钓兰、挂兰、兰草、折鹤兰等。其叶色鲜翠，叶形如兰，清新雅致，许多家庭普遍盆栽。

吊兰属植物有上百种，常见栽培的还有：银心吊兰（var. *mediopictum*）、金边吊兰（var. *marginatum*）、金心吊兰（var. *medio-pictum*）等。

具簇生圆柱形肉质根，根状茎短。叶基生，条形至条状披针形，长30厘米左右，宽1.5厘米左右，全缘或稍波状。有簇生圆柱形肉质须根。花轴从叶腋抽出，长30～50厘米。总状花序单一或分枝，花序弯垂，花序上部的节上簇生条形叶丛，能够生根。每

个苞腋内着生2朵花，花小，花瓣6，花白色。蒴果，扁圆球形，每个果实有种子10余粒。种皮黑色。

喜半阴环境，怕强光，春、夏、秋季应避开强光直晒，需遮光50%～70%，早晚见光，冬季应充分见光。生长适宜温度15～25℃，冬季不宜低于3℃。喜空气湿润。对土壤要求不严，以疏松肥沃的沙壤土最为适宜。

分株繁殖除冬季气温过低不宜分株外，其他季节均可进行。最好剪取匍匐枝上带气生根的幼株另外栽植，没有气生根的也可取下栽植，很快就能长出根来。或将密集的母株，去掉旧培养土，分成两至数丛，分别盆栽成为新株。

盆栽用于悬挂的要买特制的悬挂盆，不悬挂的可用各种盆栽培，一般用直径20厘米左右的花盆栽培较适宜。每年春季换盆，剪去腐烂根和多余的根系，装土时盆的沿口应留的深一些，因吊兰的肉质根长得很快，否则盆内盛水的地方太少。用富含腐殖质的土壤，并加入充分腐熟的农家肥栽培。将苗栽入盆中后浇水，放在温暖半阴处，缓苗后放在散射光处，勿烈日暴晒。冬季多见光，才能保持叶片柔嫩鲜绿。如果吊挂栽培，其高度以不碰头为宜，并要注意通风。生长季节每周可施1次氮、磷、钾稀薄液肥，但金边、金心等花叶品种，应少施氮肥，以免花叶颜色变淡甚至消失。冬季不施肥。虽然吊兰有气生根抗旱，但也需经常浇水保持盆土湿润，不宜长期缺水。每7～10天用与室温差不多的水喷洗1次枝叶。

从垂下的吊兰枝条上取下一束，放到清水中观赏。不加任何养料，勤换水，也能活两个多月的时间甚至更长。

光照太强、空气干燥或过于荫蔽都能引起吊兰黄尖。

常见病害有根腐病、白绢病。常见害虫有介壳虫、粉虱等。

鹅　掌　柴

彩图039

鹅掌柴是五加科鹅掌柴属常绿灌木或乔木，学名 *Schefflera*

octophylla，别名鸭脚木、小叶手树等。植株丰满优美，四季常青，是目前主要的室内盆栽观叶植物之一。

树高2～15米，在原产地可达40米，容器栽培一般高30～80厘米，分枝多，枝条紧密。掌状复叶，小叶5～9，椭圆形、卵状椭圆形或狭卵圆形，长9～17厘米，宽3～5厘米，顶端有长尖，叶革质，绿色，有光泽，初生叶有毛，后光裸，栽培品种有花叶鹅掌柴，绿叶上带黄斑。伞形花序集成大圆锥花丛，花小，多数，白色，有香气。花期冬春。浆果球形，熟时黑色。

对光照要求不严，在全日照、半日照或半阴环境下均能生长。光强时叶色趋浅，半阴时叶色浓绿。在明亮的光照下斑叶种的色彩更加鲜艳。种子发芽适温20～25℃，植株生长适温16～27℃，在30℃以上高温时仍能生长，冬季温度不宜低于5℃。0℃以下植株受冻，出现落叶现象，喜肥沃、疏松和排水良好的沙壤土。喜空气湿润。茎叶生长时要求土壤水分充足，但渍水会引起烂根。长期过湿过干，容易落叶。

扦插繁殖于4～9月进行，生根容易。剪取1年生带2～3个节、长8～10厘米的顶端枝条作插穗，去掉下部叶片。控温20～25℃，20～30天生根。夏季也可用腋芽扦插。

鹅掌柴也可播种育苗。6～8年生鹅掌柴开始结果，即使在北方寒地温室栽培也开花结果了。一般在11月开花，第2年3～4月浆果成熟。采后将果实堆放3～5天，软熟后放水中搓洗，漂淘出种子。种子怕晒，稍晾干的种子千粒重6克左右。种子没有休眠期，随采随播。控温20～25℃，15～20天出苗，苗高5～7厘米时移植于直径7～8厘米的容器里。

高枝压条繁殖在春季和夏初时进行。结合整形选2年生枝条，先环状剥皮，宽1～1.5厘米，见到绿色的形成层为宜。按高枝压条法处理，40天左右生根。此法繁殖的根系好，成活率高。

大的株丛可以进行分株，能获得较大的新株。

盆栽每盆1株的，开始用直径15～20厘米的花盆；每盆3株的，花盆直径应不小于25厘米。用扦插繁殖的苗木，在高温季节

移栽后的7天内应完全遮光，8～15天在晴天的9～14时半遮光，到16～20天时白天遮光20%，以后完全见光。单株栽培的当植株高20厘米左右时摘心，分枝长出后保留3个杈；每盆栽3株的采用图腾柱式栽培，即在盆中央立1个棕柱，随时将植株绑扎在棕柱上。及时浇水，天气干燥时向植株喷雾增湿，冬季在低温条件下应当适当控水。生长季节每1～2周施1次稀薄液肥。室内栽培的如果每天能在明亮的阳光下生长3～4小时就能生长良好，可长时间放在室内观赏；如果通风不良或光线太暗，会导致叶片脱落。鹅掌柴生长较慢，但又较容易萌发徒长枝，需及时整形修剪。多年老株在室内栽培显得过于庞大时，可结合春季换盆进行重修剪，去掉大部分枝条，同时去掉一部分根系。幼株在每年春季换盆，成年植株1～2年换盆1次。

主要病害有叶斑病和炭疽病。主要害虫有螨类、蓟马等。

福 禄 桐

彩图040

福禄桐是五加科南洋森属常绿灌木或小乔木。目前作为观赏栽培的有2种：一种是羽叶福禄桐，学名*Polyscias fruticosa*，别名羽叶南洋参、羽叶南洋森；另一种是圆叶福禄桐，学名*P. balfouriana*，别名圆叶南洋参、圆叶南洋森等。原产热带地区。福禄桐茎干挺拔，叶片鲜亮多变，又有“福禄”二字，致使近年盆栽很流行。汁液有毒。

羽叶福禄桐树高2～4米，树干灰白色，侧枝细长。2～3回不整齐的奇数羽状复叶，对生或互生。羽叶又呈羽状裂，披针形，具叶柄。小叶近革质，叶缘不规则齿列或深裂，叶绿色，略下垂。伞形花序呈圆锥状，花小，花萼、花瓣各5枚，花期夏季。

圆叶福禄桐茎干灰褐色，挺直，表面密布明显的皮孔，枝条柔软。叶互生，单叶或3小叶的羽状复叶。小叶宽卵形或近圆形，顶端圆形，基部心形，边缘有细锯齿，中脉明显，叶面绿色，叶柄绿至红褐色。伞形花序呈圆锥状。

喜阳光充足的环境，忌强光，耐半阴，光照不足易徒长，并且叶片黯淡无光。喜温暖，不耐寒，生长适宜温度22～28℃，低于15℃生长受影响，10℃以下易落叶。喜欢较湿润的土壤和空气环境，忌积水，怕干旱。对土壤要求不严，以疏松富含腐殖质的沙壤土最宜。

扦插繁殖于春季剪取8～12厘米枝条作插穗，在节下0.5～1厘米处剪取，保留顶部的2～3片叶，用生根药剂浸泡10秒钟再扦插，在25～30℃的温度下，遮光40%～50%，20～30天生根。

压条繁殖于5～6月进行，选择生长健壮的枝条，在距其顶端20～25厘米处进行环状剥皮，剥皮宽度为茎干直径的2～3倍，然后按照空中压条的方法处理，2个月后即可生根。地栽丛生植株可直接压入土壤中繁殖。

盆栽每2～3年换盆1次。春季修剪，保持株形丰满，植株老化重剪。长期摆放在室内的应放在光线明亮的地方，如果每天能在室内见到数小时的阳光则生长更为旺盛。生长期保持盆土湿润，勿积水，天气干燥时经常向植株喷水以增加空气湿度，使叶色清新，冬季适当减少浇水。每隔2周左右施1次稀薄液肥，花叶品种，氮肥含量不宜过高，以免花纹减退。中秋后停施氮肥，追施1～2次磷钾肥，增加植株的抗寒性。

常见病害炭疽病、叶斑病等。易遭多种介壳虫为害。

富　贵　竹

彩图041

富贵竹是龙舌兰科龙血树属常绿亚灌木，学名*Dracaena sanderiana* var. *virens*，别名万寿竹、万年竹、开运竹、绿叶仙达龙血树等。富贵竹是金边富贵竹（*D. sanderiana*）的芽变种。

栽培时有各种造型：将富贵竹编织成笼状盆栽；或切茎段做成塔状水养，又名富贵塔、塔竹等；或将其弯曲叫弯竹，有螺旋形、

心形、8字形等造型。

树高可达4米左右，茎干直立，光滑，叶片脱落后干上留有环状叶痕，近竹状。叶互生或近对生，纸质，叶长披针形，基部渐狭抱茎，顶端锐尖，叶色浓绿。伞形花序，花3～10朵生于叶腋。花冠钟状，花被6，紫色。浆果近球形，黑色。

喜散射光，忌烈日，耐阴，暴晒会引起叶片变黄、褪绿。喜高温高湿，不耐寒，怕霜冻，生长适温20～30℃。冬季温度低于10℃时叶片会泛黄脱落。喜排水良好的沙壤土，在碱性土和干燥的气候中生长不良，叶色暗淡无光泽。

扦插繁殖只要温度适宜，全年都可进行。剪取不带叶的茎段作插穗，长5～10厘米，最好有3个节间。用带叶片的茎顶端部分扦插生根容易。直立（不可倒插）或平卧在河沙或沙土上。为促进生根，可用低浓度的生根药剂处理插穗。还可用水插法，将插穗下部1/3左右浸在水中。当插床温度在25～30℃时，25～30天生根。生根后不宜换水，水分蒸发后及时加水，常换水易造成叶黄。加的水最好是用井水，用自来水时先用器皿储存1～2天，水要干净，不用脏水、硬水或混有油质的水，否则易烂根。

富贵竹能够产生分蘖，可以进行分株繁殖。

富贵竹的选购：盆栽的富贵竹应挑选叶片浓绿、有光泽、金边条纹鲜亮、无干尖、有3～6个分枝的健壮植株。水养的选茎干粗细均匀、造型优美、基部及根系无腐烂的植株。

无论盆栽还是水养，都应放室内明亮处，以75%左右遮光率为宜。不摆放在电视机旁或空调机、电风扇常吹到的地方，以免叶尖及叶缘干枯。水养的气温较低时7～10天换水1次，春、秋生长旺季每3～5天换水1次，夏日高温期水养最好用凉开水，以免烂根或孳生藻类。盆栽的应保持盆土湿润，每半个月左右施1次稀薄液肥。无论盆栽还是水养，都不偏施氮肥避免徒长，水养的每个月水中只加入少量全元素复合肥。

富贵竹盆栽如浇水过多，则嫩叶暗黄且无光泽，老叶无明显变化，枝干细小黄绿，新梢萎缩不长；缺水时叶梢或边缘发枯、发干，老叶自下而上枯黄脱落，但新叶生长比较正常。施肥过量，易引起新叶顶尖出现干褐色，一般叶面肥厚而无光泽，且凹凸不舒展，老叶片焦黄脱落；缺肥时，嫩叶颜色变淡，呈黄或淡绿色，而老叶比较正常或逐渐由绿转黄。

常见病害有炭疽病、叶斑病、茎腐病等。

瓜栗（发财树）

彩图 042

瓜栗别名发财树、马拉巴栗、中美木棉、大果木棉等，是木棉科瓜栗属多年生半常绿小乔木，学名 *Pachira macrocapa*。原产墨西哥，曾被联合国环保组织评为世界十大室内观赏花木之一。由于出于商业意识冠以发财树之名，因此备受中国人青睐。

树高可达 10 米左右，干皮平滑，树干基部膨大，侧枝常 5～6 平展轮生，掌状复叶，小叶 4～11 枚，长椭圆形或披针形，长 9～20 厘米，宽 2～7 厘米，顶端渐尖，基部楔形，全缘，小叶柄短，浓绿色。雄蕊管分裂为多数雄蕊束，每束再分裂为 7～10 枚细长的花丝，淡绿白色，长 10～12 厘米。在深圳 4 月开花，蒴果木质化，近梨形。种子似栗可食，千粒重 1 900 克左右。

喜光，也耐阴，全天生长在阳光下叶节短、株形紧凑丰满，叶色深绿，叶片厚实，对膨大的干基部有增粗作用。夏天忌强光直射。种子发芽适宜温度 22～26℃，生长最适温度 20～30℃，冬季温度低于 16℃，叶片变黄脱落，低于 5℃死亡，忌温度忽高忽低。喜湿润的空气，最适宜空气相对湿度 70%左右。忌土壤过湿，耐旱，干旱不易使瓜栗死亡，但容易落叶。喜疏松、肥沃、排水良好的沙壤土。

通常播种育苗。种子同板栗一样大小，种子采收后随即播种。可先用磷酸二氢钾 500 倍液浸泡 12 小时，捞出按 10 厘米的距离点播，种子上面覆盖细土 2 厘米左右，保持湿润和半阴，播后 5 天左右出苗。出苗后 25～30 天移苗。实生苗生长迅速，在海南岛 1～2

年生的苗基部直径可达5厘米以上。苗期薄施氮肥和增施磷、钾肥2~3次，促使茎基部膨大。

编辫：当苗长到约2米高时，在1.2~1.5米处截去上部，仅留树干，使其成“光杆”。然后从地里挖出放在半阴凉处，自然晾干1~2天，使树干变得柔软以便弯曲编辫。选同样粗度和高度的多株瓜栗苗（多用3、5、6、7株）编辫。编好后放倒在地上，用重物如石头、铁块压实，使其形状固定。将编好的植株再栽于苗圃，也可直接上盆。栽后加强肥水管理，追施磷、钾肥，使茎干生长粗壮，辫子形状充实，整齐一致。也可在苗高30厘米左右时编辫，作小盆栽培。

扦插繁殖的瓜栗基部难以形成膨大根茎或只略微膨大，观赏价值不如播种苗高。插穗长10厘米左右，下侧切成斜面。扦插30天左右开始生根。

采收果实的可以用嫁接繁殖，接后第2年开花，嫁接苗比播种苗提前5年结实。选1~2年生的播种苗或扦插苗作砧木，用已开花结实的优良植株上的1年生枝条作接穗。30天左右解除绑带，成活率可达90%以上。

盆栽宜采用浅植，使膨大的根部显露。用播种的小苗单株栽培上盆后如不摘心，就会直往上长。摘心后很快就会长出侧枝，茎的基部也会明显膨大。长期摆在荫蔽处会使枝条瘦弱，叶色暗淡。在室内光线较弱的地方连续摆放2~4周后，应移到光线强的地方复壮。如果突然把植株从荫蔽处置于强光下，会使叶片灼伤、焦边，影响叶片美观，要有一个逐渐适应的过程。夏季一般遮去强光30%左右，以免烈日暴晒使叶尖、叶缘枯焦。浇水应掌握偏干不偏湿，生长季节保持盆土湿润，如空气干燥向叶面喷雾。冬天盆土忌湿，应偏干，否则叶尖易枯焦，甚至叶片脱落。生长季节每月施1次稀薄液肥，生长旺季要少施氮肥以防植株徒长；冬季少施或不施肥。施0.5%的硫酸亚铁液肥使土壤略呈酸性。在温度适宜时，瓜栗生长很快，应于每年春季修剪枝叶1次，长枝短截，并剪去细弱枝条及病枯枝，以促使其多发新枝。

家庭栽培植株不宜过高，1.5～2米内便于管理，对过高植株可平截处理，使之萌生侧枝，增大树冠。如顶端枝全部萎蔫或失去观赏价值，可从适当部位平截修剪，促使重新发芽。经常用水喷洒叶面，冲洗灰尘。

每年春季换盆1次。换盆时不要掏挖盆土，它不同于栽培的单株植物，主根在中间，瓜栗多株丛植，主侧根交错，挖掘不当会伤根散辫。换盆前不浇水，当盆土收缩与盆壁分离，拍打盆壁、盆底，整株取出土坨。如不易取出，可沿盆壁间隙轻轻注水，让水渗入盆底，然后抓着根茎来回摇动，即可取出。

茎部表皮发黑或露出黑色丝状纤维，是茎腐病引起的烂茎。防治方法：保持栽培环境的适当干爽，重视栽培土壤及场地的消毒。常见病害还有炭疽病。常见害虫有介壳虫、螨类、菜青虫、尺蠖等。

华灰莉木（非洲茉莉）

彩图043

华灰莉木是马钱科灰莉属常绿灌木，学名*Fagraea sasaki*，别名非洲茉莉、灰莉木等。它与木犀科的茉莉相似之处仅仅是叶片对生、花有香味，其他并不相同。在无霜地区是露地优良绿化树种，也可作绿篱栽培，我国各地普遍盆栽观赏。

树高5～12米，分枝能力极强，小枝粗壮，直径4～7毫米。叶片对生，稍肉质，长圆形、椭圆形至倒卵形，长7～15厘米，宽3～4.5厘米，全缘，顶端渐尖，上面深绿色，背面黄绿色，叶背中脉隆起，侧脉极不明显。花序直立顶生，有花1～3朵。萼片5裂，裂片圆形。花冠高脚碟状，筒长约3厘米，上部5裂，花瓣卵圆状长椭圆形，向外卷，整个花冠小喇叭状，白色至黄白色。雄蕊5，着生于花冠筒上，柱头绿色，花芳香。花期5月，果期10～12月。蓇葖果卵形，顶端带突尖，长约3厘米，有宿存花萼。

喜光，夏季忌强光暴晒。生长适温 18～32℃，怕冻。喜空气湿润、通风良好的环境，喜疏松肥沃的土壤。

扦插繁殖于整个生长季节都可进行，其中在夏季扦插最有利于生根。用 1～2 年生健壮枝条作插穗，长 12～15 厘米，留上部 2～3 片叶，并剪去 1/2，插穗下端在节下约 3 毫米处剪取比较合适。扦插后遮阴保湿，温度适宜 1 个月左右生根。

华灰莉木在靠近地面的根系上会长出萌蘖，可将其带根截断使之成为新株。春季植株刚萌动时进行分株，在根系结合薄弱处用利刀切开，将被分的小植株挖出，每个新分的植株都要有一部分完好的根系。

秋冬季果实成熟，椭圆形，采种后可直接播种或沙藏。沙藏的种子春天裂口露白后播种，播种后覆土 2～3 厘米，在夏季苗期需遮阴。

压条繁殖将基部萌生的 2～3 年生健壮枝条的中下部，进行环状剥皮或刻伤，埋入地面土中，40～50 天生根。或在 2 年生健壮枝条的节间下面 0.5 厘米的位置环状剥皮，剥皮宽度约为枝条粗度的 3 倍，用空中压条的方法处理 2～3 个月生根。

盆栽时室内栽培要求有较充足的散射光，除了盛夏外可接受全光照，放在靠近窗边的位置，不宜过分阴暗，否则叶片失绿泛黄或脱落。盛夏盆栽在室外摆放的，嫩梢和幼叶易发生日灼，尤其摆在近白色楼房南侧的。春、秋两季以保持盆土湿润为度，夏季每 1～2 天浇 1 次水，在室外的上、下午各喷淋 1 次水。夏季嫩梢萎蔫下垂时，先往叶片上喷水，当叶片稍有恢复后再浇水。冬季少浇水，以保持盆土微湿为宜。浇水后注意栽培容器不积水，室外的雨后倒掉积水。植株下部叶片发黄脱落的，如果施肥正常，可能是因为积水烂根所致。在生长季节每月追施 1 次稀薄液肥，并添加 0.2%硫酸亚铁溶液。开花前追 1 次磷钾肥，秋后追施 1～2 次磷钾肥增加抗寒能力。

常见病害为炭疽病。害虫常有短额负蝗啃食叶片，人工捉拿即可。

金钻蔓绿绒

彩图 044

金钻蔓绿绒是天南星科蔓绿绒属多年生常绿草本植物，学名 *Philodendron congo*。是近年兴起的盆栽观叶植物。

株高 50 厘米左右。叶片大，密集，搭配均匀，张度适中，长椭圆形，先端渐尖，基部楔形，叶质厚而翠绿。叶柄长，近直立，叶片近水平状向外倾斜，叶脉明显。花期春季。

喜半阴，但不耐长期的荫蔽环境，忌强光暴晒。喜高温多湿，25～32℃生长最快，怕霜冻，冬季温度宜在 10℃以上。对水分的要求较高，生长季节需保持盆土湿润，能耐受短暂的渍涝，长期积水容易烂根。

扦插繁殖于生长季节将生长健壮且较长的茎干，剪成长 10 厘米左右作插穗，插入干净的河沙中，温度在 25℃左右时 20～25 天即可生根。

当金钻蔓绿绒基部萌生的分蘖长大后出现不定根时，可将其分割另行盆栽。或选择节间较长的植株，将顶芽带 1～2 条气生根切下，直接上盆或扦插。剩下的植株原盆不动，置于潮湿半阴处养护。金钻蔓绿绒节间叶柄的基部再生能力强，雨季切去顶芽后约 10 天萌发新芽，约 20 天后，将新萌发的幼芽连同一部分根分别切下。一般 1 株大苗可繁殖 5 株以上的小苗。温度在 20～23℃时分株最适宜。

盆栽时夏季高温要采取遮阴措施，室内盆栽的放于有明亮散射光的地方，冬季放在南窗台前。高温时每天浇 1 次透水，经常给叶面喷水，清洗叶面。秋季 3～5 天浇 1 次水。每月追施以氮肥为主的稀薄液肥 1～2 次，施肥不宜偏大偏浓。秋后控制氮肥的施用量，冬季应停止施肥。一般先生长的叶柄短，后生长的叶柄长。随时整理，使叶片成两个以上水平面相依，每层如伞状，整体似塔的株冠。如果采用图腾柱栽培，在盆的中央插入 1 米长

的立柱，柱周围裹上棕皮，扎紧，在盆四周栽 3～4 株苗。利用新叶趋光的特点，转动花盆让新叶面向光源，使叶柄向中心和上面发展，避免向四周松散生长，可育出株形紧凑的植株。每年春季翻盆换土。

常见病害有炭疽病、叶斑病等。主要害虫有螨类、介壳虫等。

立叶蔓绿绒（泡泡蔓绿绒）

彩图 045

立叶蔓绿绒是天南星科蔓绿绒属多年生常绿草本植物，学名 *philodendron martianum*，别名泡泡蔓绿绒、布袋蔓绿绒等。是近年兴起的盆栽观叶植物。

株形直立，茎短缩，生长缓慢。叶披针形，长 20～30 厘米，宽 10～15 厘米。叶片肥厚，有光泽，鲜绿色，革质，全缘，叶端锐尖，叶基稍近心形。叶柄长，鼓胀膨大肉质，形如一个布袋，横切面半圆形，鲜绿色。气生根发达，披垂。花腋生，佛焰苞状。佛焰苞内面上部黄色，下部红色，肉穗花序白色。花期春季。

忌强光，耐半阴。喜温暖，怕霜冻，适宜生长温度 16～26℃，冬季温度不宜低于 10℃，喜干燥环境，耐旱力强。适宜在富含腐殖质排水良好的沙质壤土中生长。

扦插繁殖剪取茎段，每个茎段切成 2～4 插穗，去除下部叶片，斜插入沙或土中，保持湿度，2～3 周发根。老株下部叶片脱落的也可用压条方法繁殖。

盆栽夏季需要遮阴，光线太强叶片会黄绿，遮阴太过则徒长。喜欢干燥的环境，适当浇水即可，冬季温度低于 15℃时减少浇水量。生长旺季每周施稀薄液肥 1 次，氮肥用量不宜过多。每年春季换盆，成年植株可 2 年换盆 1 次。

常见病害有叶斑病、枯梢病等。常见害虫有介壳虫、螨类等。

鹿 角 蕨

彩图 046

鹿角蕨是鹿角蕨科鹿角蕨属多年生常绿附生草本植物，学名 *Platycerium wallichii*，别名长叶鹿角蕨、鹿角羊齿等。

鹿角蕨具二型叶：①不能产生孢子的不育叶。呈扁平的圆盾形，中部突起，全缘或边缘波状浅裂，近灰色，羊皮纸状。呈覆瓦状紧密地贴生于树干或其他支持物上，并随着植株的生长而长大。②能够产生孢子的能育叶。叶丛生，叶片长25～90 厘米，内侧片大。每片叶开始分裂成不等大的 3 枚主裂片，基部楔形，几无柄，直立、伸展或下垂，顶部分杈似鹿角，故而得名。不整齐 3～5 次裂，分杈成狭裂片，裂片全缘。叶片正面嫩叶灰绿色，成熟叶深绿色，背面被灰白色星状毛。孢子囊散生于主裂片的第 1 次分杈的凹缺处以下的叶背，不到基部。孢子囊初时绿色，后变黄褐色，密被灰白色星状毛，成熟孢子绿色。

喜半阴，忌强光暴晒，以散射光最好，光弱生长缓慢，植株纤弱。喜温暖湿润，怕霜冻。生长适宜温度 16～25℃，干燥的环境下短时间能耐－5℃低温。需要较高的空气湿度。

分株繁殖于春季结合换盆进行。栽培 1 年以上生长成熟的植株，往往在基部生出许多小的萌蘖，当长高至 10 厘米左右时，将根和盾状的叶片切下，单独栽植成为新株。大量繁殖用孢子播种。

使用木制或铁制的篮架，用新鲜棕榈皮将篮架空隙填充并绑扎好，不宜过厚，以利排水和营养叶的生长发育。栽苗后扎牢，盖上苔藓保湿，当长出新的营养叶时松绑。或栽植在花盆中，或将椰子外壳做成盆状。用等量腐叶土、河沙、壤土配制营养土，或用少量的蕨根、苔藓或腐叶土加少量腐熟干牛粪作栽培基质。

每年向容器里补充苔藓或腐叶土。夏季遮光 50％～70％，避免强光照射，防止阳光灼伤叶片或黄化。夏季多浇水，经常喷水控制较高的空气湿度，冬季少浇水。生长季节每个月施 1～2 次稀薄

液肥，或喷施低浓度尿素溶液，不宜过量。营养叶生长过旺时，控制水肥，或结合分株进行调整。

主要病害是叶斑病，为害孢子叶。

美铁芋（金钱树）

彩图 047

美铁芋是天南星科美铁芋属多年生常绿草本植物，学名 *Zamioculcas zamiifolia*，别名金钱树、金币树、雪铁芋、泽米叶天南星等。全株有毒。盆栽室内摆放，叶片经久耐插，可作切叶。由于商品名叫金钱树，近年许多商家和家庭盆栽观赏。

具肉质块茎，株高 1 米左右，大的可长到 1.5 米。叶基生，从地下茎上长出一张张大型的羽状复叶，小叶肉质卵形、椭圆形或披针形，翠绿色，对生排列在叶轴上，小叶长 15 厘米左右，宽 7 厘米左右。肉穗花序，花瘦小，浅绿色，夏季中期到初秋开花。雌雄异花，花序上部为雄花，下部雌花，雌雄花之间有个分层区，着生不育花。种子椭圆形，胚大而富含淀粉，几无胚乳。栽培 3～4 年开花。

喜明亮散射光，耐阴，忌烈日。生长适宜温度 21～32℃，不耐寒，2℃以下易落叶，6℃以上可安全越冬。块茎能储藏水分，较耐干旱，浇水不宜过多。要求酸性至微酸性土壤，适宜pH6～6.5。

扦插繁殖用小叶作插穗。用嫩叶、顶梢、茎段等扦插都可以生根，但是效果不如成叶。当室内气温在 20～25℃时进行扦插。将小叶片用锋利剪刀连叶柄一齐剪下，插入沙中，深度为插穗 1/4～1/3。插后浇水，以后每天向叶面喷水 2～3 次，遮光。插穗先长出愈伤组织后生根。小叶扦插时也可沿主脉对切开以提高繁殖率。将长出新根的苗移植到育苗钵里，生长拥挤时移到花盆里培育。

美铁芋的母块茎会产生很多潜伏芽，将母株块茎切成带 2～3 个潜伏芽的小块茎，伤口愈干后埋于湿润的细沙中，埋在土表下 1.5～2 厘米。生根成苗后上盆。

盆栽夏季阳光下需要遮阴70%～80%。室内栽培光线不能太弱，否则新叶徒长，发黄。每周浇水1～2次，保持盆土微湿，盛夏每天喷水1次，冬季室温低应偏干，水分多易烂根。镁缺乏时植株老叶边缘变黄，还喜欢钙、硫元素，配制盆土时加入适量过磷酸钙和硫酸镁。春、秋生长旺盛，每半个月施1次1 000倍液的氮磷钾复合肥。及时剪除老弱叶片和病虫叶片。经常喷水或用细湿布擦洗叶片，除去灰尘。

常见病害有疫霉病、白绢病等。常见害虫为介壳虫。

琴　叶　榕

彩图 048

琴叶榕是桑科榕属常绿乔木，学名 *Ficus lyrata*，别名琴叶橡皮树。叶片奇特，叶先端膨大呈提琴状，具较高的观赏价值，适宜在厅堂摆设。

树高可达12米，茎干直立，极少分枝。单叶互生，节间较短，密集向上生长。叶片大，基部微凹入，先端钝而阔呈提琴状，革质，光滑，深绿色或黄绿色，叶柄短，叶脉凹陷并于叶背显著隆起，侧脉明显，全缘，叶缘波浪状起伏。隐花果球形，有白斑，单一或成对，无梗。

喜阳光充足，耐阴，忌暴晒。喜高温，生长适温25～35℃，15℃左右休眠，5℃以上可安全越冬，怕霜冻。喜湿润，较耐干旱，也稍耐湿。对土壤和肥料要求不严，以疏松肥沃和通气性好的土壤为最适。

扦插繁殖选1～2年生枝干，在其离盆土面20～30厘米处截干，将枝干切段作插穗。每个插穗留1片叶，并将叶片剪去2/3～3/4，以减少水分蒸发。将插穗剪切口蘸草木灰，防止树液流出。温度在25～30℃时约1个月生根。经过截干后的植株可萌发新梢，形成分枝，当新梢老化后可再剪取扦插。也可压条繁殖。

盆栽琴叶榕密集向上生长，重心高，要防止花盆倒下，需要用

较重的容器栽培，容器的大小和树冠应呈合理比例。室外栽培的夏季要防阳光暴晒，以免灼伤叶片或使叶片失去光泽。盛夏阳台栽培的宜放于北向阳台上，室内陈列宜放于南向窗前。光线弱，植株生长细弱，室内盆栽的每周旋转90°，均匀受光。冬季置于室内温暖通风向阳处。生长季节需水多，水分不足会导致叶片黄落。应及时浇水，同时增加叶面喷水，但盆内不要积水，秋末及冬季控制浇水量。生长季节每隔1～2周施稀薄液肥或颗粒复合肥，秋末及冬季一般不施肥，为了抗寒冬前1个月左右可增施磷钾肥。经常用湿布擦拭叶片保持湿润和美观。春季换盆。

常见病害为疫腐病。常见害虫有螨类、白粉虱、介壳虫等。

肉桂（平安树）

彩图 049

肉桂是樟科樟属常绿小乔木，别名平安树等。现在市场上广泛采用平安树的商品名出售的肉桂，实际是肉桂类植物，目前市场上出售的平安树多为兰屿肉桂（*Cinnamomum kotoense*）。肉桂类植物还有肉桂（*C. cassia*）、香桂（*C. subavenium*）、锡兰肉桂（*C. zeylanicum*）、土肉桂（*C. osmophloeum*）等。肉桂叶片硕大，网脉明显，加之冠以平安树的商品名字而得以广泛应用，盆栽观赏。

树高可达17米，盆栽1.5～2米，树皮灰褐色，芳香，小枝近四棱形。单叶，互生或近对生，有叶柄。叶片厚，革质，长椭圆形至近披针形，长8～20厘米，明显3主脉，中脉直，顶端渐尖，基部楔形，上面绿色，有光泽，全缘。圆锥花序腋生或近顶生，花瓣6，两面密被短柔毛，花期6～7月，果熟期10～12月，浆果状核果椭圆形，长约1厘米，果熟时黑紫色，生于由萼筒形成的盘状果托上。

喜阳光充足，幼树忌暴晒，较耐阴。喜温暖湿润，生长适温20～30℃，可忍耐短时间的0℃低温。喜疏松肥沃、富含有机质的酸性沙壤土。不耐干旱、积水和空气干燥。

扦插繁殖于春季发芽前，选径粗 0.4～1 厘米、发育充实的 1 年生枝条作插穗。每个插穗有 2～3 节，在河沙上扦插，保持湿润，遮阴，50 天左右生根。

将成熟的黑紫色肉桂果实洗去果皮果肉后，取出种子，即可播种。或将种子与湿沙混合储藏，放在阴凉处春播，注意防霉。用福尔马林 300 倍液浸种 30 分钟，倒出多余的药液密封 2 小时，然后务必用清水将药液冲洗干净，再用清水浸种 24 小时。然后播种，覆土 1.5～2 厘米，保湿，20～30 天出苗。

春季对肉桂基部萌发的 1 年生枝条可进行压条繁殖。在近地面处环剥 3～4 厘米，用压条方法处理，秋后能长好根系。或于春季进行高枝压条。

盆栽刚从室内移到室外，或当气温过高时，须遮光 40%～50%，并向叶面喷水。生长季节每月松土 1～2 次。及时浇水，保持土壤湿润，大雨过后马上倒去积水。冬天最低温度不宜长时间低于 5℃。每月施肥 1 次，在北方地区还应施硫酸亚铁，也可滴入少量食用醋，使土壤呈酸性。秋后连续追施 2 次磷钾肥，冬季停止施肥。换土在春季进行，小株每年换 1 次，大株 2 年换 1 次。

叶子出现枯黄脱落的原因：冬季室内温度低于 5℃，冷害引起发黄落叶；新买的植株，根系严重受损；浇水过多导致烂根；水质偏碱，应施硫酸亚铁；施肥过多或液肥过浓。

常见病害有炭疽病、褐斑病、梢枯病等。常见害虫有双瓣卷蛾、木蛾、介壳虫和蚜虫等。

散　尾　葵

彩图 050

散尾葵是棕榈科散尾葵属常绿丛生灌木或小乔木，学名 *Chrysalidocarpus lutescens*，别名黄椰子。是重要的盆栽观叶植物之一。

树高可达 8 米，丛生，基部分蘖多，茎干光滑，圆柱形，黄绿色，无刺，嫩时披蜡粉，茎自基部以上有环纹。羽状复叶，长可达

1.5米，全裂，有裂片40～60对，2列，叶柄稍弯曲，裂片条状披针形，左右两侧不对称，中部裂片长50厘米左右，顶部仅10厘米左右，背面主脉隆起。叶柄、叶轴、叶鞘均淡黄绿色。叶鞘圆筒形，抱茎。雌雄同株，花小，肉穗花序圆锥状，生于叶鞘束下，多分支。雄花花蕾卵形，黄绿色，花瓣镊合状排列。雌花的花萼和花瓣均覆瓦状排列，金黄色。花期3～5月，果熟期8月。果陀螺状，长1.2厘米左右，紫黑色。种子1～3枚，卵形至阔椭圆形。

喜半阴环境，忌强光暴晒。生长适温15～25℃，耐寒力弱，越冬温度最好在12℃以上，长时间低于5℃受寒害。喜潮湿。要求疏松、排水良好的肥沃土壤。

散尾葵分蘖力强，生长正常的每丛可分蘖数十株，在春季气温稳定回升并且温度较高时进行分株。对地栽的株丛进行分株时，从株旁挖起小丛，另行栽植，母株原地不动。盆栽的结合换盆进行分株，每隔3年左右分株1次。选分蘖多、生长健壮的植株，从容器里取出，去掉部分宿土。用利刀从基部将连接处切开，每丛最少要有3株。注意保持株形完整、优美。伤口涂草木灰、木炭粉或硫黄粉消毒。以每丛为1盆栽植，放在20℃左右的地方养护。

散尾葵可行播种育苗。果实成熟后采下，洗净果肉取出种子。在35℃温水中浸种24～48小时，然后播种。一般40～50天出苗，苗高8～10厘米时分苗，幼苗生长很慢。

盆栽一般用27～33厘米的大盆栽培。散尾葵的蘖芽在茎的基部萌发，即有靠上生长的特点，栽时要比原来的植株稍深些，以利新芽更好地扎根。冬季应充分见光，其他季节遮去50%左右的阳光。越冬期间最低温度宜在12℃以上，至少需保持8℃以上，否则长时间低温会受寒害，造成冬春季死亡。在北方冬季，室内栽培散尾葵容易死亡的主要原因就是低温。在生长季节，每天浇水1次，以保持盆土湿润。为保持植株周围较高的空气湿度，每天往叶面喷1～2次雾水。在生长季节，每1～2周施1次稀薄液肥。在北方室外培养的一般于9月中旬至10月上旬移入室内，放在厅堂、走廊或较宽敞的室内有阳光的地方。散尾葵喜半阴环境，在阴暗的房间里可以摆放5个月左右，但必须在适当时间移至光线明亮处轮换摆放1个月左右，使其充分生长。换盆应在温度稍高的季节进行。

常见病害是炭疽病、疫病等。常见害虫有螨类、介壳虫、蔗扁蛾、刺蛾等。

苏　铁

彩图 051

苏铁是苏铁科苏铁属多年生常绿乔木，学名 *Cycas revoluta*，别名铁树、铁甲松、凤尾蕉、凤尾松、避火蕉等。苏铁有许多种类。幼株和园艺变种苏铁，常作室内盆栽观赏。

雌雄异株。雄花序（学名小孢子叶球）生于树干顶端，单生或偶有多枚，直立，金黄色宝塔形，长30～70厘米，直径15厘米左右，小孢子叶长方状楔形，长3～7厘米，螺旋状排列，木质，密被黄褐色茸毛，小孢子叶背面着生小孢子囊（花粉囊）。雌球花由许多呈扇形的大孢子叶紧密覆瓦状排列而成，扁球形，叶长14～22厘米，2～6个裸露的胚球（发育成种子）生于大孢子叶柄两侧。5～8月开花，10月种子成熟，种子大，卵球形，稍扁，外种皮肉质，熟时红色。树高可达8米，一般2～3米，多不分枝，树冠棕榈状，茎部有明显螺旋状排列的菱形叶柄残痕，并呈鳞片状。羽状复叶从茎顶部生出，初生时微呈V形，边缘显著内卷，长达0.5～2米，厚革质，坚硬。小叶可达100对左右，条形，长8～18厘米，宽0.4～0.6厘米，成叶略向下卷曲，厚革质，坚硬，有光泽，先端锐尖，叶背密生锈色茸毛。

喜充足的阳光，不耐暴晒，耐半阴。短日照植物，在长日照的条件下栽培影响开花。喜温暖，生长适温15～28℃，0℃时容易受冻害。开花积温需达到3 000～4 000℃以上。根肉质，不耐涝。喜通风良好。对土壤要求不严，以肥沃微酸性的沙壤土最好。

苏铁可行播种育苗。通过人工授粉能采到种子，种子成熟后及

时采下。先将种子浸种几天，吸足水分后沙藏，春季播种，热带地区也可采后即播。播种前用0.1%高锰酸钾溶液消毒。按10厘米左右的距离点播种子，覆盖细土2～3厘米，2～3个月发芽，幼苗生长十分缓慢。

在苏铁成株树干的中下部有分蘖，可从母树上取下蘖芽（吸芽）繁殖。具体分以下3种情况：①有多片叶和少量根系的分蘖。多长在靠近土中的根际处，从树干上切取后直接栽种，不需作特殊养护。②有1至数片叶但无根系的分蘖。它在茎干的中下部和根颈处均有着生。将其从茎干上切取下来，埋栽于干净的湿沙中。如果叶片超过4～5片，可先剪去2～3片后埋栽。遮阴50%左右，当蘖芽基部生根后移栽。③既无羽叶又无根系的蘖芽。多生长于苏铁树干的中下部。春季用利刀切下蘖芽，切割时要尽量少伤及茎皮。当蘖芽切口干后，扦插在含有较多粗沙的培养土中，或扦插于干净的湿沙中。

切干繁殖，于春季将形状不雅的母株叶片去掉，然后用刀将树干切成长15厘米左右的茎段，如切不动可用锤子敲打刀的背面，直到切开，或用细锯锯开。伤口蘸上草木灰。按树干生长的上下方向埋在消毒的沙中，上面覆盖2厘米的河沙。2个月左右下端能长出2～5厘米长的根系。在茎段四周能发出许多吸芽，然后取下扦插，或制成小巧玲珑的多头苏铁盆景。

盆栽可根据植株大小，栽在不同型号的花盆或花缸内。盆底孔要开大，盆底多垫碎瓦片，以利排水。用富含腐殖质的微酸性的沙壤土栽培。春、夏季叶片生长旺盛期，应多浇水，一般3～5天浇1次，并在干燥的天气里喷雾保湿可防日灼。秋后气温逐渐下降，应减少浇水，冬季以稍干燥为好。每月施稀薄液肥1次。如果水质碱性，应15天左右施1次0.2%硫酸亚铁溶液。冬季需注意防寒。苏铁生长缓慢，成年植株生长条件适宜时每年仅长一轮叶丛，否则需隔1～2年，在贫瘠的土壤中或多年不换盆的情况下生长停顿，往往多年不萌发新叶。早春萌发新叶时，应等新叶全部展开后再移到阳光下。当新叶完全展开成熟时，将下部老叶全部剪除。

主要病害有叶斑病、干腐病、根腐病等。害虫有苏铁肾圆盾蚧、红蜡蚧、苏铁牡蛎蚧等。介壳虫类在苏铁的叶片上蔓延很快，应及时刷除后再喷杀虫药。

天鹅绒竹芋

彩图 052

天鹅绒竹芋是竹芋科肖竹芋属多年生常绿草本植物，学名 *Calathea zebrina*，别名斑马竹芋、斑马叶竹芋、斑纹竹芋、斑叶肖竹芋等。属大型室内观叶植物。

株高 60～100 厘米。叶长椭圆形，长 30～80 厘米，宽 10～25 厘米，具天鹅绒般的光泽。叶有深绿和浅绿交织的并微带紫色的羽状条纹，叶片顶端具小凸尖，叶背全部紫红色。

喜半阴，忌强光暴晒，以10 000～20 000勒克斯光照强度最合适。适宜生长温度 18～30℃，低于 15℃停止生长，不耐寒。喜湿润，适宜空气湿度 70%～80%，忌空气干燥。要求酸性土壤。

分株繁殖可结合换盆进行，不可太早，否则影响成活率。地栽的将其挖出，容器栽培的取出。将株丛分开，新分的株丛一般不宜过小，有 3～4 株比较适宜。抖掉部分宿土，然后栽培。用疏松、透气、排水良好的肥沃土壤。宜浅栽，把根埋入土壤中即可，深栽影响新芽生长。

盆栽于室内须放在明亮处，长期弱光植株柔弱；也不要放在阳光下，以免日灼，导致叶片变黄、卷缩。对水分的反应十分敏感，生长季节充分浇水，保持盆土湿润，但土壤过湿，会引起根部腐烂，甚至死亡。需要保持较高的空气湿度，在气候干燥的时候，套上透光好的塑料袋栽培，夏季湿度大时撤掉，经常喷水降温和增加湿度，冬季少浇水。注意通风。生长旺季每月施 1 次稀薄液肥，或氮磷钾复合肥。在春季温度稳定在 18℃以上时换盆。

常见病害有叶斑病、叶枯病。常见害虫白粉虱。

香龙血树（巴西木）

彩图 053

香龙血树是龙舌兰科龙血树属常绿灌木或乔木，学名 *Dracaena fragrans*，别名巴西木。有许多变种和品种。商品栽培方式多是 3 柱组合，即把直径粗 5～7 厘米的香龙血树分别锯成长度不等的 3 段，栽培在一起，一般长段长 1～1.5 米，中段长0.7～1 米，短段长 50 厘米。

原产地树高可达 6 米，树干粗壮，直立，单茎，有时枝端有分枝，茎黄白至灰褐色，幼枝有环状叶痕。叶多聚生于茎顶端，长椭圆状披针形，叶片长 30～90 厘米，宽 5～10 厘米，向下弧形弯曲，叶缘呈波状起伏，先端渐尖，无柄。叶片绿色至深绿色，或有不同颜色的条纹，有光泽。顶生圆锥花序，花小密集，花两性。每花具小苞片，花被片 6，下部合生成明显的管，黄绿至乳黄色。花芳香，花期 6～8 月。浆果球形，橘黄色。

对光照的适应性较强，在阳光充足或半阴情况下，茎叶均能正常生长发育，但斑叶种类长期在低光照条件下，色彩变浅或消失。生长适温 18～30℃，温度低于 13℃进入休眠，5℃以下植株受寒害。喜湿，怕涝，叶生长旺盛期要求盆土湿润。空气相对湿度在 70%～80%最为适宜，又较耐干燥，因此在有明亮散射光和居室较干燥的环境中，也能生长良好。喜肥沃、疏松和排水良好的沙壤土。

扦插繁殖一般用栽培多年、株形较差的枝干作扦插材料，切成 5～10 厘米长的茎段作插穗。断面要平滑，上端为防止水分蒸发应涂上蜡。扦插在沙床上，直立或平卧均可；或用水养法促其生根，下端浸入水中 2～3 厘米，水和容器要保持清洁。当温度在 25℃以上时，扦插后 30～40 天，在上切口以下的隐芽可萌发出多个新芽。当新芽长至 15 厘米以上时还可切下扦插，要带有部分老化组织，以免组织太嫩而腐烂。用新芽扦插的 20～30 天生根。另外，在修剪时剪下的枝条也可用来扦插。

压条繁殖于高温季节在茎干的适当部位进行环状切割，宽 2 厘米左右，深达木质部，剥去环口皮层。用干净布擦去切口汁液，用 500 毫克/千克萘乙酸药液涂抹切口上端皮层。最后按高压法处理，在环切的部位 30～40 天长出新根。

盆栽一般都是直接购买已栽好的。购买时要先看枝干有无创伤和破损；用手轻按树皮，有害虫的树皮比较松软；轻摇枝干不太松动，表明已有相当多的根长出来，只有这样的香龙血树才能成活，否则叶长得再漂亮也是处于一种假活状态。最后看叶片是否平展，好的叶色应清晰明亮，叶心无腐烂。市场上的盆栽香龙血树有些用的是细沙土，是为植物充分发根采用的，长期不换土由于缺少营养会生长不良。要使植株茁壮生长，必须换营养土。春季换盆，新株每年换 1 次，老株 2 年换 1 次。盆栽单干的用直径 20 厘米左右的盆，3 干的用 24～33 厘米的盆。光强时一般遮光 50％左右。每周浇水 1～2 次，夏季高温时，在叶片上喷水，保持湿润。当温度低、光线弱时，香龙血树处于生长缓慢或休眠状态，此时水分消耗少，适当少浇水，以提高香龙血树的抗寒性和增强土壤通透性，保证根系的正常呼吸。生长旺盛期施稀薄液肥，冬季的施肥量应减半，温度低的不施。

冬季养护不当容易出现的问题叶片打蔫下垂、无光泽，浇水后没有改善，原因多是浇水过多或过少导致根部腐烂所致，这时应该去掉烂根。如果茎段底部腐烂应锯去，用 0.2％的高锰酸钾溶液浸泡 10～30 分钟，然后栽入沙中发根。如果叶芽心部发黑逐渐腐烂，多是由于温度太低，寒害所致。如果木桩的皮没烂，可以移到高温处催发新芽，去掉老芽进行更新。叶边发焦或干尖，有些是空气干燥所致，可经常进行叶面喷水来改善；有些是由于温度偏低，处于缓慢休眠状态所致，此时水分消耗少，容易出现水涝，应适当少浇水；有的是突然过于通风或施肥过量所致。

叶斑病是常见病害。被蔗扁蛾为害后，会有树皮松散脱落和落叶等现象出现，可先将内吸杀虫剂喷于枝干上，然后用塑料薄膜覆

盖上，闷死虫卵或幼虫。或剥开局部树皮，找出害虫，再喷施药物防止扩散。

橡 皮 树

彩图 054

橡皮树是桑科榕属常绿乔木，学名 *Ficus elastica*，别名印度榕、印度橡胶榕等。树体优雅，叶片硕大，碧绿有光泽，一年四季常青，是重要的盆栽观叶植物。

树高可达 45 米，主干粗壮，多分枝，富含乳汁，全株光滑，无毛，枝干上有气生根。托叶大，淡红色，包被幼芽，新叶伸展后托叶脱落，并在枝条上留下托叶痕。单叶互生，椭圆形或长卵形，长 10～30 厘米，叶柄粗，圆柱形。中脉显著，羽状侧脉多而细，平行直伸。叶片颜色有不少变化，果实对生于老叶叶内，无柄，长圆形，黄色，径 1.2 厘米左右。花果期 9～11 月。

喜光照充足和通风良好的环境。喜高温湿润，怕霜冻，斑叶品种的耐寒力更差。不耐瘠薄和干旱。喜疏松、肥沃和排水良好的微酸性土壤，忌黏性土。

扦插繁殖选 1～2 年生已经木质化或半木质化的健壮枝条作插穗，剪成 6～8 厘米长，每个插穗有 2～3 个腋芽。从母株剪下和将枝条剪成插穗时，切口流出乳胶，一般用 35℃左右的水洗净，也可蘸上草木灰。扦插材料缺乏时还可以用叶芽扦插。在沙上扦插。扦插后控温 22～26℃，空气湿度 80%～85%，25～30 天长根。或用水插法：插穗下部 1/2 用 25 毫克/千克 ABT 生根粉 1 号药液浸泡 24 小时，然后在清水中扦插，以后每隔 2～3 天换清水 1 次。还可用高空压条法繁殖。

盆栽整个生长季节宜放在阳光下栽培。生长期间应充分供给水分，保持盆土湿润，盛夏干燥时叶面喷水，冬季应减少浇水。低温而盆土过湿时，易导致根系腐烂。每月施肥 2～3 次。有彩色斑纹的种类生长比较缓慢，可减少施氮肥次数，同时增施磷钾肥，使叶面上的斑纹色彩亮丽。冬季停止施肥。幼株每年春季换盆，成年植株每2～3年换盆1次。当植株长到0.8～1米高时，需进行截顶，促进分枝，保持树形优美。春季修剪，剪去树冠内部的分杈枝、枯枝和细弱枝，并短截突出树冠的徒长枝，保持树形圆整。树冠过大时，应将外围的枝条整体短截，随时疏去过密的枝条和短截长枝。橡皮树生长迅速，家庭盆栽的当植株较大、株形美丽时，应限制水肥的供给，并减少换盆次数，以抑制其生长。

常见病害有炭疽病、叶斑病、根结线虫病等。常见害虫有介壳虫、螨类和蓟马等。

袖 珍 椰 子

彩图055

袖珍椰子是棕榈科袖珍椰子属常绿小灌木，学名 *Chamaedorea elegans*，别名矮生椰子、袖珍棕、矮棕等。适宜室内盆栽，也可用很小的容器栽培，放在茶几、桌上。

树高可达3米，容器栽培可达1米左右，茎干直立，细长，不分枝，深绿色，上有不规则环纹。叶片由茎顶部生出，叶数可达15片，长可达1米。羽状复叶，具裂片20～40，宽披针形，裂片长14～30厘米，宽2～3厘米，无柄，互生，沿叶轴两侧整齐排列，2列，深绿色，有光泽。雌雄异株，肉穗花序腋生，雄花稍直立，雌花序营养条件好时稍下垂，花黄色，呈小珠状。花期春季。浆果多为橙黄色。

喜半阴，高温季节忌阳光直射，否则叶片变枯黄，也不宜过阴。喜温暖，生长适温20～30℃，13℃时进入休眠期，越冬最低气温为3℃。喜湿润，喜疏松肥沃壤土。

播种育苗于春季播种。选籽粒饱满、没有病虫害的当年种子，将残缺或畸形的种子挑出。用60℃左右的热水浸种15分钟，然后再用温水浸种24～36小时，让种子充分吸足水分。播种后覆土1.5厘米左右，30～40天出苗。当幼苗长出了2～3片叶就可以移

栽，1年后长高到20厘米左右，第2年长到40厘米左右。

盆栽时，长期放于荫蔽环境中的植株叶色也会变淡，并失去光泽，变得瘦弱徒长，因此要定期见散射光。如果突然摆放到强烈的日光直射之处，则导致叶片被灼伤。春季移到室外要放在荫蔽处，避免阳光直射，有较明亮的光线就行。袖珍椰子喜水，在生长期间要保持盆土湿润。喜较高的空气湿度，如果太干燥，叶尖就会变成棕色。夏秋季空气干燥时每天向叶面喷水1～2次，冬季减少浇水。生长季节施2～3次液肥，秋末及冬季稍施肥或不施肥。袖珍椰子生长迅速，要保持小巧玲珑的株形，就要控制水肥的供给，抑制其生长，最适宜观赏时不给重肥。春季每隔2～3年换盆1次。

主要病虫害有炭疽病、根际寄生线虫、褐叶圆蚧等。

棕　竹

彩图056

棕竹是棕榈科棕竹属常绿丛生灌木，学名*Rhapis excelsa*，别名筋头竹、观音竹等。是优良盆栽观叶植物。

高1.5～3米，茎圆柱形，有节，上部具褐色粗纤维叶鞘。整个叶片宽30～50厘米，掌状深裂几达基部，长20～25厘米，宽1～2厘米，条状披针形至宽披针形，先端近截形，边缘或中脉有褐色短齿刺。肉穗花序腋生，长可达30厘米，多分枝。雌雄异株，佛焰苞有毛。雄花小，淡黄色。雌花大，卵状球形。花期4～6月，果熟期10～12月。浆果球形，红色，种子球形。

喜光，耐阴。喜温暖，生长适温18～30℃，稍耐寒，可耐0℃左右的低温。喜疏松肥沃微酸性的沙壤土，忌碱性和僵硬板结的土壤。喜湿润的空气环境。

分株繁殖在春季进行，南方也可在秋季进行。地栽的将萌蘖多的株丛挖出，盆栽的结合换盆进行，一般每2年1次。根据母株的大小用利刀分成若干丛，分切时尽量少伤根，不伤芽，每丛至少有2～3株，并带1～2个小芽。如果希望分株后就有较好的观赏效果，每丛应当有多株。

棕竹种子在10月至第2年3月成熟，可随采随播。将果实堆沤数日后，在水中搓擦，洗去杂质。种子忌失水，有短期休眠、发芽不整齐的特点。种子千粒重210克左右。播前用35℃温水浸泡种子24小时，播种后覆盖细土2～3厘米。控温20～25℃，45～60天出苗。初出土时为针状鳞叶，18天左右初生叶从鳞叶中抽出。家庭室内播种的出苗后及时移苗，露地播种的第2年春或第3年春上盆，苗期需遮阴。移栽时每丛3～5株。棕竹生长缓慢一般培养4年左右可供观赏。

盆栽开始用直径23～27厘米的花盆栽培，如果株丛较大，可用直径30厘米或更大的花盆栽培。上盆后先放在温暖、湿润、荫蔽的地方，每天喷水2～3次，缓苗后移到见光处。盛夏有条件的移出室外，放在通风和遮阴处。在寒带及温带地区，应放入室内越冬。保持盆土湿润，春、秋两季1～2天浇1次水；夏季每天浇水1～2次，并经常向植株喷水；冬季5～7天浇1次水，每10天左右用同室温相近的清水喷洒植株，保持叶面清洁。积水或盆土长期过于潮湿，容易烂根。在旺盛生长的5～9月，每月施肥1～2次，并加入适量的硫酸亚铁，尤其北方碱性水的地方，冬季不施肥。及时剪除枯叶。

常见病害有叶枯病和叶斑病。常见害虫为介壳虫。

第11章 CHAPTER 11 藤本花卉

本章的藤本花卉，是指以观赏为目的人工栽培的藤本植物。藤本植物又名攀缘植物，是指茎部细长，不能直立，只能依附别的植物或支持物，缠绕或攀缘向上生长。依茎质地的不同，又可分为木质藤本与草质藤本。

巴西宫灯花

彩图057

巴西宫灯花是锦葵科苘麻属半常绿木质藤本或灌木植物，学名 *Abutilon megapotamicum*，别名红萼苘麻、蔓金铃花、灯笼风铃、威士利红灯花等。适合盆栽或篱笆旁栽培。

花生于叶腋，具长梗，下垂，花朵灯笼状。萼片心形，红色，是重要观赏部位。全部萼片呈灯笼状，长2.5～3厘米，横径2～2.5厘米，保留时间长。花瓣鲜黄色，从花萼中向下长出，略呈喇叭状，花冠最大开展1.5厘米左右，凋萎前变成粉色。花蕊总长4.5厘米左右，伸出花瓣部分梭形，长2厘米左右，棕色。笔者观察，小花蕾（看到的实际只是萼片）绿色，逐渐变成红色并长大；当萼片长大后，花瓣才从花萼中伸出向下生长，最后花蕊才从花瓣中向下长出。生长条件适宜可常年开花。盆栽株高可达1.5米左右，在温室或无霜地区地栽的茎蔓长可达8米左右，枝条近平行生长。一级侧枝的每个叶腋都长出小枝。叶片三角状广卵圆形，叶柄长2厘米左右。叶缘有粗齿，叶脉清晰，叶面亮绿。有托叶。

喜光，稍耐半阴，抗暴晒，笔者在南窗户外侧盆栽，酷暑季节枝条生长旺盛，花开的多而艳丽。喜温暖，忌严寒，茎叶−5℃左右受冻害。喜湿润的环境，稍耐干旱。适宜在疏松肥沃的中性至微酸性土壤上生长。最适宜在保护地环境下生长，笔者在多伦多艾伦公园看到，爬满藤架上的巴西宫灯花有许多花朵，犹如人工布置的小红灯笼。

播种或扦插繁殖。播种的在春季，在苗床或花盆里进行，及时移植培育大苗。扦插在春季进行，剪取1年生枝条做插穗；也可在秋季用当年生的已经木质化的枝条做插穗。生根后移入容器里培育大苗。

冬季无霜地区可在室外栽培，北方盆栽。幼株及时摘心，促使长成丛状株形，提高观赏价值。植株长大后及时支架，绑蔓修剪整形。除了留种外，不断摘除开败的花朵不让结实，以免影响植株的生长及后续的开花。对老株重剪促发粗壮的新枝条，新生枝条能大量孕蕾开花。由于开花时间长，生长期间要加强水肥管理，及时浇水保持土壤湿润。每周施1次稀薄液肥。秋季适当增施磷钾肥以增强植株抗寒能力。

常见病害有叶斑病、炭疽病。花瓣黄色很容易招来虱类害虫。

常 春 藤

彩图 058

常春藤是五加科常春藤属常绿藤本植物，学名 *Hedera nepalensis*。常春藤寿命长，四季常青，地栽或盆栽观赏。

常春藤属植物原种有5种，原产于北非、欧洲、亚洲亚热带或温带，但变种和栽培种却有数十种，如金边常春藤，叶片边缘金黄色。新品种很多，如京8号、京9号和京10号等，它们适宜不同的栽培环境。

蔓长可达20米左右，枝弯曲，具吸附气根，小枝上有鳞片状毛。单叶，互生，深绿色，有光泽，叶脉色淡。叶片二型：着生在营养枝上的叶片3～5浅裂，多3裂，叶片边缘波状；着生在花枝上的叶片椭圆形至菱形。伞形花序顶生，花小，花瓣5，淡黄色。

浆果球形，黑色。

对光照要求不严格，喜稍为荫蔽的环境，有的种类在外墙攀爬于强光下也能正常生长。喜温暖，耐寒力较强，能耐－7℃的低温，有的种类成株在更低一些的温度时植株依然翠绿，叶片不落。忌高温闷热的环境，适宜生长温度25～30℃，多数品种气温在30℃以上时生长停滞。对土壤肥力要求不严，喜中性或微酸性土壤，忌碱性土壤，喜排水良好的沙壤土。

扦插繁殖在室内一年四季都可进行。春季扦插用1年生枝条，夏季扦插用半成熟枝条，秋季扦插用成熟枝条。切取长10厘米左右枝条或顶芽，去掉最下面的叶片作插穗，在沙床上扦插，或直接扦插在盆土中。插后遮阴，控制较高的空气湿度，但基质不能太湿，20～30天生根。

压条繁殖则将茎蔓刻伤，埋于土中2～4厘米，叶片露出土外，每天适当喷水。压条20天左右，埋于土中的茎节就能长出新的根系，这时候将其剪开，再过15天左右挖出移栽。有些品种不刻伤也很容易生根。

常春藤无粗壮的茎部，适合用小盆或吊盆栽培。夏季遮阴，避免强而直射的光照，以免引起叶烧病。注意栽培环境的通风。生长期间保持盆土湿润，切勿过干过湿。浇水太少，植株基部容易落叶，浇水过多易烂根。每年施稀薄液肥2～3次，施肥过多会导致生长过旺，失去它的优美特性。

每年春季进行1次适当修剪，截短主蔓。春季换盆，根据植株大小换上相应的盆。大盆栽培的，需要在盆中插入蛇木柱或其他支持物，让其攀爬，并要人工牵引绑扎；或垂吊栽培，让其自然下垂。

主要病害为叶烧病。主要害虫有螨类、介壳虫等。

龟 背 竹

彩图059

龟背竹是天南星科龟背竹属多年生大型草质常绿藤本植物，学

名 *Monstera deliciosa*，别名蓬莱蕉、电线兰、龟背芋、麒麟叶等。能耐久阴，是有名的室内观叶植物。

肉质须根粗壮。茎蔓生，绿色，粗壮，茎节生有褐色细柱状气生根。栽培多年后茎长可达10米左右，能攀附他物向上生长。叶片大，互生，叶柄长，叶厚，革质。幼叶心脏形，无孔，长大后叶呈矩圆形，具不规则羽状深裂。随着植株的长大，叶主脉两侧出现一个个大小不等的椭圆形穿孔。无顶芽，再生叶是由茎的顶端一片大叶的叶柄内萌发而抽生出来的。肉穗花序的基部有一片似叶状的苞片，叫佛焰苞，淡黄色，后期变土黄色，长圆状卵形。肉穗花序近圆柱形，无梗，多花，两性，初开时白色，后期变黄色。浆果，淡黄色，长椭圆形。种子需要1年多才能成熟，长椭圆形，黄绿色，似水浸后的青豆。

耐阴，忌烈日，明亮散射光最适宜生长，光照时间越长，叶片生长越大，裂口越多。种子发芽出苗适温25～28℃，生长适温20～25℃，幼苗期夜间温度不宜低于10℃，成熟植株可耐短时间5℃低温，怕霜冻，32℃以上生长停止。喜土壤湿润，耐涝，怕旱。最适宜的空气相对湿度60%～70%。要求肥沃疏松保水性好的微酸性土壤。

播种育苗先将种子放在40℃温水中浸泡10小时。播种用的营养土应高温消毒。种子大，点播。控温25～28℃，播后20天左右出苗。播种苗当年即可观赏，到成株开花需要5～6年。

扦插繁殖在春、秋季进行。龟背竹的顶端被切除后，每个茎节处当条件适宜时都能生根和长芽。从茎节先端剪取插穗，每个插穗带2个茎节，剪除长的气生根，保留短的气生根。插在沙床或粗沙和泥炭土或腐叶土的混合基质中，将1个茎节埋在基质里。也可插在水中，放在有散射光的地方。控温25～27℃和较高的空气湿度，30～40天生根。生根后，茎节上的腋芽开始萌动展叶。或将正在旺盛生长的龟背竹先切割成若干段，切口涂上草木灰，每段至少要有1条以上的气生根和1个茎节，当伤口愈合后再移栽。

在热带地区，地栽的可用压条繁殖。

根据龟背竹品种和苗的大小选择适当的盆，开始用直径 20～27 厘米的盆。室内栽培最好放置在靠窗户的通风处，注意遮去强光，否则叶片老化，缺乏自然光泽。需水量较大，不怕湿，笔者在室内曾把龟背竹栽在灌满水的水筒中达 1 年之久，筒底只有 3 厘米的土壤，然后又栽在花盆中，生长良好。浇水应掌握宁湿不干的原则，经常保持盆土潮湿。夏季每天浇水 1～2 次，春、秋两季 2～3 天浇水 1 次，冬季浇水量要少。除浇水外在生长季节每天给叶面喷水 1～2 次，缺水叶片边缘将逐渐枯萎。生长期间每 15 天左右施稀薄液肥 1 次，在生长旺盛期，用 0.1%尿素与 0.2%磷酸二氢钾溶液喷洒叶面 1～2 次。15 天左右用湿细布擦拭叶面 1 次，以保持叶面清洁。龟背竹茎粗叶大，需绑扎整形，以免倒伏变型。定型后叶片生长过于稠密或枝蔓生长过长时，应整形修剪，力求自然美观。栽培条件适宜 5～6 年就能开花，花期多在夏秋季，笔者在北方寒地温室盆栽于冬春开花。每年春季换盆 1 次，并适当增大花盆的直径。植株生长迅速，地栽的宜稀植，否则会影响茎叶的伸展，显示不出叶形的秀美。

常见病害有灰霉病、叶斑病等。常见害虫为介壳虫。

鸡蛋果（百香果）

彩图 060

鸡蛋果是西番莲科西番莲属多年生草质藤本植物，学名 *Passiflora edulia*，别名百香果。花大而美丽，可作观赏植物。果可生食或作蔬菜、饲料，入药具有兴奋、强壮之效。植株寿命约 20 年，经济寿命一般 5～8 年。

花径约 4 厘米，花梗长 4～4.5 厘米。苞片绿色，宽卵形或菱形。萼片 5 枚，外面绿色，内面绿白色。花瓣 5 枚，与萼片等长；外副花冠裂片 4～5 轮，外 2 轮裂片丝状，与花瓣近等长，中部紫色。雄雌蕊柄长 1～1.2 厘米；雄蕊 5 枚，花丝分离；花药长圆形，长5～6毫米，淡黄绿色；柱头肾形。浆果卵球形，单果重60～120克，果壳坚韧。主要有紫果和黄果两大类。草质藤本，长约6米。叶长6～13厘米，宽8～13厘米，基部楔形或心形，掌状3深裂，中间裂片卵形，两侧裂片卵状长圆形。

喜充足阳光，长日照有利于开花。在16～35℃的生长温度下开花结果，－2℃时植株受冻甚至死亡。较耐旱怕涝，但土壤过于干燥会影响藤蔓及果实发育。对土壤要求不高，在疏松肥沃排水良好的土壤上生长最好，土壤pH5.5～6.5为宜。

8～11月果成熟时选个大、饱满的果实留种，去掉果皮和果肉，取出种子。种子经过短暂储藏后有提高发芽的能力。华南一年四季都可以播种，种子上面覆盖细土1.5厘米左右。苗高25厘米左右定植。播种苗从播种到开花需要9～12个月。或将植株的分蘖苗挖出栽植，还可扦插、压条繁殖。

盆栽的选口径大的容器，每个容器栽1～2株。棚架式栽培以行距2米，株距2～3米为宜。要及时搭架，一般架高1.8～2.5米为宜。茎藤长30厘米以上搭架引藤攀缘。及时抹去侧芽，促使主蔓增粗，当主蔓长到70厘米左右时摘心，留侧蔓2个，分别上架，作为第1层主蔓；当植株长到150厘米左右时，再从每个侧蔓上留出两个侧蔓，作为第2层主枝，分别牵引向反方向上架，形成双层4大枝蔓。

结果期需水量大，盆栽的及时浇水，保持盆土湿润。地栽的遇干旱天气，应及时灌溉，大雨及时排出积水。生长前期以氮肥为主，结果期增加钾肥的施用，促果实迅速膨大。开花后60～80天果实成熟。果实变紫红或黄后采收，也可以等果实成熟自然脱落后，从地上拾新鲜落果。未成熟的有腥臭味。住楼房2层以上的在阳台上栽培时，要预防果实落到楼下，以免伤人。为了防止植株过于茂密，采果后尽早修剪，但忌重剪。冬季最后一批果实成熟收获后，所有的结果枝都从基部重剪。冬季防冻，用草席、秸秆、薄膜等遮盖。

主要病害有苗期猝倒病、疫病、花叶病毒病等。害虫有螨类、蚜虫等。

金 银 花

彩图 061

金银花是忍冬科忍冬属常绿或落叶缠绕藤本植物，学名 *Lonicera japonica*，别名银花、双花、二花、鸳鸯、苏花、金银藤等。整个枝上绿叶和黄、白色花相映，很美丽，现在广泛分布于我国各地。

花成对生于上部叶腋，总花梗下有叶状苞片，长 2 厘米左右。萼片筒状，无毛。花冠唇形，上唇 4 裂而直立，下唇向后反转，花冠筒与裂片等长，3～4 厘米。花开时白色，后转黄色而故名，有芳香。雄蕊 5，着生于花筒中部，与花柱均伸出花冠。花期 5～7 月，果熟期 8～10 月。浆果球形，黑色。种子千粒重 4 克左右。老枝茎皮条状剥落，枝中空，密生黄褐色柔毛和腺毛，幼枝暗红褐色。单叶，对生，卵形至卵状椭圆形，长 3～8 厘米。

喜光，也耐阴，但光照不足会影响植株的生长。多数花着生于外围阳光充足的新生枝条上，适宜在阳光充足和通风良好的地方栽植。喜长日照。喜温暖湿润气候，也很耐寒，一般在北方寒地能安全越冬。生长适温 20～30℃，气温不低于 5℃时就可发芽。对土壤要求不严，但以土质疏松、肥沃的沙壤土为好。耐盐碱，适宜在偏碱性的土壤中生长。耐旱，也耐水湿。

扦插繁殖在春、夏、秋季均可进行，南方以雨季最好。选 1～2 年生健壮充实的枝条，或夏季用当年生半木质化枝条作插穗。剪成长 15～20 厘米，将下端靠近节间处削成平滑的斜面，立即插入土中。扦插后浇透水，20 天左右生根。第 2 年移栽就可开花。

分株繁殖在休眠期挖取母株，将根系及地上茎适当修剪后，进行分株栽培，每穴栽入 1～2 株，栽后第 2 年就能开花。金银花的茎着地处能生根，可用压条繁殖。

在门架、花廊、篱墙、栏杆的旁边栽培，利用它们作金银花的支架。每穴栽植壮苗 2 株，浇透水。及时中耕除草。秋季于植株根际处培土，以利越冬。中耕时，在植株根际的周围宜浅，远处可稍深，避免伤根。每年早春萌发后和每次采摘花蕾后，都应进行 1 次追肥。花期如遇干旱天气或雨水过多时，都会造成大量落花或幼花破裂等现象，因此要及时灌溉和排涝。金银花枝叶茂盛，易造成郁闭，春天应重剪，剪去病枝、衰老枝、密枝等。栽培 3～4 年后进入盛花期，管理得当，花期可长达数十年。

金银花开放时间较集中，一般 15 天左右，适时采摘是提高金银花产量和质量的关键。采摘第 1 茬花之后，隔 1 个多月后陆续采第 2、3、4 茬。采收时期必须在花蕾尚未开放之前。在寒冷地区种植金银花要注意保护老枝条越冬。老枝条如果被冻死，第 2 年重发新枝，开花少，产量低。具体方法是在大地封冻前，将老枝平卧于地上，盖草 7 厘米左右，草上再盖土，就能安全越冬，第 2 年春天萌发前，去掉覆盖物。

常见病害白粉病、叶斑病等。常见害虫咖啡虎天牛、豹蠹蛾、金银花尺蠖、蚜虫等。

口红花（大花芒毛苣苔）

彩图 062

口红花是苦苣苔科芒毛苣苔属多年生常绿蔓生草本植物。学名 *Aeschynanthus pulcher*，通用中文名大花芒毛苣苔，由于这个名很绕口，人们都叫口红花。口红花花冠筒状，鲜艳美丽，适于盆栽悬挂，用于观叶、观花。

花数朵簇生茎上或短枝顶端，花萼钟状筒形，黑紫色。花冠筒状鲜红色，从花萼中伸出，好像从筒中旋出的“口红”，故名口红花。叶卵形对生，叶面浓绿色，叶背浅绿色。长 4.5 厘米左右，宽 3 厘米左右。花萼、花冠和叶片都被绒毛。

喜明亮光照条件下的半阴环境，每天最多可接受 2～3 小时的

直射阳光。光照不足，容易造成枝条徒长且不易开花；光照过强，叶片会变成红褐色。家庭盆栽最适宜吊挂在距南窗1米左右的地方。生长适温21～26℃，较耐寒。越冬温度一般应在12℃以上，喜排水良好的土壤，对空气湿度要求不严。

用扦插法繁殖，在气温20～30℃的范围内全年均可进行。剪取枝顶部10～15厘米长的枝条作插穗，扦插在洁净的河沙或蛭石中，避免烈日暴晒，保持适宜室温，约1个月生根。夏季可直接扦插于盆土中。

盆栽用疏松肥沃的微酸性腐质土。每盆可植数株。保持土壤湿润，浇水不能过多，否则容易腐烂或引起落叶。生长旺盛时，可适当摘心，促进分枝。上盆时可加入适量充分腐熟的农家肥。在生长旺盛期，每隔15～20天施一次腐熟的有机肥液，过夏以后多施磷钾肥。秋季天气逐渐凉冷时，要逐渐减少浇水量和施肥量。夏季经常在叶面上喷水，增加叶面与周围环境的湿度以利其生长，冬季盆土宜稍干燥。

冬天如果叶片变红，主要是由于室温过低或光照过强等原因所引起，这时应及时提高室温，否则室温过低还会引起叶片脱落、枝条干枯的现象。在深圳口红花的花期从12月至翌年4月，这时应少施氮肥，提高室内光照强度，控制较低的室温，对口红花的开花有促进作用。花期过后，及时剪除开过花的残茎并将过长的下垂枝条修剪1次。每隔2～3年换盆1次，在春季花后进行。

夏季天气湿热易患炭疽病。

蓝 雪 花

彩图063

蓝雪花是蓝雪花科蓝雪花属多年生常绿攀缘小灌木，学名*Plumbago auriculata*，别名蓝花丹、蓝雪丹、蓝花矶松、蓝茉莉等。蓝雪花长势强健，管理简单，开花时间长，笔者在深圳盆栽花期几乎全年，病虫害少。叶色翠绿，花色淡雅，可盆栽点缀居室、阳台等。

蓝雪花在当年的新枝上开花，穗状花序顶生和腋生。笔者在自家养蓝雪花时观察到：在一个枝条上，顶生花序优先长出，并先开花，然后紧挨着的腋生花序开花，也就是说一个枝条上的各个花序的开花顺序是由上而下开放的，这个开花特点有点像蛇鞭菊。但是每个花序上的小花是下面的先开，上面的后开，即由下向顶端逐渐开放的。苞片比萼片短，花萼有黏质腺毛和细柔毛。花高脚碟状，管狭而长，花瓣5，花冠淡蓝色，还有白色品种。种子红褐色，有棱。枝具棱槽，幼时直立，长成后蔓性。单叶互生，叶薄，全缘，短圆形或矩圆状匙形，先端钝，基部楔形。

喜光照，稍耐阴，不宜在烈日下暴晒。强光照和较高温度利于分枝。性喜温暖，不耐寒冷，生长最适温度17～26℃，最高可耐35℃。性喜湿润环境，不耐干旱，干燥对其生长不利。宜在富含腐殖质，排水良好的沙壤土中生长。

用扦插、分株法繁殖。扦插可在春季、夏初或夏末进行。夏季扦插选嫩枝或半成熟枝作插穗。用泥炭土、蛭石按一定比例混合而成作扦插基质。生根最适温度20～25℃，扦插后20～30天生根。笔者用水插生根很容易。

开始用中等口径的容器盆栽。在长到成苗过程中需摘心2～3次，摘心可使花期推迟2周左右。春季换盆，对根系和地上部分适当修剪，对3年生以上的植株重剪，以利发更多的新枝。蓝雪花在当年的新枝上开花，切勿剪除新枝。天气转暖后，将花盆放在通风和光照充足的地方，中午适当遮光或暂时搬到阴处。及时浇水，保持盆土湿润，不宜干旱，在高温强光时定期喷水。生长旺盛时每隔半个月左右施肥1次。花落后及时剪除残花序。

冬季将花盆放在10℃以上的地方防止落叶，更要防止冻害。盆土保持稍稍干燥，不施肥。

根部易受根结线虫侵害。

龙　吐　珠

彩图 064

龙吐珠是马鞭草科赪桐属常绿或落叶木质藤本植物，学名 *Clerodendrum thomsonae*，别名白萼赪桐、麒麟吐珠等。

聚伞花序顶生或生于上部叶腋，长 8～12 厘米，疏散状，二歧分枝。花萼白色，基部合生，中部膨大，5 深裂，三角状，长 1.3～2 厘米。花冠高脚碟状，管部纤细，花瓣 5，鲜红色，如龙吐珠故名。雄蕊 4，和花柱一起伸出花冠外。花冠脱落后白色花萼宿存。花期春夏，秋季果熟。核果肉质球形，藏于花萼内，淡蓝色。种子较大，长椭圆形，黑色。枝条长 2～5 米，枝细软柔弱，茎 4 棱，髓中空。单叶对生，长 6～10 厘米，深绿色，矩圆状卵形或卵形，有短柄，顶端渐尖，基部浑圆，全缘。

喜光，较强的光照对花芽的分化和发育有促进作用。喜温暖，耐高温，不耐寒，生长适温 18～30℃，长期低于 8℃可引起落叶至死亡。喜肥沃疏松的酸性沙壤土。对水分多少的反应较敏感。

扦插繁殖在春季或秋季进行。用 1 年生健壮枝条，剪成长 10 厘米左右作插穗。剪口要平滑，每段有 2～3 个节。在细沙上扦插，扦插深度为插穗长的一半左右，约 1 个月后生根。春季扦插的苗当年开花。生长健壮的老株，早春可取基部萌生的蘖芽，另行栽培。还可播种繁殖，10 天左右出苗。

盆栽用直径 20 厘米的花盆栽培，每盆栽 1 株，也可 2～3 株。耐夏季强光，笔者在盛夏将盆栽龙吐珠放在南窗台外，花开的非常好。在室内栽培应充分见光，光线不足时，会引起蔓性生长。茎叶生长期保持盆土湿润，浇水不可过量，水量过大，只长蔓而不开花，甚至叶片发黄凋落，根部腐烂死亡。夏季高温季节应充分浇水，冬季减少浇水，使其休眠，以求安全越冬，忌花盆积水。花期每隔 7～10 天施 1 次稀薄液肥，北方还要施 0.2%硫酸亚铁溶液，增加土壤酸性。孕蕾期多施磷钾肥，冬季不施肥。生长阶段对主侧枝短截，控制植株高度，多萌发侧枝使全株开花繁茂。花后将残花带花梗剪去，控制植株低矮丰满，免去设支架的麻烦。春季换盆时，将老株上部剪断，促发新枝，新枝当年开花。

常见病害有叶斑病、锈病、灰霉病和病毒病。常见害虫有介壳虫、白粉虱等。

绿　萝

彩图 065

绿萝是天南星科绿萝属多年生常绿草质藤本植物，学名 *Scindapsus aureus*，别名黄金葛、藤芋、石柑子、魔鬼藤等。是重要的草本观叶植物，净化空气能力相当强。

茎肉质，长数米，节间有气根，分枝多。叶互生，长椭圆形或长卵形，先端渐尖，全缘，偶有羽状裂，叶面有较厚的角质层，嫩绿色。也有镶嵌着不规则的金黄色斑点或条纹的品种。地栽时叶片长可达 60 厘米。肉穗花序，浆果。花期春季。

喜散射光，忌阳光直射，较耐阴。喜温暖，生长适宜温度白天 20～28℃，晚上 15～18℃，怕霜冻，越冬温度不宜低于 15℃。喜潮湿环境。要求疏松肥沃、中性至微酸性土壤。

扦插繁殖在生长季节进行，以夏天雨季最好。在 2～3 年生的植株上剪取 1 年生的枝条作插穗，长 10 厘米左右，每个插穗有 1 个叶芽，保留气生根。扦插深度 4～5 厘米，有气生根的埋入土中。控温 18～22℃，扦插基质不能长期过湿，控制较高的空气湿度，一般 20 天后生根。为了促进生根，也可用 500 毫克/千克的吲哚丁酸药液速蘸。水插生根容易，3 天左右换 1 次水，水里加入营养液对生根更有利。

压条繁殖于春天将压条的部位进行环切，去掉皮层，保留节间的气生根。将环切的枝条埋入土壤里，保持湿润，生根长芽后分离。

盆栽绿萝的茎蔓生长速度快，需要支架栽培，在花盆中央竖立直径10～12厘米的支柱，支柱上包扎棕毛。然后在盆中栽种3～4株幼苗，随着绿萝的长大，茎蔓围绕柱子攀缘生长，也可让蔓茎沿棕柱螺旋式缠绕。爬过柱顶时要剪掉或者把头倒过来使其往下爬。摆放在花架或柜顶上的，花盆外面可用好看的套盆，下面放托盘，绿萝的蔓茎从上向下自然披拂。或用立竿制成扇形插在花盆里，再将绿萝的茎蔓按S形向上绑扎，使绿叶布满，好像绿的屏风。并将叶面的朝向调整一致。还可以用较小的玻璃器皿水培，摆放在书桌旁、厨房、洗手间等地方，既看到绿叶，也观赏到根系。强光下绿萝叶片容易枯黄而脱落，摆放在室外的必须遮阳；在室内向阳处可四季摆放；在光线较暗的室内，每半个月移至光线强的环境中恢复一段时间。保持盆土湿润，经常向叶面喷水以提高空气湿度，促进气生根的生长，花盆的托盘里装上水，通过蒸发增加局部空气湿度。柱式栽培的应向棕毛喷水，使棕毛充分吸水，供绕茎的气生根吸收。生长季节每月施1～2次液肥。已经长满立柱的应适当控制水肥，抑制生长，以便延长观赏时间。

栽培条件不适导致成株茎干基部叶片脱落后，观赏价值降低，可结合扦插进行修剪更新，促使基部茎干萌发新芽。

常见病害有叶斑病、根腐病、灰霉病等。常见害虫有介壳虫。

炮 仗 藤

彩图066

炮仗藤是紫葳科炮仗藤属常绿藤本植物，学名 *Pyrostegia venusta*，别名炮仗花、黄金珊瑚等。多做地栽，适用于阳台、花廊、棚架等处的装饰，北方也可盆栽。

圆锥状聚伞花序顶生和腋生，花盛开时布满枝条。花萼钟状，黄绿色，先端有5小齿，三角形。花冠筒状，长6厘米左右，橙红色，花瓣4，二唇形，上唇1片大，它的上部2裂，下唇3片，均向外反卷，花瓣边缘有白色茸毛。雄蕊4，长者伸出筒外。花期

1～6 月。蒴果长线形，种子具膜质翅。茎攀缘生长，长达 7～8 米，卷须 3 叉，顶生。小叶 2～3 枚组成复叶，小叶柄长 2 厘米左右，叶片长 10 厘米左右，卵形或卵状椭圆形。叶面亮绿色，有光泽，叶柄有柔毛。

喜充足的阳光。喜温暖，不耐寒，生长适温 18～28℃。喜湿润。在土层深厚、肥沃的微酸性土壤中生长好。

压条繁殖于花后选取 1 年生以上的健壮藤蔓，将容易埋入土的藤蔓叶腋处刻伤，然后埋入土中，保持土壤湿润，约 1 个月生根。秋季剪离母株，另行栽植。

扦插繁殖于 5～6 月选 2 年生藤蔓，或 9～10 月选当年生半木质化藤蔓作插穗。插穗长 15 厘米左右，基部 4～5 厘米的叶片去掉。扦插后 50～60 天生根。

春末至夏初地栽，华南也可秋季栽。栽植于棚架或立柱旁。提前一段时间挖好长、宽和深均 60～80 厘米的栽培坑。每坑施 1 千克左右的钙镁磷肥和 20～30 千克腐熟农家肥，先与挖出的土壤搅拌均匀，然后填回坑内，灌足水，使回填的营养土沉实，等待以后定植。定植时在坑中央挖栽培穴，每穴栽苗 1 株，苗小的也可栽 2 株。栽后浇透水，上面覆盖潮湿土。长藤蔓后人工牵引，使其攀附在棚架或支柱上，以后任其攀缘于支撑物上。植株爬满架后支架负重很大，再加上风雨的力量，因此棚架必须结实，确保安全。根据下雨的多少适时浇水，保持土壤湿润。盛夏每天喷水 2～3 次。生长旺季每个月施 1 次肥，花期追施磷钾肥。及时剪去走向不雅的下垂枝、枯枝、横向枝和病虫枝，使主蔓在棚架上分布匀称。生长期间不要翻蔓，以免折断卷须。炮仗花成形后可观赏 20 余年，当植株衰老生长势弱、开花少时，回缩更新，促发新的藤蔓。

盆栽用深些的容器，尺寸宜大些。放在阳光照射到的地方。冬季需要移入室内越冬，少浇水，不施肥。

常见病害有炭疽病、叶枯病、白粉病等。害虫有螨类、蚜虫、蓑蛾、夜蛾、天牛等。

飘　香　藤

彩图 067

飘香藤是夹竹桃科双腺藤属多年生常绿藤本植物，学名 *Mondevilla amabilis*，别名双腺藤、双喜藤、文藤、红皱藤等。主要盆栽，也可地栽用于庭院美化。

花腋生。花筒细长，萼片 5，披针形，很小。花冠漏斗形，花瓣 5，近阔卵形，略向后翻卷，红、桃红、粉红等颜色。花期主要在夏、秋两季，如养护得当其他季节也可开花。叶对生，长卵圆形，先端急尖，全缘，革质，叶面有皱褶，羽状脉明显，叶色浓绿并富有光泽。

喜阳光充足，稍耐阴，光照不足开花减少。喜温暖，生长适宜温度 20～30℃，不耐寒。忌水湿。对土壤要求不严，但以疏松肥沃的沙壤土最适合生长。

扦插繁殖在生长季节都可进行，用 1 年生枝条作插穗。还可用压条方法，采用高空压条。大量生产用组织培养方法繁殖。

盆栽开始用 20 厘米左右花盆。室内栽培应充分见光，适当控制浇水。生长期间每月施稀薄液肥 1 次，控制氮肥的使用量。藤蔓长到 30 厘米以上时应支架。花后修剪，1～2 年生植株适当修剪整形，老株重剪促发新枝。春季换盆，根据植株大小换大一些的盆。

室外不能在低洼地方栽培，避免积水造成根部缺氧生长不良。不用遮阴，有棚架的引蔓上架，飘香藤藤蔓长得慢。

飘香藤抗逆性强，加之各地栽培时间短，目前很少发现病虫害。

松萝铁兰（空气凤梨）

彩图 068

松萝铁兰是凤梨科铁兰属多年生常绿草本植物，学名

Tillandsia usneoides，别名空气凤梨、老人须、气生凤梨等。实际上，松萝铁兰只是空气凤梨众多种类中的一种。通常用作室内悬空吊垂栽培，如悬垂在温室的横梁上、居室或厅堂的窗户旁的挂钩上，任其向下生长。有吸收有害气体的功能。

植株下垂生长，茎线状，纤细，长在树上、电线上及任何可以悬挂的地方，具有很多的分枝，枝螺旋状生长。叶互生，横断面半圆形，长 3～4 厘米，密被银灰色鳞片。小花腋生，黄绿色，小苞片褐色，萼片紫色，花小，芳香。果实只有米粒大小。

较喜光。适宜生长温度 15～25℃，能耐 5℃的低温。耐干旱。

叶面上的银灰色茸毛状鳞片能吸收养分和水分，种植在水中或土壤中基本不能存活，所有不能盆栽和水培。鳞片中的气孔在温度较高、空气相对干燥时处于半闭合状态，以减少水分蒸发，在温度降低、空气湿度增大的夜晚打开，吸收空气中的水分。

吊垂栽培：将一团线形的茎固定在 5～6 厘米见方的木板或树皮上，或藤篮上。用有塑料包裹的金属丝或绳子绑缚。然后用钩子将木板或树皮吊起来，放在窗户前或厅堂明亮的地方，让其悬空生长。当茎生长变长时自然下垂。每周喷水 2～3 次，干旱季节每天喷水 1 次，喷至叶面全湿为适度，空气湿度很大时不用喷水。为了除去松萝铁兰的灰尘，可取下放在干净的水中，同时也起到了浇水的作用。每个月喷 1 次磷酸二氢钾和尿素的1 000倍液，或将植株取下浸入磷酸二氢钾和尿素的3 000～5 000倍液中 1～2 小时，冬季和开花时停止施肥。温度高于 25℃应加强通风。

光强时可能发生日灼病，原因是喷水到叶面后没有及时风干，水珠起到凸透镜的作用，把水珠下面的叶面灼伤，但不会扩散，所以不在光强时喷水。害虫有螨类、介壳虫、蜗牛和蛞蝓。

文　竹

彩图 069

文竹是百合科天门冬属蔓性多年生常绿亚灌木，学名 *Aspara-*

gus plumosus，别名云片竹、山草、松山草等。体态轻盈，姿态潇洒，叶色青翠，文雅闲静，主要盆栽。

茎蔓生，光滑，长可达数米，幼时直立生长，几年后茎伸长呈藤本，老茎木质。叶退化成鳞片状，细如针，淡褐色，着生于叶状枝的基部，先端有倒刺。枝分层近水平展开羽毛状，小枝上的叶状枝纤细簇生，圆柱形，长4～5毫米，绿色。花1～4朵枝端着生，花小，两性，白绿色。室内栽培花期春季，秋季果熟。浆果球形，开始绿色，成熟时紫黑色，有种子1～3粒。种子球形，种皮黑色。

喜散射光，忌强光直射，冬季需充分见光，略耐阴。种子发芽适宜温度20～28℃，植株生长适宜温度15～30℃，20℃左右最适宜生长，冬季室温不宜低于3℃，怕霜冻。喜湿润，不耐干旱。要求疏松肥沃的沙质土壤，适宜的土壤pH6～7。

可播种育苗。地栽或在大盆栽培多年后均可采到种子。采种后应及时播种。播前先用清水浸种2天，去掉果皮，冲洗干净，晾干种子表面水分即可播种，笔者盆栽采种后即播，23天出苗。小苗高5厘米左右移植1次，8～10厘米时即可单株定植于盆中。

分株繁殖可结合换盆进行，4～5年生的大株有多个蘖枝丛生在一起，用利刀分成3～5份，分别栽于盆中。

扦插繁殖选择枝条多、长势旺的文竹，轻轻扒开周围盆土，露出枝条与根的结合部，在根茎结合部的上方约0.5厘米处，用刀划一小口，让刀口处暴露1天，然后敷上一层洗净的鲜苔，并经常保持湿润。当伤痕处有瘤状愈合组织时即可贴根剪下，剪短成插穗，然后扦插在沙中，20天左右发出新根。

盆栽开始用8～15厘米的小盆栽培，摆放在书桌上的选好看的容器，这样盆和文竹俱美。盆底需多垫些粗沙或小石子以利排水。夏季置于半阴处，如阳光过于直射，幼嫩枝梢里的水分会迅速蒸腾，而根部不能及时吸收补充，就容易造成叶梢干枯。在北方冬季应充分见光。生长季节盆土宜湿润，但过于潮湿会引起烂根，使叶渐黄而脱落；盆土过干，会因缺水而造成叶尖焦黄。如果室内过于干燥，枝叶易变黄，可经常向周围喷水。为了保持空气湿润防止枝叶变黄，尤其是在生火炉取暖的房间里，用适当大小透光好的塑料薄膜罩将其罩上。春、秋两季每隔10～15天施1次稀薄液肥，夏、冬季不施或少施肥。文竹喜通风环境，可将盆底垫高，以利通风。文竹的枝叶水平伸展，极易落上灰尘，用清水经常喷洒除尘。喷水前最好用手轻轻抖动枝叶，去掉浮尘，再用细孔喷壶慢慢喷洗，并轻轻抖去附在上面的水珠。生长几年后的文竹，开始长出具攀缘性的新茎，可以让它自然地顺着悬绳或支架生长，也可人工牵引。如枝叶过密，尖端容易枯黄，应根据株形修剪，使其有一定层次。

常见病害是叶枯病。常见的害虫是介壳虫和蚜虫。

西　番　莲

彩图070

西番莲是西番莲科西番莲属多年生攀缘藤本植物，学名*Passiflora coerulea*。花形状特殊，生长快，整体开花期长，极具观赏价值，露地栽培，还可盆栽。

草质藤本，茎圆柱形并微有棱角，无毛。叶掌状5深裂，中间裂片卵状长圆形，两侧裂片略小，无毛、全缘。叶柄长2～3厘米，托叶肾形，抱茎。聚伞花序退化仅存1花，与卷须对生，每个叶腋1花。花大，淡绿色，花梗长3～4厘米。苞片3，宽卵形，长2.5～3厘米，全缘。萼片5枚，长3～4.5厘米，外面淡绿色，内面绿白色，花瓣状。花瓣5枚，淡绿色，与萼片近等长。外副花冠裂片3轮，丝状，外轮与中轮裂片顶端天蓝色，中部白色、下部紫红色，内轮裂片丝状。顶端具1紫红色头状体，下部淡绿色；内副花冠流苏状，裂片紫红色。雄蕊5枚，花丝分离，长约1厘米、扁平；花药长圆形，长约1.3厘米。柱头3枚，分离，紫红色，长约1.6厘米，高出雄蕊。浆果卵圆球形至近圆球形，长约6厘米，熟时橙黄色或黄色。

喜强光，笔者盆栽放在南窗台外侧酷暑每天都开花。喜温暖至高温湿润的气候，不耐寒。对土壤的要求不严，以疏松肥沃的沙壤土最宜，土壤酸碱度以中性至微酸性为宜。

播种育苗可春播或秋播。种子用水浸泡 2 天，用手搓洗脱净种子外层胶质。催芽后播种，或直播，20 天左右出苗。幼苗移植 2 次，培育成大苗。幼苗生长 60～80 天后，即可定植。

扦插繁殖应选生长健壮、成熟的 1～2 年生藤蔓作插穗，每个插穗有 3 个节，长 15～20 厘米，下端切口与节的距离 1 厘米左右，带 1 片全叶，叶腋有 1～2 厘米的嫩梢更好。水插，1 个月左右生根。

家庭地栽观赏的，挖长宽均 60 厘米、深 50 厘米的栽培坑。每坑施有机肥 20 千克左右和适量复合肥，与挖出的土混匀后回填坑内，灌足水备用。适时栽苗。雨季来临前挖好排水沟，防止积水。花期叶面喷施磷酸二氢钾 500 倍液，或进行根部追肥。及时锄草、浇水。植株生长较快，及时抹去侧芽，促使主藤蔓生长。当藤蔓长到 40～50 厘米时，立棚架，牵引藤蔓上架。当主蔓长到 75 厘米左右时另留 2 个侧蔓，分别牵引上架，当主蔓长到 150 厘米左右时，再留 1 个侧枝，与主蔓同时作为 2 层主枝，分别牵引向相反方向上架，这样就形成了 2 层 4 支藤蔓。此期间应将主蔓 75 厘米以下和 75～150 厘米的侧枝、萌枝全部剪除。上架后摘心促发侧蔓，人工调整向四方伸展，铺满棚架。

盆栽用直径 25 厘米以上的盆栽培，使用沙壤土。每盆栽 1 苗。如果只在盆里支架栽培，去掉所有侧枝，只留主藤蔓；如果有条件在盆外支架或攀爬其他支撑物的，除了保留主蔓，再留 1～2 个侧蔓，或直接定植 2～3 株苗。只在盆里支架栽培的每盆至少插 4 个支架，人工牵引让藤蔓围绕支架螺旋式向上攀爬生长，并需绑扎。盛季每天浇水 1 次，干热天气最好喷水。每 10～15 天施 1 次稀薄液肥。需人工辅助授粉，用毛笔或棉签在花药上轻轻地蘸取黄色花粉，再轻轻地沾到柱头上。否则不容易结果，只残留 3 个黄色苞片。笔者盆栽观察，每朵花上午开，花开得十分迅速，1～2 分钟就全张开了，朝天的花药一下就翻到朝向外侧，并旋转约90°，盛夏酷暑季节半夜就闭合了，天气凉爽时第2天早晨花才闭合，并不能再开了。

常见病害有根腐病、疫霉病和炭疽病等。常见害虫有咖啡木蠹蛾、白蚁、金龟子、果实蝇等。

叶子花（三角梅）

彩图 071

叶子花是紫茉莉科叶子花属常绿藤本植物，学名 *Bougainvillea spectabilis*，别名三角花、三角梅、勒杜鹃、红苞藤等。是重要藤本花卉，华南地栽，全国普遍盆栽。

花生于新枝顶端，3朵小花聚生于3片有色的叶状苞片内，花总梗与苞片中脉合生。苞片叶状，椭圆形，基部圆形至心形，顶端渐尖，鲜红、砖红、浅紫、黄、白等色，是主要观赏部位，比花开放时间长。花冠顶端不规则浅裂，花瓣白至淡黄色，密生柔毛。除了单瓣外，还有重瓣花。条件适宜花期全年。藤状灌木，拱形下垂，可培育成小乔木。枝有刺，枝和叶密生柔毛。单叶互生，有柄，卵形至卵状披针形。

喜强光，光照充足时花多、艳丽，光照不足枝叶细弱、开花少，甚至无花。喜温暖湿润气候，适宜生长温度15～30℃，耐高温，35℃以上仍能正常生长，不耐寒，低于3℃叶片受冻害。开花需15℃以上。对土壤要求不严，以富含腐殖质、疏松肥沃的壤土为好。生长期需充足的水分，但忌积水，土壤过湿会引起根系腐烂。

常扦插繁殖。春插选择健壮的枝条，剪成长15厘米左右作插穗，留枝顶2片小叶，插入沙中3厘米左右，遮阴，每天喷湿叶片，30天左右生根。夏插剪取当年生半成熟枝条，剪成长8～10厘米作插穗。家庭少量栽培的可水插。扦插时将插穗基部用50毫克/千克吲哚丁酸溶液浸泡6小时，能促进生根。

压条繁殖主要用于扦插难于生根的品种。在春季或夏季进行压条，在离枝条顶端15～20厘米处环剥，切口宽约1.5厘米。切口用营养土包裹，外面用塑料薄膜包好，60天左右生根。

有时为了一株上有几种颜色，或作盆景观赏的，常用嫁接繁殖。气温在15℃以上时进行。用3～4年生的叶子花作砧木，选重瓣等优良品种作接穗，接穗长5～10厘米。一般嫁接后40～50天接穗发出新芽。

所选花盆色彩不宜太深，以免影响苞片色彩之艳丽。开始用20厘米左右的盆栽培。缓苗后放在阳光充足的地方培育。浇水不宜太多，当表土发干浇透水即可。春夏之交健壮的成年植株酌情间断供水能促使花芽的形成，在3～5天内不浇水，随时观察盆土的水分和叶片的变化，当土壤发干，叶片边缘向内卷、发蔫时少给点水，暂缓一时，再继续控制水，反复几次顶端生长停顿，可促进花芽分化。当枝梢顶部出现红晕，即可给足水肥，40天左右进入盛花期。入冬要严格控制浇水，如浇水过量危害根系，会落叶。宜淡肥勤施，花期增施磷肥。及时清除落花、落叶，保持植株清新美观。室内盆栽有条件的春天搬到室外最好，冬前再移入室内。

叶子花不开花的原因与施氮肥过多引起枝条徒长有关，要增施磷、钾肥，适当控制氮肥。也与修剪太少造成枝条太密或徒长，消耗大量养分有关，不仅破坏树形，而且影响花芽分化。每年应进行2次修剪。还与长期处于弱光条件下有关，花芽不能正常分化。

注意整形修剪，构成绚丽的冠幅。叶子花萌发力强，耐修剪，花后修剪整形，将枯枝、密枝、顶梢剪除，促发新枝。盆栽可培养成球形、伞形等多样优美的树冠。可先让枝条快速生长，再按设计造型定向修剪。成型后所发的侧枝有6片叶时摘心，反复几次养成茂密的树冠。树干定型后，只需适度修剪，维护匀称造型和强壮树势。每4～5年重剪1次，更新复壮。春季萌芽前换盆1次。

主要病害有叶斑病、根腐病等。主要害虫是蚜虫。

羽裂蔓绿绒（春芋）

彩图 072

羽裂蔓绿绒是天南星科蔓绿绒属多年生常绿蔓性草本植物，学名 *Philodendron selloum*，别名春芋、春羽、羽裂喜林芋、喜树蕉等。华南地栽，各地普遍盆栽。

茎粗壮直立，老株茎高可达 1 米以上，直径 10 厘米左右，茎上有明显叶痕及电线状的气根。叶片大，长 60 厘米左右，宽 40 厘米左右，广心形，全叶羽状深裂，革质，浓绿色，有光泽。叶柄坚挺而细长，30～100 厘米。肉穗花序，总花梗短。花期 3～5 月。

羽裂蔓绿绒和龟背竹的叶片都是羽状深裂，叶片都大，有相似之处。区分关键：龟背竹的羽状深裂不规则，并随着植株的长大，叶主脉两侧出现一个个大小不等的椭圆形穿孔，而羽裂蔓绿绒没有穿孔。

喜光，耐半阴，烈日暴晒叶片变为焦黄，气生根干枯。喜温暖湿润，生长适宜温度 20～28℃，较耐寒，笔者单位温室夜间温度低于 0℃也未见羽裂蔓绿绒发生冻害。适宜空气湿度 70％～80％。以肥沃、疏松和排水良好的微酸性沙壤土为宜。

扦插繁殖于生长季节进行最好。剪取健壮茎干 2～3 节，直接插入粗沙或水插，保持湿润，温度为 22～24℃，插后 20～25 天生根。

当植株长得较高时，先行摘心，促使多长分枝，待分枝 15～20 厘米时，带气生根一并剪下盆栽。生长多年后在基部也能长出幼株，用刀取下栽培。

大量生产用播种育苗或组织培养方法繁殖。

盆栽开始用直径 20～25 厘米的盆栽培。生长季节盆土保持湿润，在夏季高温期更不能缺水，除每天浇 1 次水外，经常向叶面喷水，增加空气湿度。每 15 天左右施 1 次液肥。当新叶片不断增多，基部老叶逐渐黄化时，要及时剪除。植株生长迅速，每年春季需换

盆，成年植株可2年换盆1次，换口径大一些的花盆。

常见病害有枯梢病、叶斑病等。常见害虫有介壳虫、螨类等。

羽叶茑萝

彩图073

羽叶茑萝是旋花科茑萝属一年生蔓性草本植物，学名*Quamoclit pennata*，别名茑萝松、绕龙花、游龙草、锦屏风、密罗松等。叶碧绿纤秀，花奇特亮丽，地栽或盆栽。

聚伞花序腋生，着花1至数朵。花梗长，花径2厘米左右，花瓣五角星形平展，花冠高脚碟状，筒部细长，花鲜红，纯白或粉色。蒴果扁圆形。种子近长卵圆形，种皮黑色，果实成熟期不一致，成熟后容易脱落，要随熟随采。蔓长6～7米，细弱。每片子叶的两端呈条状长披针形，稍弯，下部联在一起，如大雁展翅状，有2条纵向叶脉。从苗期真叶就开始羽状全裂，裂片条形，整齐。苗期有7～8片真叶时就拉蔓。

要求阳光充足的环境，对日照时数要求不严。喜温，忌寒冷，怕霜冻，种子发芽适宜温度20～25℃。对土壤要求不严，但在肥沃疏松的土壤上生长好。较耐旱，但籽苗期最忌干旱。

播种育苗育苗天数40～50天。播种后覆盖细土1.5厘米左右，不可太薄，否则非常容易带种皮出土。播干籽温度适宜4天出苗。羽叶茑萝出苗容易但不整齐。因其是直根系植物，最好用直径7～8厘米的容器成苗。多数种子后代分离出两种颜色，种子不易分辨，但苗期很容易分辨，红色花茎颜色深红，白色花茎颜色为绿色。

育苗栽培的终霜后定植。羽叶茑萝自播能力强，栽培第2年可用自播苗。一般单行栽培，株距35厘米左右。育苗栽培的或土壤肥沃的要适当稀些，自播苗出苗晚，生长延后，可适当密些。如果您喜欢红白花交相辉映，在定植时配植。施足底肥，及时浇水促使茎叶生长，因茎叶就有很好的观赏效果，当然也不要让它疯长以免延迟开花。拉蔓后及时支架。前期人工辅助引蔓到棚架、篱笆或其他支架上。中后期植株自己具有很强的攀缘能力，除造型外不用引蔓，任其攀缘缠绕。

盆栽用直径 20 厘米以上的花盆，每盆栽 1～2 株苗，也可直播。保持盆土湿润，幼苗期干旱萎蔫，严重的不能恢复而死亡。每个月施 1～2 次稀薄液肥。拉蔓后及时支架引蔓，或牵引到窗户栅栏上，或蟠扎成多种图形，如圆形、扇形、方形等，做成各种花篮。

较少发生病虫害。

猪　笼　草

彩图 074

猪笼草是猪笼草科猪笼草属多年生草本或半木质化藤本食虫植物，学名 *Nepenthes mirabilis*，别名猪仔笼。其叶片末端特化成螺旋状向下弯曲的卷须，在卷须末端长出一个口朝上，下半部稍膨大的瓶状捕虫囊。美丽的瓶状捕虫囊特别诱人，是目前食虫植物中最受人喜爱的种类。多吊盆观赏。

茎柔软细长，匍匐生长或攀缘于其他植物之上，株高 1.5 米左右。叶互生，革质，中脉延长为向下弯曲的卷须，长 2～16 厘米，卷须顶端有 1 个小叶笼，人们习惯叫它食虫囊或捕虫囊。小叶笼中空，瓶状，淡绿至红褐色，长 12～18 厘米，宽 2～4 厘米，瓶口边缘厚，下半部稍膨大。上有绣红色小盖，卵圆形或椭圆状卵形，长 2.5～3.5 厘米，小的时候是密封的，成长后盖才打开，只有一处与瓶口相接，不能再闭合。小叶笼间隔地分布于猪笼草的下层叶，上层叶末端常呈卷须状，少有小叶笼。一般每株有 12～14 个。小叶笼如被剪除，并无再生能力，但随着下层小叶笼的老化、死亡，上层叶能再形成小叶笼。总状花序，长 30 厘米左右，无花瓣，萼片 3～4，红紫色。花单性，雌雄异株。雄蕊合生，子房上位，4 室。蒴果，种子多数。

捕虫囊小的时候，囊盖是密封的，成长后囊盖才打开，只有一处与囊口相接。初长成的捕虫囊，其盖子无法打开；成熟的盖子无法合上。猪笼草在露地生长的情况下，捕虫囊经常装着半囊水。如果雨天盛水过多，卷须承受不了重量，它会自动倾斜，倒去囊内一部分水。这样有利于发挥捕虫囊的捕虫作用，因为如果囊内盛满水，昆虫掉在水里后就容易爬出逃逸。

捕虫原理：捕虫囊的囊口内侧囊壁很滑，并布有蜜腺。蜜腺能分泌出香甜的蜜汁，用来引诱昆虫。囊盖内壁也有蜜腺。捕虫囊下半部的内面，囊壁稍厚，并有很多消化腺，这些腺体在昆虫未掉入囊内时，已分泌出稍带黏性的消化液储存在囊底。消化液呈酸性，有消化昆虫的能力。昆虫坠入囊内后，囊盖不会自动关闭，它并没有那么灵敏。掉进囊内的昆虫多数是蚂蚁，也有野蝇、蚊、蟑螂、金龟子、蟋蟀、蜗牛等。这些动物爬进去吮吸带有甜味的液体，可是在饱食之后，就很难再出来了，因为叶内壁向下长着茸毛，犹如囚笼，坚如钩子。被囚禁的昆虫便成了猪笼草的美餐了。

猪笼草分布的海拔高度很广，从平地到海拔3 000米的高山都有。在园艺上，将生长在1 000米以上高山的猪笼草定为高地种，将生长在平地或低于1 000米高山的猪笼草定为低地种。目前栽培较多的为低地种。低地种喜半阴，怕强光。喜温热，不耐寒，种子发芽适温27～30℃，生长适温 25～30℃，冬季温度不能低于 18℃，否则植株停止生长，低于 10℃叶片边缘遭受冻害。对水分的反应比较敏感，喜湿润或多雾的环境，怕干燥，在高湿条件下才能正常生长发育。当温度变化大，或过于干燥，都会影响捕虫囊的形成。

扦插繁殖于在夏初选取健壮的 1～2 年生枝条，切取长 8～10 厘米为插穗，刀口要锐利，一刀切下。切取的枝条应含数个节间，留上部 2 片叶，并将叶片剪去一半，茎基部剪成 45°斜面，用苔藓或棉絮包扎基部后再扦插，放进盛水苔和盆底垫小卵石的容器内，并用塑料袋将盆和插穗包起来保湿。插后控温 30℃左右，20～25 天生根。节间可长出新芽，慢慢变成幼叶。每天喷水 4～5 次。

压条繁殖于生长期从叶腋的下部割伤，用苔藓包扎，当生根后剪取盆栽。

也可播种育苗。猪笼草雌雄异株，总状花序。家庭栽培需通过人工授粉，提高猪笼草的结实率。采种后立即播种，将种子播在水苔上，经常浇水，保持较高的空气湿度，盆口要用塑料薄膜遮盖，播后30～40天发芽。

盆栽用水苔、泥炭土、椰糠、沙、冷杉树皮屑、珍珠岩等物质混合作基质栽培，也可用疏松肥沃的腐叶土栽培。宜用吊盆或吊篮栽植，使捕虫囊自然下垂，一般用直径15厘米吊盆。盛夏放在户外时，必须遮光50%以上，防止强光直射灼伤叶片。秋、冬季应放在阳光充足处，以利于捕虫囊的生长发育，长期生长在阴暗的条件下，捕虫囊形成的慢而小，笼面彩色暗淡。将猪笼草吊在空中栽培较通风，但会使盆土很快变干，因此需要经常浇水，保持盆土湿润。在冬季应适当减少浇水。浇以不含石灰质的水为佳。

猪笼草不长捕虫囊的原因：一是栽培时间不够。幼苗一般栽培3～4年才能产生捕虫囊。二是环境太干燥。一般来说并非水浇得不够，而是空气的湿度太低了。要提高空气湿度，平时需多喷雾或用透明塑料袋将猪笼草整个罩住，形成高湿的环境；将猪笼草放在水族箱中，或者摆在角落，减少通风，湿度会提高。

在室内栽培时，通常不会有足够的昆虫供猪笼草捕捉，而且为了顾及室内的卫生，可以改为对猪笼草施肥以补充养分。叶面喷洒速效型肥料，不将肥料倒入猪笼草的瓶子中，因为这样会改变瓶内液体的化学平衡，也可能会使瓶子中长出绿藻。有人认为土壤肥沃，可使猪笼草逐渐丧失其捕食昆虫的本能，主要是它再不用从外界获取氮肥，为此不主张施肥。春季在新根尚未生长时进行换盆。

叶斑病和介壳虫常为害猪笼草。

紫　藤

彩图075

紫藤是蝶形花科紫藤属落叶木质藤本植物，学名*Wisteria*

sinensis，别名朱藤、招藤、藤萝等。紫藤为长寿树种，被称为“中华第一藤”。地栽或盆栽。

总状花序长20～30厘米或更长，自总花梗处基部向顶端逐步开放，下垂。通常蝶形花50～100朵，旗瓣镰形，基具耳垂。小花长2～3厘米，花淡紫色至蓝紫色，雄蕊10枚。花芳香。花期3～5月，果熟期8～9月。荚果扁平，长条形，长10～20厘米，外被茸毛。种子扁球形。茎长可达18～25米，喜攀缘上升。皮浅灰褐色，不裂，嫩枝暗黄绿色密被柔毛。叶互生，奇数羽状复叶，小叶7～13，多数11，卵状长圆形至卵状披针形。主根深，侧根浅，不耐移栽。生长较快，寿命很长。缠绕能力强，对其他植物有绞杀作用。

喜光，较耐阴。喜温暖，较耐寒，但不能在北方寒地越冬。耐水湿及瘠薄，以土层深厚、排水良好、向阳避风的地方栽培最适。

扦插繁殖于春季萌芽前，选取1～2年生的粗壮枝条，剪成15厘米左右长作插穗，扦插深度5厘米左右。当年苗高可达20～50厘米。或春季挖取0.5～2.0厘米粗的根系，剪成长10厘米左右，插入苗床，插穗的上切口与地面相平。

播种育苗于春季进行。播前用热水浸种，水温降至室温时捞出在冷水中淘洗片刻，然后保湿堆放1天后播种。

还可用压条、分株和嫁接方法繁殖。

紫藤主根长，寿命长，不耐移植，需要在土层深厚的地方栽培。如果栽培地下有建筑垃圾，应彻底清除。挖好栽培坑，施入农家肥。由于侧根少，因此在移栽时需带土坨。紫藤枝粗叶茂，需要设置坚固耐久的棚架，一般栽植大株先设棚架，小苗后设。定植时浇足水，使根系和土壤密实，其他时间视雨水情况确定是否浇水。成株一般不需浇水，特干旱时浇水。萌芽前可施肥，多施钾肥。生长期间每年追肥2～3次。树势过旺，枝叶过多或树势衰弱难以积累养分，都可能栽种数年不开花，前者用部分切根和疏剪枝叶，后者用加强水肥管理来调整。花后将中部枝条留5～6个芽短截，剪除弱枝，以促进花芽形成。落叶休眠期结合修剪调整枝条布局，通过去密留稀和人工牵引使枝条分布均匀，保持姿态优美。对当年生的新枝进行回缩，剪去1/3～1/2，并将细弱枝、枯枝剪除。

盆栽要用大盆，选用较矮小品种。移栽上盆时宜带较长一段主根，盘在盆内，当然过长的可以剪除一部分。栽苗后置于通风的阴处1周，然后放到光照充足处。保持盆土湿润。及时引蔓、修剪和摘心，剪除多余分枝，促成树型形成。控制植株勿使过大，也可修剪成灌木状。开花时少浇水施肥以延长花期。花后及时剪去残花，避免营养消耗。越冬时置于0℃左右低温处，保持盆土微湿，使植株充分休眠。

常见病害有软腐病、叶斑病等。常见害虫有蚜虫、刺蛾、枯叶蛾、蛀心虫、介壳虫等。

CHAPTER 12

草本观花植物

本章的草本观花植物不包括藤本植物里观花的草本植物，也不包括球根花卉、兰花、仙人掌类及多肉花卉。它们在其他章里专门有介绍。

矮　牵　牛

彩图 076

矮牵牛是茄科矮牵牛属多年生草本植物，生产上多作一年生栽培，学名 *Petunia hybrida*，别名碧冬茄、灵芝牡丹等。是重要的露地和盆栽花卉。

花单生叶腋或枝顶，蕾期萼片张开，萼片 5，深裂，披针形。未开花瓣扭曲，花筒长。单瓣花的花冠漏斗形，重瓣的半球形。花瓣边缘多变化，有平瓣、波状瓣、锯齿状瓣等。蒴果。种子近圆球形，种皮黑褐色。茎稍直立，或倾卧，或匍匐，有黏质柔毛。叶密集，柔软，卵形，几无柄，全缘，上部对生，下部多互生。

喜光，光照充足叶片平展，光照不足时竖着向外伸展，夜晚叶片直立。在低温短日照条件下，茎叶生长繁茂；在长日照条件下茎叶顶端很快着生花蕾。能忍受－2℃的低温，夏季 35℃高温也能生长，笔者用耐热的栽培种，在盛夏季节午间前后气温高达 38℃多的温室内栽培，仍生长良好，花朵盛开；不耐高温的品种在南方冬、春季栽培。种子发芽出土最适温度 20～24℃，成苗期适宜生长温度白天 27～28℃、夜间 13～15℃。植株较适宜的生长温度15～28℃。如果有 12 小时以上的光照和 10℃以上的夜温可一直开花。对土壤肥力要求不严，但以排水良好、疏松的沙壤土最适，适宜的土壤 pH6.0～6.5。喜湿润，忌太湿，较耐旱。

通常播种育苗。在适宜温度下，大多数品种从播种至开花需100天左右。如果光照不足或阴雨天过多，往往开花延迟10～15天，而且开花少，因此要育苗。冬春在室内育苗，育苗天数60～80天。由于种子极细小，家庭栽培最好采取盆播。播后覆细土0.2～0.3厘米。笔者试验，薄覆土比不覆土的出苗率高。播干种子温度适宜时单瓣品种5天出苗。当有1片（矮牵牛下部叶片多互生）真叶时移植，最好只移植1次，用直径7～8厘米的容器培育成苗。

重瓣或大花品种不易结实，需要扦插繁殖；悬垂吊挂矮牵牛用种子繁殖其园艺性状有些不稳定，宜用扦插繁殖。从开过花的老株上剪取新芽作插穗。做法是：老株的花落后，将老茎剪掉，控制浇水，过一段时间长出新芽作插穗。插穗长3～4厘米，摘掉下部叶片和花蕾，仅留顶部2对叶片（矮牵牛上部叶片多对生），将其基部剪成马蹄形。在细沙上扦插，深度1.5厘米左右，插后遮光。2周后生根，生根率50%～60%。也可水插，生根率80%～90%。为了保存扦插材料，每年秋季花落后，将盆栽老株存放在室内越冬。

露地栽培的需倒茬，盆栽的土壤应消毒。在室外选有充足光照的地方栽培。施肥量要适中，肥力太强会引起枝叶徒长。终霜前后定植，如果终霜前定植，秧苗要经过低温锻炼。栽培的株行距不可过密，一般在30～35厘米。及时铲趟。夏季浇水时注意不要淋到花朵和叶片上，因为植株上有黏质茸毛，沾水很容易造成水渍。大雨及时排涝。不论盆栽还是地栽，如果栽培时间长，都应摘心。在摘心后10～15天用0.25%～0.5%比久药液喷洒叶面3～4次，能控制植株高度，促进分枝，使花朵紧密美观，效果十分显著。当矮牵牛长到一定高度时用矮架扶撑可避免花枝向下匍倒。开花1～2个月后修剪过度生长的支蔓。不留种的及时摘去残花。如果您用的矮牵牛是杂交种，不要留种。

常见病害有灰霉病、花叶病、青枯病等。主要害虫是蚜虫。

百 日 草

彩图 077

百日草是菊科百日草属一年生草本植物，学名 *Zinnia elegans*，别名步登高、步步高、节节高、火球花、百日菊、秋罗、对叶梅、状元红等。是重要的露地草本花卉，也可盆栽。

头状花序单生枝顶，花轴长，花序直径 4～10 厘米，舌状花倒卵形，有红、黄、紫、白等颜色。肉眼可见管状花的 5 个很小的黄色花瓣。瘦果，舌状雌花结的种子从楔状广卵形至瓶形，顶端尖，中部微凹；管状两性花结的种子椭圆形，较扁平。种子千粒重 7 克左右，可以使用 3 年左右。当外轮花瓣开始干枯、中轮花瓣开始褪色时采收。茎直立粗壮。叶片全缘，近无柄，卵圆至长椭圆形，有短的粗糙硬毛。子叶近圆形，具柄。真叶微抱茎对生，叶缘具柔毛，叶片广卵形至椭圆形。

喜光，耐半阴。长日照舌状花（菊科植物花盘外层像舌头状的花）增多，短日照管状花（菊科植物花盘内层如管状的花）增多舌状花减少。种子发芽出苗适温范围广，在 10℃以上可以发芽，21℃左右最为适宜。生长最适温度白天 25～27℃，夜间 16～20℃，怕霜冻。不耐酷暑，当气温高于 35℃时，长势明显减弱，开花稀少，花朵也变小。对土壤要求不严，适宜 pH5.5～7.0。对土壤水分的变化适应性强，不怕涝，但土壤水分太多容易徒长。在土层深厚、排水良好的肥沃土壤中生长最佳。

通常播种育苗。春天一般用 60 天左右就能育出有 8～9 对抱茎对生叶的秧苗。播种后覆土 1.5 厘米左右，不可太薄以免子叶带种皮出土。当地温 21℃左右时，播干籽 3 天齐苗。幼苗生长迅速，应及早分苗。要想使植株低矮开花应及时摘心，留 2 对叶片，在摘心后腋芽长至 3 厘米左右时喷矮化剂。

为获得单一色彩或花型的，可用扦插繁殖。剪取长 10～15 厘米的侧枝作插穗，去掉下部叶片，在沙中扦插，约2周生根。生根后移入容器中培育成苗。

终霜后定植露地，定植前施肥整地。高秧种的株距40～50厘米，中秧种35～40厘米，矮秧种（杂交种）30厘米左右。夏秋季作切花的直播密植。从播种至开花的时间随温度的提高而缩短，如早春育苗需80～90天，春天露地直播70～80天，夏天的天数明显减少。笔者在夏季直播，39天开花。百日草的根系中侧根较少，移栽后恢复的速度较慢，如果没有采用容器育苗，宜在小苗时定植。没有护根的大苗移栽后下部的叶片会出现枯萎。在育苗时没摘心的，定植后及时摘心，直播的当植株高10厘米左右时摘心，促其萌发侧枝。当侧枝长到有3对叶片时，留2对叶片进行第2次摘心，使株形丰满，开花多。当花开败时，要及时从花茎基部留2对叶片剪去残花。修剪后浇水追肥，促使长出新的枝梢，这样开花日期可延长到霜降。在南方盛夏生长衰退，开花停止，此时应停止追肥，但要保持土壤湿润，防止凋萎和死亡。立秋以后又能拔节开花。

一些矮生品种可盆栽，要反复摘心，促其萌生侧枝，从而形成低矮的株丛。接近开花期追肥，每隔7天左右追施液肥1次，直至花盛开，开花后一般每月施1次液肥。

留种母株应隔离养护，避免品种间杂交。采收到的第1批种子最饱满，品质也好，应及时采收。百日草花的各个部位的瘦果成熟期很不一致，如果等到全部成熟后再采收，先熟的种子遇到雨水容易在花盘上自然萌发。正确的采收时间应在外轮花瓣开始干枯、中轮花瓣开始褪色时进行。把花头剪下晒干，吹掉杂质收藏。

主要病害有白粉病、菌核病、白斑病等。害虫有尺蠖、蚜虫等。

百 万 小 铃

彩图078

百万小铃是茄科碧冬茄属多年生草本植物，常作一、二年生栽

培。是小花矮牵牛的一个品种，学名 *Calibrchoa* ‘Million Bells’，别名小花矮牵牛、舞春花等。因为花朵似铃铛而且数量繁多故名百万小铃。和普通矮牵牛相比，花和叶片都比较小，但是花更多、更紧凑。

花冠漏斗状铃铛型，花形有单瓣、重瓣、瓣缘皱褶或呈不规则锯齿等。花色有红、白、粉、紫及各种带斑点、网纹、条纹等。雄蕊 5 枚，雌蕊 1 枚。枝条伸长后自然下垂成为吊盆植物。全株密被细茸毛。叶椭圆或卵圆形，或倒披针形。叶片呈十字互生。叶片长 2 厘米左右。

喜光，也耐半阴，充足的光照分枝旺盛、开花多。长日照开花好，株形紧凑，光照不足花少色浅。适宜生长温度 15～30℃，在 20℃左右时每朵花花期约 1 周。夏季能耐受 35℃高温，冬季能耐受一段－5℃的低温。适宜的土壤 pH5.5～6.5。有的品种对日照要求不严，其他条件适宜可以常年开花。

扦插繁殖。将枝条剪成长 3～4 厘米作插穗，剪取的插穗需要稍晾后再扦插。在春、秋两季扦插成活率比较高，可达 95%以上，生根时间 15～25 天。冬季温度低扦插生根时间长，有的需要 2 个月左右；夏季随气温升高成活率下降。扦插生根后移入小容器。

用上口直径 20 厘米左右能悬吊的容器栽培。用肥沃微酸性土壤作盆土。将生长良好的小苗移入容器中，每盆栽植 2～3 株。百万小铃伤根后恢复得比较慢，移苗的时候小心伤根，移后要缓苗 1 周。控制土壤水分适当湿润，不可浇水过勤，土壤长期过湿容易烂根。在早晨浇水。高温季节要及时补水，如茎叶萎蔫除了及时浇水外，还应对叶面喷水。用充分腐熟的农家肥或复合肥追肥，视盆土肥力每隔半个月左右施肥 1 次。

苗高 6～8 厘米时开始摘心。摘心后，当侧芽萌发新的枝条长到一定的长度进行第 2 次摘心。通过适当的摘心，株形会更加丰满。对于分枝多的地方，可以多摘几次，每次留 4～6 片叶，温度低时留 6～8 片叶。花后重剪，只留约 10 厘米枝干，让其重发新枝，不影响下一次开花。

常见病害有白霉病、叶斑病、病毒病等。常见害虫有蚜虫、螨虫、白粉虱等。

百　子　莲

彩图 079

百子莲是石蒜科百子莲属多年生常绿草本植物，学名 *Agapanthus africanus*，别名百子兰、紫穗兰、紫君子兰、蓝花君子兰等。原产南非。花和叶片均具有较高观赏价值，栽培多年后可以长成较大的植株。花形秀丽，适于盆栽作室内观赏。

花轴高可达 60 厘米左右，直立，粗壮，高出叶丛，每个花轴可着花数十朵，着花数与植株大小正相关。顶生伞形花序，外被 2 片大形苞片。一般盛夏至初秋开花。花多蓝色，也有白色，花瓣 6～7，长圆形，尖端略向外翻转。花药最初为黄色，后变成黑色。蒴果，3 棱，果柄长。种子扁平，形状不规整，有翅，种皮黑色。种子千粒重 8 克左右。成株叶片舌状带形，2 列基生于短根状茎上，对称排列，光滑，叶色浓绿有光泽。

喜充足的阳光，忌暴晒。喜夏季凉爽冬季温暖的环境，越冬温度不低于 8℃，怕霜冻。最适宜生长温度 20～25℃，11 月～4 月休眠期温度在 5～12℃。要求疏松、肥沃的沙质壤土，土壤最适 pH5.5～6.5。喜湿润，忌积水，休眠期的冬季盆土应保持稍干燥。如果冬季土壤湿度大，温度超过 25℃，茎叶生长旺盛，妨碍休眠，会直接影响翌年正常开花。

播种繁殖。覆盖细土 1 厘米左右，保持土壤湿润。出苗时单子叶弯曲，叶尖包在种皮里面。播干籽 18 天真叶出土，直立。整片子叶先绿后干枯，籽苗期有 1 条白色的肉质根，小苗生长慢，需栽培 4～5 年才开花。

分株繁殖。百子莲易分蘖，在春季结合换盆进行分株，将母株从花盆里取出，把过密老株分开，一般用利刀切开，一般每丛 2～3 株，分株后翌年可开花。如果秋季花后分株，翌年也可开花。或将母株旁多余的幼苗于根际处用利刀切下，如果不能带根系，可水插，1个月左右生根，这样处理母株不受伤害。

夏季宜放在半阴湿润处，6～9月不让烈日直射，以免灼伤叶片。浇水以湿润为度，见干见湿，但在夏季要给予充足的水分，并要经常在植株及周围环境喷水。越冬注意控制浇水，保持盆土稍微湿润即可。生长季节每隔15天左右追肥1次，施肥后用清水喷淋叶片。花前增施磷肥，可花开繁茂，花色鲜艳。花后及时除去残花。

用400毫克/千克多效唑溶液处理花轴高度可降低60%左右。在休眠期通过提高温度打破休眠，促使百子莲开花提前。作切花观赏时，选在清晨切下，新采下的切口会流出多量的黏液，如果直接暴露于空气中干燥，对吸水有不良的影响，所以采下花轴应立即插水，瓶插寿命7～10天。

病害有叶斑病和红斑病。

报　春　花

彩图 080

人们通常说的报春花是指报春花科报春花属（*Primula*）植物的总称，也叫报春花类、樱草类，它是一、二年生或多年生草本植物。全世界有报春花500余种，我国产390余种，主要分布在西部和西南部低纬度高海拔的凉爽湿润地区。报春花在我国有悠久的栽培历史，目前栽培的多为园艺品种。它株丛雅致，花色艳丽，姹紫嫣红，花期正值元旦和春节，是著名的冬季盆花。

花轴由根部抽出，高出叶面，伞形花序。萼管状、钟状或漏斗状，5裂。花冠漏斗状或高脚碟状，长于花萼，花瓣5，广展，全缘或2裂，雄蕊5，花色黄、深红、纯白、碧蓝、紫红和粉红等。蒴果球状或圆柱形。种子近圆球形，种皮黑褐色，种子千粒重0.8克左右。当果实顶部慢慢开裂时将其采下，随熟随采，不在阳光下暴晒。叶片基生，叶长10厘米左右，具长柄，边缘有锯齿。成株叶椭圆形至长椭圆形，叶面多皱褶。

不耐烈日暴晒及高温，夏季应放在通风凉爽的半阴处休眠越夏，其他季节需见光。喜冷凉，多数品种较耐寒，但又不耐严寒。生长适宜气温12～21℃。报春花的多数种类花芽分化需要10℃的低温和短日照，要求疏松肥沃的土壤，多数品种喜微酸性土壤，喜空气湿润。

可播种育苗。作室内盆花用的种类，从播种到开花约需160天。如在7月播种，可在年初开花；为避开热天，也可在8月播种。在花盆中播种，覆土0.1～0.2厘米。播后放在阴凉处，当气温15～21℃时，一般5～6天出苗。有2片真叶时分苗，用容器培育成苗，夏季放在遮阴通风处。

分株繁殖于秋季取出母株，用手掰开或用刀割开株丛。为了扩大繁殖，或栽培的容器小每丛带1个芽，如果母株多或容器大带2～3个芽。分株后直接栽于盆中。

盆栽一般用直径17厘米左右的盆。根据栽培的种类选择适宜的土壤。报春花栽培的成功与否主要是温度的控制：夜间10～12℃、白天15～18℃最为适宜，当温度高时容易徒长或开花不良，花的寿命也短。冬季3～5天浇1次水，北方冬季室内温度高时，每日可进行数次的叶面喷水，以降低温度，提高湿度。白天将花盆放在有阳光的地方，晚上移到低温处，如窗帘和窗户之间或其他凉爽的地方。到2月下旬室内光照相对较强时，中午前后要有适当遮阴，这样可使花色鲜艳。夏季报春花进入休眠状态，应注意通风，放在半阴处，适当减少浇水。一些种类越夏时叶片大都枯萎，只剩几片小叶，此时还要正常管理，浇水更要少些。秋季天气转凉后，当温度适宜时报春花叶片会迅速生长。如果采种需人工授粉。春天结实的种子质量好，应随熟随采，放在通风处阴干，不要在阳光下暴晒。报春花种子的寿命较短，采后尽快播种，或在低温干燥处保存以后播种，但要在当年播种。

常见病害有褐斑病、灰霉病、斑点病、细菌性叶斑病等。主要害虫有尺蠖、蚜虫、螨类、白粉虱等。

彩 叶 凤 梨

彩图 081

彩叶凤梨是凤梨科彩叶凤梨属多年生常绿草本植物，学名 *Neoregelia carolinae*，别名赪凤梨、五彩凤梨、羞凤梨等。我国彩叶凤梨的栽培时间不长，就全国而言现在生产量不大。彩叶凤梨株形矮壮，色彩鲜艳，终年不褪，是极具观赏价值的室内盆栽植物。

彩叶凤梨及凤梨科植物的特点：①长着“水槽”。彩叶凤梨及凤梨科植物的大多数种类的叶片基部相互紧叠，形成了一个不透水的组织，相当于一个水槽，起着储水的作用，它的基部有鳞状毛，可以吸收水分和营养。因此既可以储水防旱，又可以将掉入的落叶、昆虫或动物的排泄物等溶解成肥料，然后再吸收供其生长。②美丽的内轮叶片。彩叶凤梨及凤梨科植物的大多数种类的花一般都很鲜艳，常被鲜红或粉红的内轮叶片包着，开花期间以及开花前内轮叶片颜色都很鲜艳。③只开 1 次花。彩叶凤梨及凤梨科植物虽然是多年生，但开过花后不能再开花，花谢后植株逐渐枯萎。花前或花后在植株基部的叶片间能长出 2～3 个子株。

株高 20～35 厘米，扁平的莲座状叶丛外张，叶片长 25～30 厘米，宽 3～4 厘米，有光泽，边缘有细锯齿。叶中央有乳白、乳黄色纵纹。开花前内轮叶的基部或全叶变成鲜红色。花小，蓝紫色，隐藏于叶筒中。

喜光，但怕强光长时间暴晒，一般应遮光 40%～50%。在适度的光照下，转色的内层叶的中心部分色彩鲜艳持久。长期光照不足，中心叶片不鲜艳，缺乏光泽。种子发芽适温 24～26℃，植株生长适温 18～28℃，在 35℃以下时彩叶凤梨仍能生长，冬季温度应不低于 10℃，否则顶端叶片出现卷曲皱缩的冻害现象，并逐渐发生焦枯。喜湿润，夏季要求较高的湿度，冬季稍耐干燥。要求栽培土壤疏松。

可分株繁殖。花后从母株旁萌发出蘖芽，当蘖芽长到8厘米左右高时，切下插于沙床中。保持室温25～28℃，20～25天萌发出许多新根，再盆栽养护，栽培2～3年后开花。

育苗栽培的春季播种。播种土壤必须经过高温消毒，播后轻压一下，不用覆土，盖上塑料薄膜保湿，8～12天发芽，有3～4片真叶时移到直径8厘米容器中。培养3～4年开花。

盆栽开始用直径15厘米左右的花盆，用肥沃的腐叶土、泥炭土和沙等量混合配制盆土，产业化生产常用泥炭土、树皮颗粒和沙混合配制。生长期间保持盆土湿润，叶面经常喷水，以维持较高的空气湿度。当气温低于15℃时要停止喷水，夜间保持叶面干燥。水槽每2周换水1次。如果冬季温度低，应将水槽内盛的水清除，待翌年气温转暖时再加入清水。每月施稀薄液肥1～2次。外轮叶片衰老黄化的应及时剪除。2～3年换盆1次，剪除衰老株，保留根部长出的新蘖芽。如蘖芽数多，可留1～2个，多余的蘖芽取下作扦插繁殖材料。

常见病害有叶斑病。常见害虫有介壳虫、粉虱和蓟马。

长 春 花

彩图082

长春花是夹竹桃科长春花属多年生草本或半灌木植物，露地多作一、二年生栽培，学名*Catharanthus roseus*，别名日日草、日日春、山矾花、四季梅、五瓣莲等。原产地中海沿岸、印度、美洲热带地区。长春花的花朵多，整体花期长，抗虫。有5种抗癌生物碱，是当前应用最多的抗癌植物药源。地栽或盆栽。

聚伞花序顶生或腋生。花冠高脚碟形，花瓣5，粉红色、紫红色、白色等，多具红心。蓇葖果2个，直立。种子近不规则圆柱形，放大可见颗粒状小瘤突起，种皮黑色。种子千粒重1.3克左右。在蓇葖果发黄，隐约见种子发黑时采收。单叶对生，膜质，长椭圆形至倒卵状，叶缘光滑，基部狭窄具短柄，先端具短

尖，叶片浓绿有光泽、两面光滑无毛。茎直立，叶片主脉白色明显。

喜光，稍耐半阴。喜高温高湿，不耐严寒，怕霜冻，适宜生长温度22～33℃，春季露地栽培的终霜后定植。抗旱，忌湿怕涝，浇水太勤落叶严重。对土壤要求不严，但盐碱土不宜。以排水良好、沙质或富含腐殖质的土壤最适。

播种育苗。家庭栽培用花盆播种，种子上面覆盖细土1厘米左右。当温度22～25℃时，没浸种处理的种子播种后4天出苗。有1对真叶时移苗，用上口直径8厘米的容器培育，苗期生长健壮整齐。苗期白天控制气温18～25℃，要充分见光，水分适中控制，防止湿涝。

扦插繁殖。春季或初夏剪取长8厘米的嫩枝，去除下部叶片，保留顶端2～3对叶。在沙床中扦插，保持湿润，控制温度20～25℃，插后15～20天生根。用300毫克/千克萘乙酸药液浸泡插穗2小时，能够缩短生根时间。

露地栽培的，如果是降雨特别多的地方需进行防雨栽培，雨淋后植株易腐烂。

用上口直径15～20厘米容器栽培。使用普通土壤作盆土的，在装盆前适量掺入复合肥，要拌匀，有条件的用充分腐熟的农家肥。每个容器栽2～3株苗。底肥不足的生长旺季时每隔7～10天施肥1次，在气温较低时，减少肥的使用量。为了获得良好的株形，需要摘心1～2次，摘心还能促进分枝和控制花期。一般有3～4对真叶时开始摘心，新梢长出2～3对真叶时进行第2次摘心，摘心最好不超过3次，摘心直接影响开花期，一般摘心后20～25天开始开花。花后除去残花，剪去徒长枝使株形美观。可以重修剪，但大大延迟再次开花时间。长时间的下雨对长春花非常不利，特别容易感病。在栽培过程中有条件的尽可能不淋雨，以防茎叶腐烂病的发生。

病害有猝倒病、灰霉病。长春花本身有毒，比较抗虫害，主要害虫有红蜘蛛、蚜虫、茶蛾等。

倒 挂 金 钟

彩图 083

倒挂金钟是柳叶菜科倒挂金钟属多年生亚灌木，学名 *Fuchsia hybrida*，别名吊钟花、灯笼花、灯笼海棠、吊钟海棠等。其枝繁叶茂，垂花朵朵，花形奇特，如悬挂的彩色灯笼，栽培品种多，花期长，非常适宜家庭盆栽。

花生于枝上部叶腋，花梗长 3～5 厘米，花朵倒垂。萼片长圆披针形，平展或上卷，深红或白色。花瓣 4 枚，也有重瓣品种，自萼筒伸出，比萼片短，阔倒卵形，常呈抱合状或略开展，雌雄蕊伸出花外，花瓣有白、玫瑰红、紫等颜色。花期夏至初冬。浆果红色，表面光滑，圆柱形。株高 30～150 厘米，盆栽 30～50 厘米，茎近光滑，枝细长稍下垂，粉红或紫红色，嫩枝稍肉质，老枝木质化明显。叶对生或 3 叶轮生，卵形至卵状披针形，边缘具疏齿。

喜光，但忌烈日暴晒和雨淋日晒，高温烈日会使植株落叶。种子发芽最适温度 20～22℃，植株生长适宜温度 15～25℃，低于 5℃易受寒害，超过 30℃进入半休眠状态，高于 35℃时大量死亡。要求肥沃、疏松的微酸性土。喜空气流通的环境。

繁殖常用扦插或播种方法。由于扦插生根容易，一般又很少结籽，所以家庭栽培主要用扦插繁殖。在生长季节均可扦插，以秋季扦插最为适宜。插穗以顶端嫩枝最好，插穗长 7～8 厘米，插于沙床，保持湿润，插后 10 天左右生根。倒挂金钟扦插容易，并且植株生长快，家庭室内盆栽的可以第 1 年秋天扦插，第 2 年春、夏季开花，花后倒掉。如果要养成大盆作多年生栽培，应随着植株的生长，每年换大盆。倒挂金钟种子小，播种育苗的要精细播种，从播种到开花需 4 个多月时间。

盆栽用直径 15～20 厘米的盆。盆土应疏松、肥沃和排水良好，并加入适量的有机肥及少量骨粉或磷肥。注意通风，使其安全越夏。春、秋季温度适宜，生长迅速，加上花期长，开花多，因此对水肥的需要量也大，浇水可多些，但忌盆土过湿，以免烂根，又不能缺水，缺水易落叶；每10～15天施稀薄液肥1次，现蕾后和花期每7天施1次。夏季高温，停止施肥。倒挂金钟趋光性强，生长期应经常调整方向，室内栽培的每7～8天转盆1次，避免植株偏向一方生长。花期要少搬动，防止落蕾落花。

生长期间应多次摘心。小苗上盆恢复生长后，一般在3对叶时进行第1次摘心，留2对叶。当分枝有3～4对叶时进行第2次摘心，每株保留5～7个分枝。以后视生长情况还应摘心。一般摘心后2～3周即可开花。倒挂金钟开过花的枝条不能再形成花芽，因此要重修剪。

主要的病害有枯萎病和锈病。主要害虫有白粉虱、蚜虫和介壳虫。

地 涌 金 莲

彩图084

地涌金莲是芭蕉科地涌金莲属多年生大型常绿草本植物，学名 *Musella lasiocarpa*，别名千瓣莲花、地金莲、地母金莲、地涌莲、矮芭蕉等。原产中国云南省，系中国特产花卉。传说佛祖诞生时每走一步，足下都会长出地涌金莲，故被佛教寺院定为“五树六花”之一，也是傣族文学作品中善良的化身和惩恶的象征。先花后叶，春季开花时如涌出地面的金色莲花，景观十分壮丽。适于庭园中窗前、墙隅、假山石旁配植或成片种植，也适合盆栽观赏。花可入药，有收敛止血的作用。

花序生于假茎顶端，先花后叶，直立，莲座状，苞片基部金黄色，上部及边缘微紫红色。每1苞片内有小花2列，每列4～5花，苞片展开时才展现出来，花清香、柔嫩。花期可达半年以上。浆果3棱状，密被硬毛。种子较大扁球形，光滑，腹面有大而明显的种脐。植株丛生，具水平生长的匍匐根状茎，地上部假茎高60厘米左右，基部有宿存的叶鞘。叶片浓绿色，长椭圆形，长50厘米左右，宽20厘米左右，具短柄，形状如芭蕉。

喜光，不耐阴。喜温暖和夏季湿润，不耐寒，气温在10℃以下就应移入室内，0℃以下地上部分会受冻。喜肥沃、疏松土壤。易移栽。

以分株繁殖为主，于早春或秋季，将根部分蘖的小株带上匍匐茎，从母株上切下另行种植。第3年开花。也可播种繁殖。

南方温暖地区宜在春季进行露地移栽，栽植后注意浇水，保持土壤湿润。栽培地点在庭院角隅或天井窗前一角的避风高燥处，忌植于低洼或雨后积水的地方。春季要保障充足的水分供给，雨季及时排水，忌积水。早春和秋末在植株周围开沟施肥，并在假茎基部培以肥土，旺盛生长期适量追肥，可促进生长开花。花后地上部假茎逐渐枯死，应及时将其砍掉以利翌年再发，平时有枯叶及时摘除。在华南有霜地区冬季需用稻草或塑料薄膜包裹茎干，以防霜冻；寒冷地区宜在温室内栽培，越冬温度应不低于1℃。

选在露地快开花的植株进行盆栽，用上口直径30厘米以上的容器栽培，栽培土壤需透气性良好。生长季节浇水宜干湿相间，室温高时可往叶片上喷洒清水。地涌金莲生长快速，每月施1～2次肥。夏季和初秋中午前后日照强度大，需注意适当遮阴，这样长势旺盛，开花良好。花期适当控水和控光能延长开花时间。每年春季换盆。

主要病害有灰纹病。主要害虫有介壳虫、皮氏叶螨等。

繁　星　花

彩图085

繁星花是茜草科五星花属多年生草本花卉，学名 *Pentas lanceolata*，别名五星花、雨伞花、星形花、埃及众星花等。原产非洲热带和中东地区。繁星花数十朵聚生成团，十分艳丽悦目，适于

盆栽或地栽。

聚伞花序顶生密集，每个花序有花 20 朵以上。小花筒状，先端 5 裂，形似星星。花色粉红、绯红、桃红、白色等。蒴果黄褐色。花期主要集中在 5～10 月间。茎直立或外倾，分枝力强，一般高 30～40 厘米。叶对生，卵形、椭圆形或披针状长圆形，最长可达 15 厘米，有时仅 3 厘米，最宽达 5 厘米，有时不及 1 厘米，顶端短尖，基部渐狭成短柄。

喜光，不耐阴，光线愈强植株愈紧密矮壮。耐高温，不耐寒，生长适宜温度 18～30℃，温度低于 10℃，会使开花不整齐并延迟或妨碍花朵的开放。耐旱但不耐水湿，忌积水，生长期间不宜浇水过度，否则易使植株黄化，花朵生长缓慢。浇水时，水温不宜过低。适宜 pH6.5～6.8，当栽培土壤的 pH 低于 6.2，叶片边缘干枯，生长缓慢甚至停滞。

扦插繁殖。一年四季都可进行，一般在春季扦插。扦插时剪取未开过花的枝条 2～3 节，斜插于沙床或插盆中。保持湿润，温度适宜时约 20 天生根并长出新芽。播种繁殖主要应用于园艺杂交育种上。种子细小，每克 35 000 粒，需要精细播种。种子发芽需光，不覆土。出苗适宜温度 23～26℃，播种后 6～9 天出苗。

当播种苗有 3 对真叶时或扦插苗根系长 3 厘米后上盆。开始用上口直径 10 厘米的容器栽植，随着植株的长大更换大一些的盆。盆土应肥沃疏松、排水透气性良好，用壤土或沙壤土加充分腐熟的农家肥配制。空气相对湿度低可降低繁星花叶片的病害，所以不宜过度浇水。繁星花全株被毛，为避免喷雾使植株处于高湿状态，苗期浇水多用浸盆方式进行。保持盆土稍干还可促进花芽分化和生长。每隔 15 天左右施 1 次肥。植株长到 3～4 对真叶时摘心 1 次，使分枝整齐，开花一致。如果预计花期过早，可摘心 2 次，每次摘心将延迟开花 10～12 天。3 年以上的老株，应采用扦插的方法予以更新。

主要病害有灰霉病、叶斑病等。主要害虫有红蜘蛛、粉虱和蚜虫等。

非洲菊（扶郎花）

彩图 086

非洲菊是菊科大丁草属多年生常绿草本植物，学名 *Gerbera jamesonii*，别名扶郎花、大丁草、嘉宝菊等。色泽艳丽，开花不断，观赏期长，适合盆栽观赏。

头状花序单生，高出叶面 20～40 厘米，花径 10～14 厘米。总苞片条状披针形，先端尖。舌状花瓣 1～2 轮或多轮呈重瓣状，花瓣长椭圆至披针形，长 3～4 厘米，宽 0.6～0.9 厘米。管状花 2 唇形，外唇 3 裂；内唇 2 裂，裂片外卷。花色有大红、橙红、淡红、黄等。条件适宜常年开花。种子千粒重 4.5 克左右。株高 20～60 厘米，全株被柔毛。基生叶多数，呈莲座状叶丛。叶片矩圆状匙形或长椭圆状披针形，叶柄长 10～20 厘米。

喜光。喜冬季温暖、夏季凉爽、空气流通的环境。种子发芽适温 21～24℃，营养生长期白天最适温度 20～25℃，夜间 16℃左右，开花期适宜温度 15～30℃，冬季 7～8℃能安全越冬。如果冬季温度在 15℃以上，夏季不超过 26℃，植株不进入休眠期，可终年开花。耐短期 0℃的低温，终年无霜地区可作露地宿根花卉栽培。耐旱而不耐湿。喜疏松肥沃微酸性的沙壤土，适宜的 pH 6.0～6.5，在碱性土壤中叶片容易产生缺铁症状，忌黏重土壤。

播种育苗常用于矮生盆栽型品种和育种。非洲菊很少有种子，如播种繁殖必须人工授粉。由于种子寿命短，种子成熟后立即播种，薄覆土，温度适宜播后 7 天出苗。2～3 片真叶时，移入直径 8～10 厘米的容器中培养大苗。

分株繁殖适用于分蘖力强的品种，在春季进行。先从盆中取出母株，每个新株必须带有芽与根，有 3～4 片功能叶，不宜分得太小，连续多年进行分株繁殖，种性退化。

扦插繁殖用单芽或发生在茎基部的短侧芽扦插，每株母株可反

复剪取插穗3～4次，可采插穗10～20个。插在沙或泥炭土中，控温22～24℃，3～4周生根。春季扦插的新株当年能开花。为促进生根，用500毫克/千克的萘乙酸药液处理插穗，然后扦插。

大量生产时用组织培养繁殖。

盆栽用直径15～20厘米的花盆。盆栽非洲菊抗病能力较差，容易感染立枯病、灰霉病、白绢病等，种植前要对培养土、花盆进行严格的消毒。栽植时根芽必须露出土面，根颈处高于土壤表面1～1.5厘米为宜。摆放在室外的盛夏应遮阴30%左右，其他时间充分见光。加强通风，降低温度，防止温度过高而引起休眠。生长期间应保证水分的供应，不干不浇，浇则浇透，切忌盆内积水。冬季尽量少浇水，土壤稍干些好。幼叶和小花蕾上密布茸毛，如沾水后，水分不易蒸发，往往会导致花蕾及心叶霉烂，浇水时要注意不使叶丛中心沾水。在生长季节每2～3周叶面喷施1次0.2%～0.4%的硝酸铵或过磷酸钙、硫酸钾等肥料，并加硫酸亚铁。进入孕蕾和开花期，每隔10天左右追施1次稀薄液肥。在开花期内经常观察叶片的生长状况，如叶小而少时，可适当增施氮肥，但施用量不可太多，否则植株生长过旺，叶片繁茂，抽花数未必增多。高温或低温会引起植株进入半休眠状态，应停止施肥。基部的丛生叶在生长过程中容易枯黄衰老，应及时摘除。一般每株保持25片叶左右为宜，叶片过密的应摘除一部分，并适当控制水肥。花蕾太多的应疏蕾，在1株的同一时期只保留3个相当发育的花蕾较适宜。植株叶片数在5片以下时要除去花蕾，保障植株的生长。老株栽培2～3年后，着花数减少，花的质量下降，应更新。

如果采花作切花馈赠亲友，适宜采花期应在外围舌状花瓣平展，内围管状花开放2～3圈时采收。在傍晚采收最好，从花轴基部与植株短缩茎节处折断，采收后的花立即插在水中令其吸水。

常见病害有立枯病、根腐病、灰霉病、白绢病、疫病、病毒病、菌核病等。常见害虫有白粉虱、蚜虫、叶螨等。

非洲紫罗兰

彩图 087

非洲紫罗兰是苦苣苔科非洲紫罗兰属多年生常绿草本植物，学名 *Saintpaulia ionantha*，别名非洲堇、非洲苦苣苔等。原产东非的热带地区。植株矮小，叶厚如丝绒，花形俊秀雅致，花色丰富，环境条件适宜全年开花。为室内极好的观赏植物，是世界著名的盆栽花卉。

聚伞花序腋生，高出叶丛，花轴红褐色、较长。花萼红褐色，5 深裂。花冠钟形，有短筒，花径 3 厘米左右，单瓣品种多 5 瓣，复瓣品种花瓣多数，花瓣椭圆形。花色多样，有玫红、桃红、白、各种紫色或间色等。雄蕊 4，雌蕊 1。蒴果矩圆形或狭长圆形。种子极细小。茎极短，植株矮小，全株有毛。叶丛生呈莲座状，稍肉质，圆形或卵圆形，长 6～7 厘米，叶脉 3～4 对，叶缘有浅圆齿或近无，先端稍尖，有长柄。

喜光，夏季怕强光和高温，宜在散射光下生长，较耐阴。喜温暖，生长最适温度 16～24℃，怕霜冻。喜肥沃疏松的中性或微酸性土壤。盆土过于潮湿，容易烂根。适宜空气相对湿度 40％～70％，空气干燥，叶片缺乏光泽。

播种繁殖。春、秋季均可进行。温室栽培秋播发芽率高，幼苗生长健壮，翌年春季开花植株大花多。春季播种 8 月开花，但生长势稍差，开花少。非洲紫罗兰种子细小，播后不覆土，压平即可。一般播后 15～20 天出苗，2～3 个月移苗。幼苗期注意盆土不宜过湿。

扦插繁殖，主要用叶插。花后选生长健壮叶片，叶柄留 2 厘米长，剪下稍晾干，然后插入沙床。扦插后 20 天左右生根，2～3 个月能发育成幼苗。从扦插到开花需要 4～6 个月。也可用大的蘖枝扦插。

用低矮的阔口盆栽培，花盆底部要有较多的排水孔；盆的上口

直径是植株开展度的一半左右，盆的边缘要平滑避免割伤叶柄。上盆时生长点高出盆沿1厘米左右，以便叶片平展。花盆放在室内有散射光的地方，一般放在窗台旁，不适合室外种植。每半个月施液肥1次，进入花期应补充磷钾肥，氮肥太多叶片生长茂盛不开花。浇水和施肥都不能撒在叶片上，否则叶片易腐烂。高温高湿时注意通风。

翻盆换土之前修剪，摘除的叶片要从基部剪去，防止残留叶柄腐烂感染茎部，保留15～20片叶，摘除所有花和花芽，注意保留根系。管理得当寿命可达5年。

病害有枯萎病、白粉病、疫病、环斑病和白绢病。害虫有螨虫、蚜虫、蓟马、介壳虫等。

凤 仙 花

彩图088

凤仙花是凤仙花科凤仙花属一年生草本植物，学名 *Impatiens balsamina*，别名凤仙、指甲花、小桃红、急性子、透骨草等。凤仙花栽培十分容易，育苗或直播都可以，耐移植，许多家庭宅旁广泛栽培。

园林绿化用得最多的非洲凤仙花（学名 *I. walleriana*），近年盆栽的使用较多的种类是新几内亚凤仙花（学名 *I. hawkeri*）。

花单生或数朵簇生于叶腋或顶端，多侧垂，花梗短。萼片3，侧面2个小，后面1个大，向外延伸，呈花瓣状。花瓣5，有2对合生，只成3片。花色有红、粉、玫瑰红、橘红、橙、白和杏黄等。蒴果，纺锤形。种子近球形，光滑，种皮黑褐色。种子千粒重9.7克左右。茎肉质，近光滑，青绿色或红褐色至深褐色，常与花色有关。叶互生，长卵圆形至披针形，叶缘有锐齿。苗期真叶对生。

喜阳光充足。喜温暖，耐炎热，怕霜冻。种子发芽最适宜温度20～22℃。对土壤要求不严，耐瘠薄，在肥沃的土壤上生长好。喜湿润，不耐干旱，干旱叶片容易脱落。

播种育苗，种子上面覆土1厘米左右。育苗条件适宜时，播干籽7天出苗。分苗1次，苗生长迅速，用45天左右的时间可育出有13～14片叶的苗。

在向阳的地方栽培。终霜后定植。撒施或穴施底肥。栽培株行距不可过密，尤其宅旁通风不良容易落叶，行距一般40～50厘米，株距35～45厘米，每穴1株。直播的每穴播3～5粒种，出苗后早间苗。凤仙花生长旺盛，生长旺盛期又在夏季，所以水分消耗量大，干旱容易使凤仙花的叶片发黄脱落，因此要及时浇水。一般情况下不在午间浇水，早晚浇为宜。开花前追2次肥，开花期间要控制施肥，不施氮肥，避免茎叶生长过旺影响开花。植株长到一定大小时要培土防止倒伏。摘心能促进分枝，可提高观赏效果。大雨时要及时排水，以免根茎腐烂。

凤仙花的果实充分成熟时自动卷缩，种子会爆开，因此当果皮由白变黄时要及时采收，带1厘米以上的果柄，采种宜在早晨进行。将蒴果收后放在容器里，用手指轻轻压果壳，种子弹出，晾干后收起储藏。种子能自播。

凤仙花白粉病较易发生，要及时喷药防治。常见病害还有霜霉病、疫病等。

瓜　叶　菊

彩图 089

瓜叶菊是菊科千里光属多年生草本植物，生产上作一、二年生栽培，学名 *Senecio cruentus*，别名千日莲、生荷留兰、千夜莲、瓜叶莲等。是重要的室内盆栽花卉。

头状花序密集覆盖于枝顶，簇生成伞房状。一般每个头状花序具舌状花10～14枚，花瓣长椭圆形，具纵条纹，顶端微凹。舌状花颜色有蓝、紫、红、粉、白或镶色等，管状花黄、白等色。种子近纺锤形，种皮黑灰色，种子千粒重0.25克左右。株高20～50厘

米，茎绿色。叶片大如瓜叶，心脏形，绿色光亮，叶柄粗壮有槽沟，叶缘波状或具多角齿。

喜光，但怕夏日强光。长日照促进花芽发育并能提前开花，一般播种后的3个月15～16小时的长日照能促使早开花。性喜凉爽气候，忌炎热。种子发芽最适温度21℃左右，生长适温15～20℃，温度高茎长得细长影响开花。不耐寒，经锻炼的秧苗能忍耐短时间的0～3℃低温。在15℃以下低温处理6周可完成花芽分化，再经8周可开花。喜湿润的环境，适宜土壤pH6.5～7.5。怕旱、忌涝。氮肥过多易徒长。

播种育苗技术特点：瓜叶菊种子小，应精细播种。苗长大后需长日照才能早开花，但秋播正赶上冬天的短日照，所以从播种到开花的时间长，一般品种在北方需7个月左右，南方需6个月左右的时间。从播种到育出大苗定植，一般需100天左右。8月前后播种的植株大，花大，10月以后播种的植株较小。从4～10月都可以播种，但春播到夏天需在荫棚下栽培，并经常向叶片洒水降温，还不要淋上雨水，否则经过酷暑植株会大批死亡。

播种育苗在8月播种，南方天气热适当晚播。家庭栽培量少，用花盆播种。播后覆盖细土2～3毫米，上面盖地膜，放在阴凉避雨处，播干籽4～5天出苗。出苗后立即揭去地膜，移至遮光率60%左右的地方。有2～3片真叶时进行第1次分苗，用直径8厘米左右的容器直接培育成苗。瓜叶菊叶片蒸腾量大，需水多，苗期应注意防止叶片缺水过度萎蔫。当有6～7片真叶时，如果温度适宜，秧苗生长迅速，此时对水肥需要量多，应及时浇水追肥，可采用叶面追肥。苗期气温以10～20℃为宜，夜间应稍低些抑制徒长。当有9～10片叶时将苗栽于花盆中。

对于不易结实的重瓣品种或因气候原因没有结实的年份可用扦插方法繁殖。一般在5月于花谢后进行，选健壮腋芽扦插，芽长6～8厘米。摘除基部大叶，留2～3枚嫩叶插于沙盆中，20～30天生根，然后放在遮光通风处培养。

盆栽用直径20～27厘米的盆。当盆与盆之间的瓜叶菊叶片相互遮蔽时，将盆与盆之间调开一定距离。瓜叶菊具有趋光敏感的特性，如果长期固定一面向阳，植株容易偏长，为此，应每隔 15 天左右转 1 次盆的方向，以使株形匀称美观。每 7～10 天追肥 1 次，开花后可适当少追肥，开花前最好叶面喷施 2 次 0.3%磷酸二氢钾溶液，促使花朵鲜艳、繁多。施肥前应适当控水。瓜叶菊需水量大，但不宜过多，当少量叶片开始萎蔫时浇水为宜，但因通风量过大或病虫害造成的萎蔫不宜马上浇水。瓜叶菊从上盆到开花前温度控制在 15～20℃，开花后控制在 13～15℃，切忌高温高湿，否则开花时间将明显缩短。上盆后摘除下部腋芽，保留上部的腋芽成蕾开花。花枝过多花朵小而零乱，一般保留 15～25 个生长均匀的花枝即可，这样花朵集中，外观漂亮。为了使瓜叶菊在元旦、春节开花，需增加光照时数。夜间用 40 瓦灯泡照射 6～8 小时，促使其提前开花；或用 50 毫克/千克的赤霉素药液涂蕾。控温 5～7℃即可延缓花期。根据您喜欢的花色、花形、株形等选择留种株。在蕾期套袋，选晴天授粉，隔日进行，连续 3 次，花开始萎蔫时去掉套袋，及时采收种子。

主要病害有猝倒病、霜霉病、白粉病、灰霉病等。主要害虫有蚜虫、潜叶蝇、白粉虱、叶螨等。

果　子　蔓

彩图 090

果子蔓是凤梨科果子蔓属多年生常绿草本植物，学名 *Guzmania insignis*，别名锦叶果子蔓、锦叶凤梨等。盆栽观赏。

花轴、苞片及靠近花轴基部的数枚叶片呈红、黄等色。在苞片之间开黄色的小花。叶宽带形，叶片浅绿色，背面微红，薄而光亮，边缘光滑，呈莲座状排列。花期春季。花开放时间短，花轴和苞片观赏时间可达 2 个月左右。植株莲座状或漏斗状，中央有 1 个水槽。

喜稍强的阳光，光不足则生长慢、开花晚，但在夏季光照强时

需遮去50%左右的光。生长适宜温度15～27℃，春夏要求高一些，为21～27℃，秋冬15～21℃，长时间低于10℃易受冻害。对水分要求较严格，除开花期应稍干外，其他时间均应保持较湿润的环境。要求栽培土壤湿润，适宜的空气相对湿度在65%～75%，杯状的莲座叶丛中不可缺水。要求土壤疏松肥沃、排水良好。

分株繁殖于春季进行最为适宜。果子蔓一生只开1次花，花后植株枯死，但植株的基都会长出蘖芽。当新芽长到高为母株的一半时其基部长出部分根，一般当新芽长高10厘米左右或有8枚以上叶片时，把新芽与老株相连处切开，老株可继续种植，还能长出新蘖芽。等切下的新芽切口略干后，有根系的将其栽入花盆中，无根的插入沙中或粗沙和腐叶土各半的基质中，30～40天生根。在母株上为促使生根，要比正常养护时的基质略干。在新栽苗的盆上，松松地罩个半透明塑料袋，这样既保湿又通气，每3～5天喷1次水，当新植株明显地生长了，就可以转入正常管理。

盆栽开始用直径15厘米左右的花盆，植株长大后换成20～23厘米的盆。植株长出20～25片叶就会开花。凤梨科植物根系一般不发达，“叶杯”可直接吸收水分和养分，一直要保持“叶杯”有水，不可缺水并要求水质清洁无污染。不宜用碱性水来浇灌凤梨。如您家的水是碱性，可用磷酸或冰醋酸调节酸碱度，并适当加以软化处理（如静置沉淀等）。需肥量不大，施肥不宜过多。如栽植时施足了基肥，生长期间可不施肥或少施；没有施基肥或基肥施用量不足的，生长期每10天左右施稀薄液肥1次。液肥直接施于盆土、叶上和“叶杯”内，但花期不施肥。为了促进植株提早开花，可用0.03%～0.08%乙烯利药液灌心或喷洒心叶。

盆栽果子蔓的选购：植株株形应丰满对称，健康挺拔。端起花盆时，植株如果左右摆动或倾倒，说明根系不正常。叶片要完整，翠绿油亮，没有碰伤、病斑及黄尖，叶片数量要多且分布均匀。有的经营者为使叶片看起来漂亮，用药剂喷涂叶面，被处理过的叶片碧绿油亮，购买时应注意区分是植物本身的光泽还是“亮光剂”的光泽。花序是由花苞片排列组成的，每个花苞片里都有一个花苞能够伸出开放。购买时应挑选花苞尚未伸出的植株，这样的观赏期长。如果选盛开的，花轴应直立健壮，花色鲜艳有光，花苞片没有碰伤，色彩鲜艳的“花”无干枯、褪色现象。

主要病害是叶斑病。主要害虫是介壳虫。

含　羞　草

彩图 091

含羞草是豆科含羞草属蔓性多年生草本植物，生产上多作一年生栽培，学名 *Mimosa pudica*，别名知羞草、怕羞草、怕丑草、感应草等。由于触动含羞草叶片后能闭合下垂，以及在传说故事里含羞草给人以“知耻”的道德启示，使许多人喜欢种植它。地栽或盆栽。

头状花序腋生，矩圆形。花小，淡红色，萼片漏斗状，形小，花冠 4 裂，雄蕊 4，整个花序茸茸成团。种子宽卵形，近杏核状扁圆形，种皮土黄色。种子千粒重 5.6 克左右，可以使用 2～3 年。在北方寒地露地栽培的，要育大苗定植才能收到成熟的种子，或盆栽。枝上具刚毛和钩刺。2 回羽状复叶，总叶柄长 3～4 厘米，一般由 4 片羽片组成掌状复叶。每片羽叶有小叶 7～24 对，小叶长圆形。

触动叶片后闭合下垂原因：当其受外界触动时叶片闭合，稍重一点总叶柄向下低垂，把叶片合起来垂下去，过 5～10 分钟可恢复原状。原产地常有大风暴雨，当含羞草被外界触动时，叶片闭合下垂，这种灵敏的感应性可以避免狂风暴雨对它的伤害，这是对自然界不良环境的一种适应。在小叶片的叶柄基部，有一“水鼓鼓”的薄壁细胞组织，植物学叫叶枕，它对刺激的反应最敏感。在叶枕的中心有一个大的维管束，其周围充满着具有许多细胞间隙的薄壁细胞。当轻轻触动它时，由于叶片的振动，叶枕上部细胞里的细胞液被排到细胞间隙中，使上部细胞的膨压降低，于是叶枕的上半部瘪了下去，而下部仍保持原来膨压，小叶片就合拢。过一段时间，叶

枕细胞中逐渐充满细胞液，膨压增加，叶片又展开了。复叶叶柄与上述情况相反，受振动后下部空瘪，叶柄下垂。

喜光，在北方露地生长良好。喜温暖潮湿气候，不耐寒，遇霜枯死。种子发芽最适温度22℃左右。对土壤要求不严。

播种育苗用花盆播种。浇足底水后撒种子，覆细土1厘米左右，当地温22℃左右时，播干籽7天出苗。为促进发芽，可浸种24小时后播种。出苗后白天气温控制在25～30℃，夜间不低于10℃。当小苗有1～2片真叶时，分苗上盆，然后在遮阴处养护2～3天，再移到阳光充足的地方培养。当苗高8厘米左右时，可摘心控制植株高度。

还可以用扦插法繁殖。

田间管理：因含羞草主根发达，侧根较少，栽培地块的土层要深厚，应适当深翻。直播的在终霜后播种，每穴放3～5粒种子，覆土2厘米，有2片真叶时间苗，每穴留1株。育苗的终霜后定植，行距50～60厘米，株距40～50厘米。及时铲趟。如果土壤肥沃一般不用追肥，生长中后期水分也不宜太多，以免生长过旺影响观赏。室外少量栽培时，生长中后期含羞草非常容易爬到其他植物垄上，要及时掐尖。分枝太多时疏去一部分。

含羞草虽然是多年生植物，但即使在冬天无霜的地方，每年也应该用小苗更换，因为老含羞草对外界刺激不敏感，株形也不美观。当荚果变成黄色时，种子就成熟了。一株上的种子成熟期不一样，要分期采收。

笔者露地栽培多年尚未见含羞草受病虫为害。

鹤望兰（天堂鸟）

彩图092

鹤望兰是旅人蕉科鹤望兰属多年生常绿草本植物，学名 *Strelitzia reginae*，别名天堂鸟、极乐鸟花、太平鸟花等。是著名的高档切花，也是观赏价值很高的盆花，植株寿命很长。

穗状花序顶生或腋生，花轴与叶近等长，花两性。刚硬的舟形佛焰苞（总苞片）近水平横长，长15厘米左右，基部及上部边缘呈暗红色晕，或紫色。1至数朵花在佛焰苞上着生。萼片3，狭披针形，有长尖，橙黄色，十分突出，与花瓣近等长。花瓣3，1枚小，2枚连在一起形成箭状的舌，舌深蓝色。在舌的沟槽里有雄蕊和雌蕊，雄蕊不外露，柱头分裂，伸出舌外。花期9月至翌年6月，每花可开50～60天。肉质根粗壮，茎不明显，株高1～2米。单叶基生，2列对生。叶长椭圆状披针形，厚革质，硬，长30～50厘米，宽10～20厘米，叶柄长，具沟。

喜阳光充足，室内光照不足很容易导致叶片徒长，适宜的光照强度为3万勒克斯左右，夏季强光会造成叶片灼伤。最适生长温度23～25℃，不耐寒，怕霜冻，冬季不应低于5℃，夏季可忍受40℃高温，但花芽发育期如果高于27℃或发育后期遇低温，都会影响花芽的生长甚至坏死。温度在13～20℃开花时间最长，当温度在20～24℃时开花时间比18℃时短5～7天。在28℃时还可以开花，但花小，开花时间比18℃时短一半。在32℃以上开花缓慢，35℃以上时不开花。要求土壤水分充足，适宜空气相对湿度60%～70%。要求疏松、肥沃和排水良好的土壤，适宜pH6.5～7.0。

播种育苗时，自己采种必须人工授粉，每个花序保留先开的2朵小花，其余的花蕾及早除去以保障种子的成熟，开花3个月左右种子成熟。当果实初开裂时，取出种子后立即播种，先用40℃水浸24小时。播种土用泥炭土加等量的沙，或腐叶土加1/3沙配制。按3厘米距离点播，覆土1.5厘米左右，控温25～30℃，20天左右种子发芽，再经35～40天出苗，2片叶时移入直径8～10厘米的容器中，一般有8片叶时栽入盆中。经过4年左右的培育，有9～10片成熟叶时开花。

分株繁殖从春到秋都可进行，也可以结合换盆进行分株。选分蘖多、叶片整齐、无病虫害的健壮成年植株作母株，一般选择具有4个或更多的芽、总叶片数不少于16枚的植株。将整个植株从土中挖起或从盆中倒出，尽量多带根系。根据植株大小，在保证每小

丛分株苗有2～3个芽的前提下合理选择切入口，用快刀从根茎的空隙处将母株分成几丛。在切口处沾上草木灰或其他杀菌药，并在通风处晾干3个小时左右，过长的根可适当剪短，然后栽植。或将母株侧面的小植株用快刀劈下；或掰下根部10厘米以上的幼芽，栽入盆土内，根的周围多加粗沙以防止烂根。浇透水，放阴凉处20天左右即可成活。

鹤望兰盆栽因其根系肥大肉质，须根少，如果土壤渗水性能差，容易引起根部发黑腐烂。因此，需要选用疏松、肥沃、排水性能良好的土壤。除了选用播种的土壤配方作盆土外，还可用腐叶土2份、园土2份、腐熟厩肥土1份和砻糠灰1份混合使用；或用褐色山泥土、沙土、腐熟的少量粪干配制。鹤望兰怕旱忌涝，又是肉质根，因此要用较大和较深的盆栽培，盆底多垫碎瓦片、碎砖头、陶粒或石子等以利排水。栽植深度以不见肉质根为宜，栽深了影响新芽的萌发。生长期和开花期需水量多，要及时浇水，开花后减少浇水量；高温季节经常给叶面喷水，以造成较凉爽的环境。旺盛生长期15天左右施肥1次，尤其当长出新叶时要及时施肥以促进叶片的生长。鹤望兰的叶片发生的少，栽培过程中要保护好每一片叶，将叶片培育好对于开花显得尤为重要。从花茎出现后到盛花期施2～3次磷肥。秋、冬季节要充分见光，以利开花，夏季勿烈日暴晒，应适当遮阴，以免影响叶片生长和花朵的色彩。笔者试验适当遮阴比烈日暴晒叶片数多，叶色碧绿。花后及时剪除花轴，按时清除断叶和枯叶。幼株一般每年翻盆换土1次，5年以上的开花成株，由于生长逐渐减缓，一般可2年换土1次。

家庭盆栽鹤望兰病虫害较少，偶有介壳虫为害。

花　毛　茛

彩图093

花毛茛是毛茛科毛茛属多年生草本植物，学名 *Ranunculus asiaticus*，别名芹菜花、波斯毛茛、陆莲花等。适宜家庭冬春季盆栽观赏。

每个花轴有花1～4朵，顶生。花轴长，花径5～13厘米。萼片绿色，有单瓣、重瓣、半重瓣。原种花瓣5至数十枚，现在园艺品种花瓣可达一百多瓣。花瓣黄色，也有白、粉、红、橙等颜色。花期4～5月。聚合瘦果长圆形。地下具纺锤状小形块根，常数个聚生于根颈部。春季抽生直立地上茎，高25～45厘米，单生或少数分枝，有毛。基生叶具长柄，近似芹菜叶，茎生叶无柄，2回3出羽状复叶，叶缘齿状。

喜光，耐半阴，忌酷暑烈日。长日照促进花芽形成，但开花时长日照花变小。喜凉爽，忌炎热和寒冷。种子发芽适温15℃左右，白天15～20℃营养生长最快，大于20℃生长发育不良，夜间7～10℃适宜。苗期5℃低温处理4周，可提前开花14～20天。花期13～15℃能延长花期。既怕湿又怕旱，生长前期需要一定的水分，抽薹期最多，以后逐渐减少。盆栽要求疏松肥沃的沙壤土。

播种育苗于秋季进行，翌年春天能开花，但第1年的花瓣少，花径小。秋季温度降到20℃以下时播种。早播的温度高于20℃不发芽，晚播的温度低于5℃也不能发芽，晚播越冬前营养生长量不足，翌春开花小。低温催芽处理的可提前到8月中、下旬播种。将种子用纱布包好，放入冷水中浸种24小时，然后置于8～10℃的恒温箱或冰箱保鲜柜内，每天早晚取出，用冷水冲洗后，甩干种子表面水分，保持种子湿润。10天左右种子萌动露白后，立即播种。白天温度低于15℃，夜间温度5～8℃，温差小于10℃时生长最好。控制浇水，不干不浇。每隔10～15天，结合浇水追施0.1%尿素和0.1%磷酸二氢钾混合溶液或0.3%液态复合肥1次。

分株繁殖于秋季将块根带根茎掰开，轻轻抖去泥土。每盆栽3～4个，覆土不宜过深，埋入块根即可。

当幼苗长出4～5片真叶时，移栽于直径16～18厘米的花盆中，每盆栽花苗3～5株。栽后浇透水置于半阴的环境下，缓苗后移到南阳台或窗台上。春季花毛茛生长旺盛，开始抽生直立茎，应保持土壤湿润，每周施1次稀薄液肥，适当喷施1～2次磷酸二氢

钾叶面肥，直至现蕾。如果栽培的多，随着植株的长大，调大盆距，避免徒长和通风不良。及时摘除黄叶和病残叶。在花茎抽发初期至花蕾长出叶丛前，喷施0.3%比久药液，每隔10天1次，共喷2～3次，可迫使植株矮化。现蕾初期每株选留3～5个健壮花蕾，其余全部摘除，以使营养集中。开花时遇高温强光的天气，及时遮阴，通风降温。花期1～2个月。花后继续加强管理，不留种的及时剪掉残花，摘去幼果，适时浇水，追施1～2次以磷、钾为主的液肥。入夏后温度升高，停止施肥和减少浇水，当枝叶完全枯黄时，选择连续2～3天的晴天采收块根，块根采后经冲洗、杀菌消毒、晾干后，再储藏至秋季栽种。家庭盆栽数量少的，块根在原盆不动休眠，秋季分株。

常见病害灰霉病、病毒病、白绢病等。常见害虫蚜虫、斜纹夜蛾、斑潜蝇等。

花烛（火鹤、红掌）

彩图094

花烛是天南星科花烛属多年生常绿草本植物的总称。花烛属学名*Anthurium*，别名红鹤芋、火鹤芋、安祖花、红掌等。该属有600多种植物，现在栽培的为佛焰苞美丽和叶片美丽的种类，以及人工培育的大花种群。叶片具有明亮蜡质光泽，花姿奇特美丽，花期持久，是重要的年宵花卉。盆栽，作切花水养可达30天左右。

花腋生，花梗长，比叶柄长1.5～2倍，单花顶生。苞片佛焰苞状，卵圆形，向外开展，基部心形，一般长10～21厘米，宽8～14厘米，鲜红、橙红、粉红、白、绿、白底红斑等色，表面稍皱，富有蜡质光泽。肉穗花序无柄，多圆柱形，直立或稍下弯，螺旋状扭曲长在佛焰苞片之上，恰似花烛在烛台之上而得此名。长5～7厘米，多金黄色，也有红、绿等色。花小密集，两性，无柄。授粉8～9个月果实成熟，每果含种子2～4粒，种皮粉红色。肉质根，茎短。叶单生，具长柄，叶片长圆状披针形，革质，鲜绿色，叶脉凹陷，叶片具有明亮蜡质光泽。

要求中等光照，光照过强时要遮去50%～70%的阳光，以免灼伤叶片，否则会使叶片变黄甚至变白，严重的植株死亡。喜高温，怕冻，生长适温20～30℃，冬季温度低于15℃则形成不了佛焰苞。花烛对水分比较敏感，尤其是空气湿度。空气相对湿度80%～90%最为适宜，土壤或基质必须疏松排水好，适宜pH 5.5～6.5。

花烛对栽培技术要求较严，初次栽培者要严格按花烛对环境条件的要求去做。如果对温度、光照、水分等条件控制不好，花烛会生长不良，甚至死亡。笔者曾看到一株生长很好的大株花烛被强光晒死。

家庭栽培主要用播种、分株和扦插繁殖。商品生产用组织培养方法繁殖。

播种育苗先在花盆里装上疏松、透气性强的土壤或基质，如泥炭土和沙混合。用牙签打孔，在每孔放1粒种子，然后浇水，不再覆土。保持25～30℃，15天左右出苗，3年后开花。花烛的种子要随采随播。

分株繁殖于春季进行。将母株从花盆中倒出，把有气生根的侧枝剪下，根好的直接栽于盆中。否则栽于沙中，有条件的用水苔包裹移栽于沙中，一般20～30天发新根，发根后再栽于花盆里。

对直立性的花烛品种可采用扦插繁殖。将老枝条剪去叶片，每1～2节为1个插穗，直立或平卧插在沙中培育，生根发出新芽后上盆。

盆栽用直径17～27厘米的盆。花烛为肉质根，不耐水淹，栽培时要求土壤或基质排水良好。用泥炭土、腐叶土、陶粒、树皮颗粒、水苔、碎木炭等材料中的2～3种混合配制盆土。如用粗树皮堆肥60%、泥炭土10%、粗沙或碎石30%混合配制。用长效肥料作基肥。每盆栽1株。冬季放在温暖的房间里或高温温室内。分株和扦插繁殖的一般定植后9～12个月开花。如有高温高湿的条件，花烛盆栽可开花不断。夏季如果温度过高，要将植株置于通风处，

喷水降温。茎叶生长和开花要求中等光照，强光时一定要遮去50%～70%的光照，其他时间放在南阳台或窗台上充分见光，长期生长在室内不见阳光的花烛，往往叶柄长、植株偏高、花朵色彩差、缺乏光泽。生长期经常向叶面和地面喷水，增加空气湿度，以利于茎叶生长和开花。生长期盆内可适当多浇水，但冬季温度低，浇水不能过多，以防根部腐烂。用大小两个托盘，先在大盘中注满水、再把小盘反扣在中间，将花盆放小盘上，注意盆底勿与水面接触，水气不断蒸发，可有效增加花烛附近的空气湿度。花烛对水质的要求较高，不耐盐碱。生长季节每月施稀薄肥料 1 次。开花后放在18～21℃的环境下，每朵花的开花时间最长。每 2 年换盆 1 次，并逐渐换成大一些的花盆。结合换盆，可将植株根颈萌发 4 片叶以上的幼株带须根切下分株，另行栽植。

病害有褐斑病、炭疽病、花序腐烂病等。在高温干燥、通风不良的环境中容易受螨类和介壳虫的为害。

君 子 兰

彩图 095

君子兰是石蒜科君子兰属多年生常绿草本植物，学名 *Clivia miniata*，别名大花君子兰、达木兰、剑叶石蒜、达摩兰等。由于花、叶、果俱美，又对光照要求不严，是北方最理想的室内盆栽花卉之一。

花轴直立，伞形花序，有的直径可达 30 厘米左右，生于花轴顶部，有数枚覆瓦状苞片，每个花轴上有花几朵至数十朵。小花有柄，花冠漏斗形，花瓣通常 6 枚，倒卵形，花瓣橘红、橙黄、绯红、鲜红等，基部黄色。雄蕊 6，雌蕊 1。花期 1～4 月，条件适宜有时 1 年开 2 次花。浆果球形、扁圆、长圆及不规则形，果实较多而大，成熟的果实色泽鲜红。种子近球形，种皮白色或乳白色，种脐褐色。种子千粒重 800 克左右。根肉质，粗壮，圆柱形，不分枝或少分枝，新根乳白色。茎与叶基呈假鳞茎状，短而粗，多年栽培后茎长10厘米左右。叶片扁平，剑形，光亮，两列叶片抱茎相对而生，肥大密集，叶全缘，有光泽，常绿。还有带金黄色纵条纹的彩叶品种。

同属植物的垂笑君子兰，学名*C. nobilis*，它的叶片较君子兰长，花半开，喇叭状，下垂。

需中等强度的光照，在北方的晚秋至早春需充分见光，夏季前后要遮光50%左右，否则叶片发黄，甚至枯死。植株生长适宜温度15～25℃，开花期间15～20℃，10℃以下或高温生长受抑制，可忍耐短时0℃低温。一般认为低于8℃生长停止。在生长的适宜温度范围内，大的温差和湿度对抽生花轴可能非常有利，并且开出的花大，颜色鲜艳。也有人认为花芽分化短日照是关键，但不能解释有一些在夏季开花，或1株1年内开2次花。耐旱，但在整个植株生长期间又不能缺水，否则会影响生长，进入开花期需水量更大。要求疏松肥沃的土壤。适宜的空气相对湿度60%～80%。

君子兰可播种育苗。果实成熟后，将果实和花轴一起剪下，放在见光通风处，让它再经过20天左右的后熟。然后将种子取出洗净，挑选那些籽粒饱满、有芽眼的播种，1周之内必须播种，长期保存种子会干瘪、芽眼萎缩，影响出苗率。用温水浸种24小时，然后放在洗净的沙中催芽，控温20～25℃，15天左右出芽。出芽后在花盆里播种，用栽培土育苗即可，按2～3厘米见方点播，覆土1～1.5厘米。催芽的需1个月左右长出1片叶，第1片叶长2～3厘米时移植于直径8厘米的容器中，或在直径17～20厘米的盆里，每盆栽10～15株。

栽培多年的君子兰开花后在根茎部常有新株萌发，用手将其掰下，有根的直接栽于盆中，无根的插在沙中催根，保持沙子的潮湿，控制20～25℃，30～50天可长出新根，较大的子株培育1～2年就能开花。

盆栽君子兰的生长周期长，一般品种播种苗要培育4年左右，长到有20～25片叶时才能开花。随着植株的长大逐渐换大一号的盆，如开始将苗栽于直径13.3厘米左右的盆中，当有5～10片叶

时移入直径17厘米左右的盆中，当有11～15片叶时移入直径20～23厘米的盆中，当有16片叶以上时移入直径27厘米左右的盆中，再大时移入直径33厘米左右的盆中。用森林腐殖土（山皮土）与20％的沙混合配制；或用锯木屑50％、园土10％、塘泥20％、厩肥20％混合堆沤，充分腐熟后使用；或用隔年陈马粪等作盆土。换盆时要去掉衰老根系，栽植时要把根部的土轻轻按实，否则会因盆土的空隙过多影响根部对水分、养分的吸收。

冬季要将君子兰放在阳台或南窗台上充分见光，在春、夏强光时要适当遮光。光照太强，叶片变黄，甚至被灼伤。叶片已开始变黄的植株放在适当遮光的地方还会变绿的。对于成株君子兰，当植株开始生殖生长时，要经常注意观察鳞茎的变化，如发现鳞茎凸起，一侧肥大说明花轴正在发育。这时应停止施肥2周，否则造成叶鞘和鳞茎更硬，压力更大；保持盆土湿润，绝不能让其干透才浇，否则，鳞茎和叶片就会因严重缺水而使植株正常的生理活动受阻，以致夹箭而影响开花。其他时间浇水原则：春季要偏大而透，夏季要勤而小，秋季要不干不湿，冬季要见干见湿。需用细眼壶顺盆边浇透。秋天一般半个月左右施肥1次，以磷、钾肥为主，也可向叶面喷施0.2％磷酸二氢钾水溶液，以利于促进抽箭开花。要防止因盆土板结造成缺氧和营养不良而夹箭。叶片粘上灰尘，要用毛刷或湿棉絮、纱布随时清除，保持叶面清洁，防尘埃污染。开花后适当降温通风和降低光照强度能延长花期。花朵凋谢后，及时把花轴去掉，并换土，操作时把陈腐根和宿土去掉，注意勿碰断肉质根。

花轴不能从鳞茎中正常抽出小花就开了叫“夹箭”，严重的根本看不到花轴，花朵紧贴着鳞茎开放，花小，并且被叶片夹着，观赏价值大大降低。夹箭是家庭室内栽培君子兰最常见的问题。北方进入取暖期室内昼夜温差小、空气湿度低，这对君子兰的抽箭开花非常不利，要人为造成较大温差并适当提高湿度，才能不产生夹箭现象。笔者在单位温室中连续20年栽培几十至上百株君子兰，其他栽培条件很一般，但从没有夹箭问题，并且花轴长得都高，这个温室的温差和湿度都很大。君子兰抽生花轴时，需水量大，应打破常规的见干见湿的浇水方法，适当加大浇水量。

盆土长期过湿会发生根腐病，长期往叶腋内浇水将病菌带入，可能发生叶片基部腐烂。

蓝花鼠尾草（一串蓝）

彩图 096

蓝花鼠尾草是唇形科鼠尾草属多年生草本植物，生产上作一年生栽培，学名 *Salvia farinacea*，别名一串蓝、粉萼鼠尾草、蓝丝线等。原产于北美南部地区。用于花坛、花境和园林景点的布置，可点缀岩石旁、林缘空隙地，显得幽静，近年来应用的越来越多，也可盆栽观赏。

长穗状花序，花多，轮生。花萼矩圆状钟形，浅紫色。花冠长1.2～1.5厘米，唇形花，上唇瓣小具柔毛，下唇瓣大光滑，中间有2条白纹，花蓝、浅蓝、紫或灰白色。种子卵状椭圆形，种皮黑灰色，较光滑。种子千粒重约3.5克。株高50～90厘米，枝多。真叶对生，成株叶有时成簇。苗期真叶长卵圆形。成株上部叶披针形至条状披针形，灰绿色，叶缘有锯齿。

喜阳光充足环境，炎热的夏季适当遮阴生长得更好，幼苗期强光照能防止徒长。喜温暖，喜湿润怕炎热，忌干燥。生长适温18～25℃，耐寒性较强，笔者多年观察，在抚顺每年的初霜冻后均未见冻害，在稍凉爽的季节开花艳丽。宜在疏松、肥沃且排水良好的沙壤土中生长。

播种繁殖。家庭栽培用小花盆播种，种子上面覆盖细土1厘米左右。在20～25℃环境下，5天左右出苗。当有1～2对真叶时，可移植于上口直径8～10厘米的容器中培育大苗。从播种到开花温度高的需要70天左右，温度低需要100天左右。

盆栽。选矮生品种。用上口直径20厘米左右的容器栽培，每个容器栽1株苗。如果没有矮生品种要在有2～3对真叶时摘心，上盆后进行第2次摘心，控制每株有4～6个侧枝，使植株矮化，株形丰满。每半个月施肥1次。花谢后剪除残花同时追肥，促发新枝。

露地栽培的定植前施有机肥，翻地混匀。家庭栽培按照30～40厘米的株行距定植。其他管理参见盆栽。如果底肥充足不用追肥，及时浇水除草。

主要病害有霜霉病、叶斑病等。主要害虫有蚜虫和白粉虱。

毛　地　黄

彩图097

毛地黄是玄参科毛地黄属一、二年生草本植物，学名 *Digitalis purpurea*，别名洋地黄、心脏草、指顶花、金钟、毒药草。因布满茸毛的茎叶酷似地黄的叶片故名毛地黄，因原产西欧又叫洋地黄。可用于布置花坛、花境，或盆栽观赏。毛地黄为重要的强心药。

总状花序顶生，成串悬垂，长30～80厘米，每个花序最多有90多朵小花，花由下向上逐步开放。花冠筒状钟形，长7.5厘米左右，5裂，暗紫红、白、粉、浅紫等，在花筒喉部和腹部有深紫色斑点，花瓣偶有柔毛。蒴果卵形，种子椭圆至短棒状，种皮灰褐色。种子千粒重0.09克。种子使用年限2年。蒴果成熟时开裂，在果皮发黄尖端微裂时采种。株高60～120厘米，不分枝，除花冠外全株被灰白色短柔毛。基生叶的叶片长卵圆形至卵状披针形，先端锐尖，叶缘有圆锯齿，总花梗上的叶愈向上愈小。

喜光，耐半阴。日照长度不影响开花。喜温暖，忌炎热，耐寒。出苗适宜温度15～18℃。耐瘠薄土壤，适宜在湿润而排水良好的土壤上生长，较耐干旱。在开花时节，考虑到花的质量和数量，宜适当地增加光照。

播种育苗。家庭观赏栽培在花盆播种。精细播种，一般覆土0.2厘米或更薄。先用上口直径8～10厘米的容器移苗。也可用分株繁殖，分出的小株直接上盆或地栽。种子不是问题且有培育时间的，还可以直接播种，通过间苗不移植成苗。

用上口直径 20 厘米左右的容器栽培。盆栽的放在阳光充足的阳台。保持盆土湿润为度，空气湿度大时少浇或不浇水。浇水时不要将水淋到叶片和花蕾上，以防腐烂。每隔半个月左右施肥 1 次，少施氮肥，多施磷、钾肥。及时摘除下部接触土壤的病叶、老叶并销毁。有 8～12 片叶开始现蕾。植株较高的开花时要支撑以防倒伏。强光高温时遮阴，注意通风。

地栽的当幼苗长到 3～5 片叶时，按行株距 30 厘米左右定植在宅旁。定植时浇足掩水，促使缓苗。田间管理主要是松土除草，天旱时及时浇水，每半个月左右追肥 1 次。

常见病害有叶斑病、炭疽病和枯萎病。常见害虫有蚜虫。

南非万寿菊

彩图 098

南非万寿菊是菊科南非万寿菊属宿根多年生草本花卉，生产上作一二年生栽培，学名 *Osteospermum ecklonis*。原产南非。盆栽或地栽都可以，在原产地作切花栽培。

头状花序多数，簇生，伞房状，有白、粉、红、紫红、蓝、紫等色，目前至少有 15 种颜色的品种。舌状花 20 瓣左右，花径 5～6 厘米。种子千粒重约 11 克。早晨花朵开放，傍晚半闭合，阴雨天半闭合。单花（头状花序）开放时间 1 周以上。矮生种株高20～30 厘米，茎绿色。分枝性强，不需摘心。

喜充足的阳光。喜温度稍低的环境，中等耐寒，可忍耐－3～－5℃的低温。低温利于花芽的形成和开花。耐干旱。喜疏松肥沃的砂质壤土。在湿润、通风良好的环境中生长的最好。

播种繁殖，春季一般播后 70～90 天开花。目前常用作反季节花卉供应，温室栽的花期更长。温室栽培 9 月播种，翌年 2 月开花。家庭栽培用小花盆播种育苗。精细播种，覆土 1～1.5 厘米，

当温度在20～25℃时，约6天出苗。幼苗期移植1次，一个半月左右可培育出成苗。夏季播种时要遮阴，否则光照太强，水分蒸发旺盛，会影响种子萌发。

用上口直径12～15厘米的容器栽培。有5～6片叶上盆。南非万寿菊侧枝萌发能力强，可以不摘心，这样开花早，花期长；如果摘心，大多数品种摘心后50～70天开花。尽可能放在光照强的地方，控制土壤见干见湿防止徒长，不能长时间的潮湿或者干燥。如果有条件开花前控制5～8℃的低夜温一段时间，有利于花芽分化和开花。由于生长势强，需要足够的地上生长空间，栽培时可逐渐将盆和盆之间距离加大，即留出足够的盆距。

浇水过多容易烂根。常见害虫有蚜虫。

炮 仗 竹

彩图099

炮仗竹是玄参科炮仗竹属常绿亚灌木，学名*Russelia equisetiformis*，别名爆竹花等。原产墨西哥。红色长筒状花朵成串吊于纤细下垂的枝条上，犹如细竹上挂的成串鞭炮。宜在花坛、岩石园旁种植，也可盆栽观赏。

聚伞圆锥花序，有总花梗，萼片淡绿色。花冠长筒状，红色，形似爆竹，长2厘米左右，先端为不明显的二唇形，上唇2裂，下唇3裂，雄蕊4。花期全年。蒴果球形，种子黑色。株高1米左右，有分枝，茎枝纤细，具纵棱，枝端下垂，绿色。叶小，对生或轮生，已经退化成披针形的小鳞片，所以一般看不到叶片，形如“光棍树”。

喜光，光照充足的环境开花好，艳丽；虽耐半阴但开花明显受影响。笔者多次在深圳的世界之窗和锦绣中华民俗村看到炮仗竹花开的非常好，都是栽培在向阳处，而有的公园在半阴处，生长和开花都差。长日照植物。喜温暖，不耐寒，越冬温度应在5℃以上。喜肥沃疏松土壤，最适pH6.5～7。耐旱，耐修剪。

用分株、扦插、压条、播种繁殖。以分株、扦插为主。

春秋两季上盆或换盆。换盆时剪去残根和约2/3的须根。剪下多余的枝条作插穗，每个枝条留3～4个节，在25～30℃的环境下，20天左右生根。每盆留8～10个枝条，或将多余枝条连根一起剪下另栽。用上口直径33厘米左右的盆栽培，一般每盆栽3～4丛，有25～30个枝条。放在遮阴处5～7天，缓苗后放在阳光处。春季气温低，植株小，浇水宜少，保持盆土湿润为度。在温度适宜，肥水适宜的情况下，一个月就能长出新枝和变态叶。开始进入生长旺盛时，每10～15天施肥1次。进入夏季气温升高，生长旺盛，每天浇水1次。炎夏时节，每天早晚浇水1次。如果水分不足，新稍会枯干。开花期间照样施肥。遇到大雨或暴雨，应给花盆避雨，不让大雨点拍打花朵。炮仗竹非常喜光，每隔20天左右转动花盆一次。由于浇水多要经常松土，松土在施肥前进行。

未见病虫害的报道，笔者多次调查也未见到。

盆　栽　菊

彩图100

以盆栽为主的菊花别名盆栽菊，是菊科菊属多年生宿根草本植物，学名 *Dendranthema morifolium*，别名九月菊、秋菊、黄花等。菊花原产中国，目前栽培的菊花为高度杂交种，品种极其繁多。现在是世界各国普遍栽培的名花，也是我国十大名花之一。

盆栽菊与地被菊比，每株花（头状花序）的朵数少，栽培时一般只留几朵甚至只留1朵，药用菊花不是上述两类，而是花头比较小的另一类。地被菊的花小，朵数多，主要地栽，也可盆栽。

头状花序单生或数个聚生枝顶，花径10～30厘米。舌状花单层或多层，花瓣大艳丽，形状有管瓣类、匙瓣类、桂瓣类、平瓣类、畸瓣类等。花色有黄、红、白、紫、绿、复色和间色等。筒状花小，花冠黄色，雌蕊1，柱头2裂，雄蕊5，同一花序雌蕊成熟早于雄蕊，自花不孕。花序外层总苞数列。种子扁平楔形，表面有

纵棱纹，褐色或灰白色，形状和颜色不同品种间有差异。秋菊自然花期10～12月，每朵花开放时间1个月左右，生产上多用短日照处理提前开花。春夏菊5～9月开花，寒菊12月至翌年1月开花。株高20～200厘米，茎基部半木质化，粗壮多分枝，小枝嫩绿或褐色，被灰色毛。单叶互生，卵圆至长披针形等，叶缘有锯齿或深裂，有柄，托叶有或无，叶片是识别品种的主要依据之一。

喜充足阳光，也稍耐阴。短日照植物，在北方经秋季每天10小时以下短日照，才能现蕾开花。除夏菊外，每天12小时以上的黑暗和10℃的低温适于花芽分化。在云南、广西等地区，有些品种一年四季都能开花。用人工方法进行短日照处理可提早开花，进行长日照处理能延缓现蕾开花时间。喜凉爽气候，花朵怕较长时间的酷霜冻，叶片怕较长时间的冰冻。生长适宜温度10～32℃，最适18～21℃。扦插繁殖时以较高的地温和较低的气温最容易生根。植株较耐旱，怕积水，扦插繁殖时耐潮湿。对土壤要求不严，但以肥沃、疏松、排水良好的沙壤土更适合菊花生长，适宜pH5.5～7.5，以6.2～6.7最好。

扦插繁殖在开花时选择好母株。开花后将选好的盆栽菊剪去地上部分，将花盆放在冷凉的地方越冬。主要在春天扦插，地被菊春插早晚对生长量影响较大，对开花早晚影响较小。盆栽菊类有些品种10月扦插，翌年5月开花；夏菊对日照长度要求不严，早插早开花。一般矮性品种早插，高性品种晚插；留枝多的早插，少者晚插；大量繁殖及母株少的早插。家庭栽培用的数量少，宜春插。主要用新芽顶梢作插穗，它的成活率可达100%，生长旺盛的顶梢摘去后会萌发新的侧枝，侧枝顶梢继续作插穗。在扦插材料缺乏时或珍稀品种可用茎段扦插。插穗长5～8厘米，有3～4节为宜，下端叶片摘除，上端大叶片剪去一半。插穗的下端剪平，扦插深度3厘米左右，开沟插在沙子里，插后及时浇水，根据气温高低每天浇水1～3次。一般2～3周生根。

大立菊和悬崖菊常用分株繁殖。春季将母株从花盆里倒出，去掉宿土，用手按自然长势拆开，分成若干株，每株1个芽。秋季进行分株的，第 2 年能长成较大的植株。

嫁接繁殖往往用蒿子作砧木。青蒿适合嫁接独本菊；黄蒿适合嫁接大立菊、什样锦、独本菊；艾蒿适合嫁接什样锦、独本菊。秋季采蒿子种子，春季培育蒿苗，或春季挖取野生蒿苗，培养后作砧木。蒿子苗高 10～16 厘米时开始嫁接。在地面以上 6～10 厘米处切断蒿子，用菊花的芽作接穗，劈接，嫁接后遮阴。嫁接大立菊时需经常进行植株调整，不断地嫁接，到预定目的为止。

压条繁殖往往有特殊需要时才用。将压条部位茎节表层用刀刮去一些，埋土 2～3 厘米，约 1 个月生根。一般在 6～7 月压条。

盆栽用直径 20～27 厘米的陶盆或塑料盆。盆的最下层装 1 厘米河沙，然后用准备好的培养土上盆，先添土到盆深的 1/3～1/2。将培养好的菊花苗装入盆内，四周用土填实，从盆沿往下算，留 2～3 厘米不装土留作浇水用，抖动盆沿使土面平整。为了控制植株高度，增大花径和提高品质，可采用开始上盆时只加土 1/3～1/2,以后将枝条盘于盆中，再加土满盆，其盘弯枝条又生根，使植株具有双重根系。将花盆放在地势较高的地方，目的是让盆中雨水尽快排出和不受积水危害。经常松土，增加土壤的通透性。及时拔除盆内外的杂草。菊花耐旱，浇水不宜太多以免徒长。浇水宜用河水或雨水，自来水中含氯量高，对菊花生长不利，如用自来水须在缸内储存 2～3 天后再用。如果 7 月以前植株太高应摘心 1 次，从地表往上留 2～4 片叶。一般每株留 2～4 个芽，如培养独本菊只留一个芽。当新芽长好后，用 0.5%比久药液喷洒植株，每隔 10 天喷 1 次，喷 2～3 次，使菊花矮壮。如不用药，当植株长高到 30 厘米时进行裱扎，以防大风造成倒伏和防止植株歪斜弯曲。用结实的竹竿、苇秆、细钢筋等支撑，粗细一般不宜超过菊花的茎秆。裱扎前先控水，并在下午叶片疲软时进行，用软绳或细金属丝将茎和竹竿等轻轻地捆在一起。现蕾后每个茎上只留 1 个蕾，及时疏去多余的蕾。下霜前移入室内。

主要病害有白粉病、黑斑病、茎腐病和花叶病等。主要害虫有蚜虫、螨类等。

蒲　包　花

彩图 101

蒲包花是玄参科蒲包花属多年生草本植物，生产上作一、二年生栽培，学名 *Calceolaria crenatiflora*，别名荷包花、拖鞋花等。盆栽冬春季观赏。

顶生不规则的聚伞状花序，小花直径 3～4 厘米，向上逐渐变小。花瓣二唇形，形似 2 个囊状物，上唇小前伸，下唇膨大似荷包状向下弯曲，中间形成空室，下唇密布各种色斑，花色有黄、红、紫等。花柱短，柱头在 2 个囊状物之间，花柱两边各有 1 枚雄蕊。蒴果，种子细小多数，千粒重 0.1 克左右，可使用2～3 年。种子卵形至长椭圆形。蒴果开裂前及时采种。株高 30～40 厘米，上部分枝，茎枝叶上有细小茸毛，叶片对生，卵形或卵状椭圆形，叶质柔软，黄绿色。

夏季忌强光。长日照植物，延长光照时间有利于提早开花。喜凉爽，怕寒，忌高温。种子发芽适宜温度 18～20℃，生育适温 10～20℃，低于 5℃生长缓慢，温度超过 20℃对蒲包花的生长和开花不利，高于 25℃容易死亡。花芽分化需在 15℃以下。开花期 10℃左右可延长观赏期。结籽后气温增高即枯死。以疏松肥沃的沙壤土最适宜，适宜的土壤 pH5.5～6.5，喜湿润和通风良好的环境，忌太湿和干燥。

可播种育苗。蒲包花自然授粉率低，需要人工授粉。当开花后用毛笔蘸取花粉，在柱头上涂抹，反复 2～3 次，即能受孕结籽。受精后除去花冠，一方面避免花冠霉烂影响结实，同时也使营养集中，有利于种子发育饱满。蒴果开裂前及时采种，干后放通风干燥处保存。蒴果淡褐色，内含细小种子多数。播种时间从北往南一般从 8 月中旬至 9 月中下旬，即天气转凉时在阴凉处播种。用腐叶土 6 份与细沙 4 份配成播种土，也可用泥炭土与细沙配制。过筛并消毒后装入花盆稍压实，刮平，用喷壶浇透底水。由于种子太小，为使播种均匀，可用10～20份细面沙，或细干土与1份种子充分拌匀后撒播，播后覆土2毫米左右，也可不覆土，上面覆盖地膜或玻璃。气温20℃左右，7天可出苗。出苗后立即撤去覆盖物，放在通风见光处，温度降到15℃左右最为适宜。如果出苗过密，应及时间苗。长出2对真叶时分苗，有6～8片叶时移入盆内栽培。

盆栽用直径15～20厘米的花盆，每盆栽1株苗。用普通栽培营养土即可。盆土既要保持湿润，又忌过湿，更不能积水。花朵及叶片不要淋上水，否则容易导致腐烂。家庭栽培数量少时最好用浸水法浇，多时从盆边浇水。春天中午阳光强烈时应适当遮阴，以50%左右的透光率为佳。开花前每半个月施复合肥1次，控制氮肥施用量。初花期施磷、钾肥1次，开花期间7～10天浇1次稀薄液肥。为了提前开花除早育苗外，在开花前2个月每天补光6小时左右。开花时温度适当降低，可延长开花时间。

幼苗易发生猝倒病。室内空气过于干燥，易被螨类和蚜虫为害。

三色堇（猫脸花）

彩图102

三色堇是堇菜科堇菜属多年生草本植物，生产上多作一、二年生栽培，学名*Viola tricolor*，别名猫脸花、蝴蝶花、鬼脸花、蝴蝶梅等。花形美丽，花瓣具有纯毛质感，有金丝绒般的光彩，在和煦阳光照耀下，悦目而不耀眼，给人以轻松活泼的感觉，因此成为重要的露地花卉，也可盆栽。

花腋生。花朵大小差别较大，直径3～12厘米，花瓣4～5，近圆形，下面一瓣较大，花侧向。每花通常有3种颜色，也有红、黄、白、蓝、紫、黑等纯色的，以及冷热两种颜色鲜明配合的，如黄紫、白黑等。蒴果，椭圆形，没有成熟时下垂，成熟后向上，3瓣裂。种子长卵形，种皮黄褐色，表面光滑。株高20厘米左右，多分枝，全株光滑。叶互生，具柄，基生叶近圆形，茎生叶矩圆状

卵形或披针形，叶脉明显，叶缘具圆钝锯齿。子叶近阔卵形，有柄，叶面光滑。

在适宜温度下喜阳光充足的环境，笔者通过试验发现日照时数不足明显影响开花的进程，光照充足，日照时间长，开花提前，茎叶生长繁茂。耐寒，喜凉爽环境。种子发芽最适温度 18～20℃，秧苗生长白天适宜温度 15～22℃，夜间 3～10℃。一般认为－5℃左右时植株的叶片受冻，但秧苗能忍耐更低一些的温度。植株比秧苗更怕高温，连续在 25℃以上花芽不能分化。低温能显著增大花朵直径，高温花朵直径明显变小。在夏季高温和阳光充足的情况下，三色堇不能越夏而枯死，但在北方的房屋北侧栽培能够越夏。喜疏松肥沃土壤，适宜 pH6.0～7.5。怕涝。

播种育苗南方于秋天进行。在寒冬来临前 50 天左右播种，当寒冬来临时秧苗已长好，在露地越冬或在苗床里越冬。北方春育苗。在光照充足的情况下，80 天可育出已开花的秧苗。种子上面盖细土 0.6 厘米左右。播干籽 6～7 天出苗，分苗 1 次。

扦插繁殖用植株根颈处萌发的短枝作插穗，不用开花或过于粗壮的枝条。在沙土或泥炭土上扦插，插后 15 天左右生根。

三色堇耐半阴，在干燥的气候和烈日下开花不良，露地栽培可栽在房屋的北侧或有植物遮阴的地方。定植前施充分腐熟的有机肥。南方秋天或春天定植，北方春季定植。露地栽培株行距 20～30 厘米。注意保持土壤湿润，及时浇水施肥。雨季注意排水。整个生长期间不必摘心。

盆栽用直径 20～27 厘米的盆，一般每盆栽 2～3 株。秋天霜冻前选株形好的移入花盆中，放在室内南阳台上。夜温在 10℃以下则开花不断。

如不采种及时摘去残花。种子成熟期不一致，并且容易自然散落，需分次采收，当果皮发白时采收。第 2 年最好用第一批采收的种子。三色堇种子寿命 1～2 年，千粒重 1.2 克左右。

常见病害有灰霉病、菌核病、花叶病等。常见害虫有蚜虫、螨类等。

珊　瑚　花

彩图 103

珊瑚花是爵床科珊瑚花属多年生常绿草本或亚灌木植物，学名 *Justicia carnea*，别名串心花、红缨花、巴西羽花、水杨柳、芝麻花等。花序大，花期长，花状如红缨，是优良的室内盆花。

花朵密集形成短圆锥花序，顶生。苞片突出，长圆状渐尖，萼片5裂。花筒总长6厘米左右，花冠2唇形，红缨状，花玫瑰紫或粉红色。花瓣有粘毛，雄蕊2，花丝粉白色，花柱细短，子房2室。花期6～11月。蒴果，有种子4粒。原种高1.5米左右，室内盆栽高40～60厘米。茎4棱状，叉状分枝。叶对生，长圆状卵形，顶端渐尖，有少量短柔毛，全缘或微波状，叶脉明显。

喜光，也稍耐阴，怕强光暴晒，除夏季光照强时需遮阴40%～60%外，其他季节需见光。喜温暖，不耐寒，能忍耐5℃的低温，当低于5℃时叶片容易发黄，越冬温度宜在10℃以上。喜富含腐殖质、排水良好的土壤。要求湿润环境，不耐旱。

扦插繁殖只要气温适宜，全年都可进行，一般在春、秋季进行。剪取长8～10厘米未孕蕾的枝条作插穗，剪口应在茎节下方，只留顶端叶片，插于沙或泥炭土中，保持湿润，稍遮阴。当温度在20℃以上时，插后15～20天生根，长出新叶时移栽。春季扦插当年就能开花。冬季扦插时，室内温度低于5℃时叶片容易发黄。

盆栽小苗选用直径20厘米左右的花盆，开始不宜太大。盆土可用塘泥2份、腐叶土和沙各1份配制，或用腐叶土或泥炭土加1/4左右的河沙配制。上盆缓苗后要摘心1～2次，或栽植2株，以促使植株尽早长满盆。开始宜放置在有明亮散射光或半阴处，以后放到充分见光处，夏季要遮阴。生长季节每月施2～3次稀薄液肥。保持土壤湿润，但不要连续潮湿，以防落叶、烂根。夏季气候炎热干燥时，喷水降温增湿。花谢后去掉残花，加强水肥管理，促

其再次开花。冬季珊瑚花进入休眠，应停止施肥，少浇水，盆土以偏干些为宜，此时浇水过多易造成落叶和烂根。

珊瑚花生长十分旺盛，在春季翻盆时，重修剪，促发新梢，使株形丰满。对3年以上的老株，因其长势衰弱，发枝不旺，株形也多不雅观，应进行扦插更新。

常见病害有叶斑病。常见害虫有刺蛾、叶蝉和蚜虫。

芍　药

彩图 104

芍药是毛茛科芍药属多年生宿根草本植物，学名 *Paeonia lactiflora*，别名白术、将离、余容、梨食、没骨花、殿春等。花雍容华贵，娉婷娇娜，花形花色变化多，清香流溢，给人以美的享受，早有“牡丹为花王，芍药为花相”之说。为广大人民所喜爱，许多人家在宅旁栽培。

花数朵生于枝顶或叶腋，每枝开1～5花。花径5.5～10厘米，园艺品种10～20厘米。外轮萼片叶状，内萼片3～7，倒卵形、椭圆形等。园艺品种大多数为重瓣，也有单瓣的。花色红、白、粉、紫等，雄蕊多数，花丝黄色。花期4～5月。蓇葖果2～8枚离生，光滑，纺锤形、椭圆形或瓶形，有小突尖。种子圆形、长圆形或肾形，种皮黑色或黑褐色。种子千粒重160克左右。

株高50～100厘米，茎无毛，丛生。在秋季于地下茎处就产生新芽，新芽于早春抽出地面。春季初出叶红色，茎基部常有鳞片状变形叶，中下部复叶2回3出。小叶狭卵形、椭圆形或披针形，枝梢的渐小或成单叶，全缘或微波状。具纺锤形的粗壮肉质根，根入药，以开单瓣花的芍药根入药最佳。夏、秋季采挖芍药根，去掉泥土和枝根，去皮煮制，晾晒干后即可，用时润软切片。

喜充足阳光，也稍能耐阴。耐寒，在北方寒地露地能安全越冬，喜夏季凉爽，又能忍耐炎热。要求深厚肥沃的壤土或沙壤土，不宜在黏土地、盐碱地及低洼地栽培。忌积水，否则易引起根部腐烂。耐旱，但应保持土壤湿润。

分株繁殖的关键是掌握好时间，正确的分株第2年就能开花。从北往南我国依次应在9月中旬至10月中旬分株最为适宜。如辽宁在秋分前后较为适宜，笔者每年此时分株，第2年都能开花。此时芍药的新芽已经形成，分株后天气转冷凉，但地温又不太低，分株后根系还有一段恢复生长时间，而芽又不会伸出地面，为第2年春天生长奠定了基础。分株太晚根系恢复时间短。春天不宜分株，春天分株往往几年不开花。选晴朗的天气分株。分株有两种情况：一是将被分的母株切除1/3～5/6，剩下母株在原地不动，母株除株丛变小外，根系基本未受太大的伤害，不影响第2年开花。二是将母株全部挖出，根部朝天，抖去泥土，依自然长势分开，一般每丛带3～5个芽。如果为了扩大繁殖倍数也可带2个芽，如为了早见效果可带6～7个芽或更多。一般用利刀切开母株，剪除腐朽的根部。分根后可以马上栽植，为防止腐烂也可以阴干，待伤口愈合后栽植。还可以涂上硫黄粉末或新鲜的草木灰以免微生物侵入。

扦插繁殖可将秋季分株时的断根系切成5～10厘米长的小段作插穗。插在深10～15厘米的沟中，上面覆土5～10厘米，浇1次透水，第2年春季生根，可培育成秧苗。或在开花前15天左右，剪取茎的中间部分作插穗，插穗长10～15厘米，至少有2个节。在沙床上扦插，扦插深度约3厘米，遮光，每天喷水，保持较高的空气湿度，45～60天生根，并且能形成休眠芽。

播种育苗发育健壮者需4～5年才能开花，所以主要用于育种或药用栽培。一般在蓇葖果外皮呈蟹黄色时采收，放在阴凉处使之后熟，当果皮干裂时将种子剥出，不可暴晒，以免降低种子发芽率。采种后立即播种，否则发芽率降低。每穴播4～5粒种子。种子上面覆土6厘米左右，保持土壤湿润，20天即可扎根，但不出苗。越冬前浇1次越冬水。如果播种较晚或土壤干燥，封冻前不能扎根，第2年春季也不出苗，需到秋季扎根，第3年才出苗。幼苗生长较慢，要加强田间管理。

选地势高燥、排水良好、土层深厚、土壤疏松肥沃的地方栽培芍药。芍药栽培后要生长多年，所以要施足基肥，深耕整平。株行距80～90厘米，栽培深度以芽上覆土3～4厘米为宜，适当镇压。在每丛的上面培一个小土堆，高5～15厘米，有保暖、保湿、防冻的作用，春天平去土堆。每年追肥3次，分别在春天解冻后，开花后和在土地封冻前进行。其他时间视植株生长情况，也可随时追施稀薄液肥，但炎夏不可追肥。开花前必须充分灌水，此时如果水分不足，花小而且不娇艳。早春萌芽前结合施肥浇透水1次，土壤封冻前浇水1次，平时土壤以湿润偏干为宜。大雨后及时排水，防止根系腐烂。及时松土锄草。家庭栽培一般让芍药的花任其生长，但是如果要观赏大花则保留顶蕾，及早剥去侧蕾。药用栽培的尽早除去全部花蕾；分株后芽少的第2年可除去全部花蕾，以利于长成大株丛。开花期间容易倒伏的品种应设立支柱，固定花朵。开花期间可搭上花棚，用遮阳网或竹帘等遮阳，既能免遭雨打，又使花期延长7～10天，还能保持花色艳丽。开花后除留种外及时剪除残花，不让结实以免消耗营养。秋后当芍药茎叶全部枯萎后，贴地面剪除并烧掉，以消灭茎叶上的病虫害。

主要病害有叶斑病、锈病、白绢病等。主要害虫有蚜虫、蛴螬等。

天　竺　葵

彩图105

天竺葵是牻牛儿苗科天竺葵属多年生常绿亚灌木，学名*Pelargonium hortorum*，别名石蜡红、入腊红、绣球花、洋绣球、洋葵、臭球等。花姿美丽，色彩艳丽，叶片四季翠绿，花期长，栽培容易，许多家庭盆栽。还有大花天竺葵，学名*P. domesticum*，别名蝴蝶天竺葵、洋蝴蝶、毛叶入腊红等。

伞形花序顶生，花序大。有总苞，小花数朵至数十朵，蕾期下垂。花萼5，绿色，具柔毛。有单瓣和重瓣，单瓣的花瓣5。花色红、淡红、肉红、粉、白等。雄蕊5，花药黄褐色，柱头5歧，子房上位。条件适宜全年开花。蒴果，种子近长卵形，种皮布满白色柔毛。株高30～60厘米，茎粗壮，多汁，基部稍木质化。单叶，互生，圆形至肾形，径7.5～12.5厘米，叶缘内常有蹄纹，被细毛和腺毛，具鱼腥气味。

喜阳光充足环境，光照不足时下部叶片会黄化脱落。喜温暖，种子发芽适温20～25℃，生长适温12～25℃，较耐寒，能忍耐较长时间的低温，有的品种能忍耐－3℃或更低一些的温度，不耐高温，夏季生长不良，呈半休眠状态，但并不枯萎。以肥沃、疏松和排水良好的沙壤土最适，喜湿润的空气，怕水湿。

扦插繁殖一年四季均可进行，以春、秋最为适宜，培育6个月左右开花，夏季高温，插条易发黑腐烂，冬季温度低发根慢。插条以顶部的最好，生长势旺，生根快。剪取长8厘米左右的枝条，在茎节下用刀削平，让切口干燥形成薄膜后再插于沙中，一般2～3周生根。当扦插苗根长3～4厘米时移入直径8～10厘米的容器中。

现在有一些天竺葵新品种的种子，可买来播种育苗，种子千粒重5克左右。播种后4个月左右开花，春、秋季均可进行。在室内用花盆播种，播后覆土0.5厘米左右，播干籽7天左右出苗。

盆栽用直径20～27厘米的花盆栽培。冬春应放在阳光充足处，否则叶片易下垂转黄。盛夏高温时，严格控制浇水。如果盆土过湿，半休眠状态的天竺葵，叶片常发黄脱落。茎叶生长期每半个月施肥1次，但氮肥不宜施用太多，茎叶过于繁茂应停止施肥。花芽形成期，每2周加施1次磷肥。适当摘除部分叶片，有利于开花。为了控制植株高度，达到花大色艳的目的，在定植2周后用0.15％矮壮素或比久药液喷洒叶面，每周1次，喷洒2次，每天光照14小时以上，这样可以有效地控制天竺葵的高度，使其株形更紧凑；或早摘心1～2次；或选择矮生天竺葵品种。花谢后剪去花枝，有利于新花枝的发育和开花。单瓣品种需人工授粉，才能提高结实率。花后40～50天种子成熟。从第2年起，每年秋季都要更换新土，剪去一些较长的须根，并进行重修剪，留茎10厘米左右。

一般盆栽3～4年老株需要更新。

如果通风不良或盆土过于潮湿，易发生叶斑病，发现后应立即摘除叶片。主要害虫有螨类和白粉虱，笔者曾在一栋温室里栽培近二百种花卉，每年天竺葵、倒挂金钟、一品红等是最容易受白粉虱为害的花卉。

夏堇（蓝猪耳）

彩图106

夏堇是玄参科蝴蝶草属一年生草本植物，学名*Torenia fournieri*，别名蓝猪耳、蓝翅蝴蝶草、花公草等。其姿色柔美，花期长，酷暑时花朵盛开，热带地区常年开花。近年我国栽培数量增加迅速，可地栽或盆栽。

短总状花序腋生或顶生，花多。萼筒椭圆形，膨大，有5条棱状翼。唇形花冠，长约2.5厘米，上唇2裂，开张如翅，中间突尖，下唇3裂，圆形，中部裂片基部具色斑。花色有紫、紫青、蓝紫、桃红和深桃红等。雄蕊4，具有特殊的半裸胚囊。花期7～10月。蒴果，果熟后开裂。种子近球形，种皮金黄色，具光泽，放大可见种皮上具白点。市场上出售的为包衣种子，圆形，有的包衣近白色。矮生性丛生植物，株高20～30厘米，方茎，分枝多。叶对生，长3～5厘米，单叶卵形或卵状心脏形，长5厘米左右，叶缘有锯齿。

喜光，不惧酷暑烈日。耐高温高湿，怕霜冻，忌干旱。种子发芽最适温度22～24℃，生长适宜温度15～30℃。对土壤要求不严，以湿润而排水良好的中性或微碱性壤土为宜。

通常播种育苗。春播，华南地区宜秋播。因种子细小，可混细沙后播种，夏堇种子发芽需要一定光照，播后不覆土，均匀地轻压土壤，喷透水，使种子与土壤密切接触，用塑料薄膜覆盖保湿，地温适宜播种后3天出苗。出苗后及时撤掉塑料薄膜，放在光线充足、通风良好的地方。苗期生长缓慢，长高到5厘米后生长变快。

长出2～3对真叶时要及时移植。从播种到开花春播需要120天左右，夏播需80～90天。

扦插繁殖室内栽培全年均可进行。从生长健壮、无病虫害的植株上，剪取带顶芽有3～4个节的枝条作插穗，一般带2对叶子。温度在20～30℃时很快生根，先移入直径8厘米的容器里，扦插后45～50天开花。

地栽要选室外阳光充足的地方。整地施肥，基肥最好施有机肥。生长期间每月追1～2次肥，开花期增施1～2次磷、钾肥，控制氮肥的使用量，以免植株生长过旺过高，影响开花。及时浇水，保持土壤湿润，防止植株萎蔫。

盆栽用直径15厘米左右的盆。盆栽夏堇放在充分见光处。株高约15厘米时摘心，促使多分枝。生长旺季每15天左右施1次稀薄液肥。盛夏季节除了雨天外，每天都要浇水，保持盆土湿润，高温干旱时早晚各浇1次水，并喷水。花谢后及时剪除残花，以便形成更多花蕾开花。秋季温度降至12℃时，将盆移到室内。

常见病害有苗期猝倒病、根腐病、叶斑病、白粉病等。常见害虫有螨类和蚜虫。

香 彩 雀

彩图107

香彩雀是玄参科香彩雀属多年生草本植物，常作一年生栽培，学名*Angelonia salicariifolia*，别名夏季金鱼草。原产地南美洲。花型小巧，花色淡雅，花量大，开花不断，对炎热高温的气候有极强的适应性，是优良的草花品种之一。地栽，盆栽均可，还可容器组合栽植，有的品种可以作切花，瓶插时间10天以上。

花单生叶腋，花瓣唇形，上方4裂，花梗细长。花期6～9月，在深圳几乎全年开花。盆栽株高25～35厘米，地栽40～60厘米。分枝性强，冠幅30～35厘米，株形紧凑丰满。蒴果球星，市场丸粒化种子千粒重1克。叶对生或上部互生，无柄，披针形或条状披

针形。全株被腺毛。

喜光。喜温暖，耐高温，不耐寒，极限低温－1℃。种子发芽最适温度20～24℃，苗期生长适宜温度18～26℃，植株生长适宜温度16～28℃。喜肥。对栽培土壤要求不严，但在疏松、肥沃且排水良好的土壤上生长的好，适宜pH5.5～6.5。

扦插或播种繁殖。在生长旺季用中上部的健壮嫩枝作插穗，插穗长10～12厘米，上端剪成平口，下端马蹄形。家庭用量少在花盆里扦插，用沙作基质。扦插深度3～4厘米，扦插后将花盆放在阴处，条件适宜7天后即可生根。生产上大量育苗用播种繁殖。播种后种子上面可以不覆土，必须保持土壤或其他基质湿润。温度适宜一般4天即可发芽。育苗时间一般控制在45～50天，从播种到开花需14～16周。

苗高5～6厘米时先移入上口直径8厘米的容器培育大苗。盆栽的也可当苗高8厘米左右直接上盆，开始用上口直径10厘米的容器栽培。上盆后半个月开始施肥，以后每隔半个月左右追肥1次。香彩雀分枝性好，一般整个栽培过程不需摘心；或在株高12厘米左右时摘心1次促发侧枝，控制有8～10个开花的枝条。为了控制植株高度，可以在上盆2周后用1 000毫克/千克浓度的矮壮素药液处理。

常见病害有叶斑病。常见害虫有白粉虱、蚜虫、蛞蝓等。

香石竹（康乃馨）

彩图108

香石竹是石竹科石竹属多年生常绿草本植物，学名*Dianthus caryophyllus*，别名康乃馨、麝香石竹、丁香石竹等。其花枝纤细而青翠，茎叶清秀，花的色彩丰富，花瓣具剪绒状的花边，花色娇艳，绚丽馨香，因而成为世界著名的切花，在我国已广泛应用。香石竹被誉为“母亲节之花”，代表慈祥、温馨、真挚的母爱，很多人在5月的第2个星期日即母亲节这一天，向慈母献上几枝香石竹以表示对母亲爱心的回报及崇敬。家庭可盆栽观赏。

花大，具芳香，单生或簇生于枝端。萼长筒状，5 裂，绿色。花瓣多数，花径 5～10 厘米，花瓣近扇形，不太规则，边缘有齿，红、桃红、粉、黄、白、紫及杂色等。花期 5～10 月，保护地栽培四季开花。株高 50～100 厘米，盆栽较矮，茎丛生，基部半木质化，茎脆，节膨大，灰绿色。叶厚，线状披针形，对生，全缘，基部抱茎，被白粉。

栽培类型：①单花香石竹。也叫独头香石竹、标准香石竹、大花香石竹等。花朵大，每一主茎顶端开 1 朵花，是切花香石竹的主要类型。单花香石竹又根据其杂交亲本的来源分为许多品系，生产上常用的是西姆品系和地中海品系两个品种群。西姆品系从 20 世纪 70 年代后成为世界香石竹的主要栽培品种，花色以红、粉单色或花瓣上嵌入线条的轮型斑为主。花瓣向上，无香味。地中海品系比西姆品系花色丰富，带有轮形色晕、色斑，花从单色到复色，花形多样，花有香味。抗倒伏能力和抗病性都强于西姆品系，因此从 1980 年前后迅速普及。②多花香石竹。也叫散花香石竹、多头香石竹、聚花香石竹等。每一主枝上有若干分枝，分枝上着生花朵，每个茎上着花 3～5 朵。目前有些国家已超过单花香石竹的栽培面积。③盆栽香石竹。主要是温室栽培类型，用种子繁殖。四季开花，花径 5.5 厘米左右，株高 10～30 厘米。多为杂种一代。

喜光，光饱和点约在 5.5 万勒克斯，不喜欢夏季烈日暴晒，其他时间均需充足的阳光。中日性植物，但 15～16 小时的长日照有促进花芽的分化和发育的作用。不耐炎热和严寒，但能耐轻霜，不同品种对温度的要求有一些差异。生长适温 15～22℃，开花适温是 10～20℃。温度过高易徒长，花朵变小。喜肥，适宜生长在疏松肥沃、含丰富腐殖质并排水良好的土壤上。适宜的土壤 pH 6.0～6.5。要求土壤湿润，怕干旱、忌涝。喜干燥、通风良好的空气环境，忌高温多湿，夏季高温多雨时生长不良。

扦插繁殖除盛夏外均可进行，其中露地在 4～6 月和 9～10 月，室内在 1～4 月和 9～11 月扦插最为适宜。由于香石竹在栽培过程

中很容易感染病毒病，因此最好用组织培养的脱毒苗作母株。如果没有，要选无病毒感染症状、生长健壮的植株作母株。母株长到一定大小时摘心1～2次，摘下的顶芽发育不整齐的不宜作插穗。当侧枝长到15厘米以上、有8对左右叶片时，在侧枝的第2～3个节的上面剪下作插穗。保留插穗顶端2～3对叶，其余去掉。将插穗放在水中浸泡30分钟，或采后立即扦插。母株多的直接掰取侧芽扦插，长4～6厘米，基部要带有踵状部分，有利于生根。为了提高扦插成活率，可用50毫克/千克吲哚丁酸药液浸泡6～8小时。扦插基质用河沙，或森林腐叶土，或珍珠岩与泥炭土等量。在基质上用竹签打孔扦插，扦插行距3～6厘米，株距2～3厘米，扦插深度1～1.5厘米。保持湿润，适当遮阴，控温21℃左右，20～30天生根。经过1～2次的移植，培养成大苗。

播种育苗播后种子上面要覆土0.5厘米，控温18～20℃，播后7天出苗，正常出苗率在60%左右。幼苗需经过移植，培育2～3个月可成为大苗。一般1～2月播种，6月前后可开花。

大量生产用组织培养繁殖，可得到脱毒种苗。

盆栽宜选温室栽培类型的品种，以达到常年开花的目的。用肥沃的营养土栽培，有条件的可用泥炭土加珍珠岩，或用腐叶土、粗沙配制。用直径15～20厘米的盆栽培，盆底垫粗沙。浅栽，栽植时不要伤根。栽后浇足水，放在见光和通风处培养，有条件的放到室外，室内栽培要有良好的通风条件。生长期间注意温度和湿度的控制，气温在10～25℃，空气相对湿度在50%左右最为适宜。生长旺盛期充分浇水，但不可过湿，室温低时，应适当控制浇水量。每15天左右追肥1次。可追施硝酸钾、硝酸铵、硝酸钙等；或用腐熟有机肥；花蕾形成后，用0.1%～0.2%磷酸二氢钾溶液叶片追肥。当植株长有6～7个节时，从基部以上4节处进行第1次摘心，摘心应在晴天中午植株体内水分相对少时进行，以免损伤叶片。摘心后生长的第1级侧枝选留4～5枝，其余去掉。当第1级侧枝长至5～6节时，进行第2次摘心，选留第2级侧枝3～6枝，具体视品种、植株生长情况而定。一年要摘心2～3次。为了使花朵大，一般每个枝仅保留顶部的花。顶部以下叶腋出现小花蕾时及时摘除，并随时抹去茎节上的花芽和叶芽。如果没用温室栽培类型的香石竹，而用单花香石竹或多花香石竹的话，盆栽要支架。选细的竹竿、木杆、钢筋、塑料棍等插入盆中，然后将香石竹的茎绑在支架上。经常疏松盆中表面的土壤。

露地栽培要选通风的地方。在栽培香石竹的南侧，盛夏时节有高棵植物午间前后为其遮阴最为适宜。施足底肥，翻入30厘米以内土层。终霜后定植。株、行距25～30厘米，或株距小些，行距大些，大量栽培的要有作业道。及时浇水、追肥、中耕除草等。植株生长到20厘米左右高时，要除去过多的侧芽。栽培的品种是切花类型要支架，大量栽培的用尼龙绳拉网格，在距地面15～20厘米高处，张挂第1层网，同时安上能调节高度的第2层网，两层网间距约20厘米。可采用8厘米×8厘米的细尼龙格网，边缘用粗尼龙线拉紧，固定在畦两边木柱上，以保持植株直立生长。使每一主茎在1个网格内，这样植株不会倒伏。网格要随着植株的生长而增加，一般增加到3～4层。少量栽培的可用细的竹竿、木杆、钢筋、塑料棍等支撑。其他管理参见盆栽。

病害有茎腐病、锈病和枝腐病等。害虫有螨类、蚜虫、蓟马等。

新几内亚凤仙

彩图109

新几内亚凤仙是凤仙花科凤仙花属多年生常绿草本植物，学名*Impatiens hawkeri*。花色丰富，株形优美，花期长，适宜布置花坛、花境或盆栽观赏。

花单生或两朵并生于叶腋。花梗长，花瓣桃红色、粉红色、橙红色、紫红、白色等。株高25～30厘米，茎肉质，光滑，青绿色或红褐色，分枝多，易折断。叶互生，有时上部轮生状，叶片卵状披针形，叶缘具锐锯齿。叶色黄绿至深绿色，叶脉及茎的颜色常与

花的颜色有相关性。

喜光，忌烈日暴晒，最适光照强度25 000～45 000勒克斯。喜温暖湿润，适宜生长温度16～28℃。怕寒冷，遇霜全株枯萎，冬季室温应不低于12℃。当温度低于15℃或高于32℃将影响正常生长，温度适宜全年开花。对土壤要求不严，在土层深厚、肥沃、排水良好的土壤上生长良好，忌浓肥，怕盐碱。适宜空气相对湿度65%～75%。怕干旱，忌水涝。

家庭栽培提倡扦插繁殖。用当年生枝条作插穗，每个插穗有2～3个节，在花盆里扦插，用素沙作基质。也可用叶腋间的幼芽作插穗，繁殖速度快。为了提高扦插生根率，插穗用ABT生根粉速蘸处理后，6天左右即有新根产生，当根长2～3厘米时，即可上盆。

栽培的容器不宜过大，家庭盆栽管理宜精细。光照强时开花早，花小，夏季宜用遮光50%的遮阳网遮阳。浇水以"见干见湿"为原则，渍水会烂根。空气干燥时向植株喷水保持一定的空气湿度，否则湿度低叶片易卷曲。新几内亚凤仙不耐肥，容易产生肥害，如果养分过多，叶片有褐色斑点。每次施肥的量一定要少，施磷、钾肥，控制氮肥施用量以免茎叶徒长。经常摘心促发侧枝，使株形更加丰满。一般株形紧凑的小花品种开花较快。及时摘除病叶和残花，除去不需要的侧芽，剪除细弱徒长枝。

常见病害有白粉病、灰霉病、叶斑病等，控制湿度和通风是有效的防治方法。常见害虫有蚜虫和螨类。

勋　章　菊

彩图110

勋章菊是菊科勋章花属多年生具地下茎草本植物，多作露地一年生栽培，学名*Gazania splendens*，别名勋章花，因其形状似勋章而得名。勋章菊姿态秀丽，花朵迎着太阳开放，随太阳落山而闭合，如此反复开放10天左右才凋谢，温度低时开放时间更长。地栽或盆栽。

头状花序单生，花轴长。花序直径6～10厘米，舌状花白、黄、橙红等色，具红褐色条纹，基部棕黑色，有光泽，管状花黄白色。种子具细长白色柔毛，剥去柔毛近纺锤形，种皮土黄色。种子千粒重2克左右。具地下茎。株高20～40厘米，品种间差异较大。叶基生，茎生叶很少。叶片披针形或倒卵状披针形，从苗期就有少数浅羽裂。叶片背面被白柔毛，叶缘具细小刚毛，主叶脉白绿色。

在生长期和开花期均需充足阳光。喜凉爽，适宜生长温度13～24℃，耐低温，能耐轻霜冻，但不能忍耐长时间冰冻。耐旱，较耐贫瘠土壤，但在排水良好、疏松肥沃土壤上生长的好。

勋章菊可播种育苗。春育苗从播种到开花需85天左右，每平方米苗床播种量15克左右。撒播，种子上面覆盖细土0.8厘米左右。地温18～21℃时，播干种子3天出苗。有1对真叶时移苗，用直径8厘米左右的容器，或开沟按8厘米的株行距分苗。苗期控制气温15～25℃，土壤水分控制适中，要充分见光。定植前5～7天降温，加大通风，适度控水炼苗。无霜后定植露地。

分株繁殖于春季茎叶生长前，将越冬的母株挖出，盆栽的将母株从花盆倒出，用刀在株丛的根颈部纵向切开，分成若干丛，每丛必须带芽和根系。

扦插繁殖室内栽培全年都可进行，露地栽培须在春、秋凉爽季节进行。用芽作插穗，留顶端2片叶，如叶片大，可剪去1/2，以减少叶面水分蒸发。插入沙中，控温20～25℃，保持较高的空气湿度，一般扦插后20～25天生根。如果用1 000毫克/千克吲哚丁酸药液处理1～2秒钟，能加速生根。生根后移入直径8厘米的容器中栽培。

地栽应选光照充足的地方。施肥整地后，做成50～53厘米宽的垄或1米宽的畦，每垄栽1行，每畦栽2行，株距33～40厘米，栽时浇水。及时除草松土，大面积垄作的应铲趟几遍，保持土壤疏松和无杂草。因株形紧凑，一般不用摘心。种子成熟后及时采收，种子量较少。较温暖地区冬季来临前需覆盖越冬，北方寒冷地区不

能露地越冬。

盆栽用直径15～20厘米的盆，每盆栽1株苗。生长期间每15天左右施1次稀薄液肥，充分见光。不留种的花谢后及时剪除，以减少营养消耗，促使形成更多花蕾开花。勋章菊对温度和光照适应范围较大，室内栽培条件适宜的一年四季开花不断。或初霜后将露地生长好的植株带土坨挖出，栽入花盆中，冬春季观赏。

常见病害有根腐病、叶斑病等。常见害虫有蚜虫、螨类等。

岩 白 菜

彩图 111

岩白菜是虎耳草科岩白菜属多年生常绿或宿根草本植物，学名 *Bergenia purpurascens*，别名厚叶岩白菜。其花朵紫红色，十分美丽，是观叶、观花、药用于一体的植物。

花轴粗壮，红色，花序分枝，聚伞花序，小花枝具花6～7朵呈总状花序，常下垂。花萼宽钟状，在中部以上5裂，裂片长椭圆形，先端钝，紫红色或暗紫色。花瓣5，宽倒卵形或长椭圆形，先端钝圆，基部楔形，全缘或有小齿，玫瑰红色。雄蕊10个左右，柱头2浅裂。花期5～7月。蒴果2裂，种子细小多数，千粒重0.2克。地下具粗大根状茎。株高45厘米左右。叶基生，呈簇生状，肥厚而大，倒卵形或椭圆形，叶色深绿，低温则变为红色。

喜光，耐半阴，怕高温和强光。喜凉爽，耐寒性强，稍加覆盖可以在北方寒地越冬。进入冬季叶片转为紫红色，凋萎休眠。春季温度升至10℃以上时叶片开始转绿，生长加速，陆续开花。喜湿润，不耐干旱。对土壤要求不严，但以疏松肥沃沙壤土最适宜生长。适宜pH6.2～6.7。

分株繁殖一般秋季进行，将植株挖出或从盆里倒出，2～3芽为一丛栽植，栽后浇透水。

扦插繁殖可把分株遗留的根状茎剪成长10厘米左右作插穗，每个插穗上要有潜伏芽，切面用酒精或新鲜草木灰涂抹消毒。在

200 毫克/千克的吲哚丁酸药液中速蘸，然后埋在洗过的炉渣或珍珠岩里，温度适宜 8 天后可出芽，成苗率 96%以上。

播种育苗于春季进行，播前用清水浸种 12 小时。撒播，薄覆土，播后 8 天出苗，出苗率较低，苗期生长较慢。

露地栽培须细致整地，施农家肥作底肥。按株行距 30～40 厘米栽植。岩白菜萌蘖性强，一般 3 年后冠幅可达 40～60 厘米。盛夏不宜暴晒，适当遮阴。春、秋季阳光充足对茎叶生长较为有利。生长期保持土壤稍湿润，浇水量不可过多或过少，不能积水，否则容易烂根。生长期每 15 天左右施稀薄液肥 1 次。

盆栽岩白菜生长较慢，开始用直径 15～20 厘米盆栽培，每年春季翻盆换土。放在南窗台或阳台上。生长期间加强水肥管理，花谢后及时剪掉残花序，使植株美观好看。冬季休眠放冷凉处，少浇水。

常有褐斑病和蚜虫为害。

紫　罗　兰

彩图 112

紫罗兰是十字花科紫罗兰属一年生或多年生草本植物，生产上作一、二年生栽培，学名 *Matthiola incana*，别名香桃、草紫罗兰、草桂香、香瓜对、射香等。其中，冬紫罗兰类型在冬春季花少时开放，开花多，花轴粗壮，花序硕大，香气浓郁，花期长。栽培容易，可盆栽或地栽。

根据开花的季节不同，紫罗兰分夏、秋、冬 3 种类型。夏、秋紫罗兰一年生，冬紫罗兰多年生。下面主要以冬紫罗兰为例进行介绍。

总状花序顶生和腋生，花轴粗壮。花瓣 4，倒卵形，十字状着生，花直径 3 厘米左右，花瓣紫、红紫、白、粉、玫瑰红等色。开花时有单瓣和重瓣两种植株，单瓣花的雄、雌蕊发育健全，能结种子；重瓣花的雄、雌蕊都变成花瓣了，不能结种子。冬紫罗兰室内

栽培花期1～5月，露地4～6月；夏紫罗兰花期6～8月；秋紫罗兰花期7～9月。长角果圆柱形。种子扁圆，近心形，种皮黑褐、黄、白色等，具黄或白色膜质翅，种子颜色与花的颜色相关。株高20～60厘米，全株被灰白色柔毛，茎直立，基部稍木质化。叶互生，长圆形或倒披针形，先端圆钝，基部渐狭，灰绿色。一般情况下，重瓣花的子叶广椭圆形，单瓣花的子叶短椭圆形。苗期叶片椭圆形至长椭圆形，新生叶片明显被灰白色柔毛。

喜阳光充足，也稍耐半阴。喜凉爽，耐寒。苗期以20～25℃较适宜，种子发芽出土适宜温度20℃左右，苗期能忍耐短期－5℃低温，忌燥热，植株生长适温白天15～18℃，夜间约10℃。除了一年生品种外，植株需经过低温通过春化才能开花，即在8片真叶时要有3周5～10℃的低温植株才能进行花芽分化，夜间2～4℃最好。开花期间适宜温度为12～18℃，否则花朵会很快衰败。喜疏松肥沃的中性或微酸性壤土。要求通风湿润的空气环境。

紫罗兰通常播种育苗。当白天气温20～25℃，夜间不低于5℃的情况下，冬紫罗兰从播种到开花需120～150天。在北方寒地于8月播种，其他地区于9月播种，一般在春节前后开花。1年生品种在夏季凉爽地区四季都可播种，可周年供花。家庭栽培用花盆播种，种子上面覆土0.5厘米左右，盆上面盖玻璃或地膜，放在阴凉处，播干籽4～5天出苗。籽苗期间要防暴雨，当长到2～3片真叶时用直径8厘米左右的容器移植，每个容器中移入1～2株苗。室内育苗的要放在南面见光最好的地方。苗期要摘心1次。

盆栽用直径20～27厘米的花盆，不用种过十字花科植物的土壤作盆土，以避免同科植物病害的传染。当有8～10片叶时栽于花盆中，每盆栽2～3株苗。如在室内盆栽，要让紫罗兰此时通过春化，可把苗放在室外正好赶上深秋的低温，住在楼上的可放在窗台外，3周后移入室内上盆。由于生长前期要蹲苗，所以要保持土壤处于微潮偏干的状态。生长后期宜加大浇水量，否则植株长得较矮。开花后不可缺水，一般不用追肥。开花期间控制温度12～18℃，否则花朵会很快衰败。不留种的单瓣花及时剪去残花，以免结实而消耗植株体内过多的养分。

露地栽培于春天定植，在北方4月中旬即可定植。株行距25厘米左右，追肥1～2次。花后剪除花枝，到6～7月可第2次开花。

紫罗兰长角果变黄时采收。成熟后晾干剥开角果采种，选植株下部的角果和果中的中下部的种子，其后代花色好，花期长。或将整株晾干储存，播种时再取种。种子千粒重1～1.8克，可使用4年左右。一般情况下，冬紫罗兰好的种子重瓣花占80%左右。选扁平的种子，不用饱满充实的种子。

主要病害有枯萎病、黄萎病、白锈病及花叶病等。主要害虫是蚜虫。

紫　茉　莉

彩图113

紫茉莉是紫茉莉科紫茉莉属多年生具块根的草本植物，生产上多用种子繁殖作一年生栽培，学名 *Mirabilis jalapa*，别名胭脂豆、胭脂花、夜繁花、状元红等。午后4时左右至傍晚开花，太阳升起后很快闭合。开花时有芳香，非常适宜在傍晚或夜间纳凉的地方种植。

花数朵集生枝顶，总苞宿存。无花瓣，花萼呈花瓣状，长喇叭形，缘有波状5裂，紫红、红、粉、黄、白及混杂色等。刚采收的种子近圆形，干燥后横向收缩成椭圆形，具纵棱和网状纹理，似地雷状，种皮黑色，胚乳白色，粉质细腻。种子长8毫米左右，千粒重109克左右。瘦果成熟后自行脱落，当其变黑还没干硬时采收。株高50～80厘米，茎多分枝而且开展，近光滑，具明显膨大的节部。真叶对生，三角状卵圆形，全缘。块根棕黑色，肉质，纺锤形，笔者用块根栽培比用播种培育的大苗开花早许多。

生长适应性强。喜光，畏烈日，稍耐半阴，盛夏在有适度遮阴的地方生长和开花更好。种子发芽出土最适温度20℃左右，不耐

寒，怕霜冻，喜欢温暖，其中矮生种不耐热。肥沃而疏松的沙壤土有利于生长，喜土壤湿润。

播种育苗紫茉莉生长发育快，春天为了早开花可提前50天育苗，定植时的秧苗有6对左右叶片，其中有3对叶腋已萌发新芽。温度适宜播干籽6天出苗。因育苗天数短，又是直根系植物一般只移植1次，每个容器里1株苗。

扦插繁殖用脚芽、顶芽、腋芽等作插穗，其中脚芽生长势最强，不容易发生退化，抗病能力强。扦插在沙子或园土上，扦插后控温20℃左右，10天即可生根。生根后移入容器中培育成苗。

育苗的终霜后栽在宅旁，矮生品种的株行距30厘米左右，其他品种40～50厘米。北方直播的在终霜前后播种，也可晚播。天气热从播种到开花的时间短，笔者7月直播，从播种到开花只用58天。直播的每穴下种4粒，出苗后留1～2株。施足基肥，在生长期间一般不用追肥或少追肥，尤其不要用氮肥，以免造成茎叶徒长而影响开花。夏季高温期间，适时浇水防旱。如想保持某个植株的优良花色不变，开花后应套上透明纸袋，让它自花授粉。小坚果成熟后会自然脱落，宜在坚果变黑而尚未干硬前逐粒采收。种子脱落后，翌年能自行繁殖成苗。

老株块根可重复繁殖利用10年左右。在长江以南，块根可安全越冬成为宿根花卉。在不能越冬地区，霜后将植株从地面上3～5厘米处剪断，将根挖出储藏，放在不受阳光直射而又干燥的地方，一冬不浇水，温度控制在5～10℃。

盆栽的植株需要摘心，促使植株矮化。

常见病害有白粉病、病毒病、叶斑病等。偶见蚜虫为害。

第13章
CHAPTER 13

球根花卉

球根花卉包括具有膨大的地下茎部的所有花卉种类，具体分为球茎类、鳞茎类、块茎类、根茎类和块根类5种。

球根花卉的种球大小对花期和花瓣的质量都有较大的影响。在球根花卉栽培学上一般不用球根的直径表示大小，因为球根多为不规则的球体，而用它横切面的最大处的周边长度表示，简称周径。

百　合

彩图114

百合是百合科百合属多年生草本植物的总称，因其地下鳞茎是由许多鳞片抱合而成，故名百合。百合属学名*Lilium*。全世界有百合100多种，我国有60种以上。百合自古以来就受到中国人民的喜爱，现在应用的更多了，原因是：公认的吉祥物，象征夫妻恩爱百年和好，象征百事合心；叶片青翠娟秀，茎亭亭玉立，花大，朵多，花姿雅致，色彩艳丽及花期长，麝香百合品种群中的一些优良品种花香袭人；春去无芳，独艳山崖，不与异常花卉争艳，风格高尚；既是观赏名花，又是珍贵的中药和蔬菜；目前百合是最重要的切花材料之一。

现在栽培的商品百合都是杂种，主要种群有：①亚洲百合品种群。是我国目前切花的主要的栽培品种群，花朵直径10～12.5厘米。从定植到开花的生长周期一般在85～115天。对弱光敏感性强，冬季栽培需补光。在北方寒地栽培开花最早。②东方百合品种群。花朵直径大，大的可达30厘米。从定植到开花的生长周期一般在100～125天，一般花期比亚洲百合品种群晚。③麝香百合品

种群。别名铁炮百合、复活节百合，花有香气，多为白色品种。从定植到开花的生长周期一般在100～130天，在北方露地栽培开花最晚。

还有一种叫卷丹的百合，抗性强，各地在宅旁普遍栽培，在北方寒地能安全越冬，有的已经野生。在北方寒地开花晚，一般7月下旬为开花盛期。

喜光，但在强光季节略遮光生长更好，一般盛夏遮去30%～50%光为宜；长日照植物，在北方露地栽培的于7月开花。亚洲百合品种群耐寒，能在北方寒地安全越冬；东方百合品种群和麝香百合品种群不耐寒，不能在北方寒地越冬。喜凉爽湿润的环境条件，怕酷热。种子发芽适温20～24℃，花芽分化最适温度15～20℃，生长开花的适宜温度15～25℃。花后地下鳞茎进入休眠期，通过2～10℃的低温可解除休眠。亚洲百合和麝香百合适宜土壤pH 6～7，东方百合则适宜pH 5.5～6.5。喜疏松、肥沃、排水良好的沙壤土。对土壤含盐量敏感，尤其是对氯离子敏感。

花芽分化需要植株生长到有一定大小，具体因种类或品种而异。大多数亚洲百合在地上茎高10～20厘米时花芽才开始分化；麝香百合花芽分化稍晚一些，我们在百合园里可看到麝香百合开花晚。

种球的购买：选鳞茎大小均匀，无病虫害，鳞片肥厚，抱合紧密的；选用小鳞茎复壮的1～2年生新球。鳞茎大小参考以下数值：亚洲百合鳞茎周径12～14厘米，麝香百合12～16厘米，东方百合14～16厘米。在花的颜色上根据您的爱好选购，一般认为白色35%、黄色35%、红色15%、粉色15%的搭配较为合适。

百合扦插繁殖于花后至叶枯黄时挖取成熟的大鳞茎，起出的鳞茎不要在日光下晒，防止外层鳞片变色和失水。阴干数天后，剥去表面腐烂或干枯的鳞片，再将鳞片逐一剥下，阴干后斜插入基质中，间距2～3厘米，深为鳞片的2/3左右，注意使鳞片内侧面朝上，基质可用沙、泥炭土、苔藓、珍珠岩、发酵锯末或沙土。笔者在春季用露地越冬的亚洲百合鳞茎扦插，控制地温20℃左右时，29天时百合鳞片已经长出小鳞茎。40天时小鳞茎已经长出叶和根。一般认为春季扦插后长出的小鳞茎，应给予12周以上4～5℃低温休眠，然后才能开始新的生长。

还可利用小鳞茎繁殖。秋季收百合时，把小鳞茎收起，种在苗床上。苗床的土壤宜湿润、疏松、肥沃、排水良好。

叶腋能产生珠芽的百合种类，可用珠芽繁殖。卷丹及一些杂交百合等能产生珠芽，珠芽的大小与品种和母株的营养状况有关。当珠芽在茎上生长成熟，略显紫色，手触即落时采收。在沙土上密播，用土稍盖上珠芽。遮阴，保持湿润，只喷水不浇水，20～30天出苗。出苗后7天左右即可将其移栽于苗床上。怕冻的冬季保持床土不结冰，第2年就可长成能开花的种球。苗期除去花蕾。

田间管理：栽培的地方不要积水，室外地势低洼的要做高畦。温暖地区室外栽培以秋季栽植鳞茎为宜，北方寒地东方百合和麝香百合需要春栽，作商品栽培的可以根据鲜花的上市时间确定合适的播种期。栽种前要将须根（底根）剪去。一般采用开沟点种法，沟深在10～12厘米。栽培行距30～50厘米，株距15～25厘米，切花栽培株行距要小些。开沟后先摆鳞茎，然后覆土，覆土厚度大球5～8厘米，小球3～5厘米。最后灌水，要采用大水漫灌，浇足浇透。百合种植后至发芽前，一般不再施肥浇水，但如果土壤过于干燥，则必须喷水以保持10～15厘米的土壤表面湿润，但水分不能过多。夏季干燥炎热天气，要适当灌溉。百合发芽出土后即可追肥，在整个生长季节要多次追施薄肥。当叶色变黄时，用0.1%硫酸亚铁水溶液喷施，也可以和几种肥料混合施用。对高大植株需支架缚扎，以防倒伏。百合趋光性很强，冬季室内栽培时常常向南倾斜倒伏，必须设立支架。及时中耕除草。花后地上部分逐渐枯萎，地下鳞茎进入自然休眠期。

盆栽用土可用泥炭土、粗沙与肥沃园土等混合配制。用直径27厘米的盆，每盆栽2～4株。加强水肥管理，盆栽百合浇水应适

中至略偏少。休眠期将鳞茎上部的盆土取出，更换新的肥沃盆土。盆栽的百合3年后应翻盆重栽。花谢结实后百合进入休眠期，应停止浇水追肥。

主要病害有叶烧病、病毒病和鳞茎腐烂病等。主要害虫有蚜虫、螨类等。

大花美人蕉

彩图115

大花美人蕉是美人蕉科美人蕉属多年生球根草本植物，学名*Canna generalis*，别名法国美人蕉。是多种源杂交的栽培种。叶、花均具有较高的观赏价值，现在我国各地广为栽培，是露地重要的花卉之一。

花轴长，从假茎顶抽出，总状或穗状花序，花大，密集，具宽大叶状总苞。萼片3，绿色，呈苞片状；花瓣3，呈花萼状，下部合成一管。有5个雄蕊，3个瓣化呈花瓣状，倒披针形，为花中最显著的部分；1个瓣化较狭常向下反卷，成为唇瓣；另1枚狭长并在一侧残留1个花药。花径可达20厘米左右，花色有深红、橙红、黄、乳白、紫红或红花金边等。花期长，北方6月至初霜，华南四季开花。具肉质粗壮的地下根状茎，横卧。红花大花美人蕉的根状茎和生长点红色，黄花大花美人蕉的根状茎和生长点浅黄白色。地上茎是由叶鞘互相抱合组成的假茎，不分枝，春季栽培的1株夏秋季可从地下长出许多株。株高50～200厘米，假茎和叶片具薄白粉。叶片阔椭圆状披针形，互生，全缘，长约40厘米，宽约20厘米。叶色绿、古铜、红绿镶嵌或黄绿镶嵌等。

要求阳光充足和7小时以上日照。喜温暖湿润的环境，怕霜冻。在全年平均气温高于16℃的环境下可终年开花。地下根茎在7℃以下时遭受寒害。种子发芽适宜温度25℃，根茎催芽温度14℃以上出苗，20～25℃最为适宜。植株生长适宜温度30℃。根茎催芽分株繁殖和植株在田间生长时均对土壤要求不严，但在疏松肥沃的土壤上生长好，适宜土壤pH6.0～7.0。对土壤水分适应能力非常强，当积水时植株不定根会浮水而生，但植株徒长；耐干旱，但太旱时生长明显受抑制。由于对水分和土壤要求不严，所以栽培容易。空气湿度大花的开放时间长。笔者观察，大多数品种冬春在北方保护地内栽培不容易开花，可能是花芽分化还需一定的夜温，只有一个株形很小的品种能早开花。

在北方家庭室外栽培大花美人蕉时，主要用分株繁殖，当然也可以播种育苗，但远不如分株繁殖方便和见效快。在终霜前60～70天将储藏的根茎密栽在装有沙子的容器里催芽，当芽眼萌发时就分割根茎，把它们切成带有1～2个芽眼的小块，然后在直径10厘米左右的容器中培养成苗。在华南春季将地下根茎分开，或在生长季节分株繁殖。

田间管理：在背风向阳的地方栽培开花最好，所以应在房屋的南面栽培。将要定植的地块先施肥深翻，终霜后定植。按品种和土壤肥沃程度确定栽培密度，一般行距70～90厘米，株距60～80厘米。为了早见效果，可密植，株距50厘米；如果同时兼顾繁殖根茎的，宜稀植。过密植株易徒长，过稀易受日灼，进而引发茎腐病。盆栽的选矮型品种。刨坑将秧苗或根茎放入，根茎上面覆土15厘米。及时中耕除草、浇水，中耕后培土2～3次。视长势情况适当追肥。在华南每年要间苗1～2次，每2年翻种1次。花后剪去残花。遇轻霜叶尖先枯萎，如遇酷霜茎叶全部枯死。

根茎储藏：大花美人蕉栽培成功的关键之一是根茎储藏。霜后及时挖出根茎，晾晒一段时间，适当降低根茎的一些水分有利于储藏，根茎的伤口处最好用草木灰消毒。装在泥盆或其他容器中，用湿沙埋好。放在窖里或屋里冷凉的地方，在环境潮湿的情况下整个储藏期间不浇水。大花美人蕉的根茎储藏比蕉芋、大丽花、唐菖蒲、晚香玉等难些，经过储藏后有一些容易变黑腐不能发芽，储藏时要注意温湿度的控制。有条件的带大土坨移入低温温室或拱棚内。只需少量根茎的将母株全株挖出，尽量土坨大些，栽在容器里放在室内，还可以继续开花一段时间。当温度光照很差时，植株枯

萎，控制室内不冻，春季分株，花开的早。

在我国南方栽培大花美人蕉时锈病发病率较高，受害植株的叶片会逐渐变褐干枯，在北方发生轻。常见病害还有茎腐病、芽腐病、病毒病等。常见害虫焦苞虫、小地老虎等。

大　丽　花

彩图 116

大丽花是菊科大丽花属多年生或一年生球根草本植物，学名 *Dahlia pinnata*，别名地瓜花、天竺牡丹、大理花、大丽菊等。现在的栽培种是由多数原种杂交而成，许多品种高大丰满，华丽典雅，可与“国色天香”的花王牡丹媲美，花期长，因此成为世界名花。各国广泛栽培，地栽盆栽都适宜。

头状花序具较长的花轴，顶生。单瓣或复瓣。花型多变，有环领型、圆球型、绣球型、装饰型、仙人掌型、菊花型等。花朵（头状花序）直径 5～35 厘米。外周舌状花多中性或雌性，花色有白、黄、橙、红、紫及复色等。中央筒状花两性，常为黄色。总苞 2 轮，外轮小，多呈叶状，绿色；内轮大，薄膜质，鳞片状。总花托扁平状。花期夏至初霜。地下具多个粗大纺锤状肉质块根，近地瓜状，表皮灰白色、浅黄色或浅紫红色等。新芽只能在根颈部萌发。株高 50～200 厘米，茎直立，具分株，中空。叶片对生，1～3 回奇数叶状深裂，裂片卵形或椭圆形，边缘有粗锯齿。

喜强光。短日照有利于花芽分化和发育，10～12 小时短日照促使大丽花迅速开花，长日照促使分枝，增加开花数量，但延迟花的形成。喜温暖，怕霜冻。生长适宜气温 15～30℃，夏季温度超过 30℃以上时，会使生育迟缓甚至出现休眠的现象。在南方适合于秋、冬和春季生长，在北方寒地夏季也能生长良好，在日夜温差大的季节生长开花最好。对水分比较敏感，不耐干旱又怕积水，因叶片大，生长茂盛，故需较多水分；又忌湿度太大，积水植株非常容易涝死。以富含腐殖质和排水良好的沙壤土为好。

大丽花常用分块根繁殖。春天提前2个月左右将储藏的块根放到温暖的地方催芽，如果储藏的是整墩块根，即秋季没有分割的，当出芽后把每一个块根分开，每个块根上的根颈处至少有1个芽。然后将每个块根放在容器中培育成大苗。

还可播种育苗。在正常生长条件下，育苗天数应控制在60～70天，秧苗生长迅速，应及时移植，根据生长情况逐渐换大一些的容器。大丽花播种育苗非常容易。

地栽大丽花每年需换地方，不宜重茬。提前施肥整地，终霜后定植。株行距0.7～0.9米，挖坑栽苗，覆土6厘米。及时中耕培土，当植株高50厘米左右时要支架防止倒伏。注意浇水和大雨后排出积水。现蕾后少施氮肥以免茎叶徒长影响开花，花后及时剪去残花。第2年准备用分块根繁殖的，在初霜后把残株剪掉，保留15厘米的地上茎，把整墩块根挖出，在阳光下晒几天减少块根的水分以利储藏。然后放在冷凉处用湿沙盖上，以5～7℃最好，湿度太低块根干缩；或将块根分割开，每个块根带一部分根茎，伤口处涂草木灰防腐。如果品种多，要分别挂上标签。

盆栽大丽花在华南是春节的重要花卉，盆栽宜选用矮生、花轴硬、色彩鲜艳、姿态优美的品种。留单本独头的选特大花的品种，留多头花的，选花型整齐的大花或中花品种。盆栽大丽花多用扦插苗。从苗期到培育成株要换盆4～5次，最后换成27～33厘米的盆。逐渐增大花盆，即增加了营养，又对降低植株高度起了一定作用。换盆时将茎侧盘在盆内，盘入盆中的茎其上面覆土，在节间又可生出不定根，这样做既可增加养分的吸收和抗涝能力，又能达到控制株高的目的。培养土宜用炉渣、腐叶土等，根据需要按不同的比例配制而成。盆栽大丽花的水分管理很重要，浇水量要适中，不干不浇，不宜过量；夏季高温时每天叶面喷水1～2次，上午需喷水，降低温度，减少蒸发；地面洒水1～2次，但不能积水；下大雨时将盆倾斜放倒，避免盆内积水烂根。放盆花的地方要通风，以防徒长。10天施1次稀薄液肥。要根据品种特性和栽培目的进行修剪整枝，使花朵硕大丰满，每盆可留1至多朵。当侧枝粗细不匀长短不齐时，用针经常在它的不同部位刺伤抑制它的生长速度；或用人工弯曲的方法控制侧枝高度一致。秋霜前移入室内，花凋谢后在盆土以上约5厘米处将茎剪去，连盆放在3～5℃低温处，第2年重新换盆栽植。

主要病害有白粉病、叶斑病等。主要害虫有螨类、蚜虫、金针虫等。

大岩桐

彩图117

大岩桐是苦苣苔科大岩桐属多年生球根草本植物，学名*Sinningia speciosa*，别名六雪尼、落雪泥等。花朵色彩鲜艳，大而妩媚，有天鹅绒的质感，每年春秋两次开花，最适宜于室内盆栽观赏。

花顶生或腋生，花梗肉质。花冠钟状，花径6～7厘米，筒部膨大，5～6浅裂。花瓣矩圆形，丝绒状，有复瓣品种。花色粉红、红、紫蓝、白、复色等。花期夏季。蒴果。种子近球形至卵状球形，种皮褐色至红褐色，非常细小，每克种子28 000粒左右，使用寿命半年左右。地下块茎扁球形，地上茎极短，绿色，常在2节以上转为红褐色。株高15～25厘米，全株密被白色绒毛。叶通常对生，极少3叶轮生，肥厚而大，长椭圆形或长椭圆状卵形，叶面绿色，背面绿色或带红色。

较喜光，忌强光暴晒，开花时适当遮阴能延长花期。适宜生长温度18～25℃，盛花期室内15～18℃能延长花期。越冬10～12℃。喜富含腐殖质的疏松、肥沃偏酸性沙质土。

扦插繁殖。用叶柄、芽、花梗作插穗。叶扦插正确的成活率可达100%。从叶腋处剪下叶片，横切去1/2叶片或不切，将叶柄插于沙床上，适当浇水。7天后叶柄切面长出愈伤组织，20～25天能长出直径0.5～1.5厘米的小块茎，此时如果将沙上面的部分切除，能促进新生成的块茎发出新叶。并且切下的叶柄可再用来扦插，或不切去叶片，而在叶片中间部位切断主叶脉，在被切断处也能长出小球茎。扦插生成的块茎能长出芽和叶片形成新的植株，第2年开花。成年大岩桐的块茎上常长出几个新芽，当芽生长到4～5厘米时，留1～2个芽，其余的作插穗，在沙床上扦插。控温21～25℃，空气相对湿度60%，遮阴50%，15～20天生根。用芽扦插的当年能开花。

播种育苗。对单瓣品种进行人工授粉，尽量进行异株授粉，授粉后2个月左右种子成熟。每个果实内种子多达数百粒，种子使用时间半年左右。播种用的营养土要十分细碎，并呈酸性，可用腐熟的落叶松土播种和成苗，效果很好。温度适宜种子萌发率约60%。在土温22℃左右时，播种后约10天出苗，温度低40～50天出苗也是有的。小苗长到0.5～1厘米时移苗。浇水时不要淋到叶片上，否则幼苗容易腐烂，避免阳光直射和雨淋。播种育苗的第2年开花。

分割块茎繁殖。选2～3年生的植株，在早春新芽萌发前，用锋利的刀将块茎分割成数块，每块要有1～2个幼芽。切口涂抹草木灰，第2天栽于苗床，幼芽与土面齐平。当芽长3～4厘米时，选留中间1个壮芽，培养5个月左右开花。

播种苗6～7片定植，栽于上口直径12～15厘米的容器。盆土应疏松、肥沃而又保水良好。缓苗后将容器置于阳光下，在不引起叶片灼伤的情况下，尽量多见光以利株形矮壮，节间更短，开花更多。但不能强光暴晒，否则叶片会出现生理性黄化。夏季要适当遮阴，以保证其顺利安全度夏和正常生长。由于叶片表而密布绒毛，通过花盆底孔透水和供肥，做法：花盆放在盛有水或肥水的盆里；或从盆边或叶片空隙浇比较好。不要将水淋到叶片上。夏季高温阶段，每天浇水1～2次，空气干燥时要经常向植株周围喷水。浇水要均匀，不可过干过湿。开花期间必须避免雨淋。秋季天气转凉时再次开花，浇水宜少。冬季盆土要干燥一点。从展叶到开花前，每半个月左右施1次肥，花芽形成后需增施磷肥。

早摘心，摘心后及时选留2～3个高矮一致、位置适中的新芽。

如果花朵四周的叶片妨碍花的开放，剪掉部分叶片或将叶片剪掉一半，使花朵全部开放于植株顶部。花后如不留种及时剪去花茎，以利继续开花和块茎生长发育。当植株枯萎休眠时，将球根取出，藏于微湿润沙中，翌年春暖时用新土栽植。块茎可连续栽培7～8年，培养良好可每年开花两次。老块茎要淘汰更新。

主要病害有叶枯性线虫病，系线虫侵染所致。

马 蹄 莲

彩图118

马蹄莲是天南星科马蹄莲属多年生球根草本植物，学名 *Zantedeschia aethiopica*，别名慈姑花、水芋、观音莲等。其叶片翠绿箭形，叶梗修长，花形奇特，肉穗花序黄色，外有漏斗状的佛焰苞，洁白如玉，是很好的盆栽观赏花卉。

花轴与叶片近等长，顶部着生单个肉穗花序，外围白色佛焰苞。佛焰苞短漏斗状，喉部开张，上部平展，形如马蹄，顶端尖反卷。肉穗花序黄色，圆柱形。雄花生于花序上部，雌花生于下部，雄花具离生雄蕊2～3枚。浆果穗状，橘黄色。地下块茎粗壮，褐色，肉质，平卧。叶片基生，叶柄长30～65厘米，是叶片长度的2倍以上，下部有鞘，叶片戟形或箭形，先端锐尖，鲜绿色，肉质，全缘，有光泽。休眠期间叶片枯萎。

对光照的要求因不同生长阶段而异：开始生长阶段较耐阴；进入生长旺盛阶段，要求光照充足；开花时更需要有充足的光照，光照不足，只抽花苞而不开花，甚至花苞逐渐变绿至萎蔫；夏季栽培必须遮阴。喜温暖，适宜生长温度20～25℃，不耐严寒。要求疏松、肥沃或略带黏性土壤。喜水湿，要求土壤潮湿，如果土壤水分不足易出现叶柄折断现象，不耐旱。

通常用分块茎繁殖。马蹄莲母株能分生出许多小块茎，分生后1年就能形成开花的种球。在主要开花期之后，或休眠期间进行分块茎繁殖。将母株从地里挖出，或从花盆里倒出。将小块茎与母株分开，取下块茎四周形成的有芽和根的小球，另行栽植。没有芽和根的培育出根和芽后再分栽，按行距20厘米，株距10厘米栽植，盖土2～2.5厘米。保持土壤湿润。盆栽的每7～10天追1次液肥。生长期间如有小花茎出现及早除去。

还可播种育苗。在气候适宜时通过人工授粉可以采到种子。在春季选生长健壮、株形健美、高矮适中的马蹄莲进行人工授粉。在开花的第2天轻轻撕去苞片，使花穗下部的雌蕊完全露出。每天上午10时左右用毛笔轻轻地授粉，连续授粉2～3次，用异花花粉。控制白天20℃左右，夜间10℃左右，温度不能过高。授粉后60～70天果实成熟，每个花序可结种子250粒左右。8月播种，播种前用温水浸种24小时，然后催芽，15天左右发芽，好的种子发芽率在90%以上。出芽后播种，播种后适当遮阴，保持土壤湿润，控温18～24℃，7天左右出苗。通过2～4年的培育能长成开花球。

9月天气转凉时盆栽，用直径23～33厘米的盆。盆土以壤土、腐殖土、粗沙各1份，再加适量骨粉、厩肥、过磷酸钙配成的培养土为宜。每盆栽4～5个球根。栽后浇水，出芽后置于阳光下。如果温度能控制在20℃，空气相对湿度55%左右，植株长成后则可做到月月有花。即使在冬季，如果夜间室温能保持10℃以上，也能生长开花；只有夏季高温才会造成植株休眠或枯萎，0℃时根茎会冻死。保持冬暖夏凉，温度适宜是促成全年开花的主要条件之一。生长期应充分浇水，室内空气湿度小时进行叶面喷水，叶片长大后每半月施肥1次，开花前宜施磷肥为主的肥料，以免茎叶过于肥大影响花的质量。忌肥水浇入叶柄内，以免腐烂。每2周用清水喷洗1次叶面，使叶面清新碧绿。马蹄莲一般冬春季开花，夏季强制马蹄莲休眠，在休眠期停止浇水，放在干燥处。立秋后选大球根重新栽植，小的单独栽植培育球根。北方夏季酷暑不太长的地方也可不让休眠，放在凉爽通风处正常管理，秋季可再开花1次。

主要病害有干腐病和软腐病。害虫有蓟马、介壳虫、螨类等。

唐 菖 蒲

彩图 119

唐菖蒲是鸢尾科唐菖蒲属多年生球根草本植物，学名 *Gladiolus hybridus*，别名大花唐菖蒲、菖兰、剑兰、搜山黄等。其花轴挺拔修长，花大而绮丽，花色繁多，花瓣质薄如丝绸，水养时间长，是世界最重要的切花之一。

穗状花序顶生，每个花轴着花 8～24 朵，通常排成 2 列，侧向一边，少数四面着花，自下而上开放。每朵花生于草质佛焰苞内，无梗，花冠筒偏漏斗状，花瓣 6。花瓣质薄如丝绸，边缘有皱褶或波状，单瓣或半重瓣，以单瓣为多。花色红、粉、橙、紫、浅紫、蓝、黄、白、烟色及红中杂黄晕等双色、复色和杂色等。花期夏季。蒴果。种子扁平有翅，土黄色，去翅后近球形，去外种皮后黑色。种子千粒重 7.5 克左右。球茎扁圆形，具红褐色膜质外皮，秋季采收时大球茎旁生有一些小球茎，即子球。茎直立，粗壮无分枝，株高 80～170 厘米，基生叶片剑形，互生，呈抱合状 2 列，长 40～60 厘米，宽 2～4 厘米，草绿色。

要求充足的阳光，如光照不足开花少或不开花。长日照植物，每天光照时间应不低于 12 小时，以 16 小时最好，光补偿点3 500勒克斯，最佳值为18 000～20 000勒克斯。喜温暖，如湿度适中可耐 40℃高温。生长发育最适温度白天 20～25℃，夜间 10～15℃。具有一定的耐寒力，球茎在－3℃时受冻。4.4℃时球茎开始萌动，1～2 片叶期和 5～6 片叶期对低温敏感，连续低温生长停止。球茎长出 2 片叶时开始花芽分化。适宜的土壤相对含水量为 70%～80%。喜疏松、肥沃、排水良好的土壤，适宜的土壤 pH5.6～6.5。喜肥，但忌过多的氮肥，增施磷肥可促进生殖生长。

球茎的购买：买球茎时首先根据自己对颜色的喜好选择球茎，一般红色系最艳丽，其次是黄、白、粉等色系。买 2～3 年生初花种球，要求球茎大小一致，肥壮，近圆形，无病斑，膜被片完好，芽与发根部无损伤。球茎的周径8～12厘米的好，开花多且整齐。选种球厚度（球高）与直径比值大的，越大越好；种球平整光滑，中间没有大的凹陷；芽明显凸出饱满；手摸感觉发硬，有沉重的感觉；无病虫害。

种球繁殖：按行距20厘米、株距15厘米栽植，种球上覆土5厘米左右。产生的子球在第2年单独栽培。第2年按20～25厘米行距条播，小球的球距3厘米，球小密些，大的稀些，覆土3厘米。加强田间管理，少数子球会抽出花穗开花，见到花穗时立即剪除。秋天采收，选大球作种球。

球茎处理：唐菖蒲球茎在自然低温下连续休眠期为2～3个月，球茎收获后在第2年栽培时，经过冬春已经完全过了休眠期，直接栽培即可。如果用当年的球茎想提前种植，需人工打破休眠，方法是：先用35℃高温处理15～20天，再用2～3℃低温处理20天，保持干燥，避免球茎霉烂。种植之前消毒，用福尔马林80倍液浸泡30分钟，取出用清水将福尔马林彻底冲洗干净后种植。

田间管理：唐菖蒲从定植到开花的时间与品种和栽培的温度有关：早花种60～65天，中花种65～70天，晚花种75～90天；晚栽的随着温度的升高天数减少。按照这个时间根据供花要求分批种植。要早开花可在土壤解冻后栽培。家庭宅旁栽培一般面积很小，在畦或垄上栽培都可以，每年都栽培唐菖蒲要注意轮作。适量施腐熟有机肥。小株的株行距15厘米左右，大株的株行距20厘米左右。按畦的横向开沟，沟深10～12厘米，将球茎芽眼朝上排于沟内，覆土8～10厘米。先栽，然后浇透水。2～3叶前保持土壤湿润，6叶期和孕蕾期，结合浇水追肥，花后球茎发育期间再追肥1次。及时中耕除草，铲后及时培土防止倒伏。有些品种在抽生2～3片叶时会抽生2～3个侧芽，这些侧芽应及早除去。花穗最下部1～2朵小花露色时采收作切花。在采花时如果不想要种球了，将全株拔起，剪去球茎；或将须根剪除保留球茎能延长切花寿命和保持品质。如果需收获种球，采花时至少留2～3片叶以维持生长。采花后植株还能生长很长一段时间，加强田间管理促进球茎长大，

特别要追施钾肥。家庭栽培常不采花，直接在植株上观赏，花谢后要及时剪去花轴。

球茎储藏：当植株发黄时，挖出球茎，稍晾干后去掉枯叶，将籽球与大球茎分开，晾晒后分级保存。储藏于凉爽、干燥、通风的地方。有条件的2～3个月后，转储于3～4℃干燥冷库中，防止养分消耗，抑制球茎发根发芽，种植前取出。

常见病害有球茎腐烂病、叶枯病、锈病、病毒病等。常见害虫有蓟马、蛞蝓等。

仙　客　来

彩图120

仙客来是报春花科仙客来属多年生球根草本植物，学名*Cyclamen persicum*，别名萝卜海棠、兔耳花、兔子花、一品冠等。其株形美观，高矮适中，花形奇特诱人，花色艳丽，有的花还有香味，叶片厚实，叶色浓绿，是一种观花、观叶兼用的植物。是世界著名盆花，现在我国各地普遍栽培。

花轴从叶腋处抽出，长15～25厘米，肉质。花单生，下垂，萼片5裂，花瓣5枚，基部联合成短筒，开花时花瓣向上反卷而扭曲，形如兔耳。花色艳丽，有粉、白、玫红、紫红、大红、绯红等，基部常有深红色斑。花瓣边缘有全缘、缺刻、波状或皱褶之分。花期冬春季，有的品种有香气。蒴果球形，种子近扁球形或扁卵形，表面凸凹不平，种皮红褐色，千粒重10克左右。块茎扁圆形或球形，肉质，外被木栓质。顶部抽生叶片，叶基生，莲座状。叶片常为心脏状卵形，也有卵形或肾形的，边缘具大小不等的细钝锯齿，叶柄长，肉质，褐红色。叶面深绿色具白色或灰色斑纹，叶背暗红色或绿色，这是仙客来的典型特征之一。

喜光，适宜光照强度15 000～45 000勒克斯，高温时不耐强光照。喜温和气候，不耐高温，种子发芽适宜温度20℃左右，生长适温12～25℃，最适温度18～20℃，高于30℃或低于5℃生长受到抑制，连续数日高于35℃极易发生病害而死苗，连续低于5℃，影响花芽分化，0℃以下易受冻害。休眠期喜冷凉、干燥气候。影响花芽分化和开花的主要因素是温度，日照长度不起决定性作用。喜疏松，肥沃的土壤，适宜土壤pH6～6.5。要求土壤适度湿润，忌过干，1～2天过分干燥根受损，叶片萎蔫。空气相对湿度以70%～80%为宜。

从播种到开花的时间因品种差别较大，一般8～15个月。用籽粒饱满、半透明的红褐色种子播种。用40～50℃水浸泡1小时，再用室温水浸泡24小时。捞出晾干种子表面水分后播种。用园土、腐叶土、沙各1份（按体积比）混匀作播种土。家庭栽培量小时在花盆里播种。点播，种子间距2厘米，覆盖细土0.5～0.6厘米。在18～20℃的温度下30～40天出苗。有1片真叶时，将苗移入直径8厘米的容器中，每个容器1株苗。幼苗很快形成小球茎，栽时小球茎不能全部埋入土内，要露出1/2左右。为保护球茎防止老化，可用木炭屑、苔藓放置周围，还能促进球茎迅速生长。幼苗长到7～8片叶时定植。

盆栽要用肥沃、排水好的土壤，如园土1份和腐叶土2份混合配制。秋后天气渐凉时定植，每盆1株。球茎栽植以露出土面1/3～1/2为宜，不能全部埋入土中，以免球体上部受湿腐烂。浇透水后放入阴凉处5～7天，逐渐见光增湿，以后要充分见光，以促进生长和防止叶柄过长。旺盛生长时开始要少浇水，以后逐渐增加浇水量，一般1～2天浇水1次，浇必浇透，但浇水不要过勤，盆土不宜过湿，否则球茎很容易腐烂。浇水一定在早晨进行。盆栽初期，应特别注意通风。生长较快的植株有时会出现早花，为了促进叶片生长，要及时摘除花蕾，除去黄叶、病叶，并从基部剪去，这些都要在晴天进行，以便伤口及时愈合。10月以后可增施磷肥，每15天左右用0.1%磷酸二氢钾溶液喷施叶面，促进花芽的分化。每周可施1次稀薄液肥，沿盆边浇下，不要施到叶片和球茎上，勿施浓肥，仙客来的根特别不耐浓肥。花蕾形成后，如果要提前开花，可用100毫克/千克赤霉素药液喷花轴。开花后将温度降低到

10℃左右能延长花期。

夏季休眠时球茎的处理：一般在5月末6月初花期结束后，应保持通风凉爽环境条件，花盆放在弱光处。不用把球起出集中放置，在原盆内即可，土壤应保持上半部湿润状态，每隔3天向盆面喷1次水，同时应防虫、鼠破坏及人为挤压球芽，定期检查球茎是否干缩、有无病虫害。或向盆边地上喷水，既可降温又可保持湿度。秋季天气转凉逐渐恢复浇水，2～3周后，可移至阳光下，正常管理。

夏季正常生长开花管理要点：5～8月气温逐渐升高，花朵减少了，仙客来一般进入休眠状态。要想让它不休眠正常生长开花，最好换一个大号盆，加入适量腐殖土，放在阳台或其他通风好且阴凉处（如葡萄架下、一些中大型植物的花荫下均可）。要经常向叶面喷水，以提高空气湿度。每1～2周用0.1%磷酸二氢钾溶液喷施叶面，并给土壤施稀薄液肥，这样就能开花不断。9月以后天气转凉，心叶慢慢地舒展壮大，部分老叶开始发黄萎缩，可摘掉黄叶，用这种方法栽培的叶片多花朵也多。到了秋季从原有盆中移出，定植于更大一号的盆中。株形较小的品种可以定植到直径13厘米的盆中，株形较大的应选择大一些的盆。培养精品或作留种的用直径20厘米的花盆或更大的。

采种的选花形花色好、有香气、花瓣向上、生长健壮的植株作采种株。每株留10朵花左右，将多余花蕾摘去。选择健壮株为亲本，进行同品种异株授粉。5～6月果实成熟，果实开始由绿变黄时采收。

仙客来盆花的购买：选已开3～4朵花且高出叶面8～10厘米的；选叶片数在35～40片、叶柄长10厘米左右，不要太长的；选叶片颜色嫩绿、有光泽，分布均匀，心叶、新叶接连而出的；选球茎的1/2～1/3露出土面，且球面光滑无伤口的；选种性纯正、株形优雅紧凑、花色鲜艳、花茎粗壮的；选长势健壮的。

常见病害有立枯病、细菌性叶腐病、细菌性软腐病、枯萎病、炭疽病、灰霉病等。主要害虫有螨虫、蚜虫、蓟马、斜纹夜蛾等。

香雪兰（小苍兰）

彩图 121

香雪兰是鸢尾科香雪兰属多年生球茎草本植物，学名 *Freesia refracta*，别名小苍兰、小菖兰、洋晚香玉等。花序摇曳柔美，姿态清秀高雅，色彩丰富，有独特幽雅的芳香，清香似兰，盆栽花期容易控制，可在新年春节开放。是重要的切花。

花轴直立，高 30～60 厘米，单一或有分枝。穗状花序顶生，小花偏生一侧，疏散而直立，每个花序有 5～10 朵花。花冠漏斗状，长约 4 厘米，有细长花筒，花瓣数不相等。有鲜黄、淡黄、桃红、玫红、紫红、雪青、蓝紫等色。具芳香，其中黄色花香味最浓。室内栽培花期 2～4 月。蒴果近圆形，有槽沟，绿色。具数枚叶片，2 列基生，长剑形，全缘，略弯曲，黄绿色。茎生叶短。地下具球茎，卵圆形或圆锥形，外被棕褐色纤维质皮膜。

较喜光，但怕强光。短日照促进花芽分化，长日照促进开花。生长适宜温度 15～20℃，能忍耐短时－3℃低温。在 13～15℃的条件下能促进球茎发芽，发芽期生长最适温度 13～18℃。当植株白天 20℃以上，夜间低于 13℃，植株生长发育加速。白天较高温度促进开花，但植株长的衰弱，花的质量下降。喜湿润，要求肥沃排水良好的沙壤土，适宜的土壤 pH6.5～7.2。

种球的购买：买周径 5～8 厘米的大球最为适宜。3.5～5 厘米的球开花晚，花也小些。3.5 厘米以下的虽然也能开花，但质量很差，买回后只能作种球。要买脱毒的组织培养的球，或由种子培养的球，或由小球培养的新球。买无病虫害、无腐烂的。还要买已打破休眠的，如果秋季买夏季常温储存的球已经自然打破休眠了。

通常分球繁殖。香雪兰开花后还要正常管理，球根迅速增长肥大，当叶片开始枯黄时收获球根，收后晾干，储藏在干燥的地方，可同您从市场买的大蒜一样放置。按球根大小分别储藏，大球作种球栽培，球根小的要再培育 1 年。

也可播种育苗。一般在 5～6 月蒴果果皮变黄，植株开始枯萎时采下果实，取出种子。采种后及时播种，保持湿润，出苗后要通风。培育 3～5 年开花。

有些植株还能在花茎叶片的叶腋部位形成珠芽，称为空中子球，能够培养成开花种球。

在冬季室内有采暖设施的条件下，香雪兰从球根上盆到开花一般需 120 天左右，根据您想开花的时间确定秋天何时上盆。春天收获的球根在室温下储藏的已经打破休眠了，不用另行处理。种植前种球用 500～800 倍液的多菌灵或甲基硫菌灵可湿性粉剂药液浸泡 1～2 小时消毒。每盆栽的球数与盆的大小、球的大小和品种都有关。一般周径 5～8 厘米的大球，冬季盆栽 1 个球有 8 厘米×10 厘米的栽培面积足够了，球小还可稍密些，在温室内的地上栽培必须稀些，1 个球约需 10 厘米×10 厘米的栽培面积。用肥沃的沙壤土栽培，可用腐叶土与园土等量加少量的沙配制，再加适量的农家肥，不用重过磷酸钙和含磷高的肥料。用直径 15～20 厘米的盆，每盆栽3～5 个球。栽后覆土 2.5～3 厘米，浇透水，放在通风见光的地方。前期忌盆土干燥，现蕾后逐渐减少浇水量，保持土表干燥防止病害的发生。在 2～4 片叶时追肥 1 次，用氮、钾肥，如尿素与硫酸钾；初花时用 0.2%磷酸二氢钾喷叶面；现蕾前后不要追肥。香雪兰叶片和花枝较软，极容易倒伏，必须支架栽培，一般在 3～4 叶期支架，每天观察，发现要倒伏时及时支架。用竹竿或细木棍作支架，北方冬季卖糖葫芦的很多，可用串糖葫芦的细棍，或旧筷子，还可将 8～10 号铁丝拉直剪断作支架，然后用线或细绳绑扎。

主要病害有软腐病、菌核病、灰霉病等。主要害虫有蚜虫、螨类等。

洋水仙（喇叭水仙）

彩图 122

洋水仙是石蒜科水仙属多年生球根草本植物，学名 *Narcissus*

pseudonarcissus，别名喇叭水仙、漏斗水仙、黄水仙等。有许多变种和品种。洋水仙花形奇特，花色素雅，叶色青绿，姿态潇洒，用于切花和盆栽，是春节等喜庆节日的理想用花，也适合丛植于草坪中或片植在疏林下、花坛边缘。

洋水仙与中国水仙的区别：洋水仙的花比中国水仙的花大许多，而且颜色更加多变、艳丽；洋水仙的花香味不如中国水仙那么浓重；洋水仙的每个花苞里一般只长1朵花，而中国水仙的花苞一般长着3～8朵花；洋水仙的花期一般在春季比较温暖的时节，而中国水仙的花期在冬末春初的气候相对寒冷的时节。

花轴高35～55厘米，花单生，花径5～10厘米。花瓣分内外2层，多黄色或淡黄色。副花冠钟形至喇叭形，筒先端粗，基部细，边缘具不规则齿芽，并皱褶，比花瓣的颜色更黄；现在选育出一些其他颜色的品种。蒴果3室，种子多数。种子卵圆形，种皮黑色。种子千粒重17～47克。鳞茎球形，直径2.5～5.8厘米，由多数肉质鳞片组成，外皮干膜状，褐色或黄褐色。根纤细，白色，通常不分枝，断后不能再生。叶片5～6，带形扁平，长20～30厘米，光滑，端圆钝，叶面具白粉。

喜光，忌强光暴晒。喜冷凉的气候，生长适温15～20℃。忌高温，种植后遇30℃的高温会严重影响春化效果。夏季地上部分枯死。可采用不同的光照度、湿度和温度来调节开花期。喜富含有机质的微酸性肥沃沙质壤土。

将母球两侧分生的小鳞茎掰下作种球，另行栽植即可。露地播种时间在9月中下旬进行，种球经消毒后用于播种。翌春发芽形成小植株，初夏时叶、根枯萎，形成小鳞茎。播种小鳞茎要培育4～5年才能开花，如果不是出于爱好，家庭栽培建议购买种球。在我国南方不易培养开花球，每年均由国外进口种球，经短期培养而开花，开花观赏后一般就废弃了。

购买种球时要查明是否经过9℃冷藏处理，没经冷藏处理的种球，买回后要放到8～9℃的冰箱内冷藏40～50天以打破其休眠期，再栽培可有效促进开花。经过冷藏处理的种球，在需要观花前

约 50 天进行种植，通常视种植盆的大小每盆种 3～5 个种球，种球顶端覆土 4～6 厘米。然后浇透水，放在日照约 50%的半阴处，土壤经常保持湿润，当叶芽伸出土面后，再将盆栽移至日照 70%～80%的环境下培养。生长期间温度在 7～20℃较适宜，长期过高植株瘦弱，花的质量差，花期变短。生长期间保持土壤湿润，勿积水。每隔半个月左右施磷酸二氢钾肥 1 次，并施少量的氮肥。花后当叶片完全枯萎时将球根从花盆取出，放在干燥通风地方储藏；或保存在原盆里，切勿浇水。下次栽培前还要经过冷藏处理打破休眠。

常见病害有灰霉病，常见害虫有蚜虫和螨虫。

郁　金　香

彩图 123

郁金香是百合科郁金香属多年生球根草本植物，学名 *Tulipa gesneriana*，别名洋荷花、旱荷花、洋牡丹、草麝香等。以典雅高贵的形态，丰富艳丽的色彩，被人尊为“花中皇后”。其花色繁多，亭亭玉立，是近代风靡全球的球根花卉。用它布置专业花园最为适宜，也可盆栽。

花期春季。花轴高 15～55 厘米，花单生于轴顶端，直立，杯状。花瓣 6，卵圆形，离生。雄蕊 6，离生，花药长 0.7～1.3 厘米，基部着生，花丝基部宽阔；雌蕊长 1.7～2.5 厘米，花柱 3 裂，反卷。花色红、橙、黄、白、紫等各种单色或复色，并有条纹和重瓣品种。蒴果 3 室，室背开裂，种子多数。种子扁平半圆形或三角状卵形，千粒重 4～15.7 克。鳞茎扁圆锥形，外被棕褐色皮膜，肉质鳞片白色。基生叶 2～3 片，较宽大，长椭圆状披针形至阔卵形，长 10～21 厘米；上部叶 1～2 片在花轴上，叶小，长披针形。叶片全缘，波状，光滑，具白粉。

在向阳或半阴的环境条件下生长良好。喜冬季温暖湿润、夏季凉爽干燥气候，耐寒性极强。生根需要在 5℃以上，生长期适温

5～20℃，最适 15～18℃。喜富含腐殖质、排水良好的沙壤土，适宜的土壤 pH6.5～7.5；忌低湿、黏重土壤。到了高温季节郁金香地上部分枯萎，在 25℃左右的高温条件下鳞茎的顶芽开始分化为花芽。花芽分化最适温度 17～23℃。

鳞茎的购买：现在郁金香的鳞茎大多从荷兰进口。在购买时要选鳞茎发育健壮，无病虫害，外表皮无机械损伤，并具备切花栽培的要求，鳞茎的周径达到 10 厘米以上。鳞茎大的花质量高，当然价格也高。商品球有“5℃球”和“9℃球”。“5℃球”栽培时 5～10 厘米的地温必须在 10℃以下 2 周，然后地温升到 15～16℃；“9℃球”栽培后要有 6 周的低温处理或经过自然低温期。您自己繁殖的鳞茎如秋天栽在露地就不用处理了，春天开花没问题。

自繁鳞茎：当秋天 15 厘米土层的地温降至 9℃左右时将小鳞茎栽植。栽植后要有 15～20 天的根系生长适宜温度。将小鳞茎按行距 10 厘米左右，株距 5 厘米左右的距离栽培，覆土厚度为鳞茎高度的 2 倍，栽后浇水。母球栽培 1 年后可产生 2～4 个子球。鳞茎的周径在 6 厘米以上的会现蕾开花，小鳞茎如现花蕾应及时摘除以保证养分积累，促进种球生长发育。小球需要培养 2～4 年成为大球。当地上部分完全枯黄、种球变为棕色时，将球挖出。放在通风干燥处，均匀散开自然晾干，不宜先混堆或装箱，然后储藏。储藏的空气相对湿度不能超过 80%。

露地栽培要选排水良好、阳光充足的地方，积水鳞茎容易腐烂。栽培时间要认真分析：如果第 1 次栽培郁金香，所在的地方又有人栽过郁金香，不妨请教人家何时播种最为适宜。如果没有这个条件须问一下当地气象台，秋季什么时间 15 厘米土层的地温降至 9℃左右，此时是最佳栽植时间。我国从北往南栽植的时间为 9 月下旬至 12 月初。栽前施足充分腐熟的有机肥。然后进行深耕 30～35 厘米，耙平做成高畦，畦宽 1 米左右。栽植行距 20～25 厘米，株距 15 厘米，覆土厚度为鳞茎高度的 2 倍，覆土浅易受冻害，深了容易腐烂，也不易分球。栽后如遇到干旱向畦间沟灌 1 次透水以促使生根。在非常寒冷的地方越冬前要覆盖防寒物，让郁金香安全

越冬。第2年春天，郁金香进入重要的生长时期，要及时进行田间管理，大雨天气及时排涝，干旱要适时浇水，浇水后进行松土，锄草。结合浇水进行追肥，开始追尿素1次，每平方米用量15～20克，以后用磷酸二氢钾和尿素混合追施，并要施钙肥。如果把花采下作切花，应注意不要损伤叶片，否则影响鳞茎的充实。切花应在花蕾露色、花瓣未展开时进行。不留种的连根拔起，留种的保留2～3片叶在花茎基部切断，然后施磷、钾肥。

盆栽宜选肥大的球茎，盆要深一些，直径20厘米的花盆每盆栽4～5个球。要求鳞茎的顶部与土面齐平，不能和地栽一样深，否则对根部的生长影响很大。盆土要加基肥。栽培时间与地栽一样，栽好后把盆埋入室外南侧的土中，覆土15～20厘米，并防止雨水浸入。这样做有利于生根和管理方便。想让郁金香在室内开花，需在上冻前移入室内，否则第2年春天挖出按盆花管理。盆栽后鳞茎的生长一般不充实，要在地上再培育1～2年。

常见的病害有青霉病、软腐病、菌核病、灰霉病等。常见的害虫有蚜虫、螨类、蛴螬等。

中 国 水 仙

彩图124

中国水仙是石蒜科水仙属多年生球根草本植物，学名 *Narcissus tazetta* var. *chinensis*，别名水仙、雅蒜、俪兰、凌波仙子等。根如银丝，叶碧绿葱翠，花被洁白无瑕，亭亭玉立的秀姿，娟秀文雅，给人以美的享受，馥郁的香气经久不散。现为我国十大名花之一，水养可在圣诞节、新年、春节期间开花。

每球抽发花序1～10支。花轴从叶丛抽出，中空，绿色，圆筒形，开花的多为5片叶或4片叶，叶片多的常不开花。伞形花序顶生，高于叶面，总佛焰苞紧包花蕾，内有小花3～11朵，通常4～6朵。花瓣6，白色，基部合生成筒，开放时平展如盘。在盘的中央有浅杯状黄色的副花冠，雄蕊6，雌蕊1。花芳香，花期1～2月。

鳞茎圆锥形或卵圆形，由鳞茎盘和肥厚的肉质鳞片组成，外被褐色纸状膜，各层间有叶芽和混合芽。顶芽在鳞茎中心部位着生，顶芽两侧的称侧芽，所有的芽都排列在一条直线上。大、中球的顶芽为混合芽或叶芽，小球一般只有叶芽。鳞茎盘底部的外圈生须根 3～7 层，根圆柱形，肉质，白色。株高 20～50 厘米，每个鳞茎可长 4～11 片叶，叶片扁平带状，翠绿。

喜光，光照不足则开花不良，甚至只长叶不开花。喜冷凉的气候，鳞茎生长期适宜温度 10～20℃，能忍受短暂 0℃低温。鳞茎怕冻，笔者用受冻后的鳞茎栽培，不能正常生长，水养后逐渐腐烂。夏季高温休眠，26℃以上鳞茎花芽分化。6～8℃抽生花序，花期 10～15℃最为适宜，温度高开花不良。鳞茎生长时要求土壤疏松肥沃，喜中性或微酸性土壤。

桩的概念：用一定大小的筒形竹篓（一般高 30 厘米，直径 25 厘米）包装中国水仙鳞茎的个数取名为桩，实际是表示鳞茎大小的。每篓装 20 个的叫 20 桩，每球花序可达 6 支以上，为一级品；二级品的每篓装 30 个（30 桩），每球花序为 4～6 支；三级品的 40 桩，花序 2～4 支；四级品的 50 桩，花序 2 支以上；五级品的 60 桩，花序 1 支以上。近年也有 10 桩的。家庭栽培一般买 30 桩或 40 桩较经济。现在福建漳州产的水仙为便于销售，将大小不同的鳞茎分别装于不同的纸箱中。

中国水仙鳞茎的购买：由于鳞茎生长要求特殊的气候条件和栽培技术，鳞茎的生产地主要在福建漳州和上海崇明。家庭观花栽培要买商品球。一般每年 9～11 月漳州及崇明等产地将培养 3～4 年的中国水仙鳞茎运往全国各地市场，供人们冬季水养。挑选外形肥硕丰满，表皮纵裂条纹间距较宽，扁圆形或椭圆形，鳞茎皮深褐色并色泽完整明亮者；把鳞茎放在手中较有分量，用手按压感到坚实并有一定弹性；鳞茎底部根盘宽阔肥厚，凹陷较深，说明鳞茎发育成熟。水仙主鳞茎基部周围，尤其是左右两侧常有 1～2 个或更多的大小不等的子球，但有的主鳞茎无子球。在水仙雕刻造型时，子球是有一定用途的，只有少数水仙盆景造型时不用子球。在主鳞茎

大小、质量基本相同的情况下，有子球的鳞茎比无子球的要好。每个花轴都有约5个叶片紧包成圆柱形，当用拇指和食指捏住扁圆球体较扁的两侧时，如感到内部有柱形较坚实的带有弹性的物体时，则为花芽；如果感到扁而软且无弹性的，则为不能开花的腋芽。

水养时间的选定：当气温高，光照充足，给水条件适量，则开花期提前，反之开花期推迟。如果想让花早开，白天要充分见阳光，夜间加温水或提高室温；要让花晚开，就灌以冷水，并放阴凉处。一般说来，水仙从浸泡鳞茎到开花的天数为：当室内温度在8～12℃时，需40～50天；15℃左右时，需28～30天；18～22℃时，需23～25天。一般从11月初至12月末，每晚15℃左右水养，从浸泡鳞茎到开花的天数就缩短了3天左右，这是因为此时鳞茎在储藏过程中芽和根都在缓慢生长。可根据您的室内温度和需花时间等因素灵活掌握栽培日期。整个栽培过程应控制温度不要太高，否则叶片徒长，花小，数量少，开花时间短。

鳞茎的一般处理：栽培前先将水仙鳞茎的包泥、枯干鳞皮、枯根及主芽顶端的干鳞片剥离干净。为了早开花，可用利刀将鳞茎的顶端切去少许，一般去掉顶端3～4层外表皮，要小心，不要损伤花芽。并在鳞茎两侧纵切两个切口，使球内的芽容易长出。在北方买鳞茎较晚时，多数芽已经长出，处理比较容易。切后一般应浸泡24小时，将切口流出的黏液洗净后再水养，如果不洗掉黏液，容易滋生杂菌，导致烂球。为了控制叶片高度，浸泡24小时洗去黏液后，可用15％多效唑可湿粉5 000倍液浸泡2天，然后洗去药液水养。

鳞茎的雕刻：它不是水养必须做的，而是根据个人爱好确定是否雕刻。在水养前对鳞茎进行雕刻加工处理，能使之长出艳丽多姿的叶和花。雕刻花篮、茶壶一般要求主鳞茎两侧有对称、大小一致的侧球。茶壶的壶嘴最好倾斜不能水平，不致有茶水溢出的不协调感；雕刻“桃李争春”或“葫芦”只要有一大一小两个鳞茎，能表示“桃、李”或葫芦形即可；雕刻蟹爪水仙则不必强求侧球的大小与形状。不管何种花形，均应选用30桩以上的大鳞茎进行雕刻。

花轴经雕、刺后矮化、弯曲生长，有的紧贴在鳞茎上开花。做法：左手拿着干净鳞茎，将弯曲叶芽面对着自己，用刀在距鳞茎盘上1～1.5厘米处从左到右横切一弧线，把弧线上部的鳞片一层层地小心剥去，直到露出叶芽为止，这样一来芽体充分暴露，有利于雕刻。用刀将叶芽周围的鳞片和叶苞片一片片刻去。如两叶芽靠得太紧可用手指轻轻拨开，用刀将中间鳞片剥去，直到露出全部叶芽，而叶芽后面的鳞片不要剥光，作为后壁以便养护叶芽。用左手手指从叶芽背向前稍压，使花芽和叶芽分开。然后从裂缝下刀，从上到下，从外叶到里叶均匀地把一边的叶缘削去1/3～1/2，注意不要碰伤苞膜。由于一边叶缘受伤而生长受阻，叶片两边生长不平衡导致弯曲生长成蟹爪状。花苞下面为花轴，用刀从上而下直到基部削掉深1/3左右的花轴，花轴便朝被削一面弯曲，削左弯向左，削右弯向右。一般左边的花枝伤右侧，右边的花枝伤左侧。下刀时切不可碰伤花苞，否则刻后浸水时会导致花苞腐烂。大鳞茎两侧的小鳞茎，根据造型，或不刻留作花篮的柄，或稍加雕刻作金鱼尾巴，也可如上雕刻，长成蟹脚状。最后把刀口修整平滑，防霉烂，保持美观。切割后将切面向下放入水中除去黏液，黏液必须清洗干净。2～3天后将切面斜向上方。雕刻刀片要锋利，刻伤面一定平齐。

容器的选择：根据爱好选购不同质地的浅盆，或碗、碟、盘等容器，选素雅的陶瓷制品最好，为了观看根系可选玻璃的。根据盆的大小确定放鳞茎的多少。

水养技术：鳞茎上盆放置的方式有竖置、仰置、倒置等。竖置即正置，叶芽、花芽向上，根部向下；仰置是雕刻伤口的一面朝上，根部朝向侧方；倒置是把雕刻的水仙鳞茎倒过来水养，即叶芽向下，根部朝上放置，用脱脂棉盖住球茎盘和根部，并使棉花下垂盆中，以吸水养根。用河卵石、建筑用的白石子以及贝壳等固定鳞茎，或到花卉市场买专卖的小石子。新根长出时，应及时移到阳光充足处，使叶色转绿，防止徒长。水养初期必须天天换清水，开始水面应在伤口之下，以后每2天换1次水，水位在鳞茎1/2左右的高度。夜间将盆水倒掉，第2天早晨再加入清水，可防止叶片徒长。

水质要清洁，换水时，水温最好接近室温。一般不施肥，其鳞茎贮藏的养分可以保证中国水仙花的开放，但为了延长花期可在每1 000克水里加入 0.3～0.4 克氮磷钾复合肥或磷酸二氢钾，或加入少量的葡萄糖。开花时放在厅、堂等处，此时每天都要让中国水仙照射到一定时间的阳光，并经常换水。冬季取暖的房间，室内温度一般偏高于水仙开花适宜温度，花容易徒长，夜间放在最凉处。一般放在10～18℃的地方开花最为适宜，温度高开花的时间缩短。

朱顶红（对红）

彩图 125

朱顶红是石蒜科孤挺花属多年生常绿球根草本植物，学名 *Amaryllis vittata*，别名对红、孤挺花、百枝莲、华胄兰等。叶片鲜绿洁净，花大似百合，色彩亮丽，花姿清逸悦目。盆栽或地栽。

花轴粗壮，直立，中空，高于叶丛，花轴的顶端有花 4～6 朵，两两对生故名对红。花漏斗状，花筒短，花径可达 20 厘米以上，略平伸而下垂，喉部有小不明显的副冠。花瓣 6，现在有许多复瓣品种，倒卵形，红、黄、粉、绿、橙、复色等。雄蕊插生于花被喉部，花丝白色，花药黄色，柱头 3 裂。花期冬末至初夏。蒴果球形，种子稍扁。鳞茎肥大近球形，径 5～10 厘米，具褐色或淡绿色鳞茎皮。叶 2 列状基生，4～8 枚，宽带形，长 15～60 厘米，绿色，有光泽，有的品种中间有白肋，叶脉清晰。

对日照要求不严，但不耐强光长时间直射，冬季需全日照，夏季需放在半阴处养护。种子发芽适温 18～22℃，生长适温 18～23℃。对土壤要求不严，但喜富含腐殖质排水良好的沙壤土，喜中性或微碱性的土壤。生育期间要求有较高的空气湿度，盆土忌水湿。喜肥，但开花后需氮肥少，球根肥大时对磷、钾肥需求多。

一般分生繁殖。母球能分生许多子球，并且在母株盆里已经形成许多小植株。结合换盆进行分生繁殖，根据鳞茎大小分级盆栽。

将大球上附生的带叶小植株切取另行栽植，小鳞茎顶部露出土面1/2左右。将小子球放在干燥沙土中储藏，翌年春季地栽培养，一般经2年培育后即可形成开花的鳞茎。

也可双鳞片扦插繁殖。将母球的鳞茎皮去掉，把顶部的1/3左右和根除去，先纵切开，再将每半个鳞茎纵切成3份。用尖细利刀从鳞茎盘处切开，每个插穗带2个鳞片，称为双鳞片。最外两层鳞片和最内层未发育成熟的鳞片都弃之不用，大的母球可以切出30个左右的双鳞片插穗。双鳞片插穗最好用0.1%高锰酸钾溶液消毒5分钟，垂直或斜向浅插在干净的河沙上。由于鳞片肥厚，有较充分的营养供小球成长发育，因而每个双鳞片都能生成数个小鳞茎。笔者用双鳞片扦插37天就长出了小鳞茎。

盆栽1个球的用直径15～17厘米的盆，如果第2年在盆内继续培育，盆应大些。鳞茎栽植不宜深，以顶芽露出土面为宜。初栽时少浇水，当长出花茎和叶片时增加浇水量。生长期间每10天左右施肥1次。花苞形成前，增施磷、钾肥1～2次。开完花后继续供水供肥，促使鳞茎健壮肥大。留种的应人工授粉，提高结实率。不留种的及时剪除花轴，可减少养分消耗，有利于鳞茎发育。开花时将花盆移到背光处或少见光，并减少浇水，可使花期延长。当鳞茎逐渐长大或产生多个子球而显得拥挤时，需更换大盆，这样朱顶红生育才能正常。如果让朱顶红在春节期间开花，在春节前40～50天时，把花盆放在有暖气的房间里，并让它充分见阳光。如果放在窗台上，花盆下面垫上聚苯板。如室温低于18℃，将花盆放在暖气上，为了不烤坏根部，要在暖气和花盆之间垫上厚的聚苯板或砖。这样在春节期间就能开花。

主要病害有病毒病、斑点病等。螨类是主要害虫。

第14章 CHAPTER 14 兰科花卉

兰科有730多个属，23 000多种植物，是高等植物里最大的一个科。其中叶片姿态优美、花有香气的原生种兰花有1 000种左右。

广义的兰花是指兰科能够观赏的所有植物的总称。从园艺学角度，兰花分为国兰和洋兰两大类，按生态习性主要分为地生兰和附生兰两大类。

地生兰多生长在土壤中。中国狭义的兰花是指兰科兰属植物中的地生兰类，也称国兰。国兰在我国栽培历史悠久，是我国十大名花之一，被称为国粹。国兰的主要种类有：花期主要在春季的春兰，花期主要在夏季的蕙兰、台兰，花期主要在秋季的建兰、漳兰，花期主要在冬季的墨兰、寒兰等几大类。国兰以香气馥郁、色泽淡雅、花姿秀美、叶态飘逸见长。目前珍贵国兰由于繁殖缓慢，价格很高。

附生兰原种多附生在树干、枝条和岩石上，根丛裸露在空中，吸收空气中的水分和养分维持生命，所以还叫气生兰，也叫洋兰，如本书介绍的大花蕙兰、蝴蝶兰、卡特兰、石斛、文心兰等，当然现在已经盆栽，但是不能在土壤上栽培。严格地说，洋兰是相对于中国兰而言的，兴起于西方，受西方人喜爱的兰花。也应当指出，一些洋兰的原种我国也有，如石斛、蝴蝶兰等。洋兰有大而奇特的花形，艳丽多彩的花色，天生丽质，姹紫嫣红，持续长达数月的花期，因此成为风靡世界的高档花卉。

兰花的花器：外轮的3个萼片花瓣状，在中间的叫背萼瓣，两侧的叫侧萼瓣。内轮有3个花瓣，左右2片对称叫捧心瓣，下面的1瓣舌状，叫唇瓣，唇瓣的变化是多数兰花的观赏重点和品种的鉴别依据之一。在花瓣中间有1个合蕊柱，是雄蕊和雌蕊合在一起而呈柱状的繁殖器官，俗称鼻头（洋兰简称蕊柱），它的顶端有1枚花药，分裂成2对花粉块，有药帽盖住。合蕊柱正面靠近顶端有1穴腔，是柱头之所在。

近些年来，随着我国花卉产业的发展，市场上出现了越来越多洋兰类花卉，现在洋兰已成为一种朝阳产业，能大规模工厂化生产。洋兰盆花已经成为我国高档年宵花卉市场上的主力。

大 花 蕙 兰

彩图126

大花蕙兰是兰科兰属植物中许多大花附生原种和杂交种类的总称，学名 *Cymbidium hybridum*，别名虎头兰、西姆比兰、蝉兰、东亚兰、新美娘兰等。大花蕙兰既有国兰的幽香典雅，又有洋兰的丰富多彩。叶长碧绿，花大，一支花序上着生花10～30朵。花形规整丰满，花轴直立。花期长达1～4个月。花色繁多，色泽艳丽，因此是最重要的高档年宵花卉之一，非常适合盆栽观赏。目前栽培的大花蕙兰多是杂交选育出来的优良品种。同样的还有垂花大花蕙兰。

花轴由假球茎的叶腋处抽出，总状花序，花多。大花种的花径8～13厘米，花轴长60～150厘米；小花种的花径4～7厘米，花轴长20～75厘米。花色红、粉红、橙、白、黄、绿等。蒴果，种子极小，如粉尘，无胚乳。根肉质，圆柱状，粗长。假球茎，椭圆形。叶丛生，多片，革质，一般叶长50～90厘米，绿色，带状。

较喜光，光线不足开花少、不开花或花的质量差，叶片变薄变软，假鳞茎细长，生长势减弱。夏秋季需遮光50%～60%，光线太强会引起日灼或生长停止，叶片变黄。喜冬季温暖、夏季凉爽、昼夜温差大的环境。白天生长适温10～25℃，夜温10～15℃最好，也有利于花蕾生长，因此夏天需要有一段时期处于冷凉状态，才能使花芽顺利分化。冬季以夜间10℃左右为宜，夜温高于20℃时，

叶丛生长繁茂而不开花。低于5℃叶片略呈黄色，花芽不生长，花期推迟，冬天降至3℃也不会被冻死。如花芽已形成，气温在28℃以上，将会造成枯萎或掉蕾。对水质要求比较高，喜微酸性水，对水的钙、镁离子比较敏感，最好浇雨水。基质必须通透性好、空隙度大，不能像国兰那样用泥炭土、园土等栽培。

分株繁殖在开花后的短暂休眠期时进行。一般2～3年分株1次。分株时，先将基质适当干燥，这样分株时不易折断根系。将植株从盆中倒出，去掉根部附着的基质，露出根系，剪去腐烂的根系及假鳞茎，然后将母株基部切断，分割成2～3株为一丛，然后双手用力拉开。分株时抓住假鳞茎，不要碰伤新芽。

盆栽一定要用高筒、四壁多孔的陶质花盆，直径15～20厘米。大花蕙兰在原生环境中根系常裸露在空气中或附着于树干、岩石以及松软的枯叶上，它的根穿透力很弱，因此要用下列基质栽培：蕨根2份、苔藓1份混合配制，或用树皮、木炭、碎砖块作基质，或用蕨根与小石块栽培，有人用大颗粒的炉渣栽培效果也不错。无论何种基质，它们在大花蕙兰的生长过程中主要是起支撑作用，可因地制宜，选用成本低廉又符合大花蕙兰生长条件的材料。栽培大花蕙兰温度管理很重要，应按前面所述的要求去控制。光照不足者叶片为浅绿色，软而薄，不能直立。为了开好花，应使阳光稍强些，冬季雨雪天补光，对开花极为有利。光稍强叶片微黄也不会影响它的生长，但在春、夏、秋季阳光很强时对叶片能造成伤害，尤其是中午前后一定要遮阴50%～60%。性喜通风良好，因而夏季栽培时应置于通风良好处，否则生长不良，也容易发生腐烂病。当基质表面变干、颜色发浅时浇水。在春季生长旺盛季节要求充足的水分和较高的空气湿度，如湿度过低，植株生长发育不良，根系生长慢而细小，叶片变厚而窄，叶色偏黄。夏季除了每天浇水外，并要对叶面多次喷洒，使它内外湿润，才能防止黄叶出现。秋季减少浇水有利于花芽分化，冬季花芽发育伸长时也需要有一定的水分供给。用苔藓作基质的保水性高，水分蒸发缓慢，浇水间隔时间应相对长些。用石子、炉渣作基质的保水性非常差，浇水间隔时间应相对短些。要求空气适度湿润，否则花蕾枯黄，无法开花甚至整株干枯死亡。大花蕙兰喜微酸性水，用雨水浇花最好，如用自来水浇灌，应先在容器里储藏2～3天，并用硫酸亚铁或其他有机酸（柠檬酸、醋酸等）进行处理。用发酵好的豆饼肥、鸡粪、黏土各1/3混合，制成直径2厘米的球肥施用。春、秋各施1次，每次根据植株生长状况及花盆大小酌施2～5粒。在生长旺季，每2周追施1次液体肥料，用不超过0.1%的氮磷钾复合肥溶液追施。

每年花期过后新芽尚未萌发时换盆，去掉无叶的老鳞茎及腐烂老根，经杀菌药物处理后重新栽植。如果换盆过晚，新芽和新的根系大量萌动，稍有不慎，就会受到伤害。及时摘除多余的新芽，一个假鳞茎留1～2个新芽，植株生长健壮时可适当多留，衰弱时应少留。留芽过多，往往会使植株只长叶而不开花。以春季芽为最好，夏秋期间发生的幼芽一般都要摘除。10～11月形成花芽时，需格外当心不要将花芽当作叶芽摘除。花芽钝、圆、粗，叶芽尖、扁、细。开花时冬季不要放在高温环境中，尽量远离暖气，否则花蕾会变红，继而变黄脱落。开花后室温保持在15℃左右，花期可达3～4个月。

大花蕙兰的选购：购买正在开花的植株一般首先考虑花色、花型，然后考虑花数，一般花少则花大，花多则花小。选花轴健壮、花序饱满、无黄苞现象的；花形以平整、对称、厚实为佳；花色鲜艳亮丽或淡薄温和；花瓣厚实、有蜡质光泽。选叶片厚实、光亮鲜绿，无灼伤、烂点、病虫害的。选假鳞茎粗壮、厚实、青绿的，老茎稍有干皱无妨，不能购买茎部发黑或腐烂的。选根部完整充实并且长满盆的，根部已经变黑发霉的植株不要买，正常新根的颜色在基质中为肉芽色，如果钻出盆面裸露在空气中则为绿色。

应当指出，买来的大花蕙兰开花后，分株繁殖的技术不难，也很容易成功培育成较大的植株，但是在一般的家庭很难有再次开花的环境条件，只能养着观叶。商品大花蕙兰的繁殖都是用组织培养的方法进行的，并且是工厂化生产出来的盆花。

主要病害有疫病、炭疽病、白绢病、花瓣灰霉病、根腐病、叶

枯病、软腐病和褐斑病等。主要害虫有蓟马、介壳虫、蚜虫、白粉虱和螨类等。

兜兰（拖鞋兰）

彩图 127

兜兰是兰科兜兰属多年生常绿草本植物的总称。兜兰属学名 *Paphiopedilum*，别名拖鞋兰。多数为地生种，少数为附生兰。已知兜兰野生种有 80 多个，我国 18 种，杂交种很多。

花轴从叶丛中抽出，绿、红褐等颜色。花单生，直径 10 厘米左右，苞片 1～2 枚。3 个花瓣之一的唇瓣呈兜状或拖鞋状；另 2 个花瓣（捧心瓣）直向左右两侧伸长，多数略下垂，条形、椭圆形、匙形等，具各种斑点或彩纹，平展、皱褶或扭曲，光滑或具长毛。3 个萼片之一的背萼瓣（最上面的那个花瓣状萼片，即中萼片）大，扁圆形或倒心形，花纹颜色黄、绿、褐、紫等，而且常有各种斑点或带条纹。两片侧萼瓣完全合生在一起，通常比背萼小，着生在唇瓣的后面，不显著。合蕊柱的形状与一般的兰花不同，两枚花药分别着生在蕊柱的两侧。不少种类全年开花。植株较矮小，茎极短，叶片近基生，革质，不同种类的兜兰叶片形态和颜色有很大的变化，多带形或椭圆形，顶端急尖或渐尖；绿色或带有红褐色斑纹等。

喜半阴，怕强光，夏季应遮光 70%左右。喜温暖，绿叶品种生长适温 12～18℃，在冬春季开花。斑叶品种生长适温 15～25℃，大多在夏秋季开花。能忍受的最高温度 30℃左右，越冬温度 10～15℃为宜。喜湿润，适宜的空气相对湿度 50%～70%，抗旱能力差。适宜的土壤 pH6～6.5。

可播种育苗。兜兰的种子十分细小，胚发育不完全，需在试管中用培养基在无菌条件下进行胚培育，发芽后在试管中经 2～3 次分苗、移植，长高 3 厘米左右时移出试管，栽植在盆中。从播种到开花需 4～5 年。

分株繁殖每2～3年分1次。在花后的休眠期进分株，一般结合换盆进行。将母株从盆内倒出，去掉根部附着的培养土，兜兰的根不多，注意保护根系和新芽。用手指握住各株的叶基轻轻分开，一般2～3芽分成1株，盆栽后放阴湿的地方缓苗。

盆栽兜兰盆底要先垫一层木炭或碎砖瓦颗粒，厚度为盆深的1/3左右。小苗用细树皮作基质最适宜，其次是水苔。成株用腐叶土、泥炭土、苔藓、蕨根和树皮作基质，以腐叶土加树皮最好，其次是苔藓。夏季日照很强时，室内栽培放在南窗台的也要遮光，以免叶片被灼伤。夏季温度不宜超过30℃，冬季不能低于5℃。盆土保持湿润，在天气干燥和炎热的夏季，早晚都要充分浇水，要经常向植株及周围喷水，以保持较高的空气湿度，否则叶片容易变黄皱缩影响开花；出现花芽后不能往叶面喷水，以免造成花芽死亡。秋季3天左右浇水1次。新的基质排水透气性能好，应勤浇水，老基质适量减少浇水。注意通风，叶片不能积水时间太长以免烂叶。适度施肥，在生长期间施磷、钾肥及适量的氮肥。氮肥多长势太旺可能不开花；缺少磷钾肥很少开花。每7～10天左右喷洒0.1%磷酸二氢钾，或施腐熟的稀薄饼肥水，能买到兰花营养液的施用效果更好。花轴高10厘米左右时，根据品种的不同考虑支架，避免花轴倒伏或弯曲。

常见病害是苗期细菌性软腐病。常见害虫有蜗牛、介壳虫和蛞蝓。

蝴　蝶　兰

彩图128

蝴蝶兰是兰科蝴蝶兰属多年生常绿附生草本植物，学名 *Phalaenopsis amabilis*，别名蝶兰、台湾蝴蝶兰等，有许多变种和品种。蝴蝶兰是兰科植物中栽培最广泛、最受欢迎的种类之一，在众多的热带兰中，蝴蝶兰有“洋兰皇后”的美称，深受各国人民的喜爱。是我国最重要的年宵花卉之一。

花轴由叶腋中抽出，高 50～80 厘米，稍弯曲，长短不一。总状或圆锥花序，腋生，具分枝，着花几至十几朵，花径一般 10～12 厘米。萼瓣长椭圆形，花瓣菱状圆形，花形近似蝴蝶状而故名。唇瓣先端 3 裂，基部黄红色，端渐狭，并具 2 条长 0.8～1.8 厘米的卷须，这是蝴蝶兰的典型特征之一。色彩丰富，有粉、红、黄、白、紫红、斑纹等。花期 10 月至翌年 6 月。蒴果。根系发达，肉质，白色，见光后变成绿色。茎短，常被叶鞘所包。叶匙形至矩圆形，较厚，全缘，交互叠列在短茎上，绿色。在叶腋间有 2 个上下排列的腋芽，上部的芽较大为花芽原体，下部芽较小为营养芽原体。

开花植株适宜的光照强度20 000～30 000勒克斯，幼株生长适宜光照强度在10 000勒克斯左右。长时间的强光直射，对叶片有灼伤，春、夏、秋季光强时需进行遮光处理。生长适宜温度 15～30℃，以白天 25～28℃，晚间 18～20℃最为适宜。当气温 35℃以上或 10℃以下时，蝴蝶兰停止生长，低于 5℃容易死亡。持续低温根部停止吸水，形成生理性缺水，植株会死亡。要求空气相对湿度 70%～80%，怕空气干燥。喜通风环境。根部忌积水，5～6 小时的过度水湿就能引起根部腐烂。

能开花的植株在 20℃以上生长 2 个月，再经过 16～18℃处理 45 天后可形成花芽，花芽形成后夜间温度保持在 18～20℃，再经 3～4 个月可以开花。每天低温处理 18 小时的植株，花芽率达 100%；每天低温处理的时间越短，花芽率越低。当花轴长到 10 厘米左右高时，应结束低温处理，否则会延迟开花。

现在蝴蝶兰主要用组织培养方法工厂化育苗，家庭栽培要买苗或买成株。成株偶尔在基部或花茎上生出分枝或珠芽，当它长出 2～3 条根时，将其剪下单独栽培。在春季新芽萌发以前或开花后进行分株，此时养分集中，抗病力较强。一般结合换盆进行，将其轻轻掰开，选用 2～3 株直接盆栽。夏季高温分株容易腐烂，冬季分株气温低发根慢。

盆栽选轻薄透明的塑料盆或素烧陶盆，盆底部的排水孔要大或多，同时要有凸出部分，以使花盆底部能够更好地透气。宜用浅盆，不用深盆。用透明盆栽培，根部暴露在光下，根部的叶绿素可以光合，对植株的生长有好处。透明塑料盆也可自己制造，将塑料瓶的底部及瓶壁下侧打一些孔，再把上部锯掉，就成为栽培蝴蝶兰的花盆了。栽培基质最好选用白色的干苔藓，苔藓的透气性及保水性都很好，最适合家庭栽培使用。也可用蕨根、树皮块、水苔、浮石、桫椤屑、椰壳或蛭石等。栽前先将苔藓上的沙土用清水冲洗干净，浸泡半天以上，再将水分挤干，直到不滴水为止。把蝴蝶兰的根部分开，用少量散开的苔藓把根部包住，将其植入盆中。在花盆底部放碎砖块、碎盆片或少量泡沫塑料等。苔藓不可含水过多，装盆时不能填压得太紧，否则不利于促发新根。栽小苗时要用小盆，不能用大盆，每盆栽1或几株，以后随着植株的长大逐步换大一号的盆。当基质老化即腐烂不透气时，或表面长满青苔，都应及时更换。一般在花落后新根开始生长时换盆或分株，此时温度应控制在20～25℃，温度太低，新的植株恢复慢，而且容易腐烂。蝴蝶兰的气根多，要细心加以保护，切不可损伤。夏季遮光70％～80％，春、秋季遮光50％～60％。开花和生长旺盛期要多浇水，以见干见湿为原则。在阳台栽培的晴天每天洒湿地面3～4次，让蝴蝶兰吸收蒸发的水分。如空气湿度过低可在旁边放水盆，能提高附近空气湿度，或于植株盆沿绕上湿棉条；也可用加湿器，或用喷雾器给叶面喷雾，叶面潮湿即可，但不能将水雾喷到花朵上。休眠期少浇水，冬季隔周浇水1次。冬季空气干燥，要给全株喷雾，特别是带花时，空气湿度太低容易落蕾。栽培基质如积水，根部会窒息，因此宁可少浇水，千万不能水大，否则引起烂根。浇水间隔时间还要看用什么基质栽培，用苔藓间隔数日，因苔藓吸水量大；用保水能力差的每天浇1次。蝴蝶兰对水质要求不严。生长期每10～15天追肥1次，用市场出售的蝴蝶兰专用肥，或用易溶于水的氮磷钾复合肥加3 000倍的水。开花及温度较低时均不宜施肥，如果用水草作栽培基质，应少施肥。蝴蝶兰花序长，花朵大，盆栽的在开花时需支架，防止倒伏。花落后最好将花序轴从基部剪下，以便第2年开好花。蝴蝶兰开花约需2年时间，开花期可达2～3个月。

板、柱栽培：人们开始用蛇木板即蕨板栽培，现在很难买到，但可用厚而粗糙树皮的木板栽培，如卢思聪先生用栎树木段栽培蝴蝶兰和其他附生兰类效果都很好。当然蛇木板最抗腐蚀，用其他木板时发现木板皮腐蚀需及时更换。用长30厘米、宽20厘米的木板，将用苔藓包好的蝴蝶兰植株用尼龙绳固定在木板皮上，再将它挂在合适的地方。每7～10天施1次液肥，经常喷水或浸泡补水。

蝴蝶兰的选购：选购时要看、摸、问。选植株生长旺盛的，叶片宽、短、厚的，排列整齐、挺拔有光泽的。根冠要鲜嫩、无烂根的，要有新根长出的，有新根长出的根系最为健康。顶部生长点应完好无损、无烂茎。看叶片正反两面的颜色，叶面颜色与花色一般成正相关。用手触摸叶片是否发软，如果发软，则说明根系可能因长期缺水而干瘪或是得了软腐病。触摸植株固定情况，如晃动小，说明根系发育良好。还要询问品种、花色及产地。要是正赶上在开花期购买，要看花朵的数量、大小，厚度以及排列是否整齐。

主要病害有叶斑病和根腐病。主要害虫有介壳虫、粉虱等。

卡特兰

彩图129

卡特兰是兰科卡特兰属多年生常绿草本植物，学名*Cattleya hybrida*，别名嘉德利亚兰、加多利亚兰等。卡特兰属有60多个种。花色千姿百态，有纯色、双色、三色的，艳丽非凡。花形华美娇贵，气质高雅，极为夺目，有的种还具有芳香气味，是高档观赏花卉。

花着生于茎顶或假鳞茎顶端，每支花轴着花数朵，形成总状花序。花近钟形，花大，色泽鲜艳，花萼与花瓣形状相似，卵圆形，唇瓣3裂，基部包围蕊柱下方。除黑、蓝色外，几乎各色俱全，最典型特征是花瓣边缘波状。一年四季都有不同品种开花。假鳞茎长纺锤形或圆柱状，淡绿色，光亮。每年春季从横生的根状茎上长出新的假鳞茎。叶片从假鳞茎顶端抽出，每茎有叶 1～3 片，椭圆状宽带形，顶端锐尖，叶厚，革质或稍肉质，中脉下凹，基部楔形，无明显叶柄，淡绿色。

喜光，但不耐强光直射，在春、夏、秋季应遮光 30%～50%。生长适温 15～30℃，冬季适宜温度 15～18℃，夜间 8～10℃。温度在 5℃左右时出现冷害现象，叶片呈现黄色，假鳞茎产生皱纹，花芽不能长大，花鞘变褐，生长严重受阻。夜间温度高于 20℃，往往会导致花期过短。生长时期需要有充足的水分，喜欢流通的空气和较高的空气湿度，适宜空气相对湿度 80%左右。不能在普通土壤上生长，需在苔藓、木炭、蕨根、碎砖等透气、排水特别好的基质上才能生长良好。

生长良好的植株每 3 年分株 1 次，于春季新芽萌动时进行。将母株从盆中脱出，轻轻地去掉培养材料，用利刀将假鳞茎连接处切断，使新株有 3 个以上的假鳞茎，解开互相缠绕的根，剪断腐烂或折断的根，当伤口稍干后即可上盆栽植。

盆栽卡特兰盆底先填充一些较大颗粒的碎砖块或木炭块等。用蕨根、苔藓、树皮块、碎砖或多孔的陶粒等作盆栽的培植材料。可将蕨根 2 份、苔藓 2 份、泥炭土 1 份混合使用，还可用加工成直径 1 厘米大小的龙眼树皮、栎树皮等。栽植深度以使新芽的生长部位刚好露在培养材料的表面，或稍没过一点为宜。栽后放在温暖、潮湿、弱光的地方 15～20 天。以后要见光，但不能强光直射，冬季应给予充足的光照。春、夏、秋是卡特兰生长旺盛时期，要求有充足的水分和较高的空气湿度，不可过分干燥。夏季每天浇水 1～2 次，每天在叶面上喷水 1 次。春、秋季每 1～3 天浇水 1 次。冬季卡特兰处于休眠期，要控制浇水，4～7 天浇水 1 次。施肥以稀薄的液肥为好，生长季节每 1～2 周施 1 次，冬季应停止施肥。

栽种 2～3 年后植株逐渐长大，原来的兰盆已经无法容纳其拥挤的根系，盆内的培养材料也大都腐烂。这时应及时换盆，并结合换盆进行分株，换盆应在新芽刚刚萌动时进行。如果是即将开花的

植株，需要等开过花以后再换盆。

病害有细菌性软腐病、叶斑病、锈病、疫病等。虫害有蓟马、介壳虫、蛞蝓、粉虱等。

墨　兰

彩图 130

墨兰是兰科兰属多年生常绿草本植物，学名 *Cymbidium sinense*，别名报岁兰、拜岁兰、丰岁兰、献岁兰等。其叶片优美，花朵清雅芳香，开花期正好在新年和春节少花期间。

花轴从假鳞茎的基部长出，高 60 厘米左右，每个花序着花多朵。花形多变，有梅瓣、荷瓣、水仙瓣、竹叶瓣、菊瓣、蝶瓣等，或重瓣。花色紫褐、深紫、黄褐、乳白、绿、黄、鲜红和五彩等。盛开时萼瓣多反卷，多具紫褐色条纹。肉质根，粗圆，无根毛，乳白色或淡黄色，丛生。假鳞茎椭圆形。每株有叶片 4～5，剑形、倒卵形、葫芦形等，在国兰中属于叶片宽的种类，全缘，具光泽。叶色有青、黄绿、金黄、墨绿等。叶姿有立叶、半立叶、垂叶、飘叶、卷曲叶等。

夏季忌阳光直晒，要求荫蔽的环境，盛夏要求有 85%左右的遮阴，冬天宜阳光充足，其他时间需遮光 40%～50%。在阴处生长叶色较为深绿，在阳处的叶色较黄绿，但花芽的分化比在阴处的多。得到朝阳或散射光照射的墨兰，比光照弱的生长势健壮得多。需要较高温度，生长最适温度白天 20～25℃、夜间 15～18℃，夜间温度不宜低于 10℃。夏天忌酷热，要求空气流通。喜湿，由于墨兰多自然生长于流溪旁，经常水雾弥漫，因此适宜的空气相对湿度 90%左右。盆土应保持湿润，但忌土壤积水，积水可引起根系腐烂。1 年生的叶片比 2 年生的对土壤干旱反应敏感。喜富含腐殖质、疏松、排水良好的沙壤土，适宜土壤 pH5.5～6。生长健壮的墨兰体内的氮、磷、钾含量的相对比例是 6∶1∶9，这说明墨兰对钾肥需要量相对多。

分株繁殖每隔2～3年分1次。选生长健壮、根茎密集的分株。分株前要减少浇水，使盆土处于较干燥状态。将植株从花盆中取出，抖去根部土壤，在龙头下用小水冲洗干净。剪除枯叶、烂叶及腐根，晾2～3小时。当根部发白微微萎蔫后，再用利刀在根茎间切割分株，或按自然株分开，注意不要碰伤叶芽和肉质根，切口处涂上草木灰或硫黄粉防腐。分株后的每丛最好要保留5个连结在一起的根茎，至少有2～3个根茎，并应有3片以上生长健壮的叶，不栽独苗。分株后上盆栽植。

盆栽宜选陶盆，最好用口小、较深的兰花盆，这样有利于植株生长。盆底排水孔要比一般花盆为大，有2～3个底孔，花盆的大小与深浅依植株大小而定。在花盆底部垫上一层较厚的填充物，如用碎砖块或碎盆片作盆底填充物，因其本身有许多细小的孔隙，能吸收水分；如果用专门烧制的圆形黏土颗粒作兰花盆底的填充物，效果更好。一般需垫至盆深的1/5～1/4，再放入粗粒土及少量细土，使盆中部的土隆起后栽植。用泥炭土栽培，或泥炭土与沙配制作栽培土，或北方阔叶林下的腐殖土，尤其是栗树林下的腐叶土是十分理想的兰花盆栽用土；或用30%腐殖土和70%沙壤土配制而成，不能用碱性土和黏性土。配制盆土时加入有机肥，如腐熟的干牛粪，也可以在培养土中加入少量经过发酵的各种饼肥、马蹄、牛羊角屑作基肥，或在春季将上述有机肥埋在盆边的土中，但不可与根直接接触。施钾肥，有条件的用草木灰。有人将麦秆、芦秆、杂木烧成灰放在兰花盆土的上面，厚度3厘米，不放其他肥料。第2年把原有草木灰除去，再铺放新的草木灰。每年如此，可使兰叶色泽青绿，叶片厚而硬，植株粗壮，分蘖多，花多，花色纯正，病害少。或施用草木灰浸出液1～2次，效果也很好。还可用无土栽培，各种无土栽培的基质几乎都可以用来栽培墨兰。可选用蛇木屑、水苔、腐叶土、木炭、龙眼树皮、椰子壳等混合使用。培养土最好消毒，暴晒3～4天，或用蒸汽消毒。栽培时将根系散开一些。老叶靠边、新叶放在中心。尽量不让根系接触盆壁，然后添入配制的营养土到花盆高的4/5处，填实，以中央稍高为好。栽培深度以齐芦

头为度。最后用细嘴喷壶喷水，浇透为止。如在分株时伤口较重，应让伤口愈合后再栽，或对伤口消毒，或栽后2天再浇水，以防病菌侵入导致腐烂死亡。放阴处10～15天，保持土壤潮湿。在室内栽培的每15天转换花盆方向1次，使墨兰四面受光，植株均衡生长。

随着春天温度的升高，兰花转入旺盛生长期，应逐渐增加浇水量，保持土壤较高的含水量。夏季有条件的将兰花搬到荫棚内培养，浇水要根据雨水的多少和盆土的潮湿程度确定。夏季应在清晨或傍晚浇水，秋天气温开始下降，要逐步减少浇水量，促使兰花生长充实。在冬季进入相对休眠期，浇水量要少，以盆土微潮为好，千万不可太湿，冬季宜中午前后浇水。水要从盆边浇，不可往叶面上冲水。用雨水、雪水最好，或用盐碱含量低的河水、井水，如没有上述条件，需用自来水时，应将自来水放在容器中储存1～2天后再浇。注意水温与土温相差不要太大，否则叶片受害。在盆边的地面洒水或喷雾来增加空气湿度；或在栽培场所设置水池、水沟，家庭可用水缸、水槽、水盘，使空气湿度加大。在春季进入生长旺盛季节后，每隔15天施1次腐熟稀薄液肥。在茎、叶生长的前期和中期施用氮肥，促进幼芽和叶片生长。当转入生殖生长时，宜施用含硝酸盐肥料，有利开花结实，不宜施用铵盐肥料。

及时剪去病叶、枯叶和折断的叶，使用的工具应消毒。如植株生长不良，应进行疏花，留下适量的花。在华南最好每天夜间从室内搬回兰棚或室外，在北方冬季室内取暖的，夜间应放在室内温度较低的地方。如果为了第2年墨兰生长得更好，开花后一般摆设10天左右，把花枝剪下水养，有利于以后继续开花，以免影响植株新芽成长。为了扩大繁殖，也可不让墨兰开花，见到花轴后剪去。普通品种的墨兰2～3年分株换盆1次，珍贵品种3～4年分株换盆1次。一般在花朵凋谢的半个月后分株换盆。

常见的病害有炭疽病、黑斑病、根腐病、病毒病等，在夏季如果被太阳暴晒，还会发生日灼。常见的害虫有螨类、蚜虫、蓟马、介壳虫等。

球 花 石 斛

彩图 131

球花石斛是兰科石斛属多年生草本植物，学名 *Dendrobium thyrsiflorum*。原产海拔 1 100～1 800 米山地林中的树干上。花形独特、总状花序飘逸，具有较高的园艺观赏价值。球花石斛也是名贵的中药材。

总状花序侧生于带有叶片的老茎上端，下垂，密生许多花，花开展，质地薄，萼片和花瓣白色；花瓣近圆形，长约 14 毫米，宽约 12 毫米，先端圆钝，基部以上边缘具不整齐的细齿；唇瓣金黄色，半圆状三角形，长约 15 毫米，宽约 19 毫米。花期 4～5 月。茎直立或斜立，圆柱形，粗壮，不分枝，具数节，黄褐色具光泽，有数条纵棱。叶片互生于茎的上端，革质，长圆形或长圆状披针形。气生根系。花后从茎基长出新芽发育成茎。

喜阴凉。适宜生长温度 15～28℃。适宜生长的空气相对湿度 60％以上。要求根部生长环境通透性好，采用的基质要求透气滤水性好。

分株繁殖。将具有 3～4 片叶，2～3 条根，根长 4～5 厘米的小植株从母株上切下。用草木灰或 70％代森锰锌处理伤口，将苗栽入盆中，浅栽，栽培 2 年后一般可开花。扦插繁殖。结合花后换盆和分株时扦插，扦插时间以 4～8 月为好。将未开花且较充实的枝条切成数段作插穗，每个插穗有 2～3 个节，在伤口上涂上草木灰或 70％代森锰锌处理伤口。将插穗插入苔藓和泥炭土混合的基质中，一半露在外面，放于半阴、潮湿处。插后 1 周不浇水，经常喷雾保湿，适当遮阴。经过 1～2 个月，在节部有新芽长出，新芽下部长出 2～3 条小根形成新的植株，培养 2～3 年开花。耿秀英等在开花后第 5 天进行人工异花授粉，能收到种子，利用采到的种子通过组织培养能大量繁殖。

根据苗的大小，选择不同规格的花盆，但不宜用大盆栽小苗。

用四壁多孔的塑料或陶瓷花盆，可用泥炭土、树皮块、木炭块等作盆栽基质材料。盆底多垫大瓦片或碎砖块，深度至盆底约 1/3 处。然后将苗栽于盆中央，并在一旁插 1 根细竹竿固定苗，再填入基质材料，注意根与根之间用基质隔开。基质使用前在清水中浸泡 1 天以上。栽植初期先放在阴凉并有散射光处，移栽后 1 周内（幼苗尚未发新根），空气湿度宜保持在 90%左右。1 周后植株开始发新根，仅向叶面上喷些水，勿向盆内浇水。10～15 天后，当萌发出新根后再移至荫棚下养护。生长季节浇水要干湿相间，生长旺盛期每天浇水 1 次，冬季休眠期少浇水。干旱季节和炎夏时经常在花盆四周地面上喷水，以保持较高的空气湿度。花盆放在通风良好的地方。植株新根发生后开始喷施 0.1%硝酸钾或磷酸二氢钾溶液，7～10 天喷 1 次，连续喷 3 次。长出新芽后每隔 10～15 天喷 0.3%三元复合肥溶液或其他市售兰花肥料溶液。

常见病害有黑斑病、炭疽病、煤污病等。常见害虫有蜗牛。

文　心　兰

彩图 132

文心兰是兰科文心兰属多年生常绿草本植物的总称。文心兰属学名 *Oncidium*，别名跳舞兰、舞女兰、舞女郎、瘤瓣兰、金蝶兰等。本属原生种多达 750 余种，亲缘关系复杂，大多为附生兰。花繁叶茂，1 支花序着生几十朵至几百朵花，迎风摇曳的花朵犹如一群舞女正舒展长袖在绿丛中翩翩起舞。文心兰是世界重要的盆花和切花。

每个假鳞茎一般只抽生 1 支花序，花轴直立、弓形或下垂。总状或圆锥花序侧生。花序上稀疏或稠密地着生少数至多数花，有的花序很短，只开 1～2 朵花；有的花序长达 2 米，能开数百朵花。花瓣边缘多波状，花萼近相等，伸展或反卷，离生或 2 个侧萼片合生。唇瓣大，具有多变的斑纹，呈手风琴状、基部有鸡冠状的瘤状突起。唇瓣与蕊柱基部合生，全缘至 3 裂，蕊柱粗短而无足。花形似舞女或金蝴蝶。花以黄色为主，还有红、棕、白、绿或洋红色。花期因种而异，开花期长达1～2个月，有些种能全年开花。假鳞茎包被于2列的鞘中，扁卵圆形，绿色，有的大，有的小。顶生叶片1～4枚，长披针形或条形，或薄或厚。叶片通常可分为3种：薄叶型（或称软叶型）、厚叶型（也称硬叶型）和剑叶型。薄叶型叶片较薄，稍革质，多数植株生长健壮；厚叶型耐干旱能力强；剑叶型植株较小。

喜半阴环境，光强时需遮光，一般夏季应遮光50%，春、秋季则应遮光30%，冬季需充足阳光。厚叶型喜温暖，生长适温为18～25℃，冬季温度不低于12℃；薄叶型和剑叶型喜冷凉气候，薄叶型的生长适温为10～22℃，冬季温度应不低于8℃。喜空气湿润，适宜的空气相对湿度在80%左右。除浇水增加基质湿度外，叶面和地面要喷水，增加空气湿度对叶片和花茎的生长更为有利，但根部怕多湿积水。厚叶型品种耐干旱能力强。

分株繁殖一般在开花后或春、秋季进行。在春季新芽萌发前，结合换盆进行分株更为适宜。栽培2～3年以上的文心兰，植株已逐渐长大并长出小株。当子株有假鳞茎时剪离母株即可。将带2个芽的假鳞茎剪下，直接栽植于水苔的盆内，保持较高的空气湿度，很快恢复萌发新芽和长成新根株。

盆栽选直径15厘米左右的塑料盆、陶盆、瓷盆等，也可用蕨板或蕨柱栽培。栽培基质要浸水1～2天，经过阳光晒干后再使用。常用栽培基质配方：碎蕨根40%、碎木炭20%、蛭石20%、水苔10%、泥炭土10%，或泥炭土40%、碎木屑30%、蛭石30%，或椰糠与苔藓混用，或木炭与蕨根混用。一般说来，在高温多湿的地方采用蕨板或蕨柱，或不含油脂的阔叶树硬木制成板、盆等，而在气候干燥的地方，可用上述配方栽植于多孔的盆中。盆底要多垫碎瓦片或碎砖，垫的高度为花盆高的1/3左右，以利通气和排水。气生根生长旺盛，栽植时一定要露出根茎，否则影响生长。阳光太强，文心兰生长缓慢、植株短小并引起日灼病，甚至整株死亡，因此要遮光50%左右。荫蔽太多，光线不足会使植株叶片生长不良，

影响花芽分化，开花显著减少，有时甚至不开花。基质太湿容易造成烂根，所以浇水不宜次数太多，一般夏季3天浇1次水，春、秋季5天浇1次水，冬季一般7天浇1次水，浇水间隔天数还要看用什么基质和空气湿度。冬季减少水分，有利于开花，气温在10℃以下时应停止浇水，增加喷水，提高空气湿度即可。先用少量迟效性肥料作基肥，进入生长旺盛生长期，每10～15天用0.05%～0.1%复合肥溶液喷洒叶面。氮、磷、钾的施用比例：小苗时为3∶1∶1，大苗为1∶1∶1，开花株为1∶3∶2。以薄肥多施为原则，以防肥害。除喷洒叶面外，也可往盆内施。花后及时剪除凋谢花枝和枯叶。炎热天气要保持良好的通风、透气环境，否则生长不良，也易发生腐烂病。

主要病害有软腐病、炭疽病、叶斑病等。主要害虫有介壳虫、粉虱、蜗牛等。

第15章 CHAPTER 15 仙人掌类及多肉花卉

仙人掌是仙人掌科植物的通称。除了本书介绍的假昙花、金琥、令箭荷花、昙花、仙人指、蟹爪兰外，仙人掌科植物还有很多种类，形状各异。仙人掌科植物具有许多特点，如在夜间能够吸入二氧化碳，放出氧气；抗性强，尤其抗旱。

多肉花卉也叫多肉植物。植物学上的多肉植物是泛指具有肥厚的肉质茎、叶、根的所有植物，近万种。花卉园艺的多肉花卉是指具有观赏价值的多肉植物，或者说是狭义的多肉植物，同时还不包括仙人掌科植物。多肉花卉主要是指景天科、番杏科、大戟科、龙舌兰科、百合科、萝藦科中的肉质肥厚的种类。如本书介绍的长寿花。

绯　牡　丹

彩图 133

绯牡丹是仙人掌科裸萼球属瑞云变种牡丹玉的斑锦变异品种，学名 *Gymnocalycium mihanovichii* var. *friedrichii* cv. Hibotan，别名红灯、红牡丹等。球体颜色四季色彩艳红，颇为醒目，是仙人球类植物的主栽品种之一。

球体具 8～12 个棱，有突出的横脊。刺座小，无中刺，辐射刺短或脱落。球体直径通常 3～5 厘米。表皮颜色依品种不同而异，除了常见的红色绯牡丹外，还有粉红色的胭脂牡丹，金黄色的黄体牡丹，白色的白体牡丹，紫色的紫牡丹，绿色的翡翠牡丹和集红、粉、紫、绿等色于一体的绯牡丹锦等变种。成熟球体群生子球。花着生在顶部的刺座上，漏斗形，4～5 厘米长，粉红色，常数朵同时开放。花期春夏季。果实细长，纺锤形，红色。

种子黑褐色。

喜光。生长适温 15～32℃，能耐 40℃高温和 2℃低温。适宜空气相对湿度 60%～75%；冬季室内温度低的应保持相对干燥。除冬季外控制中等水分或偏干一些。喜疏松有机质多的土壤，栽培基质 pH6.0～6.5 最适宜。

嫁接繁殖。由于球体本身无叶绿素，只能由砧木提供营养才能正常生长。砧木用量天尺、肥厚的片状仙人掌、叶仙人掌和仙人球等习性强健的仙人掌类植物，用仙人球作砧木嫁接的易开花。在绯牡丹的母球上选择生长健壮直径 1 厘米左右的籽球作接穗。用平接法嫁接，接口要平滑、清洁，嫁接后绑紧，尽量减少盆的移动。用叶仙人掌作砧木的则用嵌接。温室内全年都可进行，但以春末夏初成功率最高。

上盆时盆底不宜放垫盆瓦片，而应放少量陶粒。夏季气温炎热时应放置于有早晚光照的地方培养。浇水做到干透浇透，避免盆土长期积水而引起的砧木腐烂。控制适当的空气湿度，以使球体色彩鲜艳。加强通风，空气干燥时还要向植株喷水，以防止因高温干燥和通风不良引起的红蜘蛛危害。生长期每 10～15 天施 1 次腐熟的稀薄液肥，冬季停止施肥。冬季放在室内光照充足处养护，控制浇水，维持 8℃以上的室温。

每年春季换盆 1 次。换盆时用厚纸壳等包住球体，以免扎手，轻拿轻放，避免将球体从砧木上碰掉。除去枯死根、断根，并对根系修剪，保留原根系的 1/3～1/2，以便促发新根。晾 3～5 天后栽种，栽后放置于半阴处培养。暂不浇水，每天只喷雾 2～3 次或放在湿度较大的地方，半个月后可少量浇水，1 个月后新根长出后，逐步增加供水量，移到光照充足的地方培养。光照不足，球体下部会变绿。绯牡丹在直射光下培养会越晒越红。栽培 4～5 年球体基部老化可以将子球另行嫁接。

常见病害有茎腐病和灰霉病。常见害虫有红蜘蛛。

佛肚树（瓶子树）

彩图 134

佛肚树是大戟科麻疯树属肉质灌木植物，学名 *Jatropha podagrica*，别名麻疯树、瓶子树、纺锤树、玉树珊瑚、珊瑚油桐等。因茎干矮肥，基部膨大似弥勒佛的肚子，故而得名。原产于中美洲。佛肚树株形奇特，条件适宜全年开花，适合室内盆栽，也可地栽。植株内含有毒的白色汁液，茎有药用价值。

聚伞花序顶生，具长总梗，长 15 厘米左右。分枝短，红色，花萼长约 2 毫米。花瓣倒卵状长圆形，长约 6 毫米，红色。雄蕊 6～8 枚，基部合生，花药与花丝近等长。子房无毛，花柱 3 枚，基部合生，顶端 2 裂。蒴果椭圆状，长 13～18 毫米，成熟后果皮易爆破散落种子。茎干粗壮，茎二歧分支。叶簇生，掌状 3～5 裂，近圆形至阔椭圆形，长 8～18 厘米，基部截形或钝圆。上面亮绿色，下面灰绿色，两面无毛。

喜光，除炎夏适当遮阴外，其他季节需充分见光。最适生长温度 22～28℃，安全越冬的室温不低于 10℃，温度低易落叶但仍能开花。只要室温在 20℃以上，并满足光照 6 小时，就能开花不断。耐干旱。

播种繁殖。种子采收后，先储藏于 20～30℃环境下。夏季播种，对种子消毒常用 60℃的热水浸种 15 分钟。点播，每穴播 1 粒种子，播后约 1 个月发芽。当幼苗长出了 3 片叶后移栽，一年生苗茎干略膨大。扦插繁殖。一般在 5～6 月进行，用顶端的分叉嫩枝作插穗，插穗长 10～15 厘米，在节下约 0.5 厘米处剪下。放在通风处 2～3 小时后扦插，遮光，当插床温度在 22～25℃时，20～30 天生根，根长 2～3 厘米上盆。

盆栽前先在盆底放入 2～3 厘米厚的粗粒基质或者陶粒，然后装入适量栽培基质，将苗栽入，再用栽培基质固定。栽后浇一次透水，放在略阴环境养护 1 周，然后放在阳光处。盛夏时放在半阴处

养护，或遮阴50%左右。生长季节每经过1～1.5个月，搬到室外养护2个月，否则叶片会长得薄、黄，新枝条或叶柄纤细、节间伸长，处于徒长状态。生长期浇水应见干见湿，尤其是秋冬季节气温较低时控制浇水，盆土以稍干为宜。夏季高温季节浇水量不可少，除早晨浇足水外，傍晚要观察盆土是否需要补水。中午高温时，向枝叶和地面喷水，以起到防暑降温作用，但不能往花上喷水。生长季节，每月追肥1～2次，以磷钾肥为主，用0.2%磷酸二氢钾溶液喷施叶片，可使花开得艳丽。冬季停止施肥，开花时不施肥。

主要病害有溃疡病，主要害虫有吹绵蚧。

长寿花

彩图135

长寿花是景天科伽蓝菜属多年生肉质常绿草本植物，学名 *Kalanchoe blossfeldiana*，别名寿星花、矮生伽蓝菜、圣诞伽蓝菜等。花色鲜艳，整体观赏效果佳。由于长寿花的“长寿”二字吉祥，是赠送亲朋好友，特别是看望病人的首选盆栽花卉。

圆锥状聚伞花序，花朵细密簇拥成团，有单瓣和重瓣。小花高脚碟状，单瓣的花瓣4，花色绯红、桃红或橙红等。花期1～4月。蓇葖果，有的品种经过人工授粉能够采到种子。种子非常小，每克种子有35 000～88 000粒。株高30厘米左右，全株光滑无毛。叶肉质，交互对生，圆形至椭圆状长圆形，上半部具圆齿或呈波状，深绿有光泽。

喜阳光充足，如光照不足，枝条细长，叶片薄而小，长期光线不足，叶片会大批脱落，植株失去观赏价值，忌高温暴晒。为典型短日照植物，对光周期反应比较敏感，生长发育好的植株，每天光照8小时左右，处理3～4周即可现蕾开花。喜温暖不耐寒，生长适温15～25℃，夏季高温超过30℃生长受阻，冬季室内温度低于5℃叶片发红，花期推迟。冬春开花期如气温超过24℃，会抑制开花，如温度在15℃左右，开花不断。耐干旱，对土壤要求不严，以肥沃疏松的沙壤土最好。

扦插繁殖除高温高湿的夏季容易腐烂外，只要温度在10℃以上，都极易扦插成活。其中以5～6月或9～10月扦插效果最好。选刚成熟的肉质茎，剪取5～6厘米长作插穗。将插穗下部1/3插于沙中，或扦插在装好培养土的花盆里。浇透水，放在半阴处，7～10天即可生根。9月以前扦插成活的植株，只要管理的好，元旦至春节前后均能长成丰满盆花。如果母株不足，也可用叶片扦插。将健壮的叶片剪下，当切口稍干燥后斜插或平放在沙床上，保持湿润，10～15天叶片基部就可生根并逐渐长成新的植株。

盆栽用直径20～23厘米的花盆，每盆栽1株苗。在高温的夏季应适当采取一些降温的措施，如将花盆放在阴凉处，并每天给全株及四周多次喷水，以降低温度。为使长寿花在元旦春节期间开花，冬季夜间温度应在10℃以上，白天15～18℃。温度低叶片变红，植株生长缓慢。除夏季外应将长寿花放在南阳台使其充分见光。已开花的植株如果长期放阴暗处，花色暗淡。长寿花对水分的要求中等，盆土应见干见湿，一般情况下春季5～6天浇1次水。夏季控制浇水，并注意通风，深秋时6～7天浇1次水。为促使植株生长健壮，可经常追肥。11月花芽形成后，最好施1次稍浓肥，春季是生长较快的季节，每月施氮肥及磷肥2次，每次施肥量不宜太大。夏季因温度高其生长速度减慢，每月追肥1次即可。秋季是生长旺季，施肥量应增大，以补充磷、钾肥为主，这样既有利于花芽分化又有利于提高越冬能力，冬季则基本不再施肥。栽培2～3年后的株形往往不美，应更新。

常见病害有白粉病、灰霉病、茎腐病、病毒病等。常见害虫有蚜虫、螨虫、介壳虫、蕈蚊幼虫等。

假 昙 花

彩图136

假昙花是仙人掌科假昙花属多肉植物，学名 *Rhipsalidopsis*

gaertneri，别名月下美人、清明蟹爪兰等。假昙花与蟹爪兰、仙人指容易混淆，其鉴别方法见本章蟹爪兰一节。花瓣整齐，繁殖容易，近年应用的越来越多，家庭盆栽观赏。

筒状花着生于茎节顶部刺座上。花筒短，下垂，花径 3～4 厘米。花瓣整齐，辐射状，大红、粉红、杏黄或纯白色，雄蕊多数。花期 3～4 月。花朵白天开放，夜间闭合，次日再开。温度适宜单朵花开 7～10 天，全株开花 20～30 天。浆果。茎呈悬垂状，分枝呈节状，茎节扁平，绿色，叶状，边缘波状，茎节长 4 厘米左右，宽为长的 1/2 左右。新生茎节叶缘带紫红色。刺座在节间，有刚毛。

喜半阴，忌强光暴晒。喜温暖，生长适温 15～25℃，不耐寒，怕霜冻，冬季温度应不低于 5℃。假昙花耐高温和抗干旱的能力比蟹爪兰差。花芽形成与温度、日照长短关系密切，花芽必须在10～12℃，每天 8 小时光照下形成。超过 20℃就不能形成花芽。抗旱，稍喜湿润。要求腐殖质丰富的酸性沙壤土。

扦插繁殖于春季进行。假昙花茎节多，切下茎节作插穗，每个插穗有茎节 3～5 个，放阴凉处干燥 1 天，插于沙内，扦插后 20 天左右可生根。扦插繁殖的植株寿命长，缺点生长慢，花少。

嫁接繁殖用量天尺或叶仙人掌作砧木，用健壮茎节作接穗，每个接穗有 2 个节片，下端切削后插入砧木，用仙人掌刺或竹刺固定。嫁接后接穗新鲜挺硬，表示已愈合成活。

盆栽开始用直径 10～13 厘米小盆，第 2 年换直径 20 厘米的盆。用素烧土陶盆最好。花盆下部约 1/4 填充颗粒状的碎砖块、盆片等。用泥炭土或腐叶土 3 份加 1 份沙或珍珠岩配制营养土。在整个生长和开花期间需要充足的水分，应保持土壤湿润，使茎节不萎蔫。花期结束后有 2～3 周休眠期。要少浇水，只维持盆土不完全干燥即可。冬季要少浇水，以偏干为宜。假昙花喜空气湿润，在植株周围台架、地面等处每天洒水数次。生长季节每 20 天施 1 次氮、磷混合的液肥，孕蕾期多施磷、钾肥。夏季将其置于凉棚下，保持盆土见干见湿，不能水量过大，否则会造成茎节大量脱落。

假昙花为短日照植物，在7月初进行遮光处理，每天见光8小时，其余时间用不透光的黑色塑料薄膜罩起来，大约9月下旬就可开花。开花时将花盆置于冷凉处，温度以15℃左右为宜，可以延长花期。

主要病害有叶斑病、枯萎病。主要害虫是螨类。

金　琥

彩图137

金琥是仙人掌科金琥属多年生常绿草本植物，属于强刺球类仙人掌，学名*Echinocactus grusonii*，别名象牙球、金琥仙人球、金桶球等。是球形仙人掌类最著名的代表种，可以长成巨大的球，浑圆碧绿，棱多而整齐，刺金黄色，整齐灿烂，寿命可超过一百年，是家庭盆栽植物中的佳品。

茎圆球形，单生或成丛，球顶密被金黄色绵毛。球高可达1.3米，直径可达1米，容器栽培一般不会长得这么大。有棱21～37个，显著。刺座很大，密生金黄色硬刺，以后变褐或呈白色，有辐射刺8～10个，长2厘米左右；中刺3～5个，长5厘米左右，较粗，稍弯曲。花生于近顶部绵毛丛中，钟形，花径5厘米左右，长4～6厘米。花瓣黄色，花筒被尖鳞片。6～10月开花。果实被尖鳞片及绵毛，基部孔裂。种子黑色，光滑。

要求充足阳光，光照不足则球体变长，刺色暗淡。夏季强光时则宜半阴，以防顶部灼伤。生长适温20～25℃，冬季应不低于8～10℃，温度太低时球体上会产生黄斑。喜肥沃、含石灰质及石砾的沙壤土。喜空气湿润，耐干旱，怕积水，温度越低越要求盆土干燥。

扦插繁殖先在早春切除球顶生长点，促其长出仔球，当仔球直径长到0.8～1厘米时，切下仔球扦插，一年四季都可进行。从母株上切取仔球后，置于稍荫蔽处晾1天使伤口愈合，然后再扦插，这是成活的关键。扦插后不浇水，仅喷雾，使沙土稍湿即可。

嫁接繁殖除高温多湿期间切口易腐烂不宜进行外，其他季节均

可，以秋季最为适宜。砧木选用亲和力较强的三棱箭。先在砧木的适当高处作水平横切，然后将接穗小球的下部水平横切，切后立即将接穗贴在砧木的切面上，使接穗和砧木中心的维管束尽量密接，然后用细线连盆纵向绑缚，使上下切口密切接合，嫁接完毕后将盆置于稍荫蔽处，罩塑料薄膜保持空气湿润，7天后可解除绑缚。嫁接后的小金琥第1年直径能长到4～5厘米，3年可长到10厘米左右。当金琥长到砧木不能支撑时，将金琥球连同3～5厘米长的砧木一起切下扦插，生根容易。

也可播种育苗。金琥家庭栽培很少开花结籽，如果能开花则进行人工授粉，种子成熟后采收播种。播种前，先将种子用清水浸泡12小时，晾干后拌河沙，均匀地播在苗床上。种子发芽容易，出苗率较高。

盆栽开始可以选用直径20厘米左右好看的花盆栽培，使花盆和金琥俱美。用70%的河沙、30%的腐叶土加少量草木灰进行配制，另外再加一些腐熟的农家肥，或者用园土、腐叶土、河沙各1/3，加少量草木灰混合配制。要充分见光，长时间光不足球体就会长高，刺细弱，体色萎黄。夏季宜稍遮阴，以免强光灼伤球体。栽培中水分不宜过多，浇水要掌握“不干不浇，浇则浇透”的原则，冬季要少浇水。干燥时喷雾增加空气湿度，有利于其生长。在北方干燥地区用玻璃罩或塑料薄膜袋罩上对生长有利。生长期间每月施稀薄液肥1次。在高温期间要注意开窗通风。金琥根系分泌出一种有机酸，使土壤酸化从而引起根系腐烂，因此每年早春或秋季要换土1次。

常见病害有焦灼病。主要害虫有介壳虫、螨类、粉虱等。

令 箭 荷 花

彩图 138

令箭荷花是仙人掌科令箭荷花属多年生常绿多浆草本植物，学名 *Nopalxochia ackermannii*，别名荷花令箭、荷令箭、红孔雀、孔雀仙人掌等。因茎似令箭、花似荷花而得名。我国广泛盆栽观赏。

花着生于茎的先端两侧，大型喇叭状，花径10～25厘米，花瓣开展，花瓣顶端锐尖。花外层鲜红色，内面玫瑰红色，栽培品种有红、黄、白、粉、紫等多种颜色。雄蕊多数，花柱长，花丝及花柱均弯曲，雄雌蕊白色。北方花期5～6月。浆果椭圆形，长3～4厘米，成熟时红色。种子小，多数，黑色。株高50～100厘米，变态茎长25～40厘米，宽3～5厘米，扁平披针形，形似令箭，基部圆形，基部分枝有时具几棱。叶退化，以绿色叶状茎进行光合作用。边缘有偏斜的圆齿，齿间凹入部位有短刺（即退化的叶）或无刺，中脉明显突起。

较喜光，耐半阴，忌强光暴晒。喜温暖，生长最适温度20～25℃，花芽分化的最适温度在10～15℃。温度过高，变态茎易徒长，影响株形匀称。冬季温度不宜低于5℃。喜湿润，耐干旱。要求肥沃、疏松、排水良好的中性或微酸性的沙壤土，忌黏重的土壤。

扦插繁殖宜5～8月进行。用1～2年生变态茎作插穗，长6～8厘米。放在阴凉通风干燥的地方，过1～2天切口愈合后扦插。在沙床上扦插。保持沙床适度湿润至偏干的状态，切勿湿度过大。一般15～20天生根，30～40天长出新芽。还可以水插，每3～5天换水1次。

嫁接繁殖于春末夏初时进行最好，也可以在夏末秋初进行。用仙人掌、仙人球、三棱箭等作砧木，最好选1年生的单片仙人掌，肉质薄厚适中。在仙人掌顶部中心髓部以外的一侧垂直切，切口深约3.5厘米，宽度略大于接穗。接穗用当年生的嫩枝条，长8～10厘米。将接穗从植株上切下，削成楔形，长3～3.5厘米。然后将接穗轻轻插入砧木接口内，为防止滑落，可用仙人掌的刺或小竹针固定，成活后拔出；或在砧木上垫上纸，再用竹夹或木夹固定，嫁接后6～7天去除。用仙人球作砧木的将顶端切除，然后将接穗嫁接在球中心的维管束处。

令箭荷花多年生老株下部萌生形成的枝丛多，春季可行分株繁殖。将母株从盆里取出，适当除去宿土，切成若干丛。

播种育苗的于上午10～11时，用毛笔蘸取花粉授在柱头上，一般10～11月种子成熟。采收后让种子后熟15天左右。用优良的营养土播种，并且要蒸汽消毒。播种后盖上玻璃或塑料薄膜，注意保湿，出苗期间控温22～25℃，播种20天后陆续出苗。有1片真叶时分苗。

盆栽开始用直径20厘米左右的盆，每盆栽1株。盆土可用园土、沙、有机肥配制而成。盆土不要过湿，春季花蕾形成期，应多浇水，一般每周浇1次透水。开花时应少浇水，但也不可太干。花谢后盆土以稍干为宜，天气干燥时给植株喷水；冬季应以“干透浇透”的原则浇水，水多易引起腐烂。在生长期间，每15天左右施1次稀薄液肥，如果发现花蕾，要及时施磷肥促使花大色艳。花蕾如果过密，应适当疏蕾；植株较大的要设支架，让变态茎整齐均匀地分布在支架上并加以捆绑，既防折断，又利于通风透光；及时除去过多的侧芽和从基部萌发的枝芽，减少养分的消耗；植株太高则不要顶端的新芽，以使株形匀称美观。盛夏令箭荷花进入半休眠时期，应放置在通风凉爽的半阴处，停止施肥，浇水不可过多，盆土保持稍干些，并防止过于荫蔽。植株长得非常繁茂却不开花的原因是过分荫蔽，或肥水过大引起植株徒长所致。可采取适当多见光，控制肥水，避免施过量的氮肥，孕蕾期间增施磷、钾肥等方法促使开花。每年春季或秋季换盆。换盆时去掉部分陈土和枯朽根，补充新的营养土。换盆后遮阴养护，恢复生长后置于阳光下生长。

常见病害有茎腐病、褐斑病和根结线虫。常见害虫有蚜虫、介壳虫和螨类等。

沙　漠　玫　瑰

彩图139

沙漠玫瑰是夹竹桃科天宝花属常绿或半常绿肉质草本植物，属于广义的多肉植物，学名 *Adenium obesum*，别名沙蔷薇、天宝花、矮性鸡蛋花、沙漠杜鹃等。因原产地接近沙漠且花朵红如玫瑰故名。花盛开时很美丽，地栽布置小庭院，古朴端庄，自然大方；盆栽观赏，装饰室内阳台别具一格。汁液有毒。

伞形花序顶生，着花 3～5 朵，花冠漏斗状，长 8～10 厘米，花径 5～8 厘米，花冠筒外部有细绒毛。花瓣 5，近圆形，边缘钝波状，先端有 1 尖状突起。花瓣有玫瑰红、粉红、白及复色等，中心部位色较淡，花冠筒近黄色有红色条纹。花期 4～12 月。角果长 20～25 厘米，种子长粒状，浅黄褐色，两端有米黄色絮状长毛，能随风传播。树高 1 米左右，人工栽培时控制的较矮，分枝多，茎粗壮，全株多浆。单叶互生，长 8～15 厘米，集生于枝顶，卵状披针形、倒卵形或椭圆形，顶端钝截形或急尖，革质，有光泽，腹面深绿色，背面灰绿色，全缘。盛花期叶片多脱落。

喜光，不耐阴，光照充足对开花非常有利，即使在休眠期仍需充足的阳光越冬。生长适温 25～30℃，畏寒冷，温度太低叶片和花蕾凋落。忌涝，十分耐干旱。喜富含钙质、疏松透气排水良好的沙质壤土。忌浓肥和未腐熟的农家肥。

可以用播种、扦插、嫁接和高空压条等方法繁殖。沙漠玫瑰不易结实，如果能采集到种子，采后就播种繁殖，不宜久藏，播种后 5 天出苗。实生苗的根茎膨大似小萝卜头，观赏价值高。在夏季截取长约 10 厘米的 1～2 年生枝条作插穗，一般阴干 15～20 天后叶片脱落，伤口愈合，插穗微微皱缩再扦插，扦插于装有沙或土壤中的容器里，条件适宜 3～4 周生根，扦插苗茎干基部不膨大，但是主根粗壮。夏季用夹竹桃作砧木，用劈接法嫁接，成活后植株生长健壮，容易开花。夏季采用高空压条法繁殖，在健壮枝条上切去 2/3，先用苔藓填充后再用塑料薄膜包扎，约 25 天生根，45 天后剪下盆栽。

华南地区地栽，北方盆栽。最好在富含钙质、疏松透气排水良好的沙质壤土上栽培。宜浅栽，露出肥美的根部。盆栽的夏季放在室外阳光充足处，不必遮阴。宜在高温通风的环境中生长。由于耐

寒性差，盆栽的冬天需要移入室内栽培。在每次浇水前，必须确定盆土的表面完全干燥后再浇水。无论浇水还是大雨都要防止容器积水。在植株休眠期严格控制浇水。避免潮湿的环境，即使在生长期间，每次浇水也不能过多。在生长季节每年施有机肥2～3次，勿施浓肥，休眠期不要施肥。

花期过后是修剪的最好时节，一般1～2年重剪1次，修剪伤口不要接触到水分。较大的容器每2～3年换盆1次。

常见病害有软腐病、叶斑病等。主要害虫有介壳虫、蚜虫等。

昙　花

彩图 140

昙花是仙人掌科昙花属多年生多浆附生性草本或稍灌木状植物，学名 *Epiphyllum oxypetalum*，别名月下美人、仙女花、琼花等。人们常用“昙花一现”来形容出现不久顷刻消逝的事物，或显赫一时的人物出现不久就很快消失。虽然昙花由开到落经历的时间仅4小时左右，但是昙花植株寿命长达几十年。花大，花瓣洁白如玉，光彩夺目，非常壮观，开花时香气四溢。适宜家庭盆栽，一般7～8月开花1次，笔者在温室养的昙花条件适合，每年6～10月多次开花。

花生于叶状枝的边缘，花萼红色，花冠漏斗状，长30厘米左右，直径12厘米左右，花筒稍弯曲。花重瓣，披针形，纯白色，干时黄色，杂交种有各种颜色。雄蕊细长，多数，花柱白色，长于雄蕊，柱头多裂，线状。夏季晚间开花，经4～5小时凋谢，开放时有芳香。浆果红色，有浅棱脊，成熟时开裂，种子多。种子黑色。茎稍木质，主茎近圆柱形，有叉状分枝，分枝能力强。新枝长椭圆形，边缘具波状锯齿，扁平叶状，长可达2米左右，盆栽一般30～50厘米。分枝多具2棱，少具3棱，刺座生于圆齿缺刻处。幼枝有刺毛状的刺，老枝无刺。

昙花一般只在晚上开放几小时。其原因可能是，原产地的气候既干又热，经过长期对自然条件的适应，使昙花锻炼成不怕干旱的特性。叶退化成很小的针状，以减少水分的蒸腾，白天气温高，水的蒸发量大，得不到足够的水分来维系花的开放，等晚上气温较低和蒸发量少的情况下，才能获得足够的水分进行开花。至于它在开花后 4 小时即合上花瓣，这是由于开花时全部花瓣都张开，容易散失水分，而根从沙土中吸收的水分有限，不能长期维持张开的花瓣所需的水分，在水分不足的情况下，花就闭合，花瓣也很快凋谢了。另一方面，可能也与当地的温度有关，晚上八九点钟以前的高温和后半夜的低温对开花都不利。它在晚上八九点钟开花 4 小时左右，避开了高温和低温的气候，对它开花最有利。昙花在长期自然选择过程中形成的遗传特性，就这样一直保留到现在。采用“昼夜颠倒”的方法可使昙花在白天开放。当花蕾逐渐膨大到长 10 厘米左右，并开始向上翘起时，白天把花盆移到完全黑暗的环境条件下，晚上用 60 瓦的电灯照射，经过 4～5 天，即可在上午 8～9 时开放。笔者养昙花多年，从未采用“昼夜颠倒”的方法，由于未知的原因昙花也有白天开放的，彩图 140 便是笔者上午十点多钟拍摄的。

喜光，但盛夏需避开烈日，遮光 50%左右最好。喜温暖，怕霜冻，生长适宜温度 15～25℃，冬季温度不宜太高。要求富含腐殖质、疏松肥沃、通透性能好的微酸性沙壤土。需要足够的肥料，肥足开花次数多，反之开花次数就少。要求土壤湿润而无渍涝，喜较高的空气湿度。

扦插繁殖于春、夏季进行，成活容易。春季结合重整枝可大量繁殖。用 2 年生枝作插穗，剪成长 15 厘米左右，切口要平，阴干 1～2 天当切口愈合后再扦插。插入河沙或复合基质中，插穗的 1/3 插入基质里，遮阴。1 个月左右生根，根长 3～4 厘米时上盆。用主枝扦插的当年就能开花，用侧枝扦插的一般 2～3 年开花。

嫁接繁殖于春季选 2 年生健壮的令箭荷花作砧木，于高 6～12 厘米处剪断，用刀往下切口。选生长健壮、大小适中的昙花枝作接穗，削成楔形。插在砧木的切口里，然后用仙人掌的刺固定，放在

阴凉处。经过15～20天即可成活。

盆栽于春、秋季上盆。开始用直径23～27厘米的花盆栽培，以后要换较大的盆栽培。用沙土与腐叶土各半，或用腐叶土5份、河沙3份、炉渣2份混匀作培养土，加入少许有机肥。放在南阳台较强的漫射光处，不可过于荫蔽，以免枝茎细弱徒长，秋季随气温下降逐渐增强光照。盆土宜湿润，但不可太湿，过湿易烂根。夏季每天向叶片喷雾1～2次，保持空气湿润。如盆土肥沃，不宜施肥过勤，以防徒长无花。可在孕蕾前后追施1～2次0.1%磷酸二氢钾溶液。冬天保持室温不低于8℃和充分见光，不施肥并控制浇水，适度通风。昙花的扁平茎较大，容易落上灰尘，要经常清洗。3年以上的植株要用支架绑缚。每年春季重修剪，并翻盆换土1次，容器大的也可2～3年翻盆换土1次。上盆或换盆前2～3天停止浇水，这样能减少对根的损坏，避免病菌从伤口处侵染而腐烂。

昙花病虫害比较少，常见的害虫为介壳虫。

仙 人 指

彩图141

仙人指是仙人掌科仙人指属多浆附生常绿植物，学名*Schlumbergera bridgesii*，别名霸王花，原产地附生于树干上。我国广为盆栽，不少人误当蟹爪兰栽培。仙人指与蟹爪兰、假昙花容易混淆，其鉴别方法见本章蟹爪兰一节。

花单生枝顶，花冠整齐，长5厘米左右，直径3～4厘米，有花瓣2～3层呈轮生排列。花瓣披针形，张开反卷，花色紫红、鲜红等。花蕊伸出花冠，雄蕊多数，白色，花柱红色。一般10～11月现蕾，自然花期2～3月，单朵花可开5～7天。浆果，长圆形，具4棱，红色。多分枝，枝丛下垂。茎叶状，扁平，长圆形，长2～3.5厘米，宽1.5～2厘米，肉质，边缘浅波状，顶部近平截，刺座上有少量褐色的细柔毛。

喜光，略耐阴，忌烈日暴晒。短日照植物，在每天光照8～12小时条件下，2～3个月就能开花。喜温暖，最适生长温度为15～25℃，冬季7～13℃，30℃以上休眠，怕霜冻。喜较高的空气湿度。在富含有机质及排水良好的沙壤土中生长的好，适宜土壤pH6～7。

嫁接繁殖于春季或秋季进行。砧木用量天尺、仙人掌等。剪取有3～4节肥厚的变态茎为接穗，下端削成楔形。用刀在量天尺的每个棱上呈20°～30°角向斜下方切口，深度1.5～2厘米，达木质部；或在仙人掌顶部垂直切口。将接穗插入砧木中，然后用仙人掌的长刺扎入固定，找不到仙人掌长刺也可用消毒的牙签或大头针固定。对于有多层分枝的仙人掌砧木，可以嫁接多层仙人指，生长成型后，更显得壮观漂亮。即使单柱的仙人掌也可以在不同的高度斜接。

扦插繁殖于春季或秋季进行。不要太嫩的茎节作插穗，每个插穗要有2～3个扁平茎节，剪取后放阴凉处2天，当切口稍干燥后插入沙中。控制沙适度湿润，忌太湿。倾斜扦插更有利于生根。插后15～20天开始生根，1个月后可盆栽。

分株繁殖可结合换盆将蘖芽与母株分开，另行栽培。如果不换盆，将盆边的蘖芽小心挖出，尽量不损伤母株。

盆栽开始用直径15～20厘米盆，以后随着植株的长大换大盆，一般每盆栽1株。在盆下部约1/4填充颗粒状的碎砖块、盆片等。春、秋两个旺盛生长期要充分见光，加强水肥管理，促进生长。花后和盛夏两段时间进入休眠期，少浇水不施肥，注意通风。夏季宜半阴，盆土见干见湿，喷雾补水降温。其他季节多见阳光。冬初开始花芽分化，晚上避光，否则不能孕蕾。现蕾后需要充足的阳光。如果现蕾离春节时间过短，进行长日照处理，提高温度加速现蕾，水肥充足现蕾早，这样可缩短现蕾至开花的天数。现蕾离春节时间长，进行遮阴，使花蕾生长速度减慢。花期表土见干时浇水。11月至翌年1月每周喷施1次0.2％磷酸二氢钾溶液。现蕾后一般不要挪动花盆以免落蕾。

植株长大后用大盆栽培。用12号铁线做成铁环，铁环的直径与盆内径一致，也可用竹片制成。再用至少3根花卉专用支撑铁线垂直插进盆沿作支架，均匀分布，支架高度与植株顶端处于同一平面，或用竹竿、硬木杆代替专用支撑铁线。在每个拟绑扎层下面水平固定一个铁环在支架上。将最长的茎节向上层铁环攀扶，使枝梢自然下垂，如长度不够，可用细绳先固定在铁环圈上，经过一段时间生长，就长到铁环圈处。绑扎时应注意整盆上下周围茎节分布匀称。9月中下旬将当年生太长的茎节短截，除去扭曲、畸形、瘦弱及幼嫩节片，以促进健壮节片顶端花芽分化。开始现蕾后，及时除去刚长出的扁平状嫩茎，抑制营养生长。一般1个节片保留1个花蕾比较合适，对茎端的花蕾应留大去小。

仙人指幼株要加快成型不必修剪。春季花后修剪，可结合换盆换土进行。一般分层修剪，最底层茎节可保留稍长，中部次之，上部剪短，使株形美观，立体感强，也有利于花的生长。对多年未修剪、单节茎片延伸较长的应短截。剪短后可发出2个以上节片，使株形丰满。对营养生长过旺、节片过密的要疏剪。结合整形，将内层的一些大枝剪去，增加通风透光，使保留节片生长健壮，还可减少落花落蕾和减轻砧木负担，延缓植株衰老。修剪时，节片基部向上要留1～2毫米长，以避免损伤节片顶端的生长点。

主要病害有腐烂病、煤烟病。常见害虫有介壳虫、蚜虫等。

蟹 爪 兰

彩图142

蟹爪兰是仙人掌科蟹爪属附生常绿多年生草本植物，学名*Zygocactus truncactus*，别名蟹爪、蟹爪莲、圣诞仙人掌、锦上添花、仙指花等。具有很高的观赏价值，现在我国各地广为栽培，栽培品种有200多种。是很好的元旦、春节用花，盆栽或吊盆栽培。

花着生于茎节顶端，两侧对称，长6.5～8厘米。花瓣2～3层呈轮生排列，长椭圆形至矩圆形，多不规则，张开反卷，花瓣排列多不整齐。花瓣颜色粉、红、白、淡紫、橙黄等。雄蕊多数，花丝白色，花药黄色，花柱和柱头均红色，长于雄蕊。叶片已经退化，茎呈扁平状，节节相连。茎多分枝，变态茎边缘有明显的2～6个尖齿，形似蟹爪故名。单个茎节长4～5.5厘米，宽1.5～2.5厘米。

怕烈日暴晒和雨淋，冬季要求充足光照。在短日照条件下才能孕蕾开花，在10～15℃的气温下每天8～9小时短日照，60天即能形成花芽。种子发芽最适温度22～24℃，生长适温18～25℃，开花温度以10～15℃为宜，不耐寒，冬季温度不宜低于5℃。喜湿润，但怕涝。需疏松肥沃的沙壤土，适宜土壤pH5.5～6.5。

嫁接繁殖选植株生长势强，开花早的作接穗。在春季或秋季进行，砧木用量天尺、仙人掌等。用量天尺作砧木成活率高，但不耐低温；用仙人掌作砧木生长快，并能耐较低的温度。剪取2～3节肥厚的变态茎为接穗，下端削成楔形。用刀在量天尺的每个棱上呈20°～30°角向斜下方切一个裂口，深达量天尺的木质部，深度2～3厘米。将接穗插入砧木中，然后用仙人掌的长刺扎入固定，也可用消毒的牙签或大头针固定。一般1株砧木可嫁接3个接穗，两个接穗间呈约120°角。嫁接后放在半阴处养护，保持较高的空气湿度。一般嫁接后10天左右接穗仍保持新鲜硬挺，表明嫁接成活，1个月后转入正常管理。

扦插繁殖在春、秋季进行，剪下数节不要太嫩的茎节作插穗，剪后放阴凉处2天，当切口稍干燥后插入沙中。插床湿度不宜过大，否则切口因过湿容易腐烂。温度适宜插后2～3周开始生根，4周后可盆栽。扦插繁殖的蟹爪兰株形不如嫁接的好，开花数也不如嫁接的多，家庭盆栽有条件的应首选嫁接。

播种育苗需在开花时人工授粉才能结果，播后5～9天发芽，幼苗生长较慢。可选有变异特性的小苗作接穗，用量天尺作砧木进行嫁接。

盆栽开始用12～15厘米的盆或吊盆栽培，在盆底放上约3厘米厚的小石子、碎砖头或瓦片，以利于滤水。用腐叶土或泥炭土加入1/3左右的河沙作盆土，不能用黏土配制营养土，否则严重影响蟹爪兰的生长。每盆栽植1～3株苗。现在有一种套盆可栽多层多株扦插苗，使蟹爪兰呈立体栽培方式，免去嫁接，解决了砧木根系不够发达的问题，立体感很强。春、秋季节将花盆放在散射光下或半阴处。夏季避免烈日暴晒，否则植株发黄或被灼伤。冬季要充分见光以利生长开花。放花盆的地方应保持通风凉爽，温度过高或空气干燥，对茎节生长均不利，有时发生茎节萎缩死亡。经常向茎面喷水，可避免发黄。盆土忌过湿，春、秋季节3天浇水1次。出现花蕾后，切忌盆土忽干忽湿，以免造成花蕾脱落。盛夏蟹爪兰进入休眠状态，既要减少浇水，又要每天向植株喷雾；冬季气温低，应减少浇水。旺盛生长期每15天施肥1次，秋季增施1～2次磷、钾肥。开花期间每10天施1次稀薄液肥。花蕾一般在10月开始形成。茎节的顶端往往同时着生2～3个花蕾，仅保留其中最大的一个，其余摘除。有时在茎节的顶端还会同时着生1个幼茎和1个花蕾，要及时将幼茎摘除。春季繁殖的新株当年能开花20～30朵，培养2～3年后能开上百朵花。花期千万不要随便搬动花盆，以免断茎落花。蟹爪兰开花时，室温以10～15℃为宜，花期可持续2～3个月，北方一些居室温度较高，应放在窗台上或其他较凉的地方。花落后有一段较短的休眠时间，应控制浇水、停止施肥。当茎节长出新芽后，再进入正常肥水管理。

每天进行8～9小时的短日照处理，2个月左右可提前开花，一般从上午8时至下午4时给予自然光照，然后进行遮光处理。要严格进行遮光管理，其内光照度应在5勒克斯以下。大量生产时遮光材料可采用专用遮光膜，也可以遮光网与黑布并用，以保持一定的通气性。应在天黑之后至天亮之前揭去遮光覆盖物，使通风良好，温度相对降低，能提高着蕾率和花蕾质量。家庭栽培数量少可用纸箱进行覆盖遮光，时间要求同上，只要严格检查不漏光，便可达到同样效果。在进行短日照处理之前需进行摘心，在短日照处理期间如有嫩的茎节发生，应及早摘去。

蟹爪兰是在当年生的茎顶端开花，春季花谢后，及时从残花下的3～4片茎节处短截，同时疏去部分老茎和过密的茎节，以利于长出新枝开花。植株长大后需要绑扎，绑扎方法参见仙人指一节。有时从一个节片的顶端会长出4～5个新枝，应及时剪去1～2个。茎节上着生过多的弱小花蕾，也要摘去一些，可促成花朵大小一致、开花旺盛。2～3年进行1次翻盆换土。蟹爪兰很容易落蕾、落花，其原因主要是盆土肥力不足，或盆土忽干忽湿，或温度太低引起的。

主要害虫有螨类、介壳虫等。

和蟹爪兰相似的花卉有仙人指和假昙花，容易混淆，鉴别的方法如下：①变态茎不同。蟹爪兰变态茎上有明显的尖齿，另2种花则无。②假昙花的新枝边缘有明显紫红色，另2种花则无。③花形不同。蟹爪兰和仙人指花筒较长呈轮状排列；假昙花较短，花瓣多而小，辐射状排列。蟹爪兰花瓣不规则，不整齐；假昙花和仙人指整齐。④花期不同。一般情况下，蟹爪兰12月开花，仙人指春节前后开花，假昙花3月下旬至4月下旬开花。

第16章 CHAPTER 16 观果植物

冬　珊　瑚

彩图 143

冬珊瑚是茄科茄属多年生常绿草本植物，生产上多作一、二年生栽培，学名 *Solanum pseudocapsicum*，别名珊瑚豆、玉珊瑚、看豆等。果实开始碧绿，以后变成红色，经久不落，可观赏半年之久。全株含茄碱和玉珊瑚碱，切勿误食。

花单生或稀成蝎尾状花序，花冠白色，花瓣 5。雄蕊 5。花期夏秋季。浆果圆球形，光滑，直径 1～1.8 厘米，果梗长 1 厘米左右。开始碧绿，以后变成橙红色，具光泽，偶有黄色。种子扁平，肾形，种皮黄色。种子千粒重 3.4 克左右。茎直立，半木质化，分枝，株高 50～120 厘米。叶互生，长圆形至倒披针形，长 5～10 厘米，边缘钝波状。

喜光，长日照和较高的光照强度对生长有利。喜温暖，耐热性强。种子发芽适宜温度 25～30℃，植株生长适宜温度 15～30℃，温度低生长缓慢，怕冰冻，果实变红后能长时间忍耐较低夜温。喜湿润及排水良好的土壤环境，喜肥。

将种子从无病株上的果实中取出后，可直接播种，或秋天采种晾干后收好。育苗天数 60～70 天。用疏松肥沃没种过茄科植物（如茄子、辣椒、番茄、马铃薯、矮牵牛等）的土壤播种。在花盆里播种，种子上面覆土 1 厘米。上面盖上塑料薄膜，每天早晨抖去膜下水珠。播种花盆白天放在 25～30℃、夜间 20℃的地方。从果实上取的种子立即播种后，温度适宜时 8 天出苗。出苗后要马上揭去塑料薄膜。有 2 片真叶时分苗，移入直径 8 厘米的容器中，每个容器中分 1 株苗。整个苗期要充分见光。

盆栽用直径20～27厘米的容器。室内栽培的当育苗容器显得小了即可栽到花盆中。盆栽后如想马上放在室外要等终霜后再栽。每个花盆栽1株苗。用普通的营养土栽培即可。室内栽培应放在明亮的南窗前。生长期适当浇水，以不受干旱为度，室外盆栽的大雨后及时倒掉积水。入冬后减少浇水，可以使挂果期延长。不可过多施肥，以免徒长。开花时喷施1～2次0.2%磷酸二氢钾溶液，可减少落花，提高坐果率，促使果实肥大。只要正常管理就能使老果未落，新果又生。在室外盆栽的下霜前需移入室内，以免受冻落果。秋、冬季放在室内见光并温度较低的地方观赏。因冬珊瑚直立生长，且有独立主干，分枝力强，侧枝平展，一般很容易长成丰满的株形。

苗期容易感染猝倒病，植株常见病害有叶霉病。常见害虫有瓢虫、蚜虫、螨类、白粉虱等。

佛　手

彩图144

佛手是芸香科柑橘属常绿小乔木或灌木，学名*Citrus medica* var. *sarcodactylis*，别名金佛手、佛手柑、五指柑等，是香橼的变种。果形奇特美观，或握或伸，色泽金黄，香气馥郁，历来就有“果中仙品，世间奇卉”之美誉。常被融入民俗文化之中，作为吉祥之物加以描绘。现在许多地方都有栽培。

具单性花和两性花。单性花细、长、小，不结实；两性花粗、短，壮，结实。花色白、红、紫，花萼杯状。一年可开花3～4次，夏季最旺，果熟期11～12月。果实顶端分裂，如拳或张开如指，裂纹如拳的称“佛拳”或“闭佛手”，张开如指的称“开佛手”或“佛手”。佛手的果皮厚，果肉几乎完全退化，果实老熟后橙黄色，具芳香。种子卵圆形。树高可达3～4米，盆栽一般低于1米，枝梢有棱角，具粗壮的短棘刺。单叶，互生，长圆形或卵状长圆形，先端圆钝或有凹缺，基部楔形或圆钝，叶缘

有微齿。

喜光，不耐阴，但幼苗怕强光。喜温暖，怕冻，叶片和新梢在较长时间0℃的环境下就会被冻坏，植株在－5℃时会受冻。发新枝需气温在20℃以上，植株生长最适温度20～35℃，长时间的高温高湿会引起落叶。喜潮湿、怕干旱、怕积水。适宜在中性和微酸性土壤中生长，最适宜pH5.5～6.5。露地栽培喜土层深厚、雨量充足、排灌方便的环境。

扦插繁殖在6月下旬至7月中旬进行。选上年或当年生健壮的枝条作插穗，不用幼树的枝条或徒长枝，它们作插穗，栽后常常不易结果。将枝条除去叶刺，剪成12～15厘米长，具3～5个芽，下端削成约45°的斜面。插在沙壤土上，斜插入土约2/3，压实，经常保持湿润，但不要积水，一般20～30天生根。

压条繁殖采用普通压条和高枝压条。普通压条多在露地栽培时采用，一般在每年7～8月选下部嫩枝用泥土压在畦面上，到第2年剪断移栽。高枝压条的选2～3年生枝条，用刀划破皮层长约3厘米，或环状剥皮宽约1厘米，用土或苔藓包上，再用塑料薄膜包在外面，捆紧，经常浇水保湿，约2个月后可截断移栽。

嫁接繁殖多用扦插的香橼作砧木，也可用柠檬，不宜用枸橘，因其冬季落叶，此时吸水能力差，满足不了佛手的需要。用香橼作砧木的结果期可达四五十年。在雨季选基部直径约3厘米粗的香橼，剪去大部分枝叶，在合适的位置削去与接穗接口相同大小的皮层。用1年生且略小于砧木的佛手枝条作接穗，在其下部削去皮层。然后与砧木的削皮部靠接，使两切面密接，用绳捆紧，当愈合后剪去愈合处上面的香橼和下面的接穗。如用劈接在离地面3～4厘米处去掉砧木上部。

盆栽须配制疏松肥沃的微酸性沙壤土，加入充分腐熟的农家肥。家庭栽培一般在春季上盆。在室内栽培的要将花盆放在南阳台上，并注意通风。有条件的春季移到室外，夏季高温应适当遮阴。佛手怕涝又不耐干旱，平时应经常检查盆土的干湿程度，盆土不能过湿，应偏干为宜，做到“不干不浇，浇则浇透”。果实生长期和秋梢的萌发期，应保证水分的供应，在高温炎热季节，除早晚浇水外，还要喷水。开花结果初期，为防止落花落果，不要浇水过多。秋季气温下降，浇水要适当减少，冬季佛手进入休眠期，浇水更要少些，盆土湿润即可。用新配制的营养土栽培第1年不用追肥，第2年每隔15～20天施1次稀薄液肥。第3年春季新芽萌发前施入1次腐熟液肥，以后的两次开花期都要施入腐熟液肥2～3次，即每隔10～15天施1次，能增加坐果率，如果肥料不足会造成落果。在孕蕾期叶面喷0.2%磷酸二氢钾溶液1～2次。在果实生长期间施肥量逐渐减少，并少施氮肥，多施钙、磷、钾肥。冬季不施肥。根据佛手长势具体确定施肥种类：如植株只长叶不开花，这是氮肥过多，要停止施氮肥，改施磷肥；植株长势不好，能开花但坐不住果，多是氮肥不足，应施氮肥；叶片黄绿或呈黑褐斑，是缺钾肥所致，要施钾肥；叶片发黄光泽暗淡是缺铁，应施硫酸亚铁，在北方特别要注意施硫酸亚铁。霜降后移回室内，放在向阳处。冬季室温6～15℃较适宜，不可太低，以防落叶。冬季浇水量要少，每周喷洗叶面1次，使其清洁。冬季不施肥。每年春季换盆，要用新的营养土。药用部分是近成熟的果实。当果皮由深绿色变为浅绿色（不宜变黄熟）时采收，用刀顺切成4～7毫米的薄片，及时晒干或烘干。

当主干高30厘米左右时修剪，留3～5个主枝，形成骨架，长到理想高度时再摘心，通过3～4次的修剪形成完整的树冠。从第2年起，春季进行适度修剪，主要剪除徒长枝、方向不正的枝条、病枝、枯枝等。春季修剪一般在发芽前进行。夏剪泛指生长季的修剪，一般要求植株枝条分布均匀，徒长枝剪去2/5～1/2。秋季进行修剪后的秋梢是下一年的结果母枝，应防止其徒长，促进增粗老化，以利于花芽分化。秋季进行修剪还有利于减少冬季落叶。修剪时多留长度中等、节间比较短、叶厚的枝条，这样的枝条容易结果；子房大而发绿的花朵也容易结成果实，这样的枝条应多留。树龄5年以上的树，应开花但又不开花的要重剪，促其开花。总之，

佛手要重整枝。

疏花疏果要根据树龄、树势等情况进行。树龄大或树势弱的植株，春花易坐果，由于春果质量高，可多留春花春果，重疏夏花夏果。树龄小或生长势旺的植株，春花虽然很多，但坐果率低，应重疏春花，同时多留夏花夏果。当果实长到纽扣大小时开始适当疏果，使果实长的匀称又大，还有利于植株第2年的生长。疏果宜分次进行，最后留果实数按每果有40片左右的叶计算。春花坐的果实长大后和夏季果实坐果期，要进行抹芽。

主要病害有溃疡病、炭疽病。主要害虫有螨类、潜叶蝇、介壳虫等。

观 赏 辣 椒

彩图145

能够用来观赏的各种辣椒简称观赏辣椒，它是茄科辣椒属能结辣味浆果的多年生草本植物，生产上作一、二年生栽培，学名 *Capsicum frutescens*。观赏辣椒植株小巧，分枝力强，果形多样，形态各异，与绿叶相映衬，玲珑可爱。是优良的盆栽观果花卉，还可与其他花草作组合盆栽观赏。多数观赏辣椒既能观赏，又能食用。

茎直立，双叉或3叉分枝。单叶，互生，全缘，卵圆形，先端渐尖，叶面光滑，微具光泽，绿色。花小，白色或绿白色。花瓣6，基部合生，雄蕊6。

观赏辣椒的部分品种如下：①五色椒。学名 *C. frutescens* var. *cerasiforme*。花白色，果皮幼期绿色，中期变为白色，后期着生紫色晕，最后变为红色。因坐果期不同，在同一植株上呈现几种颜色。果实圆小，果梗直立，果实观赏价值极高，食用价值低。种子比其他辣椒小，扁平，形状不规则，种皮白色。②簇生椒。学名 *C. frutescens* var. *fasciculatum*。植株中等大小，分枝性不强。果实多数，近圆锥状，簇生于枝顶，果梗直立，成熟的果实红色，光亮。辣味浓，除了观赏外，食用价值也较高。③朝天椒。学名 *C. frutescens var. conoides*。果实呈长圆锥形，果梗直立，果实朝上生长故名。果皮颜色由绿变深红，光亮。辣味浓，除了观赏外，食用价值高。

观赏辣椒既要求温暖又怕温度太高或太低；既要求有充足的光照，又怕烈日暴晒；既要求土壤湿润，又怕积水。属短日照植物，喜光，有一定的耐弱光能力。种子发芽适宜温度 20～30℃，在 25～30℃的变温情况下 3～4 天发芽。干种子直播 25℃出苗最快，春季育苗需较高气温，是典型的"热性"苗，此时夜温高着花节位低。植株生长适温为 18～30℃，果实发育适温为 25～30℃。对水分的适应范围窄，水分严重不足时，秧苗极易老化，变成小老苗，植株根系生长不良，田间积水植株很容易涝死。要求疏松肥沃的土壤，适宜的土壤 pH6～7.6。

观赏辣椒播种育苗与其他辣椒的育苗技术一样。在终霜前60～70 天育苗，育苗天数也可少些。把种子放在 55℃的温水中浸 15 分钟，然后将种子捞出用水洗净，放在室温水中浸 8～10 小时。再将种子捞出控干种子表面水分，然后催芽。催芽温度 25～30℃，出芽后播种，或直接播种育苗。家庭栽培面积小，一般用花盆播种即可。播种后在种子上面覆土 1 厘米左右。观赏辣椒种子千粒重 1.5～4 克，差别较大，如五色椒种子千粒重小，朝天椒种子千粒重大，覆土厚度应有所区别。将花盆放在 25～30℃的地方，花盆上面盖一层塑料薄膜，每天抖去塑料薄膜下面的水珠。室内没有 25～30℃的地方，应稍晚些播种，播后放在南阳台充分见光的地方，由于塑料薄膜的作用，白天土壤温度能够达到适宜的温度。出苗后要充分见光。当有 2 片真叶时分苗，用直径 8 厘米的容器培育成苗。每个容器移入 1～2 株苗。观赏辣椒苗期需较高的温度，管理时应注意。

盆栽用直径 20～27 厘米的盆，配制疏松肥沃的土壤，并要施入基肥。一般每盆栽 2 株苗，栽后摆放在日光充足、通风良好的地方。盆土表面干透后再浇水，开花时浇水也不宜多，以免落

花。开花前追施2次稀薄液肥，坐果后施2～3次磷、钾肥。施肥不宜太多，防止徒长。在室外盆栽的天冷后移入室内陈设，以防霜冻。移入室内后水要少浇，不追肥，室内保持中温，观果时间可延长。

露地栽培不宜在头一年种过辣椒、茄子、番茄、矮牵牛的地方栽培观赏辣椒。高温、强光直射容易发生果实日灼或落花、落果，选午间有花荫的地方栽培最好。栽培行距35～50厘米，株距25～40厘米，不要栽培太稀，其中朝天椒每穴栽2～3株。定植后早铲能提高地温，非常有利于观赏辣椒的生长。及时拔除杂草，摘去黄叶。大雨后应马上排出积水，否则容易涝死。观赏辣椒有的品种在生长期间可以采收食用，在采收的过程中应注意株形美观，留下的花果匀称，以增强观赏性，延长观赏期。有食用价值的品种当果实全部变红，霜降前可割下捆扎，悬挂于通风良好的阴处晾干。

主要病害有病毒病、炭疽病等。主要害虫有蚜虫、螨类和白粉虱等。室内盆栽通风差，更容易被蚜虫、螨类为害。蚜虫、螨类可通过开窗通风传到室内栽培的观赏辣椒上。

金　橘

彩图146

金橘是芸香科金橘属常绿灌木或小乔木，学名 *Fortunella margarita*，别名金枣、金柑。金橘有“三多三小”之说，即枝多、叶多、果多，叶小、花小、果小。夏初开花，秋末果熟，是集观花与赏果于一身的盆栽植物。金橘有“生意兴旺，财源滚滚”之意，因此盆栽金橘几乎是南方人春节家庭必备之物。

单花或2～3朵集生于叶腋，具短柄，花两性，萼片5。花瓣5，白色，芳香，长7毫米左右，雄蕊20～25，雌蕊生于略升起的花盘上。花期6～8月，果熟期11～12月。果椭圆形或倒卵形，长2.5～3.5厘米，幼果绿色，成熟果橘黄色，果皮厚，肉质，有香味。树高可达4米，树冠半圆形，分枝多，小枝绿色，通常无刺。

单叶，互生，长椭圆形至披针形，长 5～9 厘米，宽2～3 厘米，表面深绿色，光亮，背面绿色。叶柄有狭翅，与叶片连接处有关节，顶端钝尖。

喜光，但怕强光，光照过强容易灼伤叶片。喜温暖，稍耐寒，生育适温 15～30℃。盆栽金橘当秋季气温低于 10℃时应搬入室内，冬季室温最好能保持在 6～12℃，过高会影响植株休眠，不利于来年生长发育。喜湿润，但又怕涝，较耐干旱和瘠薄，喜富含腐殖质的沙壤土。对土壤的酸碱度适应范围广，最适宜的 pH6～6.5。

家庭栽培用嫁接繁殖。砧木多选用其他柑橘类的实生苗，如枸橘、酸橙等。砧木要提前 1 年盆栽，也可地栽。接穗可选用 1 年生充分成熟枝条。嫁接方法有枝接、芽接和靠接，盆栽常用靠接，一般在 6 月进行。嫁接后遮阴养护，待愈合后长出新叶时进入正常管理，嫁接苗第 3 年开花结果。

上盆和换盆：盆栽金橘可选择金弹品种。在南方上盆时间 3～9 月均可。用通透性好、较肥沃、呈微酸性或中性的沙壤土栽培金橘，如用腐叶土 5 份，园土 3 份，细沙 2 份配制。选择透气性好的陶盆栽培，盆底垫上瓦片，再铺上 2 厘米厚的粗沙或碎砖以利排水。将苗木带土移入花盆中扶正，苗的四周先围上营养土，盆边放粗一些的营养土，将土填实后浇水。然后放在荫蔽处 7 天，再移到阳光处。在室外栽培的将盆放在砖上，两砖之间留缝隙，使花盆的排水孔在缝隙之间以利排水。3 年换 1 次盆，在春季换盆。先将植株从盆中轻轻取出，用剪刀将外层过密的根剪掉。换的新盆大小要视植株的生长情况而定，要想生长快应选择大盆。

光照和水肥的管理：夏季在荫棚下生长，特别要避免中午的强光直射，可使其接受上午 9 时以前及下午 5 时以后的阳光照射，秋末和冬季应摆放在室内向阳处，使其充分见光。保持盆土湿润，夏初开花期每 3～4 天浇 1 次透水，幼果期之后正值夏季高温，每天浇 1 次透水，缺水不仅导致叶片萎蔫，还容易使果实脱落。雨天应及时将盆内的积水倒掉。秋季随着气温的降低，植株的蒸腾量减小，浇水的次数和量也应随之减少，4 天浇 1 次透水，此时水大易导致植株烂根。冬季在室内7天浇1次水。春季有条件的移出室外。现蕾前每7天施1次稀薄液肥，开花期到幼果期每5天施1次液肥，坐果后每10天施1次稀薄液肥，果实发育时期要多施磷肥。用小喷雾器经常清洗叶面和果实，保持叶片和果面干净。

修剪：因为金橘都是在新枝上开花结果，在春梢萌发前要重剪，每个枝条都要修剪，过长枝剪留1/5左右，特别要修剪过密枝、下垂枝、枯枝、病枝。盆栽金橘还要注意树型，使树冠分布均匀，树形优美。也可保留3～5个上年生分布匀称的枝条，每个枝条保留3个基部饱满芽，使植株形成“三叉九顶”之势。要使树冠长成圆头形，修剪后既要使枝条互不错乱，又要使枝条保持适当密度。修剪后约2个月，春梢长至15～20厘米时摘心，诱发夏梢。当夏梢长到6厘米时再摘心，经过这样的修剪，坐果率高。在修剪时，剪口要平滑，剪口处应在侧芽上方约1厘米为宜。如剪口离侧芽太近，往往会伤害芽内的茎叶原始体，芽也易风干；如果剪口离侧芽太远，又会留下残桩，影响美观。修剪时还应注意顶部侧芽应留在枝条的外侧，这样可以使树形美观。对顶端没有结果而下端有果的结果枝可将顶端剪去，对落果或不挂果的过密枝条也可适量剪去，这样可达到更好的观赏效果。

促花措施：可用控水的方法使叶片略卷曲来达到促花的目的。一是在末级梢成熟后控水7～10天即可。在控水期间一般以叶片由浓绿转为淡黄色为准，也可用检查腋芽变为圆锥形突起的方法来鉴别是否达到促花的目的。二是采用间歇控水，即控水2～3天后，恢复供应水，然后又再继续控水。三是有经验的可用环割法，即在末级梢转绿后环割主干一圈，深达木质部，但不能伤及木质部。环割后保持叶片稍卷为度，最后以叶色转淡黄达到促花目的。

花果管理：如果花开得多，要适当疏花。在幼果期应进行疏果，根据植株的生长情况，每枝保留3～5个果，其余的全部摘除，防止因果实太多，消耗过多的养分。这样做不仅留下的果实长得大，也有足够的养分供给植株生长。如果还要金橘第2年继续开花结果，春节过后应及时将果实摘除，以利植株的生长发育。金橘的果实在树上能够挂多久，除了与品种及其本身成熟度有关外，也与管理的方法有关。从管理上注意以下几点可延长在树上的挂果时间。给予适当的光照，观赏期间不能长期不见阳光，也不能光照过强，二者都会引起果实提早脱落。一般把它摆放在室内弱光处，或每隔3～4天再移至阳台处，让它接受下午阳光照射。保持盆土稍湿润为宜，盆土过湿，易烂根，造成落叶、落果；盆土过干，叶片易卷曲，果实萎缩。如用瓷盆、塑料盆栽植，更要注意少浇水。观果期间不能向盆土内施肥，但可以进行根外追肥，即用0.3%的磷酸二氢钾溶液喷洒叶面，供果实发育需要，15天左右喷1次。

金橘株高1米左右时，如主茎直立、稳固，果实分布均匀，果型为椭圆形，果色金黄有亮泽，无徒长枝，叶色浓绿，叶面清洁，果数在200个以上时，说明您养的金橘非常好了。

主要的病害是烟煤病。常见为害金橘的害虫为介壳虫，介壳虫的种类比较多，家庭栽培的盆树少，要早发现，早防治。

乳茄（五指茄）

彩图 147

乳茄是茄科茄属一年生或多年生草本植物，通常作一、二年生栽培，学名 *Solanum mammosum*，别名五指茄、五代同堂、牛角茄、黄金果、五福捧寿等。果形奇特，果实成熟后，将枝带果一起剪下造型，错落有致，观赏时间长，观赏价值高。

花单生或数朵聚成聚伞花序，腋生。花冠5，钟形，青紫色。花期秋季。浆果倒梨状，端尖，长5厘米左右，基部有几个乳头状突起故名，还像人的手指或牛角，长势健壮时多为5个。成熟后金黄色或橙色，成熟果实可储藏半年以上。种子扁平，近卵圆形，种皮红褐色至黑色。种子千粒重8.5克左右。株高1米左右，茎直立，小灌木状，分枝，散生倒钩刺。叶阔卵形，长15厘米左右，叶脉上有尖刺。

需充足阳光。种子发芽适宜温度25～35℃，在黑暗中发芽快。秧苗生长适宜温度22～30℃，但夜间温度不宜太高，否则花芽的质量不好。植株生长需较高的温度，不耐寒，低温生长停止，怕霜冻。喜肥沃疏松土壤。喜湿润，适宜空气相对湿度60%～70%，怕水涝和干旱。

乳茄的育苗技术和食用的茄子一样，能培育好食用茄子的秧苗，就一定能育好乳茄苗。乳茄生长期长，笔者在北方寒地栽培，要结果需早育苗，直播的由于生长时间不足，很难结果。家庭栽培数量少，用盆播，播种的土壤要消毒。播前用55℃温水浸种15分钟，作用是消毒和促进种子吸水。然后用常温水浸种8～10小时。如果浸种数量多，应搓洗种子，除去黏液。将种子从水中捞出，控干种子表面水分后播在小花盆中，上面覆土1厘米，不能太薄，否则出苗时易带种壳出土。将花盆放在25～30℃的地方，出苗后一定充分见光，当幼苗有1～2片真叶时用直径8～10厘米的容器培育大苗。如果发现有病苗，多为猝倒病，必须马上分苗，这是控制猝倒病蔓延的最有效方法。整个苗期都要充分见光。

乳茄最好在露地栽培。如在室内栽培，必须用大的花盆，并且要放在南阳台整天都能见到光的地方。阴暗易徒长，结果不会理想。选肥沃疏松和排水良好的地块栽培。不能重茬，即上年栽培乳茄或食用茄子的地方今年就不能再栽培了。定植的行距60～70厘米，株距45～55厘米。其他的管理和食用茄子一样，不同的是要人工辅助授粉，目的是多结果。当花盛开时用毛笔在各个花的花药和柱头上轻轻地涂抹。乳茄喜肥，生长期每半个月左右施肥1次，孕蕾至幼果期增施2～3次磷、钾肥。在盛夏花期遇高温干燥，花粉不易散开，影响授粉结果，要及时浇水，中午适度遮阴。

乳茄的成熟果实呈金黄色，表面光滑如塑，成为一种天然的工艺品。下霜前剪取长40～60厘米的结果枝作插材，不要碰伤果实。以茎和果实为主，摘除叶片，插于清水中保鲜，或直接插在花盆中，进行造型。笔者曾多年将整株挖出移到大一些的花盆中，放在温室里供大家观赏，但观赏效果不及重新组插的，因单株在北方寒地不可能结那么多果实，那么丰满。乳茄植株较大，不宜原株在小的居室摆设。

常见病害有叶斑病、炭疽病。常见害虫有瓢虫、蚜虫、螨类。

石　榴

彩图 148

石榴是石榴科石榴属落叶小乔木或灌木，在热带常绿，学名 *Punica granatum*，别名安石榴、海石榴。分果石榴和花石榴两类，从花卉学角度，石榴既是秋季的重要观果植物，也为夏季的重要观花植物。它枝叶繁茂，在炎热的夏季开花，繁花如火，凝红欲滴。秋天果实成熟，满树红果高挂，有的蹭破了肚，露出珍珠般的石榴子，晶莹绚丽。

1 至数朵花着生在当年新梢顶端及顶端以下的叶腋间。花萼钟状，5～7 裂，肉质，红色，宿存。花瓣倒卵形，有皱褶，稍高出花萼裂片。果石榴花多单瓣，花石榴有单瓣和重瓣之分。重瓣品种雌雄蕊多瓣化而不孕，花瓣多达数十枚，花多红色，也有白、黄、粉红、橙黄等色。雄蕊多数，花柱 1，子房下位。果石榴花期 5～6 月，果期 9～10 月。花石榴花期 5～10 月，温度适宜常年开花。浆果近球形，径 6～8 厘米或更大，果皮鲜红、淡红或黄色，果皮厚，顶端有宿存花萼。剥去果皮后，现出肉质多汁的外种皮，甜而带酸，为食用部分，有多数子粒（种子）。内种皮角质，也有退化变软的软籽石榴。树高可达 7 米，一般 3～4 米，矮生石榴或盆栽仅高 1 米左右。树冠丛状自然圆头形，树干灰褐色，树冠内分枝多，旺树多刺，老树少刺。单叶，在长枝上对生，在短枝上近簇生，长披针形至长圆形，或矩圆形，顶端圆钝或微尖，表面有光泽，有短叶柄。

整个生长季节要求有充足的光照，只要不缺水，石榴是不怕强光的，光照不足影响植株生长发育。喜温暖，较耐寒，冬季最低气温高于－15℃的地区能露地越冬，在－17～－18℃的地区即受冻害。盆栽的冬季室温以不高于5℃最好。种子发芽的适宜温度25～30℃，植株生长最适温度22～25℃。比较耐干旱，怕水涝。果实成熟前喜空气干燥，果期多雨容易裂果和腐烂。对土壤要求不严，耐瘠薄，在有机质丰富、排水良好的土壤上生长好，忌过度盐渍化或沼泽地或重黏性土壤。当土壤过肥时，导致枝条徒长，往往开花不结果或花多果少。坐果时忌大风，尤其是大风加大雨对石榴伤害最大，轻者部分落果，重者丧失殆尽。

扦插繁殖用树冠顶部和向阳面生长的健壮枝条作插穗。春季用硬枝扦插，用2年生枝条最好，插穗长15～20厘米。夏、秋季用嫩枝扦插，选当年生长充实并已半木质化的枝条，插穗长10～15厘米，带数片小叶，插穗材料少的也可用短枝扦插。将枝条的下端放入95％工业酒精中浸一下，除去下切口凝聚的单宁等不利于扦插成活的物质，之后把插穗放进流水中浸5～10分钟，用50毫克/千克ABT1号生根粉药液浸泡插穗基部，硬枝浸泡5小时，软枝浸泡1小时，可促进生根。在沙壤土上扦插，遮阴、保湿，空气相对湿度控制在90％左右，扦插1个月左右生根。

石榴的萌蘖力强，在早春叶芽刚萌动时，选健壮的根蘖苗，在连接处与母株切断，挖出分栽。不容易萌蘖的品种可在树的四周挖土，露出水平根后，每隔10～20厘米进行割伤，深达木质部，然后将挖出的土再盖上根系，浇水，可长出根蘖苗。或春季将优良品种主干基部萌发的枝条刻伤，埋入土中，露出顶梢。经夏季生根后切离母体，一般第2年春天移植。

播种育苗多用于盆栽的品种。秋季从果实上取出种子，干藏或沙藏。春季播前用40℃的温水浸种8～12小时，播种后覆土1～1.5厘米，苗床白天控温25～30℃，夜间不低于15℃，保持土壤湿润，15天左右出苗。苗高10厘米左右带土移栽。

家庭阳台栽培一般选花石榴类型，其中的矮石榴种更适合家庭盆栽，当然也可盆栽果石榴。开始用直径23～27厘米的花盆栽培。春季萌芽前后栽植成活率最高。营养土就地取材，加适量的基肥。

忌栽培过深，浅栽的可提前开花。栽后放在阳光充足的地方培育，否则生长不良，开花不好。石榴较耐干旱，应本着不干不浇、浇则浇透和追肥后必浇的原则。在花期、坐果期和休眠期要适当少浇水，以免盆土透气不良造成落花落果，大雨天要防止盆内积水。不要在盆土表面干了就浇水，应在枝叶开始萎蔫时浇足水。每天都要充分见阳光，这样对花、果、叶均无影响，反而能矮化树型。在展叶期、孕蕾期以及开花后和结果期施腐熟液肥，追施化肥时春季应多施氮肥，秋季多施磷、钾肥，要薄肥勤施，并注意生长期间的叶面施肥，以便迅速补充营养。不能及时开花的植株应摘心，抑制营养生长，促进花芽的形成。栽培果石榴的，开花时在晴天 11～14 时用干净毛笔蘸花粉，异花辅助授粉。在现蕾期、幼果期和果实着色期，各喷 1 次 0.4%磷酸二氢钾溶液，可防止生理落果，增加果实色泽与含糖量，提高果实品质。

栽培小石榴类型的，当植株高 15～20 厘米时摘心，而多数品种在 30 厘米左右时摘心。留 4～6 个主枝，生长 2～3 年后，将主枝角度撑拉至 55°～60°成形，使其多生枝杈。以后在春季新芽萌动前剪枝。花芽着生在上年坐果母枝的顶芽上和下面侧芽生长的新枝上，要特别注意保留健壮的结果母枝，不可过多剪短隔年枝，只剪除过密枝、病枝、枯枝和发育不充实的二次枝等。坐果后疏去过密的果，并适当剪去徒长枝、无果枝，使养分集中在坐果枝上，促进果实生长。生长期间要及时去掉根际萌生的蘖芽。一般 3 年以上老枝要更新。

石榴开花后坐不住果的原因：光照不足不利于体内营养物质的积累，从而影响到生殖生长，因而开花后随即脱落。如开花时又遇到连续阴雨，则不能正常受精，而不能结果。在给果石榴施肥时，要氮、磷、钾适当搭配，如果氮肥过多，磷、钾肥偏少，也可能造成坐不住果。在开花期间及其前后，浇水过多，则枝叶疯长，或营养须根腐烂，开花了也坐不住果。盆土过干，营养须根萎缩，花朵得不到足够的水分、养分，必然会掉落，也不能授粉坐果。

主要病害有落叶病、果干腐病、煤烟病等。主要害虫有食叶的刺蛾、大袋蛾；蛀干的豹纹木蠹蛾、茎窗蛾；果实害虫桃蛀螟等。桃蛀螟是为害石榴的主要害虫，幼虫从果梗等处蛀入果实内取食，果内留颗粒状虫粪，引起腐烂和落果，造成大量减产。应及时清理病虫果和枯枝落叶，并用药物防治。

朱砂根（富贵籽）

彩图 149

朱砂根是紫金牛科紫金牛属常绿灌木，学名 *Ardisia crenata*，别名富贵籽、大罗伞等。朱砂根四季常青，株形优美，红果成串，艳丽夺目，并且保持时间长，适于盆栽观果。

伞形花序腋生，花两性，萼片 5。花冠辐射状，花瓣 5，白色或淡红色，长 4～6 毫米，有微香。浆果状的核果球形，鲜红色，直径 6 毫米左右，果柄长 1 厘米左右。种子千粒重约 255 克。地栽树高可达 2 米，干直立。单叶，互生或丛生于枝顶，纸质，椭圆状披针形至倒披针形，长 6～10 厘米或更长，先端渐尖，基部楔形，边缘有皱纹状钝锯齿，侧脉 12～18 对。

在全日照下生长不良，忌暴晒，喜适度荫蔽。喜温暖，生长最适温度 16～30℃，自然气温高于 32℃时生长停滞，气温低于 3℃应采取防冻措施。喜通风良好环境。空气相对湿度 70%～ 80%最为适宜，不耐干旱，也不适于水湿环境。对土壤要求不严，但以土层疏松、排水良好和富含腐殖质的酸性或微酸性的沙质壤土或壤土最适。

播种繁殖。果实采收 2～3 天后用手揉搓，使果肉和种子分离。储藏种子要用湿沙冷室堆藏。春季播种，用温水浸种，浸泡 4～5 小时。育苗 100 天左右能培育出有 4 片叶左右的苗，实生苗 3 年结果。扦插繁殖。春末秋初用当年生的枝条进行嫩枝扦插，或于早春用 1 年生的枝条进行老枝扦插。插穗长 8～10 厘米，每段带 3 个以上的叶节。压条繁殖。选健壮的枝条，从顶梢以下 15～30 厘米处把树皮剥掉一圈，剥后的伤口宽度在1厘米左右，深度以刚刚把表皮剥掉为限，然后按压条方法处理。

播种育苗的有4～5片真叶时带土移栽，宜浅栽，每盆1株。在室内养护时，有条件的花盆尽量放在有明亮光线的地方养护1个月左右，再搬到室外有遮阴的地方养护1个月左右，如此交替调换。高温季节防止烈日暴晒。生长条件适宜生长很快，要满足对水分的供给，盛夏向地面、植株喷水以保持较高的空气湿度。当长到一定大小时换大盆，保障继续旺盛生长。生长季节每月追肥1次。在冬季植株进入休眠或半休眠期，要把瘦弱、病虫、枯死、过密等枝条剪掉，或结合扦插对枝条进行修剪。在冬季休眠期要控肥控水。

从开花到果实成熟一般需要8个月，5～6月开花，12月果实开始转红，到翌年1～2月才能红果累累。室温10℃以上果实就能逐渐转红，要停止施肥。满树果实尽量不搬动花盆以免落果。

常见病害有根结线虫病、茎腐病、疫病、根腐病等。主要害虫有蚜虫、甜菜夜蛾和斜纹夜蛾等。

朱砂橘（年橘）

彩图150

朱砂橘是芸香科柑橘属常绿灌木或小乔木，学名 *Citrus erythrosa*，别名年橘。原产我国湖南一带。果皮红如朱砂，果肉近似红色，果形扁圆，叶色浓绿，是我国主要的观赏橘类之一。盆栽是重要的年宵观果植物，挂满果的朱砂橘呈现喜气洋洋、丰盛喜庆的景象。用它摆放有“幸运、昌盛、兴隆”之感。

花单朵或2～3朵生于叶腋，花小，黄白色，芳香。一年开1次花，花期春季。果实扁球形，果顶有小脐、明显凹入，幼果绿色，成熟后变成橘红色，果表面粗糙，果皮松软，易剥离。幼树直立性强，树势强健，树冠圆头形。单叶，互生，椭圆形，叶柄短，翼叶细小，叶脉不明显，叶缘浅波状或全缘，顶端钝尖或微凹，基

部圆钝或楔形，新叶淡绿色，老叶深绿色。

喜光。喜温暖湿润，不耐寒。怕水涝，不耐旱。

嫁接繁殖。砧木用枸橘、柠檬、四季橘等，其中用枸橘的根系浅，发梢快，成活率高。在8～9月，选1～2年生的实生苗枝条，剪取长15～20厘米，有4～5个芽的枝作插穗，下端剪成较长的斜面，剪去下端叶片，上面留2～3片叶并剪去一半。在沙上扦插，插入沙中2/3，生根后移入容器培育。在广东于大寒前或立春后嫁接，接穗用小芽，切接。嫁接后半个月不施肥水。砧木上的脚芽及时除去。

根据嫁接苗木的大小、苗的长势确定栽培用盆的大小。盆栽的，土壤需要加入充分腐熟的有机肥。栽植时嫁接口要露出土面，以刚刚盖过苗木的原土面为度。萌发新梢和新叶时，适当疏枝去叶，促使萌发夏梢结果枝。生长发育期保持盆土湿润，开花期控制肥水，以防止落花落果，果实成熟期给水要少，总的原则是宁可旱点不可太湿。当气温高，蒸发量大时每天要浇水2次，并给枝叶喷水。新梢长出后，每周施薄肥1次。花果太密的适当疏花、疏果。每次修剪后及时施肥，以磷肥为主。9月进行整形绑扎，在盆中央插一个直径3厘米的木棒作中心，再在盆四周插小指粗的竹竿，然后根据枝条分布情况进行绑扎。

再栽培方法。无论是自己培育的还是买来的朱砂橘，过了春节观赏时段后，都可以再培育为下一个节日观赏。先把放在室内的朱砂橘移到室外，每年3月摘除全部果实并换盆，随着植株的长大换大一号的盆，如有的需要上口直径40厘米左右，甚至更大。将枯枝残叶、有病虫害的枝条和较密集的枝条剪去，剪枝1/4左右。剪枝时注意保留上年秋梢，上年秋梢是今年结果母枝，剪枝时结合修整株形。剪枝后换土，剪去老根、残根和带有病虫的根，保留新根、嫩根。由于一般家庭养的盆树少，只能同株或少量的异株授粉，坐果率低，这和生产基地大面积栽培不同。

常见病害有炭疽病、溃疡病、流胶病等。主要害虫有介壳虫、潜叶蝇、螨虫、蚜虫等。

[主要参考文献]

坂梨一郎，2002. 观叶植物150种四季护理及鉴赏［M］. 向卿，蒋莉，译. 长沙：湖南科学技术出版社.

北京林业大学园艺系花卉教研组，1990. 花卉学［M］. 北京：中国林业出版社.

陈俊愉，程绪珂，1990. 中国花经［M］. 上海：上海文化出版社.

陈少萍，2013. 红纸扇栽培管理［J］. 中国花卉园艺，2.

陈瑋，2001. 棕榈植物［M］. 福州：福建科学技术出版社.

成海钟，蔡曾煜，2000. 切花栽培手册［M］. 北京：中国农业出版社.

崔玉梅，2015. 香彩雀栽培繁殖［J］. 中国花卉园艺，10.

冯鋆，2008. 花园里的天使——百万小铃家庭栽培全攻略［J］. 花木盆景，5.

高新一，王玉英，2006. 果树林木嫁接技术手册［M］. 北京：金盾出版社.

耿秀英，等，2012. 球花石斛人工授粉试验［J］. 热带农业科技，2.

郭志刚，张伟，2001. 球根类［M］. 北京：中国林业出版社，清华大学出版社.

胡一民，2010. 新颖别致的巴西宫灯花［J］. 中国花卉盆景，3.

黄少华，2007. 古朴秀美的沙漠玫瑰［J］. 中国花卉盆景，6.

黄智明，1995. 珍奇花卉栽培［M］. 广州：广东科技出版社.

可凡，2010. 繁星花栽培技术［J］. 农村实用技术，1.

李峰，2014. 广玉兰栽培技术［J］. 种植技术，11.

李健，2007. 浅谈盆栽朱砂橘栽培技术［J］. 农村实用技术，7

李运兴，2006. 优良木兰科树种——黄兰［J］. 中国城市林业，4.

李祖清，等，2003. 花卉园艺手册［M］. 成都：四川科学技术出版社.

卢思聪，1997. 室内盆栽花卉［M］. 2版. 北京：金盾出版社.

卢兆堃，2001. 夏日不可无此君——爆竹花的盆栽［J］. 花木盆景（花卉园艺版），6.

吕佩珂，等，2001. 中国花卉病虫原色图鉴［M］. 北京：蓝天出版社.
秦贺兰，2005. 南非万寿菊的栽培管理［J］. 中国花卉园艺，4.
陶萌春，等，2014. 朱砂根播种育苗技术规程［J］. 种子，10.
王杰，2008. 盆栽地涌金莲［J］. 中国花卉园艺，4.
王意成，2000. 盆栽花卉生产指南［M］. 北京：中国农业出版社.
韦力生，张光权，2003. 阳台养花技巧 300 答［M］. 南京：江苏科学技术出版社.
余树勋，吴应祥，1993. 花卉词典［M］. 北京：农业出版社.
翟进升，2000. 冬季盆花日光温室生产技术［M］. 北京：中国农业出版社.
张桂荣，2009. 日本海棠不同品种促成栽培技术［J］. 北方园艺，3.
张辉，等，2011. 洋水仙栽培管理［J］. 花卉，4.
赵庚义，2006. 花卉育苗关键技术百问百答［M］. 北京：中国农业出版社.
赵庚义，车力华，孟淑娥，1997. 草本花卉育苗新技术［M］. 北京：中国农业大学出版社.
赵庚义，车力华，赵凤光，2011. 图文精解花卉及种苗［M］. 北京：化学工业出版社.
中国农业百科全书编辑部，1996. 中国农业百科全书：观赏园艺卷［M］. 北京：农业出版社.
钟志铭，等，2011. 金苞花栽培管理［J］. 中国花卉园艺，10.
朱根发，2004. 专家教你种花卉：大花蕙兰［M］. 广州：广东科技出版社.

图书在版编目（CIP）数据

家庭养花从入门到精通/赵庚义等编著.—3版.—北京：中国农业出版社，2018.7（2019.5重印）
ISBN 978-7-109-23872-5

Ⅰ.①家… Ⅱ.①赵… Ⅲ.①花卉－观赏园艺 Ⅳ.①S68

中国版本图书馆CIP数据核字（2018）第010227号

中国农业出版社出版
（北京市朝阳区麦子店街18号楼）
（邮政编码100125）
责任编辑 石飞华

北京通州皇家印刷厂印刷 新华书店北京发行所发行
2018年7月第3版 2019年5月北京第2次印刷

开本：880mm×1230mm 1/32 印张：12 插页：10
字数：340千字
定价：32.00元